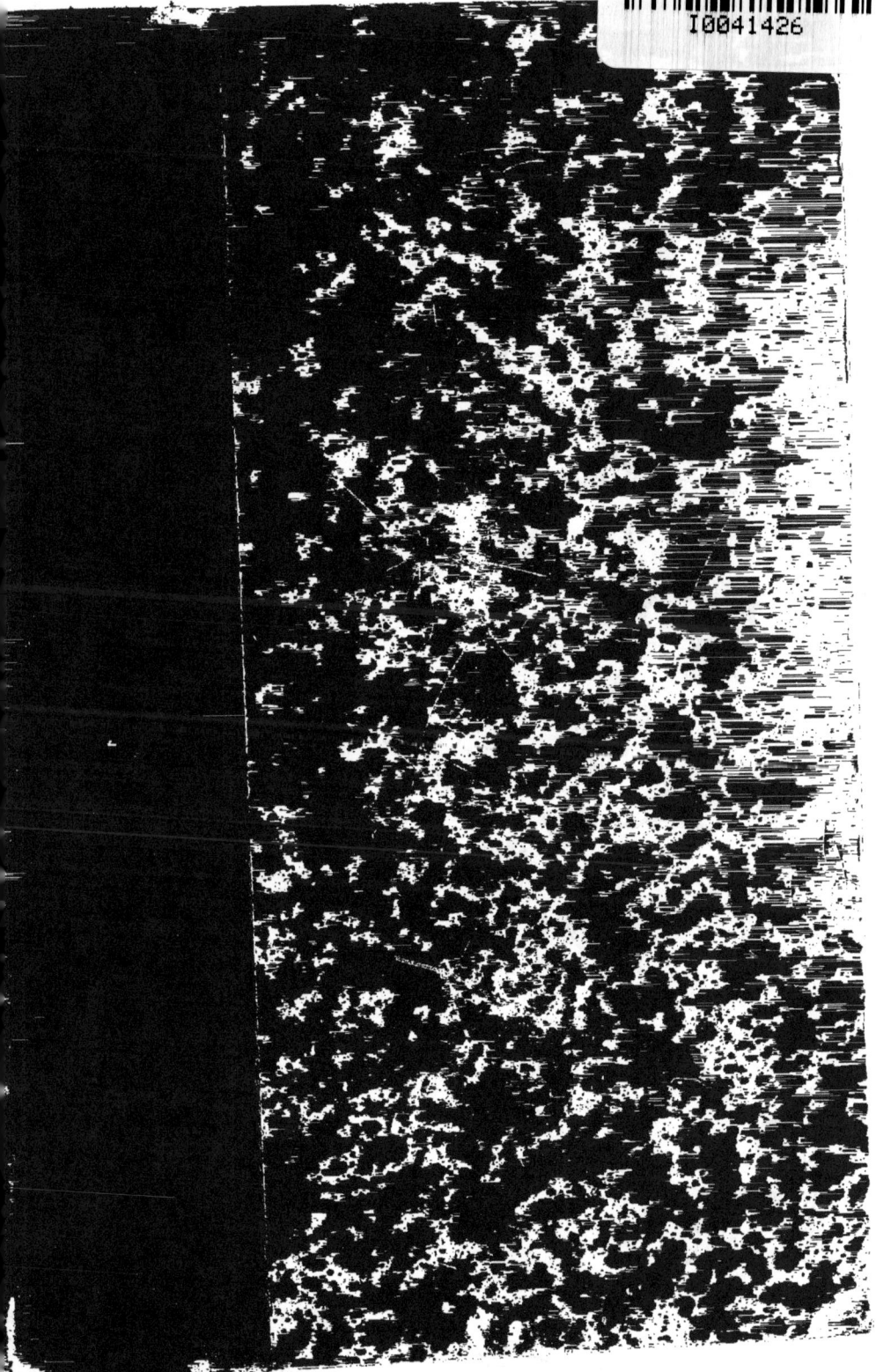

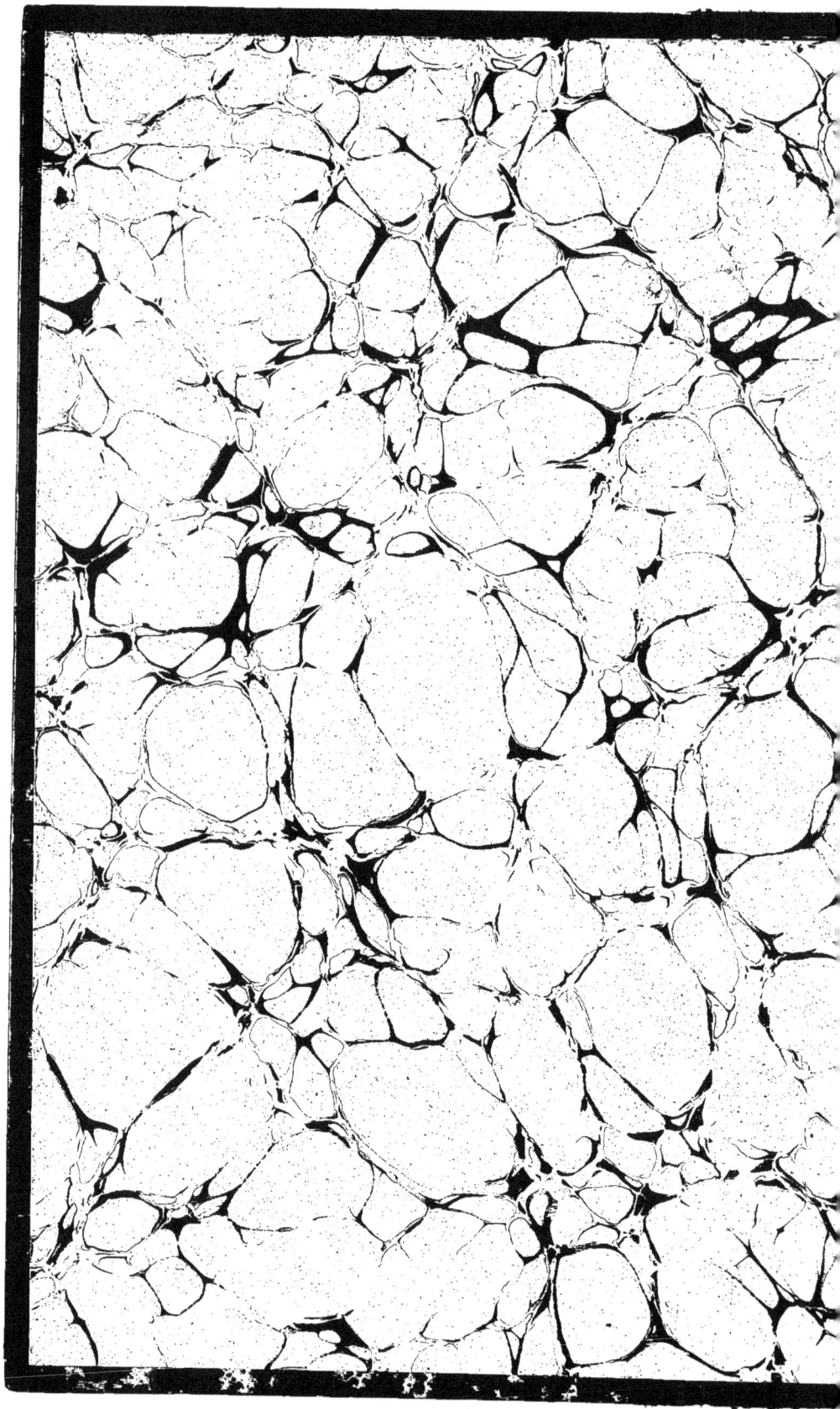

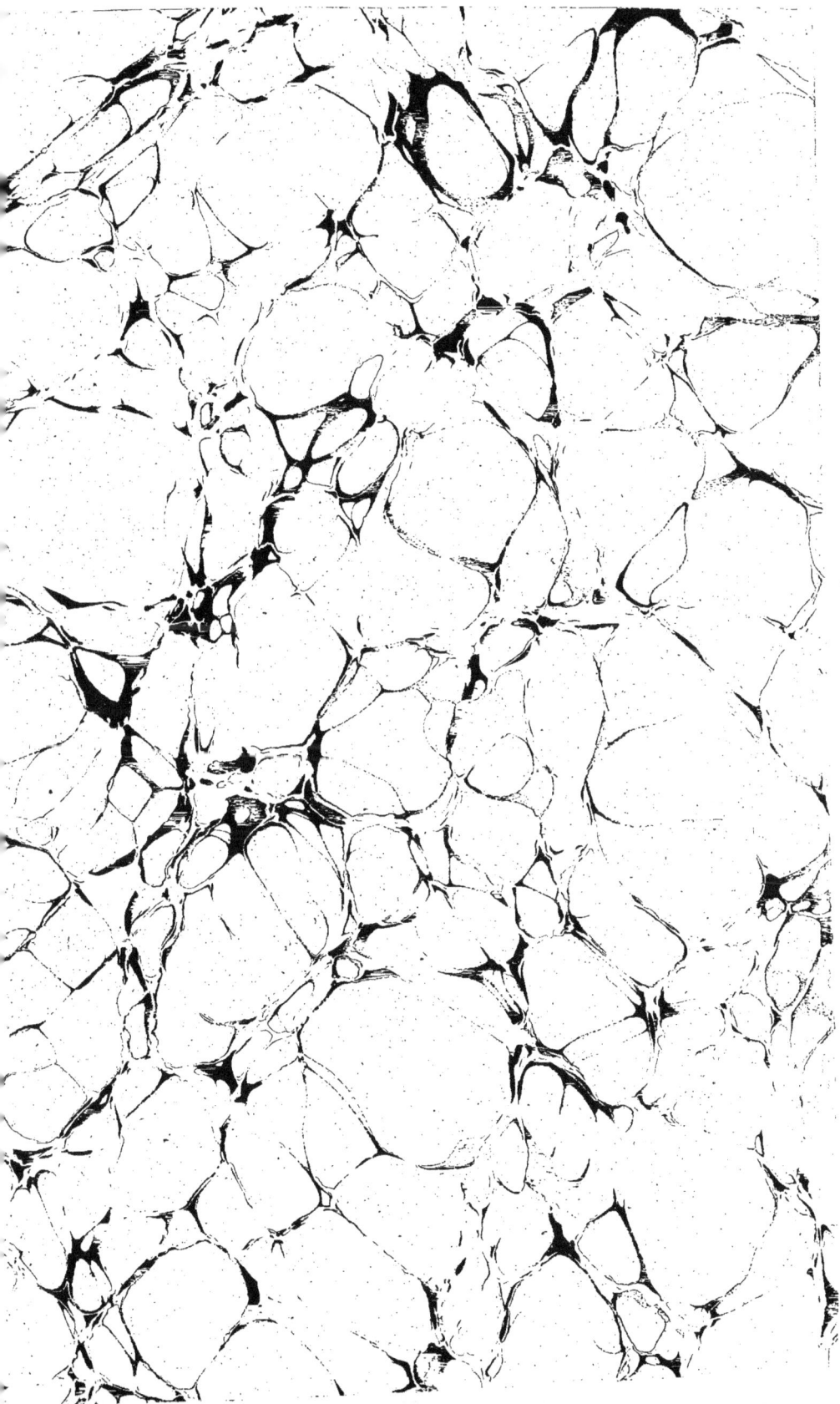

Henri Coupin

Les Arts et Métiers chez les Animaux

PARIS

LIBRAIRIE NONY & CIE

63, Boulevard Saint-Germain, 63

1903

Les Arts et Métiers

chez les Animaux

Henri Coupin

Lauréat de l'Institut

Les Arts et Métiers chez les Animaux

Laboremus !

DEUXIÈME ÉDITION

PARIS

LIBRAIRIE NONY & Cⁱᵉ

63, Boulevard Saint-Germain, 63

1903

Arts et Métiers chez les Animaux

INTRODUCTION

C'est une habitude courante de s'extasier sur le génie de l'homme et la perfection unique de son industrie. Sans vouloir en rien rabaisser son mérite, il faut bien dire que l'homme n'est pas le seul être au monde capable de faire des travaux remarquables. La plupart de nos Arts et de nos Métiers se retrouvent en effet chez les animaux et parfois même avec une perfection admirable : quel est le sauvage ou même l'homme civilisé qui, avec l'aide seule de ses dix doigts, saurait faire des gâteaux aussi géométriques que ceux de l'Abeille? Et comment ne pas être frappé de ce fait que, bien avant nous, les Guêpes ont découvert le moyen de faire du papier avec du bois?

Dans cet ouvrage, — très complet, croyons-nous, — nous décrivons les principales industries des animaux, lesquelles peuvent être considérées en quelque sorte comme de l'intelligence « cristallisée », en citant les exemples les plus nets et en les classant sous un certain nombre de rubriques dont la forme est nouvelle : *Les Maçons. — Les Potiers. — Les Tisserands. — Les Fabricants de papier et de carton — Les Manufacturiers en coton. — Les Constructeurs de tumuli. — Les Ingénieurs des Ponts et Chaussées. — Les Couturiers. — Les Mouleurs de cire. — Les Résiniers. — Les Tapissiers. — Les Terrassiers et les mineurs. — Les Vanniers. — Les Constructeurs de radeaux. — Les confectionneurs de bourriches. — Les Incrusteurs. — Les Fabricants de cigares. — Les Architectes de maisons sphériques. — Les Fabricants de hamacs. — Les Fabricants de pièges. —*

Le lecteur aura ainsi l'impression d'assister à une Exposition universelle des travaux des animaux. A lui de décerner la palme au plus habile ou au plus artiste. Enfin, point qui, nous l'espérons, sera très goûté de nos lecteurs, nous avons multiplié le plus possible les citations empruntées aux auteurs mêmes des observations ou à des autorités très compétentes. Cette manière de faire offre, à notre avis, de très grands avantages : outre qu'elle jette de la variété dans le style et le rend « vivant », elle permet au lecteur d'avoir sous les yeux des documents certains, de première main, non faits « de chic » comme cela se voit trop souvent dans les ouvrages des vulgarisateurs dits scientifiques. Et puis, de cette façon, on rend à chaque auteur ce qui lui est dû. *Apibus fructum restituo suum.*

Mais, avant d'entrer dans le vif du sujet, il est bon de faire quelques remarques générales, pour ne pas avoir à y revenir constamment dans le corps de l'ouvrage.

Je ne sais plus quel auteur a dit qu'un bon ouvrier devait savoir limer avec une scie et scier avec une lime. Il y a belle lurette que les animaux ont mis cet adage en pratique. S'il en est, en effet, qui, comme la Taupe et la Courtillière, sont bien outillés pour le rôle qui leur est dévolu, il en est un plus grand nombre dont les outils ne sont nullement appropriés à leur industrie : qui se douterait par exemple que l'élégant Pélopée est un maçon émérite et que la chétive Agénie est un potier habile ? Et ce qui prouve bien que l'outil ne fait pas l'ouvrier, c'est que, dans plusieurs espèces, outillées de la même façon, on trouve les industries les plus diverses : il en est ainsi chez les oiseaux, qui peuvent être vanniers, maçons, mineurs, tisserands, etc., et les Odynères, qui sont, suivant les espèces mineurs, résiniers ou cotonniers.

Chaque espèce peut d'ailleurs, dans une certaine mesure, se plier aux circonstances et utiliser d'autres matériaux que ceux dont elle se sert habituellement : ainsi font les Phryganes, qui emploient indifféremment, pour la confection de leurs étuis, des coquilles au lieu de bûchettes, des pierres au lieu de feuilles. Ainsi font aussi nombre d'oiseaux qui fabriquent leurs coupes capitonnées avec tout ce qui tombe à leur portée : par exemple, un oiseau qui fait habituellement ses nids en mousse peut, s'il n'en trouve pas dans son voisinage, employer des lichens, des chiffons et même, comme cela a été constaté maintes fois, des fils de fer, des bandes de papier télégraphiques et jusqu'à des ressorts de montres. Comme l'a remarqué mon excellent ami et spirituel confrère, M. G. Colomb, on pourrait (avec un peu d'imagination...) trouver dans ce dernier fait un rudiment de l'industrie des sommiers élastiques.

Les constructions peuvent aussi varier au point de vue de l'emplacement : la Huppe, qui les établit habituellement dans les creux des arbres vermoulus, peut aussi nicher dans les creux des rochers, les trous des murs, voire même les carcasses des animaux morts.

Au reste, chez la plupart des animaux industrieux, se montre une grande tendance à l'économie des matériaux et de l'aménagement : c'est dans ce but que l'Osmie niche dans les petits roseaux et non dans les gros ; c'est pour la même raison que les Chalicodomes cherchent toujours de vieux nids à réparer pour les aménager à leur usage ; c'est aussi par raison d'économie que nombre d'animaux volent des nids tout faits à leurs frères ou à d'autres espèces voisines.

Toutes ces variations montrent que l'art de la construction ne relève pas de l'instinct pur et simple, mais rappelle jusqu'à un certain point ce que, chez l'homme, on appelle l'intelligence.

Mais l'habitude de faire toujours le même travail a parfois imprimé une telle empreinte sur l'animal que, de temps à autre, il effectue des travaux en apparence stupides, comme ceux dont nous parlons à propos du Pélopée ou de l'Osmie, travaux dont l'insecte ne voit pas l'inutilité : mais quel est l'homme qui ne fait que des actes raisonnables !

Au point de vue des matériaux employés dans les constructions, on peut les diviser en deux grandes classes : 1° ceux qui sont tirés du milieu ambiant, telles que les pierres, les branches, la terre, les fibres végétales ; 2° ceux qui proviennent de la sécrétion de l'animal lui-même, par exemple la cire et la soie. On peut remarquer que les seconds sont en général mieux façonnés que les premiers, ce qui n'a pas lieu de nous étonner, l'animal n'ayant ainsi à travailler que des substances de lui bien connues.

Remarquons aussi que les industries des divers animaux diffèrent non seulement comme matériaux et comme forme, mais aussi comme destination. Les uns, les plus nombreux, servent à la progéniture (Exemple : nids des oiseaux). Les autres sont destinés à abriter l'animal lui-même (Exemple : terrier du Renard). D'autres enfin lui servent à se déplacer (Exemple : fil des Chenilles arpenteuses) ou à lui faciliter l'alimentation (Exemple : toiles des Araignées).

Remarquons enfin qu'il n'y a aucune relation entre la perfection de l'industrie d'un animal et le degré plus ou moins élevé de celui-ci dans l'échelle des êtres. Chez les reptiles ou les batraciens, par exemple, on ne trouve aucune industrie à mettre en parallèle avec celle des insectes, dont l'organisation est cependant bien moins élevée. La seule chose générale que l'on puisse dire à cet égard est que les Arts et les Métiers sont particulièrement remarquables chez les hyménoptères et les oiseaux, tous deux — coïncidence remarquable et probablement pas fortuite — rois des airs.

Il semble qu'en ce qui concerne les industries des animaux, la théorie de l'évolution perde ses droits.

Quoi qu'il en soit, je serais heureux si ce livre, tout en intéressant et instruisant ses lecteurs, les engageait à aimer, à faire aimer les animaux et à ne pas les considérer comme de simples brutes tout au plus bonnes à satisfaire nos instincts de cruauté. Nous dirons avec le poète :

> Du nid charmant caché sous la feuillée,
> Cruels petits lutins à la mine éveillée,
> Du nid charmant caché sous la feuillée
> Hélas ! pourquoi faire le tourment ?
> Ce nid, ce doux mystère que vous guettez d'en bas,
> C'est l'espoir du printemps, c'est l'amour d'une mère :
> Enfants, n'y touchez pas. Enfants, n'y touchez pas.

A moins d'absolue nécessité, ne tuez jamais un animal : si infime soit-il, si répugnant qu'il paraisse, si insignifiant qu'il semble, ce n'en est pas moins un « frère inférieur », parfois même supérieur à nous par quelqu'une de ses propriétés et auquel, ainsi qu'on verra dans les chapitres suivants, nous n'aurions pas à rougir de demander quelques leçons, ne serait-ce que l'exemple de la persévérance et du *laboremus* libérateur.

HENRI COUPIN.

CHAPITRE I

Les Maçons

Dans les parties du désert où les matériaux de construction manquent, les indigènes édifient des maisons exclusivement avec de la boue, laquelle durcit rapidement au soleil. Nombre d'animaux agissent de même : les uns bâtissent avec de la terre détrempée naturellement et ont soin alors de placer leurs maisons à l'abri de la pluie qui ne tarderait pas à les faire disparaître ; les autres s'adressent à la poussière la plus sèche et la malaxent avec leur salive pour en faire un mortier qui fait prise rapidement et acquiert la dureté de la pierre. Quelques-uns parachèvent leur œuvre en crépissant la face intérieure ou extérieure du nid avec un vernis spécial, essentiellement hydrofuge, issu également de leurs glandes salivaires, ou en y implantant des grains de gravier.

On a un bel exemple de ces nids faits en mortier chez le Pélopée tourneur, hyménoptère commun dans le midi de la France.

Extrêmement frileux, il recherche avant tout les endroits les plus chauds pour y construire le nid d'argile destiné à sa progéniture. Il nidifie sous les corniches, dans les hangars, les granges, mais surtout dans l'intérieur même des maisons des paysans. Là, tout lui est bon, les murailles, les plafonds, les fenêtres, les rideaux, et, sous ce rapport, il fait le désespoir des ménagères. J.-H. Fabre, d'Avignon, dans ses merveilleux *Souvenirs entomologiques*, dont nous aurons à parler très fréquemment au cours de cet ouvrage, raconte que pendant que des ouviers étaient en train de déjeuner dans une auberge, des Pélopées avaient fabriqué des nids dans l'intérieur des chapeaux et même dans les plis des blouses. Mais l'endroit que préfèrent les Pélopées est l'intérieur de ces grandes cheminées si patriarcales et si fréquentes dans les villages. Singulier choix, pensera-t-on, et de fait, on se demande comment les malheureux insectes qui vont et viennent constamment, ne sont pas asphyxiés par la fumée ou grillés par le feu. Fabre a observé que lorsqu'on fait la lessive, les Pélopées n'interrompent pas leur travail et traversent rapidement le rideau de vapeur chaude sans en être incommodés ; il serait intéressant de savoir s'ils peuvent traverser une flamme de la même façon. L'observateur que nous venons de citer et auquel nous empruntons la plupart de ces détails, a vu construire des nids au-dessus d'une chaudière, c'est-à-dire en un point où la température atteignait 49 degrés.

C'est à des époques très variables de l'année que les Pélopées construisent leur nid. A cet effet, ils se mettent en quête, dans la campagne, d'un terrain détrempé, boueux. Il est alors remarquable de voir les soins qu'ils prennent pour ne pas se salir. « Les ailes vibrantes, dit Fabre, les pattes hautement dressées, l'abdomen noir bien relevé au bout de son pédicule jaune, ils ratissent de la pointe des mandibules, ils écrèment la luisante surface du limon. Ménagère accorte, soigneusement retroussée pour ne pas se salir, ne conduirait pas mieux besogne si contraire à la propreté du costume. Ces ramasseurs de fange n'ont pas

Fig. 1. — Nid en terre du Pélopée tourneur.

A la surface supérieure on remarque des trous d'éclosion par où sont sortis les insectes adultes.

un atome de souillure, tant ils prennent soin de se retrousser à leur manière, c'est-à-dire de tenir à distance tout le corps, moins l'extrémité des pattes et l'outil à récolte, la pointe des mandibules. » Le Pélopée cueille ainsi une boulette de terre humide de la grosseur d'un pois ; la maintenant avec ses mandibules, il s'envole avec elle et va la déposer à l'endroit choisi par lui. Sans la mélanger de salive, il la façonne grossièrement, l'applique à grands coups de truelle sur l'ouvrage déjà en train. Il fabrique d'abord une cellule ovoïde, de 3 centimètres environ de longueur, dont l'intérieur est creux : la paroi interne en est lisse, fine, tandis que l'extérieure est irrégulière. A côté de cette première loge, le Pélopée en fabrique une seconde, puis une troisième, et ainsi de suite, le tout étant sur un même plan. Souvent, sur celui-ci, une seconde série est construite, quelquefois même une troisième (*fig. 1*). A l'intérieur de chaque loge, le Pélopée place un certain nombre d'araignées paralysées par un coup d'aiguillon et un œuf, puis il la ferme (*fig. 2*).

Fig. 2. — Nid du Pélopée tourneur coupé en long pour en montrer l'intérieur.

Dans les loges, on voit les larves plus ou moins développées du Pélopée et tout autour les Araignées paralysées dont elles se nourrissent.

Quand la construction des cellules est achevée, le Pélopée les recouvre d'un enduit grossier de boue, qui fait ressembler le nid à une motte de glaise que l'on aurait projetée contre un mur. Fabre a eu l'ingénieuse idée d'enlever le nid avant son complet achèvement, pour voir ce que ferait l'insecte. L'édifice est enlevé, mis en poche ; son ancien emplacement montre maintenant la couleur blanche de la muraille ; il ne reste plus qu'un mince filet discontinu marquant le pourtour de la motte de boue. « Arrive le Pélopée avec sa charge de glaise. Sans hésitation que je puisse apprécier, il s'abat sur l'emplacement désert, où il dépose sa pilule en l'étalant un peu. Sur le nid lui-même, l'opération ne serait pas autrement conduite. D'après le zèle et le calme du travail, il est indubitable que l'insecte croit vraiment crépir sa demeure, alors qu'il n'en crépit que le support mis à nu. La nouvelle coloration des lieux, la surface plane remplaçant le relief de la motte disparue, ne l'avertissent pas de l'absence du nid. » Et, ainsi, trente ou quarante fois, il revient et recommence l'inutile travail.

Autre expérience, non moins curieuse. La cellule vient d'être achevée ; une araignée et un œuf y sont déposés ; le Pélopée va faire une nouvelle victime. Pendant son absence, Fabre enlève avec une pince la pièce de gibier et l'œuf. Le Pélopée va-t-il comprendre que le nid est vide ? Non. « Il apporte, en effet, dit Fabre, une seconde araignée, qu'il met en magasin avec le même zèle allègre que si rien de fâcheux n'était survenu ; il en apporte une troisième, une quatrième, d'autres encore que je soustrais à mesure en son absence, de façon qu'à chaque retour de chasse l'entrepôt est retrouvé vide. Pendant *deux jours* s'est maintenue l'opiniâtreté du Pélopée à vouloir remplir le pot insatiable ; pendant deux jours, ma patience ne s'est pas démentie non plus pour vider la jarre, à mesure qu'elle se garnissait. A la vingtième proie, conseillé peut-être par les fatigues d'expéditions répétées outre mesure, le chasseur a jugé que la bourriche était assez fournie ; et très consciencieusement il s'est mis à clôturer la cellule ne contenant rien du tout. » On pourrait longuement discuter sur l'interprétation de cette expérience, mais cela nous entraînerait trop loin.

*
* *

Beaucoup d'hyménoptères, ayant fait cette remarque, très juste, que les nids faits exclusivement avec la boue ou de la poussière, même délayée dans de la salive agglutinante, n'étaient pas très solides, ont imaginé d'y enchâsser des moellons :

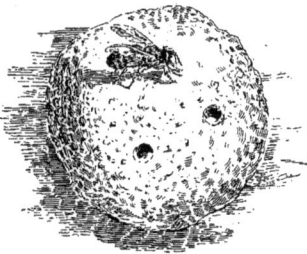

Fig. 3. — Nid de Chalicodome appliqué sur une muraille.
A la surface, on voit deux trous d'éclosion et un Chalicodome venant d'en sortir.

malgré la difficulté qu'il y a pour eux à emporter au vol des grains de gravier, ils y ont parfaitement réussi et leurs constructions ressemblent alors à celles des murs campagnards bâtis à la diable.

Les Chalicodomes que nous allons étudier méritent bien à cet égard le nom d'« Abeilles maçonnes » que leur donnait le bon Réaumur, avant l'établissement de la nomenclature. Elles construisent, en effet, avec un véritable mortier des demeures si solides (*fig.* 3) qu'il faut des instruments de fer pour les entamer. Ces nids sont établis sur des pierres ou, plus souvent, sur des murs toujours tournés vers le midi et ressemblent tout à fait à des paquets de boue étalés comme s'ils avaient été projetés par les roues des voitures ou les pieds des chevaux. Les maçonnes tiennent si bien à la solidité de leurs habitations qu'elles se gardent bien de les attacher sur des murs enduits de quelque crépi et qu'elles ont soin de les édifier sur les pierres elles-mêmes et non sur le ciment qui les réunit. De plus, elles choisissent presque toujours, pour établir leurs nids, les endroits où ils peuvent être le plus solidement assujettis : c'est surtout dans les angles formés par les plinthes, les corniches, les entablements, les saillies des fenêtres qu'elles travaillent le plus volontiers.

Ainsi que l'a noté Fabre, les Chalicodomes emploient comme matériaux de construction de la terre argilo-calcaire, mélangée d'un peu de sable et pétrie avec la salive même du maçon. Les lieux humides, qui faciliteraient l'exploitation et diminueraient la dépense en salive pour gâcher le mortier, sont dédaignés des Chalicodomes, qui refusent la terre fraîche pour bâtir, de même que nos constructeurs refusent le plâtre éventé et la chaux depuis longtemps éteinte. De pareils matériaux, gorgés d'humidité pure, ne feraient pas convenablement prise. Ce qu'il leur faut, c'est une poudre aride, qui s'imbibe avidement de la salive dégorgée et forme, avec les principes albumineux de ce liquide, une sorte de ciment romain prompt à durcir, quelque chose enfin de comparable au mastic que nous obtenons avec de la chaux vive et du blanc d'œuf.

Les Chalicodomes mâles ont le corps recouvert de velours d'un rouge ferrugineux assez vif; chez les femelles, cette toison est d'un superbe noir velouté avec des ailes d'un agréable violet sombre. Ce sont les dernières seules qui se chargent de l'édification du nid. A cet effet elles se rendent dans un endroit aride, ratissent du ciment et en font une boulette de la grosseur d'un grain de plomb à lapin qu'elles emportent entre leurs mandibules. Arrivées à l'endroit choisi, elles déposent leur pelote sur la muraille et la disposent en un bourrelet circulaire. De temps à autre, elles vont chercher des grains de sable ou du gravier qu'elles enchâssent dans la masse encore molle.

Pour faire économie de main-d'œuvre et de mortier, l'hyménoptère emploie de gros matériaux, de volumineux graviers, pour lui vraies pierres de taille. Il les choisit un à un avec soin, bien durs, presque toujours avec des angles qui, agencés les uns dans les autres, se prêtent mutuel appui et concourent à la solidité de l'ensemble. Des couches de mortier, interposées avec épargne, les maintiennent unis. Le dehors de la cellule prend ainsi l'aspect d'un travail d'architecture rustique, où les pierres font saillie avec leurs inégalités naturelles; mais l'intérieur, qui demande une surface plus fine pour ne pas blesser la tendre peau du ver, est revêtu d'un crépi de mortier pur. Du reste, cet enduit interne est déposé sans art, on pourrait dire, à grands coups de truelle : aussi le ver a-t-il soin, lorsque la pâtée de miel est finie, de se faire un cocon et de tapisser de soie la grossière paroi de sa demeure (Fabre).

Quand le Chalicodome a établi son bourrelet circulaire, il en exhausse peu à peu la muraille de manière à limiter au centre une cavité de la forme d'un dé à coudre, à orifice tourné vers le haut. Lorsque cette cuvette est achevée, l'hyménoptère abandonne son métier de maçon pour aller recueillir la nourriture nécessaire à sa future progéniture. On le voit courir affairé au milieu des fleurs et se plonger avidement dans celles des genêts, d'où il revient bientôt le jabot gorgé de miel et le corps couvert de pollen. Aussitôt arrivé à sa cellule, il y plonge la tête pour y dégorger son miel ; puis il sort et se brosse avec soin de manière à faire tomber le pollen dans la cavité. Ce nettoyage achevé, on le voit rentrer de nouveau dans la cavité pour mélanger le pollen avec le miel et en faire une pâtée bien homogène. Puis il s'en va chercher de nouvelles provisions.

La cellule une fois à demi pleine, la Chalicodome y dépose un œuf et, sans tarder, se met en demeure de fermer le domicile avec un couvercle de mortier pur qu'il construit progressivement de la circonférence au centre. Deux jours ont été nécessaires au travail complet.

Tout de suite après, la maçonne construit, tout contre la première, une deuxième cellule identique, puis une troisième, et ainsi de suite, jusqu'à huit ou dix. Bien que les cellules soient closes de toutes parts, elles ne tarderaient pas sans doute, vu la faible épaisseur du couvercle, à éclater par suite des chaleurs de l'été et à être démolies de fond en comble par les pluies d'automne ou les gelées de l'hiver. Aussi la femelle a-t-elle soin de ne pas les laisser en cet état.

Toutes les cellules terminées, elle maçonne sur le groupe un épais couvert, qui, formé d'une matière inattaquable par l'eau et conduisant mal la chaleur, à la fois défend de l'humidité, du chaud et du froid. Cette matière est l'habituel mortier, la terre gâchée avec de la salive, mais cette fois sans mélange de menus cailloux. L'hyménoptère en applique, pelote par pelote, truelle par truelle, une couche de un centimètre d'épaisseur sur l'amas des cellules, qui disparaissent complètement noyées au centre de la minérale couverture. Cela fait, le nid a la forme d'une sorte de dôme grossier, équivalent en grosseur à la moitié d'une orange (Fabre).

Le nid dont nous venons d'étudier la formation a été fait de toutes pièces. C'est un cas fréquent, mais non absolu. En effet, très souvent, quand les Chalicodomes rencontrent d'anciens nids, plus ou moins détériorés, ils se contentent de les « rafistoler » pour les mettre en état de recevoir leur progéniture. Les réparations sont, en effet, peu importantes, puisqu'elles consistent seulement à boucher les trous par où sont sortis les jeunes du premier architecte, et à arracher les lambeaux de cocon tapissant la paroi.

Ce que nous venons de dire est relatif au Chalicodome des murailles qui est essentiellement solitaire et même très jaloux de son bien. Qu'il l'ait construit lui-même ou l'ait seulement tiré d'un vieux nid, il veut le garder pour lui tout seul et éloigne avec une grande vigueur tout autre animal qui voudrait s'en emparer. Il existe en France une autre espèce dont les mœurs sont légèrement différentes, surtout en raison de sa sociabilité. C'est le Chalicodome des hangars. D'après les observations de Fabre, c'est par centaines, très souvent par nombreux milliers qu'il s'établit à la face inférieure des tuiles d'un hangar ou du rebord d'un toit. Ce n'est pas ici véritable société, avec des intérêts communs, objet de l'attention de tous, mais simple rassemblement, où chacun travaille pour soi et ne se préoccupe pas des autres ; enfin une cohue de travailleurs rappelant l'essaim d'une ruche uni-

quement par le nombre et l'ardeur. Le mortier mis en œuvre est le même que
celui du Chalicodome des murailles, aussi résistant, aussi imperméable, mais plus
fin et sans cailloutage. Les vieux nids sont d'abord utilisés. Toute chambre libre
est restaurée, approvisionnée et scellée. Mais les anciennes cellules sont loin de
suffire à la population, qui, d'une année à l'autre, s'accroît rapidement. Alors, à la
surface du nid, dont les habitacles sont dissimulés sous l'ancien couvert général
de mortier, d'autres cellules sont bâties, tant qu'en réclament les besoins de la
ponte. Elles sont couchées horizontalement ou à peu près, les unes à côté des
autres, sans ordre aucun dans leur disposition.

Chaque constructeur a les coudées franches. Il bâtit où il veut et comme il
veut, à la seule condition de ne pas gêner le travail des voisins; sinon les hous-
pillages des intéressés le rappellent à l'ordre. Les cellules s'amoncellent donc au
hasard sur ce chantier où ne règne aucun esprit d'ensemble. Leur forme est celle
d'un dé à coudre partagé suivant l'axe, et leur enceinte se complète soit par les
cellules adjacentes, soit par la surface du vieux nid. Au dehors elles sont rugueuses
et montrent une superposition de cordons noueux correspondant aux diverses
assises de mortier. Au dedans, la paroi en est égalisée sans être lisse, le cocon du
ver devant plus tard suppléer le poli qui manque. A mesure qu'elle est bâtie,
chaque cellule est immédiatement approvisionnée et murée. Semblable travail se
poursuit pendant la majeure partie du mois de mai. Enfin tous les œufs sont
pondus, et les abeilles, sans distinction de ce qui leur appartient et de ce qui ne
leur appartient pas, entreprennent en commun l'abri général de la colonie. C'est
une épaisse couche de mortier qui remplit les intervalles et recouvre l'ensemble
des cellules. Finalement, le nid commun a l'aspect d'une large plaque de boue
sèche, très irrégulièrement bombée, plus épaisse au centre, noyau primitif de
l'établissement, plus mince aux bords, où ne sont encore que des cellules de
fondation nouvelle et d'une étendue fort variable suivant le nombre des travailleurs, et par conséquent suivant l'âge du nid premier fondé. Tel de ces nids n'est
guère plus grand que la main ; tel autre occupe la majeure partie du rebord d'une
toiture et se mesure par mètres carrés.

*
* *

Les Eumènes font aussi grand usage du gravier — peut-être plus encore que
les Chalicodomes — dans la construction de leurs maisons en ciment.

Les sortes de Guêpes auxquelles les naturalistes ont donné le nom d'Eumènes
sont des gâcheurs de mortier émérites et d'habiles architectes. L'Eumène d'Amédée, de nature frileuse, recherche les rochers solides exposés en plein soleil ; il y
bâtit des nids qui, par leur aspect, rappellent assez bien la hutte des Esquimaux ;
ce sont des coupoles régulières, de deux centimètres et demi de diamètre, de deux
centimètres de haut, appliquées par leur large base sur le rocher et s'ouvrant par un
orifice, un goulot gracieusement évasé, placé vers la partie supérieure. Comme
matériaux de construction, l'Eumène d'Amédée fait un ciment avec sa salive
et de la poussière bien sèche qu'il va récolter sur les chemins poudreux ; de plus,

il emploie des petits graviers, ceux de quartz notamment, et, quand il en trouve, de petites coquilles.

D'après les observations de Fabre, le constructeur élève, sur l'emplacement choisi, une enceinte circulaire de trois millimètres d'épaisseur environ. « Avant que le mortier fasse prise, ce qui ne tarde pas beaucoup, le maçon empâte quelques moellons dans la masse molle, à mesure que le travail avance. Il les noie à demi dans le ciment, de manière que les graviers fassent largement saillie au dehors sans pénétrer jusqu'à l'intérieur, où la paroi doit rester unie pour la commode installation de la larve. Un peu de crépi adoucit au besoin les gibbosités intérieures. Avec le travail des moellons, solidement scellés, alterne le travail au mortier pur, dont chaque assise nouvelle reçoit un revêtement de petits cailloux incrustés. A mesure que l'édifice s'élève, le constructeur incline un peu l'ouvrage vers le centre et ménage la courbure d'où résultera la forme sphérique. Nous employons des échafaudages cintrés où repose, pendant la construction, la maçonnerie d'une voûte ; plus hardi que nous, l'Eumène bâtit sa coupole sur le vide. Au sommet, un orifice rond est ménagé ; et sur cet orifice s'élève, construite en pur ciment, une embouchure évasée. On dirait le gracieux goulot de quelque vase étrusque. Quand la cellule est approvisionnée et l'œuf pondu, cette embouchure se ferme avec un tampon de ciment ; et dans ce tampon est enchâssé un petit caillou, un seul, pas plus : le rite est sacramentel. Cet ouvrage d'architecture rustique n'a rien à craindre des intempéries ; il ne cède pas à la pression des doigts, il résiste au couteau qui tenterait de l'enlever sans le mettre en pièces. Sa forme mamelonnée, les graviers dont son extérieur est tout hérissé, rappellent à l'esprit certains cromlechs des temps antiques, certains tumuli dont le dôme est parsemé de blocs cyclopéens. Tel est l'aspect de l'édifice quand la cellule est isolée ; mais presque toujours, à son premier dôme, l'hyménoptère en adosse d'autres, cinq, six et davantage ; ce qui abrège le travail en permettant d'utiliser la même cloison pour deux chambres contiguës. L'élégante régularité du début disparait, et le tout forme un groupe où le premier regard ne voit qu'une motte de boue sèche, semée de petits cailloux. Examinons de près l'amas informe : nous reconnaîtrons le nombre de pièces dont se compose le logis aux embouchures évasées, nettement distinctes et munies, chacune, de son gravier obturateur enchâssé dans le ciment. »

*
* *

Tout au commencement du printemps, on voit butiner sur les fleurs de jolis hyménoptères à peau cuivreuse et à toison d'un roux vif ; ce sont des Osmies qui, au même titre que les hirondelles, nous annoncent l'arrivée des beaux jours. Malgré leur aspect élégant et délicat, ce sont des ouvrières habituées aux gros ouvrages. passant même une bonne partie de leur vie à malaxer la boue pour en faire du mortier. Pas même maçonnes comme leurs frères les Chalicodomes, elles ne sont que plâtrières.

Ignorantes de la chimie des ciments hydrauliques que ceux-ci confectionnent avec la poussière des chemins de fer mélangée avec la salive, les Osmies se contentent d'édifier leur nid avec de la vulgaire boue qu'elles recueillent et appliquent sans préparation spéciale. Ce nid si friable, qu'une goutte d'eau suffit à faire écrouler, doit, on le comprend, être établi dans un endroit abrité de la pluie. C'est, en effet, exclusivement dans les cavités abritées que nichent les Osmies, et la préoccupation de mettre leur ouvrage hors des atteintes de l'eau du ciel se montre bien lorsqu'elles élisent domicile dans les roseaux utilisés par l'homme. On n'en rencontre jamais dans les roseaux implantés verticalement comme ceux des clôtures de jardin, bien que le petit godet qui les termine en haut paraisse une cavité facile à murer ; ils abondent au contraire dans les roseaux disposés horizontalement comme dans ce que, dans le Midi, on appelle des *canisses*, c'est-à-dire des claies servant à l'éducation des vers à soie et au séchage des fruits. Dans cette position, les nids placés aux deux extrémités du roseau sont naturellement à l'abri de l'action délayante de la pluie.

Les Osmies, d'ailleurs, ne nichent pas seulement dans les roseaux ; elles acceptent presque indifféremment toutes les cachettes répondant aux conditions requises. L'une des plus singulières est celle des vieilles coquilles d'escargots. Les hyménoptères en divisent l'intérieur par des cloisons de boue, et chaque cavité reçoit un œuf. A défaut de roseaux et de coquilles, les Osmies trouvent un logis dans les cellules abandonnées des Anthophores, dans les vieux nids de Chalicodomes, dans les galeries creusées dans les talus par les Collètes, et elles ne se font même pas de scrupule de venir s'établir dans les serrures des portes, les trous des boiseries dans les maisons et les tubes de verre que l'on met à leur disposition. Chaque espèce d'ailleurs a ses habitudes, auxquelles elle ne déroge que lorsque les circonstances l'exigent. Certaines enfin n'utilisent pas la boue, mais déchiquettent les plantes herbacées ou ligneuses pour en faire une véritable pâte à papier et en édifier la demeure de leur progéniture.

Aussitôt qu'une Osmie a trouvé une cavité à sa convenance, elle la balaye avec soin, arrachant tout ce qui dépasse et allant le porter hors du logis à une certaine distance ; elle l'époussette avec amour et, travaillant à reculons, rejette la poussière à l'extérieur. Quand le calibre du canal est étroit, l'insecte accumule de suite au fond le pollen et le miel destiné à la nourriture des jeunes, après en avoir un peu crépi les murs avec de la boue quand ils ne sont pas parfaitement lisses. Lorsque le calibre est trop large, avant d'apporter toute provision, l'Osmie commence par édifier à une certaine distance du fond une cloison transversale laissant sur le côté des échancrures. Ce n'est qu'ensuite qu'elle approvisionne la cellule ; après quoi, elle bouche l'orifice et recommence une nouvelle cloison à chatière un peu plus loin, et ainsi de suite.

L'Osmie établie dans un large tube débute par le cloisonnement, qui paraît destiné à empêcher les parasites d'entrer et de venir déposer leurs œufs, au lieu et place du légitime propriétaire. Pour confectionner sa cloison, l'ouvrière commence par placer un bourrelet circulaire qu'elle augmente ensuite ; elle se fléchit en crochet, sur la cloison en formation, la tête d'un côté, l'abdomen de l'autre, l'extrémité postérieure agissant comme une truelle. La cloison prise entre celle-ci et les mandibules s'aplanit petit à petit, se lamine en quelque sorte et finalement devient une lame parfaitement bien calibrée.

Si l'on examine la série des nids disposés dans un même roseau, on remarque que les chambres ont des hauteurs différentes : les cloisons du fond sont plus éloignées les unes des autres que celles des cloisons du haut, c'est-à-dire les plus récentes, sans qu'il y ait dans le passage de l'une à l'autre une décroissance mathématique. On remarque aussi la cloison qui clôt définitivement le travail, elle est extrêmement épaisse et à intervalles soigneusement mastiqués : cet opercule est évidemment destiné à protéger tout le contenu du tube des injures extérieures.

Chaque loge contient un amas de pollen au centre duquel est dégorgé un peu de miel qui, s'infiltrant entre les grains, en fait une excellente bouillie. L'œuf est fixé sur la pâte, debout, l'extrémité postérieure engagée dans la pâte. De cette façon, aussitôt sa naissance, le ver se trouve la bouche dans la nourriture, qu'il n'a ainsi qu'à prendre sans se déplacer, ce qui, d'ailleurs, lui serait difficile puisqu'il est dépourvu de pattes. Quand elle a mangé toute la provision, la larve se file un cocon d'où sortira plus tard une Osmie adulte dont la vie active ne dure guère qu'un mois.

*
* *

Les Odynères et les Anthophores fabriquent des maçonneries, des sortes de tubes recourbés qui méritent une mention spéciale.

Les Odynères sont à la fois fouisseuses et maçonnes. Elles creusent leur nid dans les talus exposés au soleil et garnissent l'entrée d'un tube courbe dont

l'orifice est tourné vers le bas (*fig.* 4). Cette cheminée est une véritable dentelle à jour, formée de grains terreux, non disposés en assises continues et laissant entre eux de petits espaces vides ; sa longueur est d'environ un pouce et son diamètre de cinq millimètres. Cette cheminée conduit dans le couloir creusé dans le talus, c'est-à-dire dans un sol si dur que la pioche peut à peine l'entamer. De ce couloir qui descend obliquement sur une longueur d'environ un centimètre, par-

Fig. 4. — Constructions des Odynères des murailles le long d'un talus.
Une des loges creusées a été représentée ouverte pour en montrer l'intérieur, consistant en une larve d'Odynère et les chenilles dont elle se nourrit.

tent d'autres canaux rayonnant dans différents sens et que l'hyménoptère bouche quand il l'a approvisionné. « C'est vers la fin de mai, dit Réaumur, que ces guêpes se mettent à l'ouvrage, et on peut en voir d'occupées à travailler pendant tout le mois de juin. Quoique leur véritable objet ne soit que de creuser dans le sable un trou profond de quelques pouces, et dont le diamètre surpasse peu celui de leur corps, on leur en croirait un autre ; car pour parvenir à faire ce trou, elles construisent en dehors un tuyau creux qui a pour base le contour de l'entrée du trou, et qui, après avoir suivi une direction perpendiculaire au plan où est cette ouverture, se contourne en bas. Ce tuyau s'allonge à mesure que le trou devient plus profond ; il est construit du sable qui en a été tiré ; il est fait en filigrané grossier ou en espèces de guillochis. Il est formé par de gros filets grainés, tortueux, qui ne se touchent pas partout. Les vides qu'ils laissent entre eux le font paraître construit avec art ; cependant il n'est qu'une sorte d'échafaudage au moyen duquel les manœuvres de la mère sont plus promptes et plus sûres. Quoique je connusse les deux dents de ces insectes pour de fort bons instruments, capables d'entamer des corps très durs, l'ouvrage qu'elles avaient à faire me paraissait un peu rude pour elles. Le sable entre lequel elles avaient à agir ne le cédait guère en dureté à la pierre commune ; du moins les ongles attaquaient avec peu de succès sa couche extérieure, plus desséchée que le reste par les rayons du soleil. Mais étant parvenu à observer ces ouvrières au moment où elles commençaient à percer un trou, elles m'apprirent qu'elles n'avaient pas besoin de mettre leurs dents à une aussi forte épreuve. Je vis que la Guêpe commence par ramollir le sable qu'elle veut enlever. Sa bouche verse dessus une ou deux gouttes d'eau qui sont bues promptement par le soleil : dans l'instant, il devient une pâte molle que les dents râtissent et détachent sans peine. Les deux jambes de la première paire se présentent aussitôt pour le réunir en une petite pelote, grosse environ comme un grain de groseille. C'est avec cette première pelote détachée que la guêpe jette les fondements du tuyau que nous avons décrit. Elle porte sa pelote de mortier sur le bord du trou qu'elle vient de faire en l'enlevant ; ses dents et ses pattes la contournent, l'aplatissent et lui font prendre plus de hauteur qu'elle n'en avait. Cela fait, la Guêpe se remet à détacher du sable et se charge d'une autre pelote de mortier. Bientôt elle parvient à avoir tiré assez de sable pour rendre l'entrée du trou sensible, et avoir fait la base du tuyau. Mais l'ouvrage ne peut aller vite qu'autant que la Guêpe est en état d'humecter le sable. Elle est obligée de se déranger pour renouveler sa provision d'eau. Je ne sais si elle allait simplement se charger d'eau à quelque ruisseau, ou si elle tirait de quelque plante ou de quelque fruit une eau plus gluante ; ce que je sais mieux, c'est qu'elle ne tardait pas à revenir et à travailler avec une nouvelle ardeur. J'en observai une qui parvint, dans une heure environ, à donner au trou la longueur de son corps et éleva un tuyau aussi haut que le trou était profond. Au bout de quelques heures, le tuyau était élevé, de deux pouces, et elle continuait même à approfondir le trou qui était au-dessous. Il ne m'a pas paru qu'elle eût de règle par rapport à la profondeur qu'elle lui donne. J'en ai trouvé dont le trou était à plus de quatre pouces de l'ouverture, d'autres dont le trou n'en était distant que de deux ou trois pouces. Sur tel trou on voit aussi un tuyau deux ou trois fois plus long que celui d'un autre. Tout le mortier enlevé du trou n'est pas toujours employé à sa prolongation. Dans le cas où elle lui a donné à son gré une longueur suffisante, on la voit simplement arriver à l'orifice du tuyau, avancer la tête par delà le bord et jeter aussitôt sa pelote, qui tombe à terre. Aussi ai-je observé souvent une quantité de décombres au pied de certains trous. La fin pour laquelle ce trou est percé dans un mur massif de mortier ou de sable ne saurait paraître équivoque : il est clair qu'il est destiné à recevoir un œuf avec une provision d'aliments. Mais on ne voit pas aussi bien à quelle fin cette mère a bâti un tuyau de mortier. En continuant à suivre ses travaux, on saura qu'il est pour elle ce qu'un tas de moellons bien arrangé est pour les maçons qui bâtissent un mur. Tout le trou qu'elle a creusé ne doit pas servir de logement à la larve qui doit naître dedans ; une partie lui suffira. Il a été cependant nécessaire qu'il fût fouillé jusqu'à une certaine profondeur, afin que la larve ne se trouvât pas exposée à une chaleur trop grande, quand les rayons du soleil tomberont sur la couche extérieure de sable. Elle ne doit habiter que le fond du trou. La mère sait la capacité qu'elle doit laisser vide et elle la conserve ; mais elle bouche tout le reste et elle fait rentrer dans la partie supérieure du trou tout ce qu'il faut du sable qu'elle a ôté, pour le boucher. C'est pour avoir ce mortier à sa portée qu'elle a formé ce tuyau. Une fois l'œuf déposé et les provisions d'aliments mises à sa portée, on voit la mère venir ronger le bout du tuyau après l'avoir mouillé, porter cette pelote dans l'intérieur, et revenir ensuite en prendre d'autres de la même manière, jusqu'à ce que le trou soit bouché jusqu'à l'orifice. »

Fig. 5. — Édifices temporaires des Tapinoma.

Les tuyaux des Odynères ne sont donc que des édifices temporaires.

Certaines espèces d'Anthophores agissent absolument de la même façon que les Odynères, c'est-à-dire qu'elles creusent des trous dans les talus et en prolongent l'entrée par un tube recourbé vers le bas. Elles démolissent ensuite cette muraille pour boucher les orifices internes. Il paraît aussi probable que cette fortification externe est destinée à gêner l'entrée des nombreux parasites ou ennemis qui, sans

Fig. 6. — Nid de Pogomyrmex occidentales.

elle, ne se feraient aucun scrupule de pénétrer à l'intérieur du nid pour dévorer les provisions ou y déposer leurs œufs.

On peut encore rencontrer des maçons chez les Fourmis, par exemple les Tapinoma, qui bâtissent autour des plantes des édifices temporaires (*fig.* 5), à l'abri desquels elles peuvent les exploiter tout à leur aise. Les Pogomyrmex (*fig.* 6) élèvent de la même façon de véritables forteresses en terre soigneusement rapportée et malaxée.

*
* *

Plusieurs oiseaux construisent également des demeures en maçonnerie, bien que leur organisation ne semble pas *a priori* faite pour ce genre de travail.

Parmi nos espèces indigènes, les Hirondelles sont celles qui construisent leur nid avec de la terre.

L'Hirondelle rustique établit son nid (*fig.* 8) toujours dans les lieux habités ou dans leur voisinage immédiat, par exemple l'intérieur d'une maison, sous les corniches, dans les écuries, sous les hangars, dans les greniers, les chambres inhabitées, au faîte des cheminées, dans l'embrasure d'une fenêtre. Mais quel que soit le lieu choisi, l'Hirondelle a soin que le nid soit à l'abri de la pluie qui en ferait une boue informe. En général établi dans un angle, il a la forme d'un quart de sphère ; quand il est bâti sur une surface plane, c'est une demi-sphère.

Le nid est fait en terre grasse que l'oiseau va recueillir avec son bec et qu'il agglutine avec sa salive. Comme sa bouche est fort petite, on voit combien il lui faut faire de voyages pour édifier sa maison, près de 500 environ. La salive donne une grande dureté à la terre ; l'Hirondelle l'entremêle d'ailleurs de poils et de tiges d'herbes. Quand le temps est beau, elle met huit jours à le bâtir ; elle en garnit l'intérieur de poils, de plumes, de tiges fines.

Fig. 7. — Nid de l'Hirondelle de fenêtre.

Le nid est toujours très épais; son poids peut dépasser 500 grammes. Voici quelques dimensions recueillies par Lescuyer :

	Hirondelle rustique.	Hirondelle de fenêtre.
Hauteur du nid	0ᵐ085	0ᵐ11
Hauteur, y compris les attaches du haut.	0,125	
Largeur d'un côté à un autre	0,17	0,18
Largeur y compris les attaches	0,24	
Largeur du mur à la façade	0,095	0,11
Profondeur de la cuvette	0,03	0,065
Largeur de la cuvette	0,13	0,09
Cube de la cuvette	130‰	500‰
La plus grande largeur du pourtour . .	0ᵐ29	0ᵐ34
Poids de la terre	232ᵍʳ	420ᵍʳ
Poids de la paille et des herbes	3ᵍʳ	2ᵍʳ.

L'Hirondelle de fenêtre a des mœurs analogues et niche à peu près exclusivement contre les maisons et les édifices. Dans les pays peu peuplés, elle niche le long des rochers. Son nid (*fig*. 7) n'est pas recouvert par le haut comme celui de l'espèce précédente. Mais, comme cette dernière, elle utilise le même nid pendant plusieurs années de suite.

Fig. 8. — Nid de l'Hirondelle rustique.

* *
*

A l'étranger, les nids en terre des oiseaux sont plus nombreux.

Le nid du Fournier, construit en terre, diffère de celui de tous les autres oiseaux. « Lorsqu'on a franchi, dit Burmeister, les hautes chaînes de montagnes, qui séparent les grandes forêts de la côte du Brésil des prairies des campos et qu'on descend les collines de la vallée du Rio das Velhas, partout, le long de la route, sur les grands arbres isolés, au voisinage des habitations, on aperçoit sur les fortes branches horizontales de grands amas de terre, en forme de melons, bombés de tous côtés (*fig*. 9). Leur aspect a quelque chose d'extraordinaire. On croirait voir des nids de termites; mais ils sont munis d'une ouverture latérale, et ils ont tous la même forme, la même dimension, tandis que les constructions des termites sont fort irrégulières et ne sont jamais établies librement sur une branche, mais toujours à un point de bifurcation. On ne tarde pas d'ailleurs à se rendre compte de la véritable nature de ces tas de terre : on en reconnaît l'ouverture latérale, grande, ovale, et bientôt on peut voir, y entrant et en sortant, un petit oiseau au plumage jaune-roux : c'est effectivement un nid d'oiseau ; c'est celui du Fournier roux que chaque mineiro connaît sous le nom de « Jean de terre, *Joao de bano* ».

Les Brésiliens considèrent le Fournier comme un oiseau sacré ; d'après eux, il aurait des sentiments religieux, car il ne travaille pas le dimanche et tourne toujours l'ouverture de son nid vers l'Orient.

« Je vis bientôt que la première assertion n'était pas fondée, dit Burmeister, et j'en convainquis plusieurs indigènes. Cette croyance, que l'oiseau ne travaille pas le dimanche, repose sur la rapidité avec laquelle il exécute son ouvrage ; s'il le commence dans les premiers jours de la semaine, il l'a sûrement achevé avant le dimanche.

Ce nid est surprenant, quand on considère la faible taille de l'oiseau. Il est d'ordinaire construit sur une branche horizontale ou à peine inclinée, de 8 cent.

au moins d'épaisseur. Il est très rare qu'on en voie sur un toit, un balcon, la croix d'un clocher, etc. Le mâle et la femelle travaillent de concert. Ils commencent par disposer une première couche d'argile détrempée par les pluies. Ils en forment des sortes de boulettes, qu'ils transportent sur l'arbre, et qu'ils étalent à l'aide de leurs pattes et de leur bec. Lorsque cette couche a une longueur de 22 à 25 cent., les oiseaux l'entourent d'un rebord, un peu incliné en dehors, atteignant au plus 6 cent. de haut, plus élevé aux extrémités qu'au milieu et disposé de manière à former une ligne concave. Sur ce rebord, une fois qu'il est sec, ils disposent un second rebord semblable, un peu incliné en dedans ; puis en vient un troisième,

Fig. 9. — Nid du Fournier.

et ainsi de suite, jusqu'à ce que la coupole soit terminée. Sur un des côtés est ménagée une ouverture arrondie primitivement, puis demi-circulaire. Je l'ai toujours vue disposée verticalement, ayant de 8 à 11 cent. de haut, et de 5 à 6 cent. de large en son milieu. Lorsque le nid est fini, il ressemble à un petit four ayant de 16 à 19 cent. de haut, de 22 à 25 cent. de large, et de 11 à 14 cent. de profondeur. Les parois ont une épaisseur de 3 à 4 cent. La cavité intérieure a donc une hauteur de 11 à 14 cent., une longueur de 14 à 17 et une largeur de 8 à 11 cent. Je pris un nid près d'être achevé, il pesait 9 livres.

C'est dans cette cavité que l'oiseau construit son nid proprement dit : du bord droit de l'ouverture part une cloison verticale, se dirigeant dans l'intérieur de la construction, et portant une autre cloison transversale, placée au-dessus du fond. La chambre ainsi délimitée est soigneusement tapissée d'herbes sèches, et plus en dedans de plumes, de coton, etc. C'est là que la femelle pond de deux à quatre œufs blancs. Les deux parents les couvent alternativement ; tous deux nourrissent

Fig. 10. — Nids du Chélidon ariel, bâtis le long d'une falaise.

leurs petits. La construction est terminée à la fin d'août ; une première ponte a lieu au commencement de septembre ; une seconde ponte bien plus tard. »

Citons encore deux autres oiseaux exotiques, le Chélidon ariel et le Torchepot syriaque, qui demandent à la terre gâchée les éléments de leur demeure.

Le Chélidon ariel, Hirondelle autrichienne, construit en effet ses nids (*fig.* 10) avec de la terre, mais elle y ajoute un long couloir d'entrée, en forme de goulot de bouteille plus ou moins recourbé. Ces nids sont toujours groupés plusieurs ensemble le long des parois des rochers, sous le toit des maisons, dans les creux des troncs d'arbres et sont faits, parait-il, en commun.

*
* *

Le Torchepot syriaque établit son nid contre une paroi de rochers escarpés, sous une corniche exposée au levant, jamais au couchant. Il est fait avec de l'argile que l'oiseau apporte avec son bec; quand il est terminé, il est muni d'un couloir d'entrée d'environ 30 cent. de long et aboutissant à une chambre spacieuse rembourrée de poils de bœuf, de chacal, de chien et de chèvre. L'extérieur est recouvert d'élytres de coléoptères. Si l'on en croit Kruper, cet oiseau prendrait un plaisir extraordinaire à construire : il bâtit des nids dont il ne se servira jamais et répare des nids dont il n'a que faire.

Il aime son métier et, par conséquent, doit être heureux.

CHAPITRE II

Les Potiers

Les animaux que l'on peut réunir sous le nom de Potiers sont ceux qui façonnent la boue si artistement que leurs nids ressemblent à de véritables pots, œuvre d'un ouvrier tourneur. Parmi eux, pourraient prendre place, — avec indulgence, — le Pélopée tourneur, sur lequel nous nous sommes appesanti au chapitre précédent. Mais le titre de Potier convient beaucoup plus aux Agénies, dont Fabre nous a révélé l'histoire.

« Avec tout leur talent, ce sont de bien débiles créatures, costumées de noir, à peine supérieures de taille au vulgaire Cousin. Leur céramique étonne quand on songe à la faiblesse de l'ouvrier. Elle surprend davantage par sa régularité, comparable à celle que donne le tour. Fixées largement sur une base plane et adossées l'une à l'autre, les cellules du Pélopée, en leur pleine élégance du début, ne sont que des demi-cylindres dont le circuit rond s'accentue seulement à l'embouchure ; celles des Agénies, presque isolées l'une de l'autre et ne prenant appui que sur un point restreint, conservent d'un bout à l'autre une régulière convexité, pareille aux petits pots d'une minuscule vaisselle. Si l'appellation *spirifex*, ouvrier tourneur, est méritée, c'est aux Agénies qu'elle reviendrait de droit, plutôt qu'aux Pélopées ; aucun manipulateur de terre glaise n'a leur dextérité.

Les pots de l'*Agenia punctum* ont la forme de bocaux ovalaires, moins gros qu'un noyau de cerise. Ceux de l'*Agenia hyalipennis* affectent la configuration conoïde, plus étroite à la base, plus large à l'embouchure, comme le gobelet primitif, le *cyathus* antique. Les uns et les autres ont l'intérieur poli et l'extérieur fortement granulé, le constructeur laissant saillir au dehors la petite bouchée de mortier qu'il vient d'apporter, sans chercher à l'égaliser comme il le fait avec tant de soin sur la paroi interne. Ces granulations sont l'équivalent des bourrelets obliques laissés par le Pélopée. Aucun crépi, aucun badigeon ne vient voiler la gracieuse terraille ; aucune doublure de consolidation n'est surajoutée. Telle elle est quand le potier vient d'en façonner le goulot, telle la pièce reste après avoir reçu son couvercle et sa petite Araignée avec un œuf sur le flanc. Disposées bout à bout en série sinueuse ou bien groupées en amas confus, les urnes des Agénies sont donc dépourvues de toute protection, malgré leur fragilité.

La mère, néanmoins, déploie une précaution ignorée du Pélopée. Déposée à l'intérieur d'une cellule de ce dernier, une goutte d'eau rapidement s'étale et disparait en imbibant la paroi : à l'intérieur d'une cellule d'Agénie, elle persiste sur le point touché sans pénétrer dans l'épaisseur. L'urne est donc vernie à la face interne comme le sont nos vulgaires pots, devenus imperméables à la faveur du silicate de plomb fourni par l'alquifoux du potier. L'hydrofuge employé ne peut être que la salive de l'Agénie, réactif de peu d'abondance, vu l'exiguïté de l'insecte ; aussi n'est-il appliqué qu'à l'intérieur. Si je dépose, en effet, une cellule debout sur une goutte d'eau, je vois l'humidité gagner promptement de la base au sommet et faire tomber en bouillie le pot, dont il finit par ne rester qu'une mince couche interne, plus résistante.

J'ignore où les Agénies prennent leurs matériaux. Recueillent-elles, suivant les us du Pélopée, de la glaise toute préparée, de la terre humide, de la boue, de l'argile naturellement plastique ; ou bien, imitant la méthode des Chalicodomes, font-elles usage du ciment sec saturé atome par atome et converti en pâte avec le liquide salivaire ? L'observation directe n'a rien pu m'apprendre à cet égard. D'après la couleur des cellules, tantôt rouges comme la terre de nos étendues caillouteuses, tantôt blanchâtres comme la poussière des routes, tantôt grisâtres comme certains lits de marne, je vois fort bien que la matière à pots est cueillie partout indistinctement, sans pouvoir décider si, au moment même de la récolte, elle est en pâte ou en poudre.

J'incline cependant, vers cette dernière alternative, à cause de l'imperméabilité des cellules à l'intérieur. Une terre déjà imbibée d'humidité naturelle ne s'imbiberait pas aisément de la salive de l'Agénie et ne pourrait acquérir les qualités hydrofuges que je lui trouve. Cette particularité rend très probable la récolte de ciment sec, ciment que gâche l'insecte pour en faire de la glaise plastique. Comment s'expliquer alors l'extérieur du pot qui s'éboule au contact d'une goutte d'eau, et l'intérieur qui persiste ? De la manière la plus simple : pour les matériaux de l'extérieur, le potier emploie simplement l'eau dont il s'abreuve de temps en temps ; pour les matériaux de l'intérieur, il emploie la salive pure, réactif précieux qu'il faut dépenser avec économie afin de monter son ménage en suffisante vaisselle. Pour construire ses pots, l'Agénie doit posséder double réservoir à liquides : le jabot, gourde qui s'emplit d'eau aux sources ; la glande, fiole où s'élabore parcimonieusement le produit chimique hydrofuge.

Le Pélopée ignore ces moyens savants. A la boue récoltée toute faite, il n'ajoute rien qui développe plus tard de la résistance ; atteintes par l'eau, ses loges rapidement s'imbibent et laissent l'humidité suinter à l'intérieur. De là probablement pour lui la nécessité d'un épais crépi qui sauvegarde la demeure trop perméable. A chaque potier son lot : au géant, la couverte glacée de vernis.

Malgré leur enduit interne, les loges de l'Agénie sont trop altérables par l'eau et d'ailleurs trop fragiles pour rester impunément exposées à l'air libre. Un abri leur est nécessaire autant qu'à celles du Pélopée. Cet abri se rencontre un peu partout ; j'en excepte nos demeures, où le frêle potier bien rarement cherche asile. Une petite cavité sous la souche d'un arbre, un trou dans quelque muraille exposée au soleil, une vieille coquille d'Escargot sous un tas de pierres ; une ancienne galerie de Capricorne forée dans le chêne, la demeure abandonnée d'un Anthophore, le boyau de mine d'un gros Lombric ayant vue sur un talus sec, le puits d'où est remontée la Cigale, tout enfin lui est bon pourvu que le logement soit à l'abri de la pluie. Une seule fois l'*Agenia punctum*, plus fréquente que l'autre, est venue me visiter. Elle avait établi sa collection de pots dans des petits cornets de papier déposés sur les étagères d'une serre et destinés à la récolte des graines. Cette nidification sur une feuille de papier m'a rappelé le Pélopée confiant ses loges aux registres d'une distillerie, aux rideaux d'une fenêtre. Indifférents sur la nature du support de leurs nids, les deux potiers ont parfois des choix d'emplacement bien étranges. »

*
* *

Citons encore un autre potier.

L'Eumène pomiforme, plus commun que l'Eumène d'Amédée, décrit au chapitre précédent, est moins difficile sur la quantité de chaleur et par suite sur l'exposition

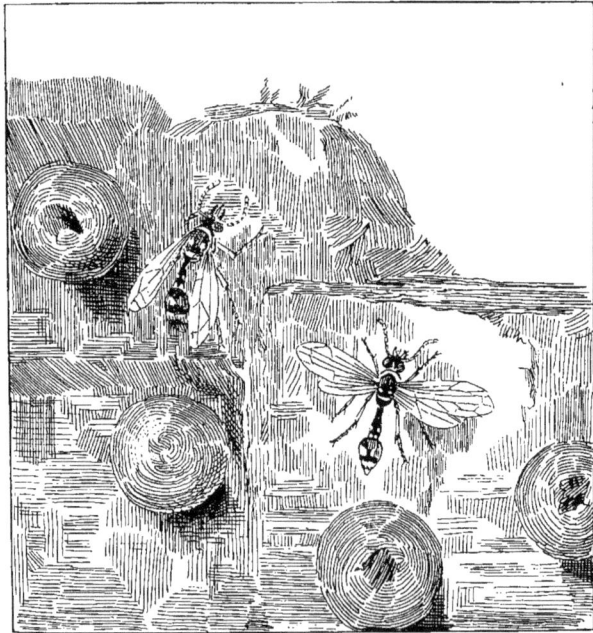

Fig. 11. — Nids de l'Eumène pomiforme.

aux endroits ensoleillés ; il édifie sur les murs (*fig.* 11), les pierres isolées, les contrevents, voire même sur les branches des arbres ou les tiges d'une plante herbacée. Son nid, qui atteint la grosseur d'une médiocre cerise, diffère de celui de l'Eumène d'Amédée par sa substance et sa forme. Il est, en effet, bâti en pur mortier, sans l'emploi d'aucun cailloutis extérieur. « S'il est édifié sur une base horizontale d'ampleur suffisante, c'est un dôme avec goulot central, évasé en embouchure d'urne. Mais quand l'appui se réduit à un point, sur un rameau d'arbuste par exemple, le nid devient une capsule sphérique, surmontée toujours d'un goulot, bien entendu. C'est alors, en miniature, un spécimen de poterie exotique, un alcarazas pansu. Son épaisseur est faible, presque celle d'une feuille de papier ; aussi s'écrase-t-il au moindre effort des doigts. L'extérieur est légèrement inégal. On y voit des rugosités, des cordons, qui proviennent des diverses assises de mortier ; ou bien des saillies noduleuses presque concentriquement distribuées. » (Fabre.) Dans ces coffrets, la mère entasse des chenilles paralysées destinées à nourrir sa progéniture.

CHAPITRE III

Les Tisserands

Quelle admirable série que celle des Tisserands, corps de métier que l'on ne rencontre que chez les oiseaux ! En entrelaçant des herbes, ils arrivent à fabriquer des nids, ou plutôt des bourses, véritables merveilles autant par leur légèreté que par leur élégance et leur « confortable ». Ces demeures, berceaux de leur progéniture, sont tellement variées de formes, que nous allons être obligés d'en faire une longue énumération pour les faire connaître. Pour donner de suite une idée de leur variété, disons seulement que certains ont des parois d'une épaisseur de plusieurs centimètres, tandis que d'autres sont tellement fins qu'on les croirait tissés avec des toiles d'araignées : ce sont de véritables résilles qui permettent de voir du dehors les jeunes recevoir la becquée à l'intérieur.

*
* *

Les « Tisserins » ont été ainsi nommés parce qu'ils « tissent » littéralement des nids avec de petites branches, des racines et surtout des tiges d'herbes très flexibles qu'ils entrelacent de manière à en faire un tout très solide et dont ils agglutinent les brins avec leur salive ou de la terre. La forme de ces nids varie d'ailleurs avec les espèces, mais ce sont toujours des sortes de bourses suspendues de manière que l'orifice soit en bas ou sur le côté. Voici, d'après Brehm, comment est fait celui du Tisserin loriot (*fig.* 12) : « L'oiseau commence à établir une charpente, formée de longues tiges d'herbes et la suspend à l'extrémité d'un rameau long et flexible. On reconnaît déjà la forme du nid, mais il est entièrement à claire-voie. Il en épaissit alors les parois. Toutes les tiges sont tirées de haut en bas de manière à former un toit. Sur un côté, d'ordinaire vers le sud, est ménagée une petite ouverture arrondie. Le nid a, à ce moment, la forme d'un cône tronqué, appendu à une demi-sphère. L'oiseau travaille alors à l'achèvement du couloir d'entrée. Ce couloir part de l'ouverture, et descend le long de la paroi, à laquelle il est solidement attaché : c'est à son extrémité inférieure que se trouve l'entrée. Le Tisserin termine en tapissant l'intérieur de tiges d'herbes extrêmement fines. Souvent la construction continue pendant la ponte. On trouve dans ces demeures de trois à cinq œufs, de 2 cent. de long, verts, et tachetés de brun. Dans des nids tout semblables, je trouvai des œufs de même dimension, mais blancs au lieu d'être verts. Heuglin dit que les œufs de tisserins passent du blanc au rougeâtre et

Fig. 12. — Nids du Tisserin loriot.

au vert ; il fait remarquer, et avec raison, que le mâle est le véritable constructeur, et que souvent il travaille par prévision ; qu'au temps des amours, il bâtit des nids qui ne paraissent pouvoir être utilisés immédiatement. Il semblerait que la femelle couve seule ; souvent j'ai vu que le mâle la nourrissait. C'est un spectacle charmant que celui des Tisserins dans leur nid. L'activité est considérable dans la colonie, pendant que les femelles couvent, et plus encore pendant que les jeunes se développent. Les parents arrivent l'un après l'autre et de minute en minute, se suspendent au nid, et y pénètrent pour donner à manger aux petits affamés. Les nids serrés les uns contre les autres donnent à l'arbre l'aspect d'une ruche d'Abeilles. Des oiseaux y arrivent, d'autres en partent sans cesse. C'est, en un mot, un va-et-vient continuel. » A l'intérieur de chaque nid (*fig.* 13), il y a un espace spécial, une sorte de nid intérieur pour recevoir les œufs.

Fig. 13. — Intérieur d'un nid de Tisserin loriot.

Le Tisserin Mahali garnit son nid d'épines, la pointe tournée en dehors, qui empêchent l'approche des ennemis (*fig.* 14).

Le Tisserin à tête jaune accroche son nid aux branches des palétuviers ou, à défaut, aux feuilles des palmiers et des cocotiers. Tressé avec différentes herbes, il affecte la forme d'une cornue, dont la partie renflée représente la cavité proprement dite. Parfois, il présente deux ou trois renflements successifs (*fig.* 15), qui lui donnent un aspect singulier. A côté de ces nids très volumineux, on en voit d'autres, à peine formés, que l'on a pris d'abord pour les nids des mâles : on sait aujourd'hui que ce sont des nids inachevés destinés à être complétés plus tard. Ils sont souvent réunis en très grand nombre sur un même arbre qui se trouve toujours dépourvu de feuil-

Fig. 14. — Nid du Mahali.

les, sans doute parce que les oiseaux les mangent, soit pour s'en nourrir, soit pour permettre aux rayons de soleil de chauffer les nids et de hâter l'incubation.

Le Tisserin Baya (dit aussi Mélicourvi Baya) est tout aussi remarquable au même point de vue. Jerdon a fait sur cet oiseau de l'Inde d'intéressantes observations : « Il se nourrit principalement de graines de toute espèce, surtout de riz, et jamais je n'ai remarqué qu'il mangeât des fruits, comme l'a avancé Sykes. Pendant le repos, toute la bande fait entendre un gazouillement continuel. Souvent le Baya se réunit à d'autres oiseaux. Je l'ai vu avec la Passerine mélanocéphale et Sykes avec le Moineau commun.

Le Baya niche pendant la saison des pluies, du mois d'avril au mois de septembre, suivant les localités. Je ne sais s'il a plusieurs couvées par an. Son nid est
long, en forme de cornue. Il est pendu d'ordinaire à un palmier, rarement à un
autre arbre. Souvent il est établi sur un arbre dont les branches penchent sur un
cours d'eau, surtout si ces branches sont nombreuses et peu serrées.

Dans l'Inde, je n'ai jamais vu ce nid que sur les arbres ; mais il paraîtrait que,
dans le Burma, l'oiseau le suspend parfois au chaume des maisons. Dans le Ran-
goon, on voit des huttes qui portent ainsi vingt, trente de ces nids et plus ; et j'ai

Fig. 15. — Nid du Tisserin à tête jaune.

visité une habitation où toute une colonie s'était établie. Plus d'une centaine de
nids pendaient du toit, tout autour de la maison. Il est singulier que cet oiseau,
qui, dans certaines parties de l'Inde, recherche le voisinage des lieux habités, se
retire dans d'autres jusque dans les fourrés les plus épais, ou s'établisse sur les
arbres isolés, au milieu des rizières peu fréquentées.

Ce nid (fig. 16) est formé de tiges de diverses herbes que le Baya cueille lorsqu'elles sont encore vertes, et parfois de nervures de feuilles de palmier. J'ai
remarqué que ces derniers nids étaient moins volumineux et moins bombés que
les autres, comme si le petit architecte savait qu'une substance aussi solide n'a
pas besoin d'être employée en aussi grande quantité que les herbes. En somme,
les nids varient beaucoup de forme et d'aspect. Lorsque la construction est assez
avancée, lorsque la chambre qui doit renfermer les œufs est terminée, le Baya fait
une forte cloison, un peu latérale ; si on enlève le nid à ce moment, on trouve

qu'il a la forme d'un panier avec son anse. — Plusieurs naturalistes ont voulu voir dans la partie ainsi séparée la chambre du mâle ; mais ce n'est, en réalité, que le seuil, séparant le nid proprement dit de son couloir d'entrée, seuil qui doit être très fort, car c'est là que se percheront les parents et plus tard les petits.

Fig. 16. — Nid du Tisserin Baya.

Jusqu'à ce moment, les deux époux travaillent de concert ; mais dès que le seuil est construit, la femelle se retire dans l'intérieur du nid, tisse les brins d'herbe que lui apporte le mâle, et celui-ci achève seul l'extérieur. Cette construction prend beaucoup de temps. La chambre des œufs est d'un côté de l'entrée, le couloir de l'autre. Ce travail terminé, survient une période de repos. Pendant ce temps les oiseaux portent des morceaux d'argile dans leur nid. On a fait à ce sujet diverses hypothèses. Les indigènes prétendent que le Baya y enchâsse des vers luisants destinés à éclairer le nid. Layard croit que l'oiseau y aiguise son bec ; Burgess est d'avis que cet argile sert à consolider l'édifice ; pour moi, j'en doute fort. Après avoir examiné bien des nids et d'après la place qu'occupe cette argile, je crois qu'elle ne peut servir qu'à maintenir l'équilibre de la construction, en faire moins le jouet du vent. Dans un nid, je trouvai environ trois onces d'argile, et à six endroits différents. On admet généralement que les nids imparfaits sont construits par le mâle, pour son usage particulier, et que ce n'est que dans ceux-ci que l'on trouve de l'argile ; mes observations ne s'accordent nullement avec cette supposition. Je crois que ces nids imparfaits sont des nids abandonnés, pour une cause ou pour une autre.

D'après ce que j'ai vu, le Baya ne pond d'ordinaire que deux œufs allongés, de forme régulière ; d'autres observateurs en ont trouvé un plus grand nombre : Sundewall trois, Layard de deux à quatre, Burgess de six à huit, Tikell de six à dix ; Blyth croit que le nombre ordinaire est de quatre ou cinq. Pour mon compte, je n'en ai trouvé trois qu'exceptionnellement, et je crois que deux est le nombre moyen. Quand il y a six œufs et plus dans un même nid, c'est que plusieurs femelles y ont pondu. »

D'après une légende malaise, celui qui peut ouvrir un nid de Baya sans en rompre un seul chaume, y trouve une boule d'or. Or comme le nid est très solide et ne se laisse pas ouvrir sans être déchiqueté, on voit que jamais on n'arrive à trouver ladite boule.

Quant à l'éclairage des nids des Bayas par des animaux lumineux enfermés dans des boulettes d'argile, elle est très controversée. « Dans ces abris tissés avec un art extrême, dit F. Houssay, on trouve toujours de petites boulettes d'argile, que la sécheresse a durcies. Pourquoi, dans quel but cet oiseau entasse-t-il ainsi ces objets ? Est-ce poussé par un instinct de collectionneur moins parfait que celui des Chlamydères ? Ce n'est guère à supposer. Peut-être entend-il rendre son nid plus lourd et l'empêcher par ce lest d'être balancé à toutes les brises, quand les époux sont sortis, et que le léger poids des jeunes ne suffit plus pour assurer la stabilité de l'édifice. Le rôle de ces boulettes serait tout autre, et bien plus surprenant, d'après les dires des Indiens, confirmés par les observations de Severn et du capitaine Briant, telles que les rapporte M. R. Dubois (Science et Nature, 1885). Dans les régions tropicales, les insectes lumineux émettent des lueurs brillantes, dont les vers luisants de nos pays ne peuvent donner qu'une idée infime. Ces étoiles volantes ou rampantes constellent les forêts vierges. Dans l'Amérique du Sud, les Indiens utilisent un de ces insectes, le *Cucujo*, l'attachent à leur orteil comme une petite lanterne et profitent de son éclat suffisant pour retrouver leur chemin ou écarter les serpents de leurs pieds nus. Les premiers missionnaires aux Antilles, manquant d'huile pour leurs lampes, les remplaçaient par des Taupins pour lire matines. Le Mélicourvi Baya avait déjà trouvé ce procédé d'éclairage, et les mystérieuses boulettes d'argiles ne seraient autre chose que des bougeoirs, où ces oiseaux enchâssent, quand elles sont fraîches, des vers luisants en guise de bougies. L'entrée du nid est ainsi toute lumineuse. Apparemment, cet éclairage est une mesure défensive, car les Bayas n'ayant rien à faire la nuit, si ce n'est à dormir, doivent plutôt être incommodés qu'égayés par cette douce lueur. Mais le redoutable ennemi de toutes les couvées, le serpent, est, dit-on, effrayé par cette illumination protectrice et n'ose pas la franchir. Le système est ingénieux, et les empereurs romains, en se servant, comme torches, de chrétiens enflammés, n'étaient que les plagiaires de ce petit oiseau qui pave de suppliciés le seuil de sa demeure d'amour. »

* * *

Les Quéléas, oiseaux du Soudan, tissent des nids avec autant d'art que les Tisserins proprement dits. Voici ce qu'en dit Vieillot : Ils nichent en société sur les arbres, les uns près des autres. Leurs nids pendent aux extrémités des branches. Ils sont formés d'herbes sèches et cassantes, mais auxquelles ils savent donner la solidité et la flexibilité des joncs, en les imbibant d'un liquide mucilagineux. Ils les fixent avec les pattes, les lissent avec le bec, les tournent, les retournent de tous côtés, les plient en zigzag, les tortillent en vrille. Ils suspendent trois ou quatre tiges d'herbe à un petit rameau, en mettent d'autres en travers, pour leur donner plus de solidité et pour rapprocher les petites branches qui forment la charpente du nid. Pendant la construction, mâles et femelles se disputent continuellement. Le nid est si artistement construit, qu'il ressemble à un panier d'osier finement tressé. Le mâle travaille d'ordinaire à l'extérieur, la femelle à l'intérieur, se tendant mutuellement les matériaux. Le nid est sphérique, sauf en avant, où il est droit ; au milieu de cette paroi antérieure, se trouve l'ouverture. Les oiseaux n'y travaillent que trois ou quatre heures, chaque matin, mais avec tant d'ardeur que le tout est fini en moins de huit jours.

* * *

Tous les tisserands que nous venons de passer en revue, *suspendaient* leurs nids. L'Euplecte franciscain en confectionne avec des tiges vertes, qui, sous le rapport de l'élégance, ne le cèdent en rien aux précédents, mais qui sont simplement cachés dans de petits buissons, entourés de hautes herbes. Les parois en sont treillagées et les mailles en sont si lâches qu'on peut apercevoir les œufs de l'extérieur.

* * *

N'oublions pas de citer, en passant, le nid très remarquable des Alectos, les commensaux des buffles, et dont Brehm dit ce qui suit : « Ce n'est pas un oiseau des plus communs, et on ne le voit jamais seul ; il est toujours en bandes. Celles-ci ne sont pas très considérables, comme on peut le conclure du nombre des nids formant une colonie. J'ai compté trois, six, treize, dix-huit de ces nids sur un même arbre, et il faut que cet arbre soit assez fort pour porter ces constructions. Chaque nid, en effet, est colossal, relativement à la taille de l'espèce ; car il a de 1 mètre à 1ᵐ,20 de diamètre. Il est formé de branches et de rameaux, surtout de mimosas épineux. L'oiseau dispose ces matériaux à la bifurcation d'une branche, mais il les entrelace si lâchement, et d'une manière si désordonnée, que l'on voit l'intérieur du nid. Du dehors, ce nid paraît tout hérissé. Il a une entrée assez

large pour qu'on y puisse introduire le poing ; cette entrée va se rétrécissant, et
aboutit à un couloir qui livre juste passage à l'oiseau. L'intérieur est tapissé de
petites racines et d'herbes. Heuglin dit que l'on trouve des nids encore plus grands,
ayant de 1ᵐ,50 à 2ᵐ,50 de longueur, et de 1 mètre à 1ᵐ,50 de hauteur et de largeur.
Dans ce cas, il y a de trois à huit nids réunis ensemble, chacun construit comme je
viens de le dire, tapissé d'herbes fines et de plumes, et renfermant trois ou quatre
œufs. Ceux-ci ont une coquille très mince, blanche, ponctuée et tachée de gris ou
de brun. » Les Alectos n'ont pas plus de vingt centimètres de longueur ; on voit
quelle grande disproportion il y a entre l'ouvrier et son œuvre.

***

Parmi les oiseaux tisserands, il y a encore à citer les Baltimores vulgaires (*fig.* 17),
intéressants en ce qu'ils savent adapter la structure de leur nid à la rigueur du
climat. « Leur nid est diversement construit et plus ou moins chaudement rembourré, suivant les localités. L'oiseau le suspend à une branche et le tisse avec
beaucoup d'art. Dans les Etats du Sud de l'Amérique du Nord, ce nid est fait
exclusivement de mousse d'Espagne, et les parois en sont très lâches, ce qui permet à l'air de circuler facilement du dehors au dedans, et réciproquement. L'intérieur n'est tapissé par aucune substance chaude ; bien plus, le nid est d'ordinaire
exposé au couchant. Dans les Etats du Nord, le nid est tourné de façon à recevoir
les rayons du soleil, et il est tapissé des matériaux les plus fins et les plus chauds.
On voit que l'oiseau s'accommode parfaitement au climat. Il construit son nid comme
le Loriot. Les substances qu'il emploie sont recueillies sur le sol, et lorsqu'il en a
rencontré qui lui conviennent, il les emporte, les fixe avec son bec et ses pattes à
l'extrémité d'une branche, et entrelace le tout avec la plus grande habileté. » Au
moment de la nidification, le Baltimore peut devenir désagréable. Les ménagères
ont à veiller sur le lin qu'elles mettent à blanchir, car l'oiseau emporte tous les fils
qu'il peut trouver, pour en tisser son nid.

***

Les Cassiques, si curieux par la faculté qu'ils ont d'imiter tous les bruits environnants, sont aussi remarquables sous le rapport de leurs nids (*fig.* 18), qui sont
en forme de bourses et suspendus en grand nombre comme les fruits à un même
arbre. Leur confection est longue ; aussi les oiseaux utilisent-ils le même pendant plusieurs années de suite, en le réparant avant chaque couvée. La texture en
est si lâche que l'on peut voir, au travers des parois, l'oiseau qui couve et les petits
demander la becquée. Les fibres qui constituent presque exclusivement leur trame
sont arrachées aux arbres eux-mêmes par l'oiseau. « L'oiseau se perche sur la branche, il en pince l'écorce externe avec son bec, la détache sur une longueur de
quelques pouces, saisit l'extrémité libre et s'envole de côté, d'une façon toute particulière, de manière à arracher des fibres d'une étendue de trois à quatre aunes. »
(Schomburgk.) Ces nids ont cinq ou six pouces de diamètre et jusqu'à trois ou
quatre pieds de long. Leur ouverture est en haut. Il y en a une quarantaine par

arbre. « Le naturaliste, le chasseur, ne peuvent voir un plus beau spectacle que celui d'un arbre ainsi chargé de nids, et sur lequel se meuvent en grand nombre

Fig. 17. — Nid du Baltimore vulgaire.

ces beaux et grands oiseaux. Les mâles écartent leur superbe queue, ils entr'ou-vrent leurs ailes, baissent la tête, gonflent leur jabot, et font alors entendre leur

voix singulière. En volant, ils produisent avec leurs ailes un bruit qui s'entend à
une certaine distance. On peut rester des heures entières à observer ces oiseaux

Fig. 18. — Nid du Cassique.

sans les effrayer » (d'Azara). Malgré leur texture ajourée, les nids sont si solides
qu'on ne peut les déchirer qu'avec la plus grande peine.

∗

L'Arachnocestre, qui vit dans les plantations de bananiers, tisse son nid d'une
manière un peu particulière. Ce nid, dit Bernstein, ressemble à une demi-poire
coupée en long. Cette comparaison, cependant, ne s'applique qu'à la forme de l'intérieur du nid, car l'extérieur est arrondi. Il a de 16 à 19 cent. de long et de 8 à

11 cent. de large, il est fixé à l'extrémité d'une grande feuille à peu près verticale, de telle façon que la cavité soit du côté supérieur de la feuille. Celle-ci ferme
en quelque sorte le nid en arrière et en constitue la paroi postérieure. En bas et
sur les côtés, le nid et la feuille sont solidement accolés l'un à l'autre au moyen de
fils de coton, à la façon du nid du Couturier. A la partie supérieure se trouve une
ouverture allongée, qui est l'orifice d'entrée et de sortie. Lorsque l'oiseau couve,
il ne peut voir au dehors, à moins que la feuille ne soit déchirée. L'intérieur du
nid est tapissé exclusivement de feuilles, de fibres molles, de quelques chaumes ;
les parois extérieures sont formées des mêmes substances, mais plus grossières.
L'Arachnocestre longirostre recherche surtout, à cet effet, les feuilles sèches, dont
la putréfaction ne laisse subsister que le squelette formé par les nervures. A première vue, on croirait voir une toile d'araignée plutôt qu'un nid d'oiseau.

*   *
*

La plupart des oiseaux tisseurs habitent les régions chaudes. On peut aussi en
rencontrer dans les pays plutôt froids. C'est ainsi que dans l'Est de l'Europe on
trouve un petit oiseau, la Remiz penduline, dont le nid suspendu au-dessus de l'eau
est artistiquement confectionné (*fig.* 19). C'est une bourse de 16 à 22 cent. de
haut et de 11 à 14 cent. de diamètre, avec, sur le côté, une ouverture ressemblant
au goulot d'une bouteille. Ce nid suspendu a de tous temps attiré l'attention,
et les Mongols le disent doué de propriétés médicinales toutes particulières. « Pour
guérir la fièvre intermittente, rapporte de Radde, on fait respirer la fumée que
dégage un morceau d'un de ces nids que l'on brûle. Un nid ramolli dans l'eau
chaude guérit les rhumatismes : il suffit de l'appliquer sur la partie douloureuse.
Les Mongols croient que quand un nid a deux ouvertures, c'est que le mâle et la
femelle n'y vivent point en paix ; que quand il n'y en a qu'une, c'est que le mâle
s'y tient en sentinelle pendant que la femelle couve. » Chaque nid contient de sept
à huit œufs.

Baldamus a donné du nid de la Remiz une description très exacte. « Pendant
sept semaines, dit-il, j'ai pu observer cette espèce presque tous les jours, alors
qu'elle était occupée à construire son nid, et j'ai eu dans mes mains plus de trente
de ces nids. Cette observation est d'autant plus intéressante, que l'oiseau est très
confiant et ne se gêne pas pour continuer son œuvre en présence même de l'homme.
J'ai pu ainsi suivre toute la marche de son travail, voir le nid dans toutes les périodes de sa construction. Je n'ai trouvé de nids que dans les marais et aux extrémités des branches des saules. Jamais je n'ai vu de nid placé immédiatement
au-dessus de la surface de l'eau, ni tellement avancé au milieu des roseaux qu'il
en fût complètement caché. — Bien au contraire, ces nids étaient tous en dehors
des fourrés de roseaux, d'ordinaire vers leur lisière, au-dessus de l'eau, et étaient
à une hauteur de douze à quinze pieds du sol. Il n'y en avait que deux qui en
fussent à huit ou dix pieds, très peu à vingt ou trente pieds ; un se trouvait à la
cime d'un saule très élevé.

Le mâle et la femelle déploient une grande ardeur à construire leur nid, et cependant on a de la peine à comprendre comment ils achèvent une œuvre pareille en moins de quinze jours. Tous les individus ne sont pas aussi adroits les uns que les autres ; cependant les nids les plus grossièrement construits sont ceux qui datent d'une époque de l'année déjà avancée, alors que l'oiseau a déjà vu plusieurs de

Fig. 19. — Nid de la Remiz penduline.

ses nids détruits par les pies. Dans ce cas, la femelle pond dans un nid à peine fait à moitié, et elle continue à y travailler jusqu'à ce qu'elle se mette à couver.

J'ai trouvé deux nids pareils, qui renfermaient des œufs. — La Remiz penduline travaille à ses constructions au mois d'avril, par conséquent avant l'époque où les roseaux sont déjà grands ; ce n'est guère, cependant, qu'en juin ou juillet que l'on trouve beaucoup de nids.

La Remiz penduline commence par faire choix d'un rameau mince, pendant, présentant une ou plusieurs bifurcations à peu de distance de son point d'origine. Elle l'entoure de laine, plus rarement de poils de chèvre, de loup, de chien, ou de filaments d'écorce. Entre les branches de la bifurcation, elle fixe les parois latérales du nid, les tisse jusqu'à ce qu'elles dépassent assez ces branches pour qu'elle puisse les rattacher par en bas l'une à l'autre et former ainsi un plancher aplati. Ce nid, ainsi ébauché, ressemble à un panier à bords plats : c'est ce que l'on a décrit jusqu'à présent comme le nid de plaisance du mâle. Les parois extérieures sont ensuite solidifiées. L'oiseau se sert à cet effet du duvet des peupliers ou des saules, qu'il agglutine au moyen de sa salive, et qu'il fixe avec des filaments d'écorce, de la laine et des poils. Le nid présente alors la forme d'un panier à fond arrondi. A ce moment, l'oiseau commence à construire une petite ouverture latérale circulaire. Cette ouverture n'est cependant pas la seule : le nid en a deux ; l'une est munie d'un couloir de un à trois pouces de long ; l'autre reste ouverte. — Une des ouvertures est fermée plus tard ; j'ai vu cependant un nid où cette ouverture n'avait pas été bouchée. — Enfin, la Remiz penduline dépose au fond de son nid une couche d'environ un pouce d'épaisseur de duvet végétal, et la construction est terminée. »

CHAPITRE IV

Les Fabricants de Papier et de Carton

Il y a quelques années, on fabriquait presque exclusivement le papier avec des chiffons, lesquels sont formés, en grande partie, de fibres végétales. Aujourd'hui, on se sert de bois que l'on réduit en poudre et dont on fait une pâte. Celle-ci est ensuite étalée, puis séchée, pour donner soit des feuilles souples de papier, soit des cartons rigides. Les hyménoptères du groupe des Guêpes nous ont depuis longtemps devancé dans cette industrie, et le papier qu'elles fabriquent ne le cède en rien au nôtre. Elles savent aussi bien que nous faire du papier buvard et du papier collé. Quand leur papier est placé sous terre, c'est-à-dire en un endroit où il n'a rien à craindre de la pluie, il est simplement façonné avec des fibres de bois réduites en pulpe; lorsqu'au contraire il est en plein air, pour que la pluie ne le détruise pas, les Guêpes l'enduisent d'un vernis protecteur; elles le « collent » véritablement. Quelques-unes font du carton d'une finesse et d'une dureté qui excitent l'admiration des manufacturiers eux-mêmes. Papier et carton sont employés par elles pour faire des nids qui, presque toujours, se composent, à l'extérieur, de feuillets protecteurs et, à l'intérieur, d'alvéoles hexagonaux, dont la régularité est digne de ceux des nids d'Abeilles. Nous allons donner, d'après M. Girard, dont le beau *Traité d'entomologie* est bien connu, des renseignements circonstanciés sur ces nids très curieux et assez variables d'une espèce à l'autre.

C'est au mois d'avril qu'on voit les femelles fécondes occupées, soit à rechercher un lieu favorable pour la construction de leur nid, soit à recueillir les premiers matériaux nécessaires pour l'établir.

Ce sont les fortes mandibules, dont les dents de l'une s'engrènent entre celles de l'autre, qui servent le plus aux mères Guêpes et aux ouvrières, soit pour l'édification du nid, soit pour alimenter les larves. Les parcelles d'écorces ou de bois plus ou moins ramollies par les pluies sont roulées par ces mandibules, façonnées ensuite en une petite boule que l'insecte emporte entre ses mandibules jusqu'au lieu où il doit en faire usage. On voit souvent, posées sur des planches ou des appuis de fenêtre, des Guêpes ou des Polistes ouvrant leurs mandibules et appuyant en même temps leur tête pour enfoncer dans le bois leurs dents apicales, puis détachant, en cherchant à fermer ces mandibules, des fibres d'environ 2 millimètres de longueur; ces fibres sont ensuite comprimées à plusieurs reprises, et divisées souvent en fibrilles, suivant leur longueur, puis agglutinées ensemble par une salive gluante, ce qui facilite le transport au guêpier. C'est là que pressée de nouveau par les mandibules, la masse ligneuse est réduite en une lame papyracée, à peu près comme un morceau de métal est étalé en feuilles par les cylindres du laminoir. La langue achève ce premier ouvrage et polit la lamelle, pour la rendre rebelle à l'eau, en l'enduisant à la surface de la liqueur gluante qui est déjà entrée dans sa composition intime.

Les guêpiers, du moins ceux de nos Guêpes indigènes, ont des rayons indépendants les uns des autres, ceux-ci étant soutenus par des piliers spéciaux.

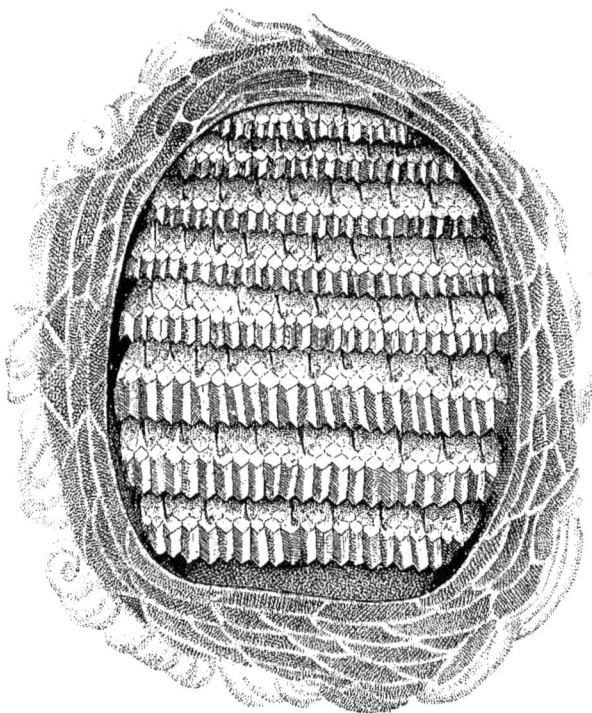

Fig. 20. — Intérieur d'un nid souterrain de Guêpe (coupe longitudinale).

Chaque nid se compose de trois parties bien distinctes (*fig.* 20) :

1° D'un ou de plusieurs rayons ou gâteaux, formés par l'assemblage d'alvéoles hexagonaux, sur une seule rangée, juxtaposés, ayant leur ouverture en bas ;

2° De piliers, colonnes destinées soit à fixer le rayon unique à la voûte ou à la branche d'appui, ou à une solive de toiture, soit à réunir les rayons entre eux, s'il y en a plusieurs, soit enfin à lier l'enveloppe aux rayons ;

3° D'une enveloppe d'abord simple, mais composée le plus souvent par la suite de plusieurs couches ou membranes de papier superposées, chacune de forme conchoïdale, la convexité à l'extérieur. Ces membranes sont assujetties les unes aux autres par leurs bords, laissant entre elles un léger intervalle à cause de la convexité extérieure de chacune, ce qui donne à l'enveloppe, dans son ensemble, une texture celluleuse. Ces convexités externes tendent à s'opposer à l'infiltration de l'eau dans le nid, en raison surtout de ce que les bords des membranes extérieures sont soudés sur les convexités des intérieures, et que le tout est recouvert, par la langue des Guêpes, d'un vernis gommeux qui donne à l'extérieur des nids récents un reflet argentin. En outre, cette enveloppe celluleuse, renfermant un grand nombre de lamelles d'air, très mauvais conducteur, est essentiellement propre à

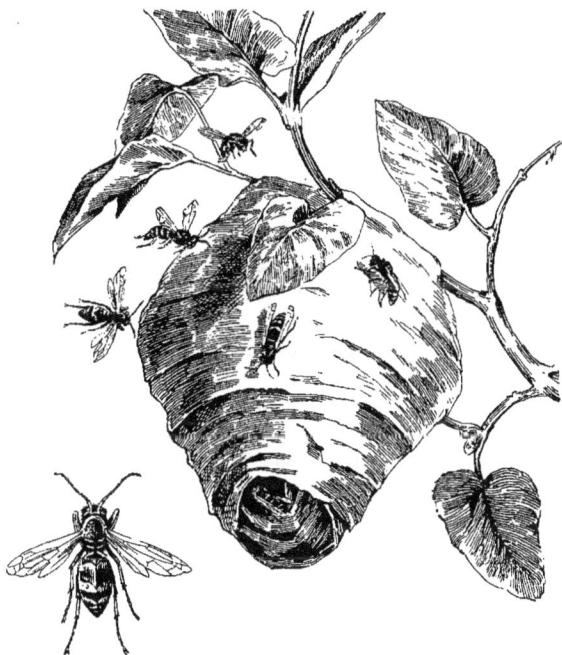

Fig. 21. — Nid suspendu de la Guêpe sylvestre.

maintenir à l'intérieur du guêpier une température plus élevée que celle de l'air ambiant, et qui est nécessaire au développement du couvain ; l'excès peut atteindre 14° à 15° centigrades dans les guêpiers populeux.

La plupart de nos Guêpes construisent leurs nids dans la terre, dans les arbres creux, dans les vieux murs, sous les toitures, dans l'intérieur des maisons. On a même rencontré des guêpiers dans de vieux tonneaux ou à l'intérieur de ruches d'Abeilles, dont le miel avait probablement nourri les Guêpes. Quelques espèces nidifient à l'air libre, fixant alors, le plus souvent, la demeure commune aux branches des arbres ou des arbustes (*fig.* **21**).

Nos Guêpes indigènes emploient deux sortes de matériaux pour leurs constructions.

Certaines espèces (*Vespa crabro*, *Vespa vulgaris*) se servent de parcelles de bois mort et déjà ramolli par un commencement de décomposition, ou de parcelles d'écorces que l'insecte broie et agglutine au moyen d'un liquide analogue à de la colle; alors le nid et surtout l'enveloppe sont cassants et friables; seuls les piliers sont durs et résistants pour supporter le poids des rayons superposés, remplis de larves et de nymphes. Ces nids ont une nuance d'un brun jaunâtre, de couleur de feuille morte plus ou moins foncée, selon le bois utilisé, souvent avec des veines de teintes plus claires, surtout sur l'enveloppe.

D'autres espèces (*Vespa sylvestris*, *Vespa media*, *Vespa arborica*) se servent de fibres ligneuses détachées par les mandibules de la Guêpe dans le bois travaillé, comme les planches, ou fendu, ou simplement dépouillé de son écorce (lattes, pieux, poteaux), soit dans les tiges sèches de diverses plantes, lorsque ces matières ligneuses, par une assez longue exposition à l'eau et à l'humidité, ont éprouvé une macération analogue au rouissage du chanvre : les guêpiers sont alors souples et élastiques et très papyracés; l'enveloppe surtout est analogue à du papier gris à filtrer, avec des veines plus claires diversement apparentes. On peut dire que les Guêpes ont su faire du papier de tout temps et avant l'homme.

Bien différente de la reine Abeille, c'est une seule femelle qui fonde le guêpier.

Les nids souterrains, qui sont les plus nombreux, sont ordinairement commencés dans des galeries creusées par les Taupes ou les Mulots, puis abandonnées.

Le guêpier, caché ou aérien, commence par un pédicule plus long que les piliers futurs, qui s'évase en cupule renversée, ordinairement de 1 à 2 centimètres carrés de surface et où la femelle construit quelques cellules hexagonales juxtaposées, au nombre de huit à dix d'ordinaire. Elle est seule pour faire ce travail, ce qui constitue une grande différence avec les Abeilles qui, elles, opèrent plusieurs à la fois. Comme il n'y a jamais qu'un seul plan de cellules, celles-ci n'ont pas les fonds pyramidaux, mais arrondis en soucoupes peu profondes, dont les bords portent six pans de prisme hexagonal plus ou moins régulier et formant chacun une paroi de la cellule accolée. Ce commencement de nid est protégé par une enveloppe simple qui part du pétiole d'attache en cupule sphéroïde s'élevant peu à peu autour des cellules, d'abord formant une simple collerette, puis se fermant peu à peu et englobant les alvéoles dans une sphère où est ménagée une ouverture pour le passage de la mère. La femelle agrandit le nid à plusieurs reprises en ajoutant de nouvelles cellules au pourtour, comme en rosace autour de la cellule centrale; elle modifie les dimensions de l'enveloppe en rapport avec celles du rayon, et parfois une ou deux enveloppes concentriques plus externes sont ébauchées autour de la première, qu'elles emboîtent plus ou moins, à partir du pétiole. La mère pond des œufs, exclusivement d'ouvrières, dans les cellules qu'elle a construites seule, et sort fréquemment pour aller aux provisions et revenir donner la nourriture à ses larves. Lorsque celles-ci, après la nymphose, sont devenues adultes, la mère cesse de sortir, et l'on ne voit plus sur les fleurs et sur les arbres suintants que des ouvrières très reconnaissables à leur plus faible taille. La mère, dont la ponte doit devenir la plus nombreuse, n'aura plus d'autre occupation, et devient dès lors pareille à la reine Abeille; nourrie par ses premiers enfants, elle ne s'occupe plus ni de la bâtisse, ni de l'alimentation des larves, soins q i incombent désormais aux ouvrières seules.

Les ouvrières doivent agrandir le nid, et, quand il est souterrain, sont obligées à un travail considérable de creusement. On voit alors fréquemment les Guêpes sortir par l'ouverture extérieure, en tenant entre leurs mandibules une parcelle de terre qu'elles emportent au loin en volant. Dans les terrains calcaires, ce travail est souvent augmenté par la présence de petites pierres. Celles qui n'excèdent pas deux fois le poids de la Guêpe sont transportées loin du nid; celles plus grosses, de 30 à 40 centigrammes, que l'insecte peut seulement traîner, sont amoncelées à l'entrée du guêpier, dont elles décèlent souvent l'existence. Les grosses pierres, minées en dessous, descendent à la base de la cavité du nid; enfin les pierres par trop fortes sont ou contournées ou enchâssées dans le guêpier.

Les ouvrières augmentent le rayon commencé par la mère fondatrice en ajoutant de nouvelles cellules à sa circonférence, consolident le pétiole de suspension, qui aboutit ordinairement au centre de ce rayon, et en ajoutent d'autres, fixés à la voûte de la cavité du nid, s'il est souterrain, sur divers points de la partie supérieure de ce même rayon, les deux extrémités de tous ces pétioles étant élargies pour augmenter la surface adhésive. Un second rayon est ensuite construit par les ouvrières, toujours du centre à la circonférence, fixé au premier par des piliers en nombre suffisant, un intervalle étant ménagé entre les deux rayons, juste suffisant pour la circulation des insectes, la partie supérieure des piliers étant toujours construite de manière à ne former aucun alvéole. Plus tard de nombreux rayons sont placés au-dessous des premiers, maintenus par des piliers, leur nombre total pouvant s'élever à dix ou douze, s'il n'y a aucun obstacle dans le sens vertical, les rayons les plus larges étant ordinairement ceux qui se trouvent au milieu de la hauteur du nid; si, au contraire, le développement du guêpier est gêné dans ce sens, mais si la place libre existe dans le sens horizontal, les rayons sont alors très étendus, mais peu nombreux.

Les rayons supérieurs, façonnés par les ouvrières de plusieurs générations, n'ont que des cellules de bien plus faibles dimensions, destinées uniquement aux larves d'ouvrières; les rayons inférieurs, les derniers édifiés, contiennent au contraire des cellules destinées aux larves des mâles et des femelles fécondes, ces dernières recevant peut-être une nourriture spéciale. Ces cellules sont plus profondes que celles des ouvrières, et, en outre, pour la plupart des espèces de Guêpes, les cellules de femelles sont plus larges. Le plus souvent, les rayons n'ont que des cellules d'un même diamètre; quelquefois cependant, les larges rayons ont un mélange de grandes cellules de femelles, et de cellules plus étroites de mâles.

Les ouvrières augmentent également l'enveloppe du nid dans les proportions nécessaires, lui donnant parfois plus de dix couches de feuillets, sur une épaisseur totale variant de 1 à 3,5 centimètres. Des piliers latéraux fixent l'enveloppe aux rayons et maintiennent entre elle et ces derniers un espace suffisant pour rendre facile la communication entre les divers étages des rayons superposés. A la partie inférieure de l'enveloppe est ménagée une ouverture à peu près de la largeur du doigt, destinée à l'entrée et à la sortie des Guêpes ; parfois il y a deux ouvertures. En outre, si le nid est souterrain, le trou d'entrée et de sortie communique avec le dehors par une galerie de longueur et de largeur variables, rarement en ligne droite, et dont la longueur rectifiée dépasse quelquefois 50 centimètres : c'est un grand obstacle à l'introduction des insectes ennemis, l'entrée du nid étant, en outre, au moins pendant le jour, défendue par de vigilantes sentinelles. La partie extérieure de l'enveloppe des nids souterrains ne touche pas à la voûte ni aux parois ; elle reste séparée par un intervalle de 1 à 2 centimètres, et les piliers plus ou moins nombreux fixent les parois supérieures et latérales de l'enveloppe à celle du creux souterrain.

Quand la croissance complète des larves est achevée, elles tapissent d'une légère couche de soie le fond et les parois de la cellule, puis ferment les cellules en tissant sur l'ouverture un couvercle de soie plus épais, formé de deux couches superposées. Ce ne sont pas la mère, ni les ouvrières qui mettent l'opercule aux cellules. Dès que les premières ouvrières nées remplacent la mère dans ses fonctions d'architecte et de nourrice, elles nettoient les cellules à mesure qu'un insecte en est sorti, afin que la femelle y ponde un nouvel œuf.

Parmi les Guêpes de nos pays, les plus fréquentes sont la *Vespa vulgaris* et la *Vespa germanica*, souvent confondues sous le nom de Guêpe commune. Les nids de la *Vespa vulgaris*, plus petits et moins peuplés, ont des matériaux analogues à ceux du Frelon, consistant principalement en parcelles de bois décomposé et d'écorce d'arbre ; il sont, à raison de leur nature cassante et friable, employés par l'insecte en couches un peu plus épaisses que ceux qui composent le nid de la *Vespa germanica*. Les nids, plus faciles à rencontrer, de cette dernière sont le plus souvent en terre, plus rarement dans les arbres creux, dans les vieux murs, sur les toits, soit à l'extérieur, sous les parties en saillie et sous les hangars, soit à l'intérieur dans les greniers, dans les chambres inhabitées et mal closes, et alors à l'angle des murs ou du plancher ou dans l'embrasure d'une fenêtre, dans les cheminées, etc. Les matériaux consistent en fibres ligneuses de bois roui longtemps à l'air et à la pluie, comme des barrières de clôture et les échalas de vignes. La couleur des nids est grise et la consistance analogue à celle du papier brouillard ; la matière en est souple et disposée en couches minces. Le plus souvent, les nids sont sphéroïdes et d'un diamètre de 30 centimètres. D'autres, déformés en raison d'obstacles, atteignent parfois 40 centimètres, soit en hauteur verticale, soit en longueur horizontale. Ils peuvent avoir, quand leur grand axe est vertical, jusqu'à douze rayons. Le nombre des cellules excède quelquefois 20.000.

La Guêpe rousse (*Vespa rufa*) habite de préférence des bois et construit des nids souterrains peu volumineux.

La Guêpe sylvestre(*Vespa sylvestris*) a un nid suspendu aux toits des maisons ou aux branches des arbres (*fig.* 21) ; il est plus ou moins sphéroïde, composé d'une triple enveloppe grise, de couches concentriques régulières, sous laquelle est un noyau de gâteaux. Il est percé au bas d'un seul orifice. Le nid au début est fixé renversé par un pétiole à la branche qui lui sert d'appui et offre une première coque papyracée interne, entourée d'une seconde coque extérieure très incomplète. A l'intérieur, et porté par le pétiole prolongé, est un groupe en cupule renversée d'une dizaine de cellules hexagonales. Puis la seconde enveloppe, presque achevée, entoure la première, et une troisième est commencée autour du pétiole d'attache, etc.

Le Frelon (*Vespa crabro*) établit son nid principalement dans les arbres creux, quelquefois dans la terre ou sous de grosses racines, dans les poteaux pourris, dans les vieux murs, sous les toits de chaume, dans les cheminées, dans les ruches vides, etc. Comme il est formé de parcelles de bois mort et déjà décomposé, sa consistance est friable ; aussi l'insecte dispose la matière en couches d'une certaine épaisseur. Quand les nids sont placés simplement sous un abri, comme le toit d'un bâtiment, ils ont une enveloppe consistant en une seule couche. Si au contraire ils sont dans une cavité close de toutes parts, avec des rayons proportionnés à son volume, les parois de la cavité tiennent lieu d'enveloppe, et sont quelquefois revêtues d'une couche de matière semblable à celle qui compose le nid ; des piliers latéraux lient alors les rayons à ces parois, maintenant entre celles-ci et la circonférence des rayons un espace suffisant pour permettre la communication d'un étage à l'autre. Quand le nid n'est protégé qu'en partie par les parois de la cavité, la portion libre est seule pourvue d'une enveloppe ; parfois les nids ont une enveloppe épaisse, munie d'intervalles celluleux, et dans les nids souterrains le haut de la cavité est quelquefois garni d'une mousse sèche assez serrée. Les cellules destinées aux femelles n'ont pas un plus grand diamètre que les autres ; mais leur volume intérieur, ainsi que celui des cellules destinées aux mâles, se trouve augmenté par la très grande convexité de l'opercule tissé par la larve sur l'ouverture de son alvéole, et sans doute aussi par la plus grande profondeur de celui-ci.

* *

Les nids du genre Polistes (*fig.* 22) sont essentiellement caractérisés par l'absence d'enveloppe extérieure. Ceux des Polistes de France sont formés par un simple rayon, quelquefois, mais très rarement doublé par un rayon superposé, maintenu à distance du premier par des piliers. Ils sont placés dans un lieu chaud, abrité du vent, souvent exposés au midi. Le rayon est fixé à un point d'appui, rameau, tige de plante, paroi de mur ou de rocher ; les cellules sont tournées en bas quand le pédicelle est vertical, ou bien vers l'extérieur si le pédicelle est attaché perpendiculairement à une paroi verticale. Ces nids sont fréquents sur les espaliers.

Les matériaux sont analogues à ceux du nid de la Guêpe germanique, et recueillis par les Polistes sur le bois mort exposé à l'air et sur les tiges sèches de diverses plantes ; le nid a une couleur grise tirant un peu sur le brun. Le support, quand il est unique, n'est pas placé exactement au centre du rayon, mais plus près de sa partie supérieure si celui-ci est vertical ou à peu près ; quand il y a plusieurs supports destinés à donner plus de solidité au rayon, ils sont ordinairement placés sur une ligne s'écartant peu de la verticale. Les nids ont le plus souvent la forme de coupe, parfois subcirculaire, parfois, au contraire, très oblongue, avec des alvéoles en rangées de nombre très variable.

C'est vers le milieu d'avril que, chez nous, les femelles d'hivernation commencent isolément leurs nids, consistant dans le support et dans quelques cellules hexagonales peu profondes, formant un petit rayon d'un centimètre environ de diamètre, qui est ensuite augmenté graduellement par la femelle, en allant du centre au pourtour. Une fois les premières ouvrières nées, elles agrandissent le rayon.

Fig. 22. — Nid de la Poliste gauloise.

La mère fondatrice ne travaille plus et s'absente peu, occupée à la ponte. Les ouvrières lui donnent souvent de la nourriture qu'elles lui présentent au bout de leur langue ou entre les mandibules. A la fin de l'été ou au commencement de l'automne, le rayon a acquis tout son développement et présente une forme plus ou moins régulièrement circulaire. Il n'y a pas de cellules spéciales pour les mâles et les femelles ; les cellules qui ont déjà donné naissance à des ouvrières sont seulement rendues plus profondes par le prolongement de leurs parois, à l'époque où se développent les larves des mâles et des femelles. A ce moment, les ouvrières commencent à faire des provisions de miel dans des cellules situées sur les bords du gâteau, et ce miel a très bon goût. Les ouvrières vont alors butiner sur les fleurs.

* * *

La nidification des espèces du genre *Polybia* est très différente de celle des Polistes. Ce sont des nids (*fig.* 23) dont les gâteaux sont protégés par une enveloppe commune, faite d'une sorte de carton, attachés à une branche par un pédicule ou par un anneau, et ayant des formes variées, cylindroïdes, conoïdes, sphéroïdes, trièdres, en cloches etc., avec un seul trou d'entrée, et de sortie pratiqué dans une enveloppe entièrement close de toutes parts, sauf ce trou. Souvent un léger étranglement de la paroi externe indique les étages ajoutés à l'intérieur.

Fig. 23. — Nid de la Polybie des palmiers.

Dans l'Uruguay et dans la République Argentine, on rencontre une espèce, le *Polybia scutellaris*, dont les nids peuvent atteindre 72 centimètres de long sur une circonférence de plus d'un mètre. Il sont ovoïdes, quelquefois assez allongés, souvent un peu rétrécis ou étranglés vers le milieu. Leur carton est collé, lisse et très dur, permettant d'écrire facilement dessus, de couleur brune, de texture assez grossière. Les habitants du pays disent qu'il est fait avec les excréments du Tapir. Ces grands nids sont traversés par de fortes branches destinées à leur donner de la solidité. Les rayons les plus élevés sont des sphères emboîtées, puis les rayons inférieurs ne sont que des calottes, de flèche décroissante, concaves en bas, avec une entrée unique sur le côté. Ce qu'il y a de remarquable dans ces guêpiers, c'est la configuration, unique jusqu'à présent, de leur enveloppe. Par couches horizontales, font saillie de grosses et nombreuses apophyses de carton ; elles correspondent à peu près aux rayons du nid, et sont formées de plusieurs couches papyracées très compactes et peu distinctes qui les rendent très résistantes ; elles servent probablement à protéger le nid contre les attaques de divers félins, comme les Jaguars et les Couguars, qui réussissent souvent à les abattre des arbres, puis à les briser pour dévorer le miel, dont ils sont très friands. La face inférieure du nid est également garnie de piquants.

Chez une autre espèce, très commune à Cayenne, le *Polybia liliacea*, le nid est encore plus grand et peut atteindre 1^m,20 de longueur sur une circonférence de 1^m,16, en croissant par chambres successives ajoutées en bas. Il est oblong, comprimé, formé d'un carton de texture trop rugueuse et trop grossière pour qu'on puisse aisément écrire dessus, l'enveloppe étant lisse, épaisse et résistante. Fixé par une sorte d'anneau supérieur à une branche solide, il contient 27 rayons superposés. Ces rayons de planchers sont de forme ovale, plats, d'un carton assez friable, mais plus fin, plus dense et plus uni que celui de l'enveloppe extérieure, ce qui indique que les Polybies ont employé plus de soin à sa confection. Les trous de communication d'un étage à l'autre, et probablement aussi le trou extérieur, sont au milieu des rayons et assez larges pour donner passage à plusieurs insectes à la fois.

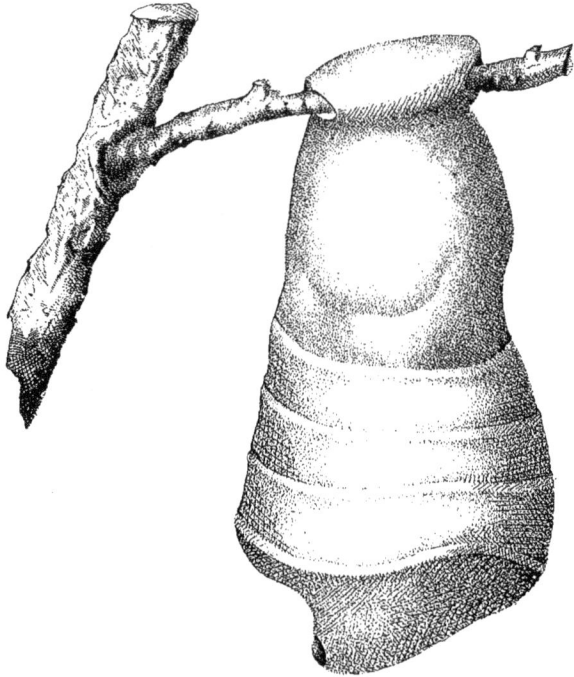

Fig. 24. — Nid de Chartergus.

Chez une espèce de la province de Bahia, le *Polybia sedula*, la nidification est fort singulière, car elle est variable. Cette Guêpe suit, dans ses constructions, la forme des objets, particulièrement des feuilles sur lesquelles elle les établit. Ainsi, les nids bâtis sous les feuilles de roseaux ou de Monocotylédones ont toujours une forme allongée, tandis que ceux qui se fixent à des feuilles arrondies de Dicotylédones s'approchent plus ou moins de cette configuration. Le nid se compose d'une couche de cellules hexagonales, enveloppées d'un manteau d'une pâte presque ligneuse, qui ressemble beaucoup à l'écorce des arbres, et dont le plancher suit de près le plan des cellules.

*   *
*

Citons encore le nid du *Chartergus chartarius*, espèce du Mexique, des Guyanes et du Brésil, qui est fait d'un magnifique carton blanchâtre toujours très tenace et très fin, et rivalisant, comme le fait remarquer Réaumur, avec les plus beaux que nos fabriques puissent fournir (*fig. 24*). C'est un nid indéfini, de forme cylindro-conique, s'élargissant graduellement jusqu'au bas, pendu par le haut à une branche au moyen d'un large anneau de carton. Les cloisons, concaves en dessus, présentant un seul plan de cellules s'ouvrant en bas, s'infléchissent encore vers le milieu (*fig. 25*). Chaque cloison est la continuation de l'enveloppe extérieure et faisait partie de celle-ci avant qu'une nouvelle chambre fût venue s'ajouter en dessous. Le trou inférieur de sortie et les trous de passage d'une chambre à l'autre sont subcentraux et percés au sommet des cônes superposés.

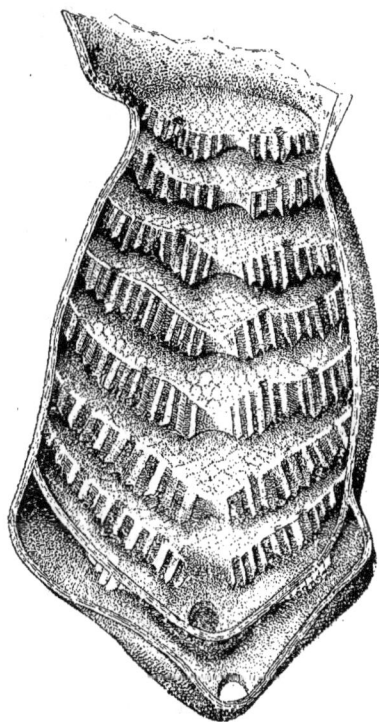

Fig. 25. — Nid de Chartergus coupé en long pour en montrer l'intérieur.

*
* *

Les Guêpes ont élevé l'art de fabriquer le papier à la hauteur d'une industrie nationale, puisque toutes elles s'y livrent avec plus ou moins de bonheur. Mais ce n'est pas à dire que l'on ne puisse rencontrer des fabricants de papier dans d'autres groupes. Certains Termites arboricoles savent fort bien en confectionner, avec cette différence qu'ils agglutinent les fibres du bois réduit en pulpe, surtout à l'aide de leurs déjections, ciment dont les animaux, en général, ne font que rarement usage.

Parmi les Termites qui établissent leurs nids sur les arbres, le mieux connu est le *Termes arborum*, commun au Cap, dans l'Afrique occidentale, au Sénégal. Cette espèce place son nid sur les arbres, quelquefois entre deux branches, souvent tout autour d'une seule, à la hauteur de 25 à 30 mètres. On en trouve, mais rarement, d'aussi gros qu'une barrique. Ils sont sphéroïdaux ou ellipsoïdaux, noirs et faits de parcelles de bois et de différentes gommes que les insectes ont mêlées ensemble, et auxquelles ils ont ajouté peut être des sucs particuliers. Ils font du tout une pâte avec laquelle ils forment un grand nombre de cellules irrégulières. Ces nids sont très solides et adhèrent si fortement aux arbres, qu'on ne peut les détacher sans les briser et emporter la branche. Les ouragans de la côte de Guinée, ou *tornados*, arrachent et entrainent souvent l'arbre entier sans endommager les nids qui s'y trouvent. Le nombre des Termites qui y sont renfermés est prodigieux. Ils y sont pressés comme des harengs dans une tonne ; on les recherche pour la nourriture de plusieurs oiseaux et particulièrement des Poules d'Inde. Smeathman a observé une galerie couverte, en argile, serpentant sur les branches et le tronc de l'arbre depuis le nid du *Termes arborum* jusqu'au sol, permettant à l'abri de la lumière les voyages des ouvriers allant aux provisions et se rendant peut-être à quelque autre nid souterrain. Ces mêmes *Termes arborum* font quelquefois leur nid sur le toit des maisons et il faut se hâter de le détruire pour prévenir les dégâts qu'ils feraient à l'intérieur. Ils bâtissent aussi leur nid dans les caisses où ils se sont introduits, et où ils rongent à leur aise les objets renfermés. Ils attaquent les arbres qui ont péri sur pied. Ils s'y introduisent par la partie inférieure, se mettent à couvert au-dessous de l'écorce et rongent tout le reste, couvrant souvent toute l'écorce d'un mortier qui ressemble à de la boue séchée ; aux coups de vent, l'arbre casse et tombe en morceaux. Ils s'en prennent aussi aux arbres renversés, sans avoir alors besoin de remplacer une partie du bois qu'ils creusent, l'arbre n'étant plus dans la nécessité d'être consolidé. Smeathman fit un jour une chute violente en montant sur un de ces arbres minés et qui céda sous lui. (M. Girard.)

Les espèces du sous-genre *Eutermes* construisent aussi sur les arbres des nids connus sous le nom de *têtes de nègre*. Ils font entrer leurs excréments dans l'édification de leurs demeures ou des galeries qui y conduisent. « Certaines espèces, dit Brehm, paraissent s'attaquer de préférence à des arbres spéciaux, même au bois encore dur des arbres presque sains. La paroi de leurs galeries est revêtue d'une couche d'excréments assez mince, et ces couches parfois s'accumulent aux deux bouts du conduit. Si l'on songe à la multiplication considérable de cette population dans un même espace, on conçoit que les galeries qu'elle creuse en rongeant le bois se rapprochent de plus en plus ; les parois intermédiaires s'amincissent et finissent par disparaître. Les revêtements excrémentiels des galeries adjacentes se trouvent alors en contact et remplacent tout à fait la cloison ligneuse primitive. Cette transformation graduelle des parois ligneuses limitant d'abord des galeries forées à travers le bois, en couches excrémentielles accumulées, dont l'aspect rappelle la mie de pain ou l'éponge, peut s'observer sur les troncs d'arbres habités par un Eutermes qui présente un lien de parenté étroit avec le *Termes Ripperti*. Si ces accumulations d'excréments, au lieu de se maintenir à l'intérieur de ces troncs, viennent faire saillie à l'extérieur, elles constituent les *nids sphériques*. Ces nids ne sont primitivement autre chose que les latrines communes d'une population d'Eutermes qui les utilise ensuite comme chambres d'incubation pour ses œufs et comme résidence pour ses larves. On doit donc considérer ces nids comme *émergeant* des arbres et non pas comme *fixés sur eux*. Si l'on enlève un fragment du nid, on voit les ouvriers se retirer par toutes les ouvertures béantes, et les soldats apparaitre en foule, avec leurs têtes pointues, pour courir de tous côtés en tâtonnant avec leurs antennes. Les ouvriers reviennent peu de temps après. Chacun passe d'abord sur le contour de la brèche à réparer, se retourne et y dépose une petite masse brunâtre. Il rentre alors rapidement dans l'intérieur du nid pour faire place aux autres qui suivent en foule serrée, ou bien il se retourne encore une fois afin de palper son œuvre et d'y exercer au besoin quelques pressions. Les ouvriers isolés apportent aussi, entre leurs mâchoires, des débris de l'ancien mur qui se sont écroulés dans le nid, et les utilisent dans la confection de la nouvelle paroi encore molle. Dès le début de ce travail, les soldats se retirent généralement dans l'intérieur ; quelques-uns vont palper les ouvriers comme s'ils voulaient leur donner des indications et des encouragements. Sur les gros troncs d'arbres, le nid n'occupe qu'un côté ; sur les arbres d'un diamètre moindre, il s'étend tout autour ; à l'extrémité des vieilles souches, il forme un vaste dôme arrondi. Un des nids les plus vastes, observé par Müller, figurait une masse irrégulière, de 49 centimètres à 125 centimètres de diamètre, qui entourait deux branches de *Cangerana* tombées à terre. »

* *

Il y a aussi quelques Fourmis fabricantes de carton.

Les Fourmis connues à Porto-Rico sous le nom de *Comehens,* ainsi que les Fourmis à étables, agglutinent la sciure de bois et en font un véritable carton analogue à celui des Frelons. C'est avec ce carton que les Comehens construisent sur

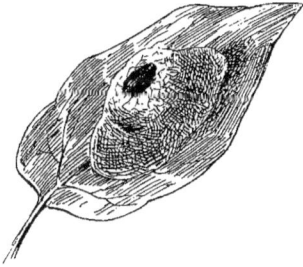

les arbres des nids gigantesques, qu'elles réunissent au sol par des chemins couverts qui serpentent le long des branches et dont la cavité interne est à peu près celle d'un crayon.

De même, les *Polyrhachis,* très abondants en Malaisie, font leurs nids en papier sur des feuilles d'arbres ; leur forme rappelle celle des porte-allumettes des cafés (*fig.* 26).

On peut encore, jusqu'à un certain point, citer comme cartonniers les coléoptères du genre Larin. Leurs larves vivent dans les têtes

Fig. 26. — Nid de Polyrhachis.

de diverses plantes de la famille des Composées. Elles grignotent les fibres du réceptacle, mais elles ont soin d'agglomérer les débris avec leurs déjections, faisant ainsi un mastic qui durcit et leur constitue une excellente coque.

Les cartonniers sont donc très répandus chez les insectes.

Les Manufacturiers en Coton

L'habitude de voir les nids artificiels des oiseaux en cage doublés en coton fait que l'on s'imagine cette dernière substance beaucoup plus répandue qu'elle ne l'est en réalité dans les nids naturels. Tout au plus est-elle utilisée par les oiseaux pour constituer une mince couche moelleuse et chaude à la surface tout à fait interne du berceau de leurs petits, et encore ce duvet est-il souvent remplacé par de la mousse, du crin de cheval, etc. Quant à employer exclusivement le coton, — substance cependant idéale pour faire un lit douillet — peu d'entre eux y pensent. Chez nous, cela se conçoit assez bien, car les plantes poilues, tomenteuses comme l'on dit, sont relativement assez rares et la récolte de leur duvet serait très pénible. Mais dans les pays chauds les plantes duveteuses — certaines en sont toutes blanches — sont beaucoup plus communes, et pour expliquer l'ostracisme que les oiseaux manifestent pour le coton, il faut, semble-t-il, faire appel à la difficulté qu'il y a à réunir des brins aussi ténus et à donner à l'ensemble suffisamment de solidité.

Fig. 27. — Nid du Cardinal élégant.

Dans les pays chauds cependant, on peut rencontrer quelques oiseaux amateurs de coton, l'employant seul ou plus souvent mélangé à d'assez rares matériaux étrangers destinés à le rendre plus rigide. De ce nombre, il faut citer le Cardinal élégant (*fig.* 27), qui rembourre d'ouate tout l'intérieur de son nid fait, à l'extérieur, de délicates fibres de plantes. Mais les plus « cotonniers » des oiseaux sont les Colibris.

Les Colibris font des bijoux de petits nids (*fig.* 28) formés surtout de coton entremêlé de lichens et de mousses. « Tous ces nids, dit Burmeister, présentent une telle ressemblance que je crois inutile de décrire chacun d'eux en particulier,

Fig. 28. — Nid du Colibri émeraude.

malgré les légères différences qui résultent du choix des matériaux. Ces différences doivent être regardées comme purement locales ; elles sont simplement en rapport avec les matériaux que l'oiseau trouve à employer.

Le fond du nid est formé par une couche de substances cotonneuses, mêlée à des lichens, des brindilles d'herbes sèches, des écailles de fougères. Tantôt toutes ces substances se trouvent dans le même nid, tantôt une seule y est employée. Les lichens appartiennent à des espèces variées, et chaque colibri semble avoir son espèce préférée.

Le nid le plus curieux est celui du Phaëtornis. Ce nid, terminé inférieurement par une longue pointe, est formé de brins de mousse, reliés entre eux par les lichens à oreille du Brésil. L'aspect de ce nid est très beau. Il y a plus : sous l'influence de la chaleur développée par l'incubation, les lichens mettent en liberté leur matière colorante, et les œufs se teignent en beau rouge carmin. Cette couleur les couvre entièrement, avec une régularité remarquable ; on n'y voit pas une tache, pas une ombre ; et cependant les lichens ne les enveloppent pas entièrement : ils sont disposés horizontalement au milieu des mousses, et ne touchent les œufs que par une face.

Le nid du colibri à cou blanc doit aussi nous arrêter un instant. Il est construit avec un lichen d'un gris verdâtre superbe, qui recouvre le sommet comme un toit. Les écailles de fougères y sont fichées de manière à être libres par une de leurs moitiés ; elles pendent tout autour du nid et lui donnent un aspect tomenteux et une couleur brun-marron ; elles ne forment un cercle serré qu'au bord de l'ouverture du nid.

L'on trouve encore dans ces nids bien des substances végétales sèches ou fanées, de petites tiges, de petites feuilles ; mais jamais ces substances ne sont disposées aussi régulièrement que le sont les lichens et les écailles de fougères. Les nids sont aussi placés d'une façon très variable. Certaines espèces ont des préférences bien marquées pour certaines places. Ainsi le colibri à cou blanc, que l'on voit nicher dans les jardins des faubourgs de Rio-de-Janeiro, construit toujours son nid à la bifurcation d'une branche horizontale, de telle sorte qu'il est comme enclavé entre les deux rameaux de la branche. J'en ai trouvé plusieurs, et je crois avoir remarqué que l'oiseau met un soin tout particulier à choisir l'arbre où il s'établit. Une autre espèce ne niche qu'au milieu des frondes gigantesques des fougères qui croissent dans les montagnes, sur les sols arides, et couvrent de grandes étendues de terrain. C'est à la face inférieure de ces frondes, tout près de leur extrémité, que ce petit oiseau a coutume de construire sa demeure, en reliant solidement entre elles les parties des feuilles qui se touchent. Il se trouve là comme dans une poche en feuillage.

La plupart des Colibris fixent leur nid à des chaumes ou à de petites branches verticales. — J'en ai plusieurs que j'ai trouvés au milieu des roseaux ; j'en ai dans lesquels sont comprises plusieurs tiges d'herbes qui leur servent de soutien et de support. Quelques-uns sont très lâchement construits, et j'ai eu beaucoup de peine à pouvoir les conserver dans leur état primitif. Une espèce n'emploie guère que des radicelles pour faire son nid, et celui-ci est d'un tissu moins serré que les autres. »

D'autres oiseaux façonnent leur nid avec du coton absolument pur de tout corps étranger et dont ils se contentent d'agglutiner les brins avec leur salive.

Le Martinet nain ou Cypsèle, qui se rencontre dans les forêts de l'intérieur de l'Afrique, a un mode de nidification assez singulier qui a été observé par Brehm. Cet auteur rapporte le fait dans ses célèbres *Merveilles de la nature*, qui constituent, pour les amateurs d'histoire naturelle, une mine inépuisable, mine à laquelle d'ailleurs nous avons fait de nombreux emprunts. L'ouvrage a été traduit en français (Lib. J.-B. Baillière et fils).

« Pendant un voyage sur le Nil bleu, je vis, au mois de septembre, quelques palmiers qui s'élevaient au-dessus des autres arbres, et qui devaient avoir quelque chose de très attrayant pour ces Cyspèles, car ici on en voyait plus de cinquante paires voler autour. Ils allaient de côté et d'autre, en poussant des cris perçants, mais toujours ils revenaient vers les palmiers. Ma curiosité étant excitée, je m'approchai, et je vis que de temps à autre ces oiseaux se posaient sur les feuilles des palmiers. De petits points blancs se détachaient sur le vert du feuillage ; désireux de vérifier ce que pouvaient être ces points blancs, je montai sur l'arbre et je trouvai, non sans surprise, que ces points n'étaient autres que les nids des Martinets nains. La structure de ces nids est très singulière : la feuille de palmier étant trop lourde pour son pétiole, elle se recourbe et pend verticalement ; en outre, le limbe de la feuille forme avec son pétiole un angle aigu, et le milieu de cette feuille est occupé par une sorte de gouttière. C'est dans cette gouttière que le Martinet nain établit son nid, qui est formé de fibres de coton, agglutinées avec de la salive et collées contre la feuille. On pourrait le comparer à une cuiller arrondie, profondément excavée et disposée perpendiculairement à son manche. L'excavation du nid a environ 7 cent. de diamètre ; elle est tapissée de plumes molles, collées également contre les parois. Chaque ponte est généralement de deux œufs. Le Martinet nain prend ses précautions pour que ses œufs ou ses petits ne puissent tomber hors du nid. Par les grands vents, la feuille qui les porte est violemment agitée, et pour empêcher ses œufs ou ses petits d'être lancés au dehors, elle les colle avec sa salive. Les œufs sont cylindriques, blancs ; ils ont environ 2 cent. de long ; ils ne sont pas couchés dans le sens de leur longueur, mais collés au nid par une de leurs pointes. J'ai trouvé des jeunes déjà assez grands, qui tenaient solidement au nid ; mais je crois que ces mesures de prudence sont inutiles dès que ceux-ci ont revêtu leurs premières plumes et sont en état de se cramponner aux parois de leur demeure. »

* *

Des manufacturiers en coton peuvent aussi se rencontrer, bien que moins fréquemment, chez les insectes. C'est ce qui peut facilement se constater chez les hyménoptères du groupe des anthidies, du moins certaines d'entre elles. Ces espèces, comme leurs petites cousines les Osmies et les Mégachiles, sont incapables de se fabriquer elles-mêmes un domicile. Elles ne sont bonnes qu'à le meubler, à le rembourrer d'ouate. Comme habitations, elles prennent un peu toutes les cavités qu'elles rencontrent, mais surtout celles, abandonnées, qui sont l'œuvre d'autres insectes. Fabre, d'Avignon, a décrit de main de maître dans ses *Souvenirs entomologiques* leurs mœurs intéressantes, et nous ne pouvons que lui donner la parole, ce qui sera un régal, aussi bien pour les naturalistes que pour les amateurs de descriptions exactes.

« L'Anthidie scapulaire est fidèle à la ronce sèche, privée de moelle et devenue canal par l'industrie de divers apiaires perforateurs, parmi lesquels figurent, en première ligne, les Cératines, émules nains du Xylocope, le puissant exploiteur du bois mort. Les amples galeries de l'Anthophore à masque conviennent à l'Anthidie florentine, le chef de file du genre sous le rapport de la taille. S'il hérite du vestibule de l'Anthophore à pieds velus, ou même du vulgaire puits du Lombric, l'Anthidie diadème se tient pour satisfait. Faute de mieux, il lui arrive de s'établir dans le dôme délabré du Chalicodome des galets. L'Anthidie à manchettes partage ses goûts. J'ai surpris l'Anthidie sanglé en cohabitation avec un Bembex. Les deux occupants de l'antre creusé dans le sable, le propriétaire et l'étranger, vivaient en paix, chacun à ses affaires. Sa demeure habituelle est quelque cachette au fond des interstices des murs ruinés. A ces refuges, ouvrage des autres, joignons les roseaux tronqués affectionnés de divers collecteurs de coton tout autant que de l'Osmie ; joignons-y quelques réduits des plus inattendus, comme l'étui d'une brique creuse, le labyrinthe d'une serrure de portail, et nous aurons à peu près épuisé le relevé des domiciles.

Il suffit de voir le nid d'une Anthidie pour se convaincre que son constructeur ne peut être en même temps un âpre terrassier. Récemment feutrée et non encore engluée de miel, la bourre des ouates est bien ce que la nidification entomologique a de plus gracieux, surtout lorsque le coton est d'une blancheur éclatante, cas fréquent dans les manufactures de l'Anthidie sanglé. Aucun nid d'oiseau, parmi les plus dignes de notre admiration, n'approche en finesse de bourre, en élégance de forme, en délicatesse de feutrage, de ce merveilleux sac qu'avec toute leur dextérité nos doigts, armés d'outils, imiteraient à peine. »

Fabre a essayé de forcer les Anthidies à nidifier dans des tubes de verre, ce qui aurait permis de se rendre compte facilement de leur manière de procéder. Mais ils s'y sont complètement refusés et ont préféré la chaumière du roseau.

« Plus ou moins peuplé de cellules, le roseau est enfin clos, à l'orifice même, avec un épais tampon de coton en général plus grossier que l'ouate des bourses à miel. Assister à la formation de cette barricade, travail presque extérieur, ne demande qu'un peu de patience pour attendre l'heure favorable. L'Anthidie arrive enfin, porteur de la balle de coton. Avec les pattes antérieures, il la dilacère et l'étale ; avec les mandibules, pénétrant fermées et se retirant ouvertes, il donne de la souplesse aux nodosités floconneuses ; avec le front, il foule la nouvelle couche sur la précédente. Et c'est tout. L'insecte part, revient riche d'une autre balle et recommence le même travail jusqu'à ce que la barrière de coton arrive au niveau de l'embouchure. C'est ici, ne le perdons pas de vue, besogne grossière, nullement comparable au délicat travail des sacs ; néanmoins elle peut nous renseigner sur la marche générale de l'artistique confection. Les pattes cardent, les mandibules subdivisent, le front comprime ; et du jeu de ces outils résulte l'admirable sachet d'ouate. Voilà bien le mécanisme en gros ; mais comment se rendre compte de l'art ?

Quittons l'inconnu pour les faits accessibles à l'observation. J'interrogerai surtout l'Anthidie diadème, hôte fréquent de mes roseaux. J'ouvre un bout de roseau d'environ deux décimètres de longueur sur douze millimètres de diamètre. Le fond est occupé par une colonne d'ouate comprenant dix cellules, sans démarcation aucune entre elles à l'extérieur, de façon que de leur ensemble résulte un cylindre continu. En outre, par un feutrage intime, les diverses loges sont soudées l'une à l'autre, si bien que, tiré par un bout, l'édifice de coton ne se disloque pas et vient tout d'une pièce. On dirait un cylindre d'une seule venue, alors qu'en réalité l'ouvrage se compose d'une série de chambres dont chacune a été construite à part, sans dépendance avec la précédente, si ce n'est à la base.

A moins d'éventrer la molle demeure, encore pleine de miel, il n'est pas possible de constater le nombre de ses étages ; il faut attendre que les cocons soient tissés. Alors les doigts énumèrent les cellules en comptant les nodosités qui résistent à la pression sous le couvert d'ouate. Cette structure générale aisément s'explique. Un sac de coton est feutré, ayant pour moule l'étui du roseau. Si cet étui régulateur manquait, la forme d'un dé à coudre serait obtenue tout de même, non moins élégante, comme le prouve l'Anthidie sanglé qui nidifie dans une cachette quelconque des murailles et du sol. La bourse terminée, viennent les provisions et l'œuf. Le sac se ferme avec une nappe de coton dont les bords sont soudés par feutrage aux bords de l'orifice. La soudure est si bien conduite que la poche à miel et son opercule forment un tout indivisible. Immédiatement au-dessus est édifiée la seconde cellule, ayant sa propre base. Au début de ce travail, l'insecte a soin d'unir les deux étages en feutrant le plafond du premier avec le plafond du second. Ainsi continué jusqu'à la fin, l'ouvrage, avec ses intimes soudures, devient un cylindre continu où disparaissent les élégances des sachets isolés.

Revenons au bout de roseau qui nous donne ces détails. Par delà le cylindre d'ouate où sont logés en chapelet dix cocons, vient un espace vide d'un demi-décimètre et plus. Le nid se termine, à l'orifice du roseau, par un fort tampon de bourre plus grossière et moins blanche que celle des cellules. Cette particularité de matériaux de clôture, inférieurs pour la finesse, mais supérieurs pour la résistance, sans être constante, apparaît souvent et donne à penser que l'insecte sait distinguer ce qui convient le mieux, tantôt au douillet hamac des larves, tantôt à la barricade défensive du logis. Parfois le choix est des plus judicieux, comme en témoigne le nid de l'Anthidie diadème. A diverses reprises, en effet, tandis que les cellules se composaient de coton blanc première qualité, cueilli sur la centaurée du solstice, la barrière de l'entrée, formant disparate avec le reste de l'ouvrage par sa coloration jaunâtre, était un monceau de poils étalés fourni par le bouillon-blanc sinué. Les deux rôles de la bourre sont ici nettement accusés. Au délicat épiderme des vers, il faut berceau moelleux ; et la mère fait récolte de ce que les plantes cotonneuses ont de mieux en molleton. Émule de l'oiseau qui garnit de laine l'intérieur du nid et fortifie de bûchettes l'extérieur, elle réserve pour le matelas des larves la fine ouate, rare et patiemment cueillie. Mais quand il s'agit de fermer la porte à l'ennemi, elle hérisse l'entrée de chausse-trapes, de poils étalés à branches rigides.

Cet ingénieux système de protection n'est pas le seul connu des Anthidies. Plus méfiant encore l'Anthidie à manchettes ne laisse pas de vide à l'avant du roseau. Immédiatement après la colonne de cellules, il entasse dans le vestibule non occupé une foule de débris de toute nature, comme les lui présente le hasard dans le voisinage du nid : graviers, lopins de terre, miettes ligneuses, atomes de mortier, chatons de cyprès, fragments de feuilles, excréments secs d'escargot et autres moellons quelconques à sa portée. L'amas, vraie barricade cette fois, obstrue en plein le roseau jusqu'au bout, moins deux centimètres à peu près pour le tampon terminal de coton. Certes l'ennemi ne fera pas irruption à travers le double rempart, mais il tournera la place. Le Leucospis viendra, qui, de sa longue sonde, grâce à quelque imperceptible fissure du tube, inoculera ses redoutables œufs et détruira jusqu'au dernier les habitants de la forteresse. Ainsi sont déjouées les précautions soupçonneuses du porteur de manchettes. »

Chaque cellule renferme du miel sur lequel flotte l'œuf qui ne tarde pas à devenir larve. Que fait celle-ci de ses excréments ? et comment le ver les empêche-t-il de venir souiller la nourriture ? « Avec ses crottins, il fabrique des chefs-d'œuvre, des marqueteries, des mosaïques gracieuses, qui trompent en plein le regard sur leur abjecte origine. Suivons-le dans son industrie à travers les fenêtres de mes tubes. Quand la ration est à demi consommée à peu près, commence, pour se maintenir jusqu'à la fin, une fréquente défécation de crottins jaunâtres, gros à peine comme une tête d'épingle. A mesure qu'ils sont expulsés, la larve les refoule à la périphérie de la loge par un mouvement de croupe et les y maintient au moyen de quelques fils de soie. Le travail de la filière, différé chez les autres jusqu'à l'épuisement des vivres, débute donc ici de bonne heure et alterne avec l'alimentation. Ainsi sont tenus à distance, loin du miel et sans danger de mélange, les immondices, finalement assez nombreux pour former autour de la larve un rideau presque continu. Ce vélarium excrémentiel, mi-partie de soie et de crottins, est l'ébauche du cocon, ou plutôt une sorte d'échafaudage où sont entreposés les moellons jusqu'à leur mise en place définitive. En attendant le travail des mosaïques, l'entrepôt garantit les vivres de toute souillure.

Suspendre au plafond, pour s'en débarrasser, ce qu'on ne peut jeter dehors, ce n'est déjà pas mal ; mais l'utiliser pour en faire œuvre d'art, c'est encore mieux. Le miel a disparu. Maintenant commence le tissage définitif du cocon. La larve s'entoure d'une enceinte de soie, d'abord d'un blanc pur, puis teintée de brun-rougeâtre au moyen d'un vernis agglutinateur. A travers son étoffe à mailles lâches, elle saisit de proche en proche les crottins appendus à l'échafaudage et les incruste solidement dans le tissu. De la même manière travaillent les Bembex, les Stizes, les Tachytes, les Palares et autres incrusteurs qui fortifient de grains de sable la trame insuffisante de leurs cocons ; seulement dans leurs bourses d'ouate, les larves de l'Anthidie remplacent les parcelles minérales par les seuls matériaux solides dont elles puissent disposer. Pour elles, l'excrément tient lieu de caillou. Et l'ouvrage n'en marche pas plus mal. Tout au contraire : lorsque le cocon est fini, bien embarrassé serait qui, n'ayant pas assisté à la fabrication, devrait dire la nature de l'œuvre. Par sa coloration et son élégante régularité, l'enveloppe externe de la coque fait songer à quelque vannerie en bambous minuscules, à quelque marqueterie en granules exotiques. En mes débuts je m'y suis laissé prendre, me demandant, sans trouver réponse, de quoi s'était servie la recluse de l'outre en coton pour incruster si joliment sa demeure de nymphe. Aujourd'hui que le secret m'est connu, j'admire l'ingéniosité de la bête, capable d'obtenir l'utile et l'agréable avec les plus abjects matériaux. »

Le cocon est terminé à un bout par un court mamelon conique, percé d'un étroit canal qui fait communiquer l'intérieur avec le dehors. Le rôle de cet appendice n'a pas encore été élucidé.

Les anthidies récoltent les poils cotonneux sur un grand nombre de plantes, surtout des Composées (*Centaurea solsticialis, Centaurea paniculata, Echinops ritro, Onopordon illyricum, Helichrysum stœchas, Filago germanica*). Viennent ensuite les Labiées (*Marrubium vulgare, Ballota fœtida, Calamentha nepeta, Salvia Œthiops*), puis les Solanées (*Verbascum thapsus, Verbascum sinuatum*). L'ouate est choisie parmi les plus fines et toujours tondue sur des végétaux morts et secs, ce qui évite la moisissure. Les anthidies, d'ailleurs, peuvent récolter la bourre sur des plantes qu'elles n'ont jamais vues et que l'on a plantées dans leur voisinage.

CHAPITRE VI

Les Constructeurs de Tumuli

A. — CHEZ LES FOURMIS

Les Fourmis (*fig.* 29 et 30) vivent, on le sait, en sociétés nombreuses, et édifient, la plupart, de vastes demeures désignées sous le nom de Fourmilières. Ces habitations, véritables tumuli, sont remarquables par leurs grandes dimensions et l'intelligence avec laquelle elles sont construites et aménagées. Avant d'en faire

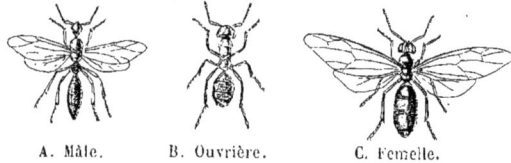

A. Mâle.   B. Ouvrière.   C. Femelle.
Fig. 29. — Fourmis.

la description, il convient de faire une remarque générale qui ne manque pas d'intérêt : c'est que les Fourmis savent se plier aux circonstances et aux lieux dans lesquels elles se trouvent. Leurs plans ne sont pas uniformes, et la même espèce

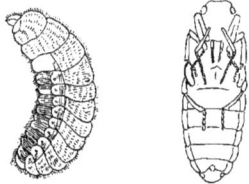

A. Larve.   B. Nymphe.
Fig. 30. — Fourmi.

par exemple établira en un endroit aride son nid sous une pierre, alors qu'ailleurs elle établira un dôme de brindilles. « Le trait caractéristique de l'art de l'architecture des Fourmis, fait remarquer Forel, consiste dans le manque presque absolu d'un plan immuable. Les Fourmis s'entendent à merveille à modifier selon les circonstances leurs constructions et à tirer parti de chaque avantage. Au surplus, chaque ouvrière travaille pour son propre compte, en suivant un plan particulier ; et parfois elle n'est aidée par ses compagnes que quand celles-ci ont compris et adopté son plan. Naturellement, il se produit de fréquents conflits ; l'une détruit ce que l'autre a érigé. Ceci nous donne la clef des constructions des labyrinthes. En général, c'est la même ouvrière qui, après avoir trouvé le mode le plus profitable de construction ou montré le plus de persistance, réussit, non sans lutte et sans rivalité, à faire adopter son idée par la plupart de ses compagnes et finalement par la colonie entière. Mais à peine a-t-elle atteint son but, qu'une autre se présente et comme celle-ci traine à sa suite ses partisans, la première se perd vite dans la foule. »

1

Nids faits en terre impure.

La grande majorité des Fourmis creusent leurs nids dans le sol et le surmontent d'un dôme en terre également parcouru de galeries et plus ou moins mélangé de matériaux étrangers.

Parmi celles qui, dans les bois, élèvent les monticules les plus remarquables par leur grandeur, il faut cite la Fourmi fauve, sur laquelle Huber a fait d'inté-

Fig. 31. — Nid de la Fourmi fauve.

ressantes observations. « Le monticule, dit-il, qui, au premier coup d'œil, ne paraît qu'un amas de matériaux confusément épars (*fig.* 31), est cependant, par sa simplicité et son organisation, une invention ingénieuse pour éloigner les eaux de la fourmilière, pour la défendre des injures de l'air, des attaques de ses ennemis, et pour ménager la chaleur du soleil, ou la conserver dans l'intérieur du nid. L'assemblage des divers éléments dont il est composé présente toujours l'aspect d'un dôme arrondi, dont la base, souvent couverte de terre et de petits cailloux, forme une zone au-dessus de laquelle s'élève en pain de sucre la partie ligneuse du bâtiment.

Mais ce n'est encore là que la couverture extérieure de la fourmilière ; la portion la plus considérable en est cachée à nos yeux, et s'étend dans la terre à une profondeur plus ou moins grande.

Des avenues, ménagées soigneusement en forme d'entonnoirs assez irréguliers, conduisent du faîte de la fourmilière dans l'intérieur ; leur nombre dépend de sa population et de son étendue ; l'ouverture en est plus ou moins large ; on en trouve quelquefois une principale au sommet ; souvent il y en a plusieurs à peu près égales, autour desquelles beaucoup de passages plus étroits sont placés presque dans un ordre symétrique, circulairement et jusqu'à la base du monticule.

Ces portes étaient nécessaires pour laisser une libre issue à cette multitude d'ouvrières dont leurs peuplades sont composées : non seulement leurs travaux les appellent au dehors, mais, bien différentes des autres espèces qui se tiennent volontiers dans leur nid, et à l'abri du soleil, les Fourmis fauves semblent au contraire préférer vivre en plein air et ne pas craindre de faire en notre présence la plupart de leurs opérations.

Si l'on observe la Fourmi jaune, la noir-cendrée, la sanguine, la brune, etc., on ne verra jamais chez elles d'entrées assez spacieuses pour laisser à leurs ennemis un accès facile, ou permettre à l'eau des pluies de s'introduire dans leur habitation : elle est couverte d'un dôme de terre fermé de tous côtés ; elle n'a d'issue que près de sa base, et même on n'y parvient souvent que par une galerie longue et tortueuse, qui serpente dans le gazon à plusieurs pieds de la fourmilière. D'ailleurs, la petitesse de ses portes, toujours bien gardées au dedans, prévient l'entrée des insectes ou des reptiles, qui pourraient s'y glisser.

Les Fourmis fauves, établies en foule pendant le jour sur leur nid, ne craignent pas d'être inquiétées au dedans; mais le soir, lorsque, retirées dans le fond de leur habitation, elles ne peuvent s'apercevoir de ce qui se passe au dehors, comment sont-elles à l'abri des accidents dont elles sont menacées ? Comment la pluie ne pénètre-t-elle pas dans cette demeure, ouverte de toutes parts ? Ces questions si simples, ne paraissent point avoir occupé les naturalistes.

N'ont-ils donc pas prévu les résultats auxquels ces Fourmis auraient été exposées, si la sagesse qui règle l'Univers n'eût pris soin de leur sûreté ? Frappé de ces réflexions lorsque j'observai pour la première fois les Fourmis fauves, je portai toute mon attention sur cet objet, et mes doutes ne tardèrent pas à se dissiper.

Je m'aperçus que l'aspect de ces fourmilières changeait d'une heure à l'autre, et que le diamètre de ces avenues spacieuses, où tant de Fourmis pouvaient se rencontrer à la fois au milieu du jour, diminuait graduellement jusqu'à la nuit. Leur ouverture disparaissait enfin : le dôme était fermé de toutes parts, et les Fourmis retirées au fond de leur demeure. Cette première observation en dirigeant mes regards sur les portes de ces fourmilières, éclaircit infiniment mes idées sur le travail de leurs habitants, dont auparavant je ne devinais pas précisément le but : car il règne une telle agitation à la surface du nid ; on y voit tant d'insectes occupés à charrier des matériaux, dans un sens et dans l'autre, que ce mouvement n'offre d'autre image que celle de la confusion.

Je vis donc clairement qu'elles travaillaient à fermer leurs passages (*fig.* 32) : elles apportaient d'abord, pour cela, de petites poutres auprès des galeries dont elles voulaient diminuer l'entrée ; elles les plaçaient au-dessus de l'ouverture, et les enfonçaient même quelquefois dans le massif de chaume. Elles allaient ensuite en chercher de nouvelles, qu'elles disposaient au-dessus des premières, dans un sens contraire, et paraissaient en choisir de moins fortes, à mesure que l'ouvrage était plus avancé. Enfin elles employèrent des morceaux de feuilles sèches, ou d'autres matériaux d'une forme élargie, pour recouvrir le tout. N'est-ce pas là, en petit, l'art de nos charpentiers, lorsqu'ils établissent le faîte du bâtiment ?

Fig. 32. — Fourmis occupées à boucher les ouvertures de leur nid au moment de la tombée de la nuit.

La nature semble avoir partout devancé les inventions dont nous nous glorifions : celle-ci est, sans doute, une des plus simples ?

Voilà nos Fourmis en sûreté dans leur nid ; elles se retirent graduellement dans l'intérieur avant que les dernières portes soient fermées, et il en reste une ou deux en dehors ou cachées derrière les portes, pour faire la garde, tandis que les autres se livrent au repos ou à différentes occupations dans la plus parfaite sécurité.

J'étais impatient de savoir comment les choses se passaient le matin sur ces fourmilières : j'allai donc un jour, de très bonne heure, les visiter : je les trouvai encore dans le même état où je les avais laissées la veille : quelques Fourmis rôdaient sur les dehors du nid ; cependant il en sortait de temps en temps quelques-unes, par dessous les bords des petits toits pratiqués à l'entrée des galeries, et j'en vis bientôt qui essayèrent d'enlever les barricades : elles y réussirent aisément.

Ce travail les occupa pendant plusieurs heures, et je vis enfin les passages libres de tout obstacles, et les matériaux qui les obstruaient répartis çà et là sur la fourmilière.

Chaque jour, le soir et matin, pendant la belle saison, j'ai revu les mêmes faits, à l'exception cependant des jours de pluie, où les portes restent fermées sur toutes les fourmilières. Lorsque le ciel est nébuleux dès le matin, les Fourmis, qui paraissent s'en apercevoir, n'ouvrent qu'en partie l'entrée de leurs avenues, et lorsque la pluie commence, elles se hâtent de les refermer : il paraît, d'après cela, qu'elles n'ignorent pas la raison pour laquelle elles construisent ces clôtures momentanées.

Pour concevoir la formation du toit de chaume, voyons ce qu'était la fourmilière dans l'origine. Elle n'est, au commencement, qu'une cavité pratiquée dans la terre ; une partie de ses habitants va chercher aux environs des matériaux propres à la construction de la charpente extérieure ; ils les disposent ensuite dans un ordre peu régulier, mais suffisant pour en recouvrir l'entrée. D'autres Fourmis apportent de la terre qu'elles ont enlevée au fond du nid dont elles creusent l'intérieur, et cette terre, mélangée avec les brins de bois et de feuilles qui sont apportés à chaque instant, donne une certaine consistance à l'édifice. Il s'élève de jour en jour Cependant les Fourmis ont soin de laisser des espaces vides pour ces galeries qui conduisent au dehors ; et comme elles enlèvent le matin les barrières qu'elles ont posées à l'entrée du nid la veille, les conduits se conservent, tandis que le reste de la fourmilière s'élève. Elle prend déjà une forme bombée, mais on se tromperait si on la croyait massive. Ce toit devait encore servir sous un autre point de vue à nos insectes ; il était destiné à contenir de nombreux étages, et voici de quelle manière ils sont construits. Je puis en parler pour l'avoir vu au travers d'un carreau de verre que j'avais ajusté contre une fourmilière.

C'est par excavation, en minant leur édifice même, qu'elles y pratiquent des salles très spacieuses, fort basses à la vérité, et d'une construction grossière ; mais elles sont commodes pour l'usage auquel elles sont destinées : celui de pouvoir y déposer les larves et les nymphes à certaines heures du jour. Ces espaces vides communiquent entre eux par des galeries faites de la même manière. Si les matériaux du nid n'étaient qu'entrelacés les uns avec les autres, ils céderaient trop facilement aux efforts des Fourmis, et tomberaient confusément lorsqu'elles porteraient atteinte à leur ordre primitif ; mais la terre contenue entre les couches dont le monticule est composé, étant délayée par l'eau des pluies et durcie ensuite par le soleil, sert à lier ensemble toutes les parties de la fourmilière, de manière, cependant, à permettre aux Fourmis d'en séparer quelques fragments sans détruire le reste ; d'ailleurs, elle s'oppose si bien à l'introduction de l'eau dans le nid que je n'ai jamais trouvé (même après de longues pluies) l'intérieur mouillé à plus d'un quart de pouce de la surface, à moins que la fourmilière n'eût été dérangée, ou ne fût abandonnée par ses habitants.

Les Fourmis en sont donc bien à l'abri au fond de leurs cases : la plus grande est presque au centre de l'édifice ; elle est beaucoup plus élevée que les autres, et traversée seulement par les poutres qui soutiennent le plafond ; c'est là qu'aboutissent toutes les galeries et que se tiennent la plupart des Fourmis.

Quant à la partie souterraine de la fourmilière, on ne peut l'observer que lorsqu'elle est placée contre une pente ; alors, en enlevant le monticule de chaume, on aperçoit toute la coupe intérieure du bâtiment : ces souterrains présentent des étages composés de loges creusées dans la terre et pratiquées dans un sens horizontal. »

(

Nids en terre pure.

Plusieurs Fourmis bâtissent en terre pure et méritent jusqu'à un certain point le nom de Fourmis maçonnes qu'Huber leur a donné.

« Il y a, dit-il, plusieurs espèces de Fourmis maçonnes; la terre dont leurs nids sont formés est plus ou moins compacte. Celle qu'emploient les Fourmis d'une certaine grandeur, telles que la noire cendrée et la mineuse, paraît être moins choisie et d'une pâte moins fine que celle dont la Fourmi brune, la microscopique et la jaune construisent leur demeure. Elle est proportionnée à leurs moyens, à leurs usages et à la nature de l'édifice qu'elles se proposent d'élever.

Si l'on veut juger du plan intérieur des fourmilières, il convient de choisir celles qui n'ont pas été gâtées accidentellement et dont la forme n'a pas été altérée par les circonstances locales. Il suffira alors d'une attention médiocre pour s'apercevoir que les fourmilières d'espèces différentes ne sont pas construites dans le même système.

Ainsi, le monticule élevé par les Fourmis noir-cendrées offrira toujours des murs épais, formés d'une terre grossière et raboteuse, des étages bien prononcés et de larges voûtes, soutenues par des piliers solides; on n'y trouvera ni chemins, ni galeries proprement dites, mais des passages en forme d'œil-de-bœuf : partout de grands vides, de gros massifs de terre, et l'on remarquera que les Fourmis ont conservé une certaine proportion entre les piliers et la largeur des voûtes auxquelles ils servent de support.

La Fourmi brune, l'une des plus petites, se fait particulièrement remarquer par la perfection de son travail. Elle a le corps d'un brun rougeâtre luisant, la tête un peu plus foncée, les antennes et les pattes plus claires, l'abdomen d'un brun obscur, l'écaille étroite, carrée, et faiblement échancrée : la longueur du corps est d'une ligne.

Cette Fourmi, l'une des plus industrieuses, construit son nid par étages de 4 à 5 lignes de haut, dont les cloisons n'ont pas plus d'une demi-ligne d'épaisseur, et dont la matière est d'un grain si fin que la surface des murs intérieurs en paraît fort unie. Ces étages ne sont point horizontaux; ils suivent la pente de la fourmilière; de sorte que le supérieur recouvre tous les autres; le suivant embrasse tous ceux qui sont au-dessous de lui et ainsi de suite jusqu'au rez-de-chaussée, qui communique avec les logements souterrains. Cependant ils ne sont pas toujours arrangés avec la même régularité, car les Fourmis ne suivent pas un plan bien fixe; il semble au contraire que la nature leur ait laissé une certaine latitude à cet égard, et qu'elles peuvent, selon les circonstances, le modifier à leur gré; mais quelque bizarre que puisse paraître leur maçonnerie, on reconnaît toujours qu'elle a été fermée par étage concentriques.

Si l'on examine chaque étage séparément (*fig*. 33), on y voit des cavités travaillées avec soin, en forme de salle, des loges plus étroites et des galeries allongées qui leur servent de communication. Les voûtes des places les plus spacieuses sont supportées par de petites colonnes, par des murs fort minces, ou enfin par de vrais arcs-boutants. Ailleurs on voit des cases qui n'ont qu'une seule entrée; il en est dont l'orifice répond à l'étage inférieur; on peut encore y remarquer des espaces très larges percés de toutes parts et formant une sorte de carrefour où toutes les rues aboutissent.

Tel est à peu près l'esprit dans lequel sont construites les habitations de ces Fourmis; lorsqu'on les ouvre, on trouve les cases et les places les plus étendues remplies de Fourmis adultes; mais on voit toujours que leurs nymphes sont réunies dans les loges plus ou moins rapprochées de la surface, suivant les heures et la température, car à cet égard les Fourmis sont douées d'une grande sensibilité, et paraissent connaître le degré de chaleur qui convient à leurs petits.

La fourmilière contient quelquefois plus de vingt étages dans sa partie supérieure, et, pour le moins, autant au-dessous du sol. Combien de nuances de chaleur doit admettre une telle disposition, et quelle facilité les Fourmis ne se procurent-elles pas par ce moyen, pour la graduer ? Quand un soleil trop ardent rend leurs appartements supérieurs plus chauds qu'elles ne le désirent, elles se retirent avec leurs petits dans le fond de la fourmilière. Le rez-de-chaussée devenant à son tour inhabitable pendant les pluies, les fourmis de cette espèce transportent tout ce qui les intéresse dans les étages les plus élevés, et c'est là qu'on les trouve rassemblées avec leurs nymphes et leurs œufs lorsque leurs souterrains sont submergés.

Il ne suffisait pas de connaître la disposition intérieure de ces fourmilières, il fallait encore découvrir comment les fourmis travaillant dans une matière assez dure, avaient pu ébaucher et finir des ouvrages aussi délicats, avec le seul secours de leurs dents ; comment elles savaient ramollir la terre pour la miner, la pétrir et la maçonner ; quel ciment elles employaient pour joindre ensemble ses particules. Etait-ce au moyen d'un mucilage, d'une résine ou de quelque autre suc tiré de leur propre corps, et semblable à celui dont se sert l'Abeille maçonne pour bâtir le nid auquel elle donne tant de solidité ? J'aurais peut-être dû analyser la terre dont les fourmilières sont composées ; mais je craignis de m'engager dans des difficultés qui n'étaient point de mon ressort, et je m'en tins à la voie lente et sûre de l'observation, au moyen de laquelle j'espérais parvenir au même résultat.

Je m'obstinai donc à observer une de ces fourmilières, jusqu'à ce que j'aperçusse quelque changement dans sa forme.

Les habitants de celle que j'avais choisie demeuraient pendant le jour enfermés chez eux, ou sortaient par des galeries souterraines dont l'issue était à quelques pieds dans la prairie. Il y avait cependant deux ou trois petites ouvertures à la surface du nid, mais on n'en voyait sortir aucune ouvrière, parce qu'elles étaient exposées à l'ardeur du soleil, ce que ces insectes redoutent infiniment. Cette fourmilière avait une forme arrondie ; son dôme s'élevait dans l'herbe, au bord d'un sentier, et n'avait été altéré par aucune cause étrangère.

Je ne tardai pas à m'apercevoir que la fraicheur et la rosée invitaient ces Four-

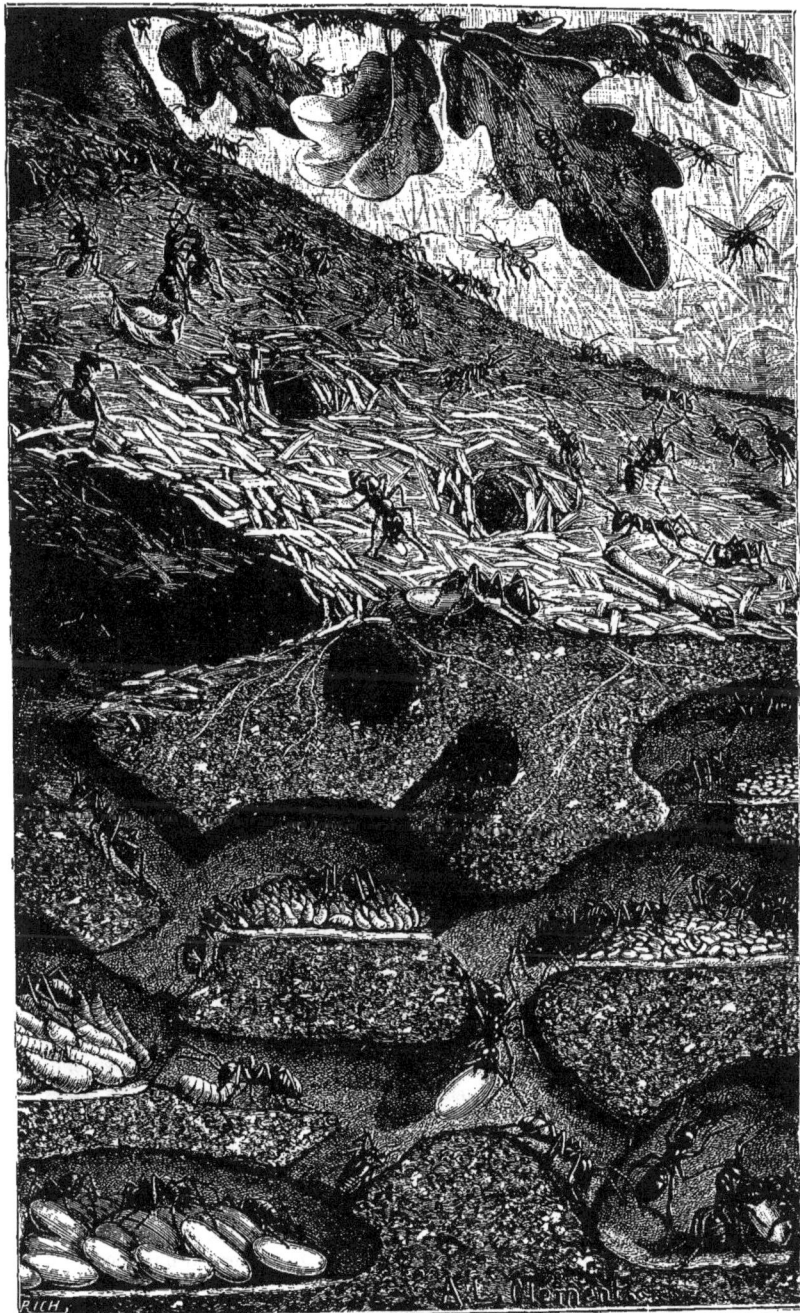

Fig. 33. — Coupe verticale montrant l'intérieur d'une fourmilière.

mis à se promener sur leur nid ; elles y pratiquaient de nouvelles issues. On les voyait arriver plusieurs à la fois, mettre leur tête hors du trou, en remuant leurs antennes, et sortir enfin pour aller et venir dans les environs.

Ceci me rappela une singulière opinion des Anciens. Ils croyaient que les Fourmis travaillaient la nuit lorsque la lune est dans son plein. Cette idée n'était peut-être pas sans fondement ; et quoique la lune n'eût, sans doute, aucune influence sur leur conduite, j'entrevoyais quelque chose de vrai dans cette observation.

Ayant donc épié les mouvements de ces insectes pendant la nuit, je m'assurai qu'ils étaient presque toujours dehors, et occupés sur le dôme de leur habitation, après le coucher du soleil. C'était l'opposé de ce que j'avais vu chez les Fourmis fauves, qui ne sortent que le jour et ferment leurs portes le soir. Le contraste était encore plus étonnant que je ne l'avais supposé d'abord ; car ayant visité les Fourmis brunes quelques jours après, par une pluie douce, je pus les voir déployer tous leurs talents pour l'architecture.

Dès que la pluie commença, je les vis sortir en assez grand nombre de leurs souterrains : elles rentrèrent aussitôt, mais revinrent ensuite tenant entre leurs dents des molécules de terre, qu'elles déposèrent sur le faîte de leur nid. Je ne concevais pas au premier abord ce qui devait en résulter, mais je vis bientôt s'élever de toutes parts de petits murs qui laissaient entre eux des espaces vides. En plusieurs endroits, des piliers placés à distance les uns des autres annonçaient déjà la forme des salles, des loges et des chemins que les Fourmis se proposaient d'établir : c'était, en un mot, l'ébauche d'un nouvel étage.

J'observai avec curiosité les moindres mouvements de mes maçonnes, et je vis bientôt qu'elles ne travaillaient point à la manière des Guêpes ou des Bourdons lorsqu'ils sont occupés à faire l'enveloppe de leur nid.

Ceux-ci se mettent, pour ainsi dire, à cheval sur le bord de cette enveloppe et la prennent entre leurs dents pour la modeler et l'amincir à leur gré : la cire dont elle est composée, et le papier dont la Guêpe se sert, humecté au moyen d'une sorte de colle, se prêtent à ce genre de travail ; mais la terre souvent très incohérente dont les Fourmis font usage devait être maçonnée d'une autre manière.

Chaque Fourmi apportait donc entre ses dents une petite pelote de terre qu'elle avait formée en ratissant le fond des souterrains avec le bout de ses mandibules ; cette petite masse de terre étant composée de parcelles réunies seulement depuis quelques instants pouvait aisément se prêter à l'usage que les Fourmis voulaient en faire ; ainsi, lorsqu'elles l'avaient appliquée à l'endroit où elle devait rester, elles la divisaient et la poussaient avec leurs dents, de manière à remplir les plus petites inégalités de leur muraille. Leurs antennes suivaient tous leurs mouvements, en palpant chaque brin de terre, et quand ils étaient disposés ainsi, la Fourmi les affermissait en les pressant légèrement avec ses pattes antérieures : ce travail allait fort vite.

Après avoir tracé le plan de leur maçonnerie, en plaçant çà et là les fondements des piliers et des cloisons qu'elles voulaient établir, elles leur donnaient plus de relief en ajoutant de nouveaux matériaux au-dessus des premiers. Souvent deux petits murs, destinés à former une galerie, s'élevaient vis-à-vis l'un de l'autre et à peu de distance. Lorsqu'ils étaient à la hauteur de 4 ou 5 lignes, les Fourmis s'occupaient à recouvrir le vide qu'ils laissaient entre eux au moyen d'un plafond de forme cintrée ; cessant alors de travailler en montant, comme si elles avaient jugé leurs murs assez élevés, elles plaçaient contre l'arête intérieure de l'un et de l'autre des brins de terre mouillée dans un sens presque horizontal de manière à former au-dessus de chaque mur un rebord qui devait, en s'élargissant, rencontrer celui du mur opposé ; leur épaisseur était ordinairement d'une demi-ligne. La largeur des galeries qui résultait de ce travail était le plus souvent d'un quart de pouce.

Ici plusieurs cloisons verticales formaient l'ébauche d'une loge qui communiquait avec différents corridors par des ouvertures ménagées dans la maçonnerie. Là, c'était une véritable salle dont les voûtes étaient soutenues par de nombreux piliers ; plus loin on reconnaissait le dessin d'un de ces carrefours dont j'ai parlé ci-dessus, et auxquels aboutissent plusieurs avenues. Ces places étaient les plus spacieuses ; cependant les Fourmis ne paraissaient point embarrassées à faire le plancher qui devait les recouvrir, quoiqu'elles eussent souvent deux pouces et plus de largeur. C'était dans les angles formés par la rencontre des murs puis le long de leurs bords supérieurs, qu'elles en plaçaient les premiers éléments, et de la sommité de chaque pilier s'étendait, comme d'autant de centres, une couche de terre horizontale et un peu bombée qui allait se joindre à d'autres parties de la même voûte, partant de différents points de la grande place publique.

Cette foule de maçonnes, arrivant de toutes parts avec la parcelle de mortier qu'elles voulaient ajouter au bâtiment, l'ordre qu'elles observaient dans leurs opérations, l'accord qui régnait entre elles, l'activité avec laquelle elles profitaient de la pluie pour augmenter l'élévation de leur demeure, offraient l'aspect le plus intéressant pour un admirateur de la nature.

Cependant je craignais quelquefois que leur édifice ne pût pas résister à sa propre pesanteur et que ces plafonds si larges, soutenus seulement par quelques piliers, ne s'écroulassent sous le poids de l'eau qui tombait continuellement et semblait devoir les démolir ; mais je me rassurai en voyant que la terre apportée par ces insectes adhérait de toutes parts au plus léger contact, et que la pluie, au lieu de diminuer la cohésion de ses particules, semblait l'augmenter encore. Ainsi, loin de nuire au bâtiment par sa chute, elle contribue donc à le rendre plus solide. Ces parcelles de terre mouillée, qui ne tiennent encore que par juxtaposition, n'attendent qu'une averse qui les lie plus étroitement, et vernisse, pour ainsi dire, la surface du plafond qu'elles composent, ou les murs et les galeries restées à découvert. Alors les inégalités de la maçonnerie disparaissent ; le dessus de ces étages composés de tant de pièces rapportées ne présente plus qu'une seule couche de terre bien unie, et n'a besoin, pour consolider entièrement, que de la chaleur du soleil.

Ce n'est pas qu'une pluie trop violente ne détruise quelquefois plusieurs cases, surtout lorsqu'elles sont peu voûtées ; mais les Fourmis ne tardent pas à les relever avec une patience admirable.

Ces différents travaux s'exécutaient à la fois sur toutes les parties de la fourmilière qu'on vient de décrire; ils se suivaient de si près dans ses nombreux quartiers, qu'elle se trouva augmentée d'un étage complet en 7 à 8 heures. Car toutes ces voûtes, jetées d'un mur à l'autre, étant à la même distance du plan sur lequel elles s'élevaient, ne formèrent qu'un seul plafond lorsqu'elles furent terminées, et que les bords des unes atteignirent ceux des autres.

A peine les Fourmis eurent-elles achevé cet étage qu'elles en bâtirent un nouveau; mais elles n'eurent pas le temps de le finir; la pluie cessa avant que leur plafond fût entièrement construit. Elles travaillèrent cependant encore quelques heures, en profitant de l'humidité de la terre; mais le vent du nord s'étant levé avec violence, il la dessécha trop promptement, de manière que les fragments rapportés n'avaient plus la même adhérence et se réduisaient en poudre: les Fourmis voyant le peu de succès de leurs efforts, se découragèrent enfin, et renoncèrent à bâtir; mais ce dont je fus étonné, c'est qu'elles détruisirent toutes les cases et les murs qui n'étaient pas encore recouverts et répartirent les débris de ces ébauches sur le dernier étage de la fourmilière.

Ces faits prouvent incontestablement qu'elles n'emploient ni gomme, ni aucune autre espèce de ciment pour lier ensemble les matériaux de leur nid: elles sont donc instruites à se servir de l'eau pour maçonner la terre, et savent profiter du soleil et du vent pour durcir leur ouvrage. A la simplicité de ces moyens, je reconnaissais les voies de la nature; cependant, je crus devoir faire encore une expérience pour me convaincre entièrement de l'exactitude de ces résultats.

A quelques jours de là, j'essayai de les exciter à reprendre leurs travaux, au moyen d'une pluie artificielle. Je pris pour cela une brosse très forte que je plongeai dans l'eau, et en passant ma main sur ses crins, dans un sens et dans l'autre, je faisais jaillir sur la fourmilière une rosée extrêmement fine. Les Fourmis, de l'intérieur de leur demeure, s'aperçurent fort bien de l'humidité de leur toit, elles sortirent et coururent rapidement à la surface.

L'arrosement continuait; les maçonnes y furent trompées; elles allèrent se pourvoir de brins de terre au fond du nid, revinrent les placer sur le faîte et bâtirent des murs, des cases, en un mot, un étage complet en quelques heures.

J'ai souvent répété cette expérience et toujours avec le même succès. C'est surtout au printemps que les Fourmis maçonnes profitent de la pluie pour agrandir leur nid; la nuit même ne les arrête pas, et j'ai fréquemment trouvé, le matin, des étages entièrement construits pendant l'obscurité.

Les Fourmis ne se contentent pas d'augmenter l'élévation de leur demeure, elles creusent dans la terre des appartements plus spacieux encore, et les matériaux qu'elles en retirent sont employés, comme nous l'avons déjà dit, dans leurs constructions extérieures: ainsi l'art de ces insectes consiste à savoir exécuter à la fois deux opérations opposées: l'une de miner, et l'autre de bâtir; et à faire servir la première à l'avantage de la seconde. Ce qu'il y a de plus singulier, c'est qu'on observe le même esprit dans ces excavations que dans la partie du bâtiment qui s'élève au-dessus du sol. L'humidité qui pénètre au fond de leur nid les aide sans doute dans ces travaux.

Les Fourmis noir-cendrées ont une manière de bâtir bien différente des Fourmis brunes : on a déjà vu, par la description de leurs logements, qu'elles ne possédaient qu'un art simple et grossier relativement à celui de ces dernières. Cette simplicité même était à mes yeux une condition précieuse pour l'objet que je me proposais : c'était d'examiner, s'il était possible, comment tant de Fourmis pouvaient concourir à l'exécution d'un même dessein, et s'entendre dans la conduite de leurs travaux ; de découvrir si elles agissaient de concert ou indépendamment les unes des autres, par leur propre impulsion ou par l'effet d'un mouvement général.

Je ne me flatte point d'avoir décidé ces grandes questions ; mais les faits que je vais rapporter pourront du moins jeter quelque lumière sur ce sujet.

Lorsque les Fourmis noir-cendrées veulent donner plus d'élévation à leur demeure, elles commencent à en couvrir le faîte d'une épaisse couche de terre qu'elles apportent de l'intérieur, et c'est dans cette couche même qu'elles tracent, en creux et en relief, le plan d'un nouvel étage.

Elles creusent d'abord çà et là dans cette terre meuble de petits fossés plus ou moins rapprochés les uns des autres, et d'une largeur proportionnée à leur destination ; elles leur donnent une profondeur à peu près égale : les massifs de terre qu'ils laissent entre eux doivent servir ensuite de base aux murs intérieurs, de manière qu'après avoir enlevé toute la terre inutile au fond de chaque case et réduit à leur juste épaisseur les fondements de ces murs, il ne reste plus à leurs architectes qu'à en augmenter la hauteur et à recouvrir d'un plafond les loges qui en résultent.

Après avoir observé l'esprit dans lequel étaient construites ces fourmilières, je sentis que le seul moyen de pénétrer dans les véritables secrets de leur organisation, était de suivre individuellement la conduite des ouvrières occupées à les élever. Mes journaux sont remplis d'observations de ce genre : je vais en extraire quelques-unes qui m'ont paru intéressantes. Je décrirai donc ici les manœuvres d'une seule Fourmi que j'ai pu suivre assez longtemps pour satisfaire ma curiosité.

Un jour de pluie, je vis une ouvrière creuser le sol auprès d'un tronc qui servait de porte à la fourmilière : elle accumulait les brins qu'elle avait détachés et en faisait de petites pelotes, qu'elle portait çà et là sur le nid ; elle revenait constamment à la même place et paraissait avoir un dessein marqué, car elle travaillait avec ardeur et persévérance. Je découvris d'abord en cet endroit un léger sillon tracé dans l'épaisseur du terrain ; il était en ligne droite et pouvait représenter l'ébauche d'un sentier ou d'une galerie : l'ouvrière, dont tous les mouvements se faisaient sous mes yeux, lui donna plus de profondeur, l'élargit, nettoya ses bords, et je vis enfin, sans pouvoir en douter, qu'elle avait eu l'intention d'établir une avenue conduisant d'une certaine case à l'ouverture du souterrain. Ce sentier, long de 2 à 3 pouces, formé par une seule ouvrière, était ouvert au-dessus et bordé des deux côtés d'une butte de terre : sa concavité, en forme de gouttière, se trouva d'une régularité parfaite, car l'architecte n'avait pas laissé dans cette partie un seul atome de trop.

Le travail de cette Fourmi était si suivi et si bien entendu, que je devinais presque toujours ce qu'elle voulait faire et le fragment qu'elle allait enlever.

A côté de l'ouverture où ce sentier aboutissait, en était une seconde, à laquelle il fallait aussi parvenir par quelque chemin : la même Fourmi exécuta seule cette nouvelle entreprise ; elle sillonna encore l'épaisseur du sol, et ouvrit un autre sentier parallèlement au premier, de sorte qu'ils laissaient entre eux un petit mur de 3 à 4 lignes de hauteur.

Les Fourmis qui tracent le plan d'un mur, d'une case, d'une galerie, etc., travaillant chacune de leur côté, il leur arrive quelquefois de ne pas faire coïncider exactement les parties d'un même objet, ou objets différents ; ces exemples ne sont pas rares, mais ils ne les embarrassent point : en voici un où l'on verra que l'ouvrière découvrit l'erreur et sut la réparer.

Là s'élevait un mur d'attente ; il semblait placé de manière à devoir soutenir une voûte encore incomplète jetée depuis le bord opposé d'une grande case ; mais l'ouvrière qui l'avait commencée lui avait donné trop peu d'élévation pour le mur sur lequel elle devait reposer : si elle eût été continuée sur le même plan, elle aurait infailliblement rencontré cette cloison à la moitié de la hauteur, et c'était ce qu'il fallait éviter ; cette remarque critique m'occupait justement, lorsqu'une Fourmi arrivée sur la place, après avoir visité ces ouvrages, parut être frappée de la même difficulté, car elle commença aussitôt à détruire la voûte ébauchée, releva le mur sur lequel elle reposait, et fit une nouvelle voûte, sous mes yeux, avec les débris de l'ancienne. C'est surtout lorsque les Fourmis commencent quelque entreprise, que l'on croirait voir une idée naître dans leur esprit, et se réaliser par l'exécution. Ainsi, quand l'une d'elles découvre sur le nid deux brins d'herbe qui se croisent et peuvent favoriser la formation d'une loge ou quelques petites poutres qui en dessinent les angles et les côtés, on la voit examiner les parties de cet ensemble, puis placer, avec beaucoup de suite et d'adresse, des parcelles de terre dans les vides et le long des tiges ; prendre de toutes parts les matériaux à sa convenance, quelquefois même sans ménager l'ouvrage que d'autres ont ébauché, tant elle est dominée par l'idée qu'elle a conçue, et qu'elle suit sans distraction. Elle va, vient, retourne jusqu'à ce que son plan soit devenu sensible pour d'autres fourmis.

Dans une autre partie de la même fourmilière, plusieurs brins de paille semblaient placés exprès pour faire la charpente du toit d'une grande case ; une ouvrière saisit l'avantage de cette disposition. Ces fragments, couchés horizontalement à demi-pouce du terrain, formaient, en se croisant, un parallélogramme allongé. L'industrieux insecte plaça d'abord de la terre dans tous les angles de cette charpente et le long des petites poutres dont elle était composée. La même ouvrière établit ensuite plusieurs rangées de ces matériaux les unes contre les autres, en sorte que le toit de cette case commençait à être très distinct, lorsqu'ayant aperçu la possibilité de profite d'une autre plante pour appuyer un mur vertical, elle en plaça de même les fondements. D'autres Fourmis étant alors survenues, elles achevèrent en commun les ouvrages que la première avait commencés.

D'après ces observations et mille autres semblables, je me suis assuré que chaque Fourmi agit indépendamment de ses compagnes. La première qui conçoit un plan d'une exécution facile en trace aussitôt l'esquisse ; les autres n'ont plus qu'à continuer ce qu'elle a commencé : celles-ci jugent par l'inspection des premiers travaux de ceux qu'elles doivent entreprendre ; elles savent toutes ébaucher, continuer, polir ou retoucher leur ouvrage, selon l'occasion. L'eau leur fournit le ciment dont elles ont besoin ; le soleil et l'air durcissent la matière de leurs édifices ; elles n'ont d'autres ciseaux que leurs dents, d'autres compas que leurs antennes, et de truelles que leurs pattes de devant, dont elles se servent d'une manière admirable pour appuyer et consolider leur terre mouillée.

Ce sont là les moyens matériels et mécaniques qui leur sont donnés pour bâtir. Elles auraient donc pu, en suivant un instinct purement machinal, exécuter avec exactitude un plan géométrique et invariable ; construire des murs égaux, des voûtes dont la courbure, calculée d'avance, n'aurait exigé qu'une obéissance servile et nous n'aurions été que médiocrement surpris de leur industrie ; mais, pour élever ces dômes irréguliers, composés de tant d'étages ; pour distribuer d'une manière commode et variée les appartements qu'ils contiennent, et saisir les temps les plus favorables à leurs travaux ; mais surtout pour savoir se conduire selon les circonstances, profiter des points d'appui qui se présentent, et juger de l'avantage de telles ou telles opérations, ne fallait-il pas qu'elles fussent douées de facultés assez rapprochées de l'intelligence, et

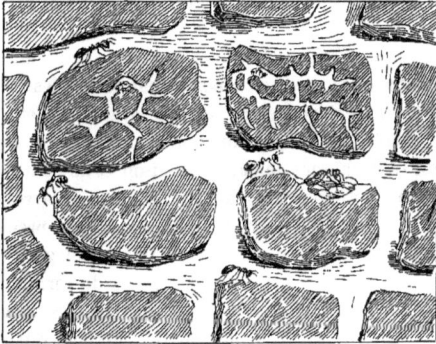

Fig. 34. — Nid de Solenopsis dans les cloisons d'une autre fourmilière.

que, loin de les traiter en automates, la nature leur laissât entrevoir le but des travaux auxquels elles sont destinées ? »

Dans les parois des grandes fourmilières, s'établissent parfois d'autres petites Fourmis d'une autre espèce, qui y creusent des canaux et y vivent comme chez elles. Certaines, comme les Solenopsis (*fig.* 34), font déboucher leurs galeries dans celles de leurs hôtes et vont leur voler leurs provisions. A cause de l'étroitesse de leurs canaux, les légitimes possesseurs ne peuvent les y poursuivre.

B. — CHEZ LES TERMITES

Les Termites ou Fourmis blanches (*fig.* 35) sont des névroptères essentiellement sociables, qui vivent en colonies immenses et se bâtissent des demeures parfois colossales, auxquelles on donne le nom de Termitières (*fig.* 36).

Dans une même termitière, on rencontre toujours des individus très différents les uns des autres. Il y a généralement par nid un *roi* et une *reine* dont le rôle est seulement de s'occuper de la ponte des œufs ; ils ne font absolument aucune besogne et ce sont les autres individus de la colonie qui se chargent de les nourrir. Au moment de la ponte, l'abdomen de la reine prend des dimensions énormes et

Fig. 35. — Termites : en haut, *mâle* volant; en bas, à droite, la *reine*;
en bas, à gauche, un *soldat* ; au milieu, un *ouvrier*.

ressemble à un gros cornichon. Le roi et la reine sont pourvus d'ailes, mais finissent par les perdre. Les autres Termites de la colonie ne portent jamais d'ailes : ce sont les *ouvriers* et les *soldats*. Ceux-ci se reconnaissent à leurs larges têtes et à leurs longues mandibules à pointe acérée ; ils ont pour mission de défendre le nid. Quant aux ouvriers, ce sont eux qui sont chargés de bâtir la maison et de l'entretenir. Dans le même nid, on trouve en outre des œufs, des nymphes et des larves. Ces dernières paraissent aussi prendre part aux travaux du ménage.

Fig 36. — Termitières.

Les diverses espèces de Termites nidifient diversement. Les uns creusent des nids entièrement souterrains; les autres s'établissent dans les troncs d'arbres plus ou moins vermoulus ; d'autres fabriquent d'immenses nids en terre sur les branches des arbres ou élèvent de gigantesques tumuli sur le sol. Ces tumuli (*fig.* 36), dont la forme ressemble à celle d'une meule de foin qui aurait plusieurs pointements, sont d'une très grande dureté, au point qu'un bœuf peut passer dessus sans les écraser. Quant à leur hauteur, elle atteint des dimensions remarquables. « Ces petits animaux, dit F. Houssay, toute proportion gardée, font colossal auprès de l'homme ; on ne peut même pas comparer leurs travaux ordinaires avec nos monuments les plus exceptionnels. Qu'on en juge d'après ces quelques chiffres. Les

dômes d'argile triturée et maçonnée qui recouvrent leurs nids peuvent avoir jusqu'à 5 mètres de hauteur. On est émerveillé de ces dimensions, égales à 1000 fois
la longueur de l'ouvrier. La tour Eiffel, le monument le plus élevé dont s'enorgueil-
lit l'industrie des hommes, ne fait que 187 fois la taille moyenne de l'artisan.
Elle a 300 mètres ; mais, pour atteindre l'audace du Termite, son sommet devrait
être à 1600 mètres. Il risquerait d'être souvent sous la neige, et on pourrait, du
moins en été, y trouver quelque fraîcheur. »

Les Termites ne se servent, pour l'édification de leurs tourelles, que d'argile à
laquelle ils donnent de la consistance avec leur salive. La pluie ne les détruit pas
et un arbre peut tomber sur elles sans les endommager.

Les mœurs des Termites sont assez mal connues, parce qu'ils ne vivent guère que

Fig. 37. — Termitière ouverte pour en montrer l'intérieur
En bas ; à droite : Termite femelle. En bas ; à gauche : Termite mâle et soldats.

dans les pays chauds et dans des régions inhospitalières où leur observation est
fort difficile. L'espèce la mieux connue est le Termite belliqueux que l'on rencontre depuis l'Abyssinie jusqu'à la côte orientale de l'Afrique et qui se retrouve
aussi sur la côte occidentale entre les mêmes degrés de latitude.

« Pour voir les Termites déployer tout ce que le ciel leur a départi d'industrie,
dit M. A. de Quatrefages, il faut visiter et démolir pièce à pièce comme l'a fait

Smeathman, un nid de Termites belliqueux (*fig.* 37). Quand une colonie de ces derniers s'établit au milieu d'une plaine, on voit d'abord paraître et grandir rapidement une ou deux tourelles coniques, qui bientôt se multiplient et atteignent jusqu'à une hauteur de cinq pieds. L'étendue du sol occupé par ces édifices provisoires annonce celle des travaux souterrains. Peu à peu le diamètre de ces tourelles augmente ; leur base s'élargit ; en peu de temps, elles se touchent et se soudent l'une à l'autre ; les vides qui les séparaient disparaissent alors promptement, et en moins d'une année le nid présente au dehors l'aspect d'un monticule irrégulièrement conique, à sommet arrondi en forme de dôme, portant sur ses flancs un nombre variable d'éminences allongées et ayant jusqu'à 5 à 6 mètres de diamètre à la base, sur à peu près autant de hauteur.

Si, tenant compte de la différence de taille des architectes, nous comparons aux monticules construits par ces insectes les plus gigantesques monuments élevés par la main de l'homme, le résultat est fait pour nous humilier profondément. La pyramide de Chéops avait au moment de sa construction et avant tout ensablement 146m,20 de hauteur. Elle avait par conséquent à peu près quatre-vingt-onze fois la hauteur d'un homme, en prenant pour taille moyenne 1m,60. Or, d'après les dimensions des Termites et de leurs monticules, ces derniers ont en hauteur environ mille fois la longueur des insectes qui les construisent. Ainsi, toute proportion gardée, un nid de Termites est onze fois plus élevé que le plus haut de nos monuments. Pour être seulement son égale, la pyramide devrait s'élever à plus de 1.600 mètres au-dessus du sol et dépasser la hauteur du Puy-de-Dôme.

Ces montagnes artificielles sont d'une solidité à toute épreuve. Pendant que leur dôme arrondi est encore accessible aux bœufs sauvages, on voit souvent la sentinelle de quelque troupeau debout sur le sommet. Smeathman, Jobson et autres voyageurs montaient habituellement sur ces Termitières pour dominer le pays, ou s'embusquaient parmi les tourelles qui les hérissent pour attendre le gibier au passage ; et cependant, comme les colonnes dont nous parlions tout à l'heure, ces monticules sont creux. Placés au centre du terrain qu'exploite chaque colonie, ils en sont pour ainsi dire la capitale, et comme nos grandes cités, ils ont leurs rues et leurs

Fig. 38. — Coupe schématique d'une termitière.

places publiques où circule sans cesse une population innombrable, leurs magasins toujours combles de provisions, les hôpitaux des enfants trouvés où les générations nouvelles s'élèvent par les soins de la communauté, et leur palais de souverains qui sont bien en réalité les pères et mères de leurs sujets.

Que mes lecteurs consultent avec moi la curieuse planche où l'auteur anglais a figuré un de ces monticules coupé par le milieu (*fig.* 38). Voici d'abord des parois presque aussi dures que de la brique et épaisses de 60 à 80 centimètres. Des galeries plus ou moins cylindriques sont percées dans ces murailles et augmentent de diamètre vers la base, où les plus grandes atteignent jusqu'à 35 centimètres de large et s'enfoncent sous la terre à près de un mètre et demi de profondeur. Ces dernières sont à la fois des carrières et des déversoirs. Ce sont elles qui ont fourni les matériaux de l'édifice, et en cas d'inondation elles recevraient et perdraient profondément dans le sol l'eau qui ne peut atteindre ainsi les quartiers populeux. Les autres galeries, qui serpentent obliquement en tous sens, s'embranchent les unes sur les autres, et arrivant jusqu'au dôme et dans les moindres tourelles, sont autant de routes servant uniquement au passage des travailleurs occupés de maçonnerie. Cet ensemble n'est pas encore la ville : il n'en est pour ainsi dire que le rempart, ou, pour employer une image moins noble mais plus exacte, il est la croûte d'un pâté dont les habitations représentent l'intérieur.

Le pâté n'est pas plein, sous le dôme se trouve un grand espace libre, occupant la largeur entière du monticule. La hauteur de cette espèce de comble égale à peu près le tiers de la hauteur totale. Le plancher en est plat et sans aucune ouverture. Quelques-unes des galeries percées dans l'enveloppe générale s'ouvrent à son niveau ; d'autres débouchent à des hauteurs diverses, et sont continuées par des rampes en relief appliquées contre le mur comme les escaliers placés à l'intérieur de la coupole du Panthéon. Ce sont autant d'échafaudages qui permettent aux travailleurs d'atteindre à toutes les parties de la voûte. Quant au comble lui-même, il joue le rôle d'un double fond, d'une chambre à air dont on comprend sans peine l'utilité sous ce ciel brûlant où les nuits sont si fraîches. Il entretient dans l'édifice entier une température plus égale, et garantit surtout des variations journalières les couvoirs placés au-dessous.

Nous avons visité les murs, les caves et les combles de l'édifice ; pénétrons maintenant dans les appartements. Au niveau du sol, au centre du rez-de-chaussée, est le palais des souverains, dont nous ferons tout à l'heure l'histoire. Ce palais est une grande cellule oblongue, à fond plat, à voûte arrondie, qui dans les vieilles termitières a jusqu'à 25 centim. de long. Les parois en sont très épaisses, surtout dans le bas, et percées de portes et de fenêtres rondes régulièrement espacées. Tout autour de ce sanctuaire, sur un espace de plus de 34 centim. en tous sens, s'étend un véritable dédale de chambres voûtées, toujours rondes ou ovales, donnant l'une dans l'autre ou communiquant par de larges corridors. Ce sont les salles de service exclusivement réservées aux travailleurs et aux soldats occupés du couple royal. Sur les côtés s'élèvent jusqu'au plancher du comble les magasins adossés aux murs de l'enveloppe générale. Ce sont de grandes chambres irrégulières, toujours remplies de gommes et de sucs de plantes solidifiées réduites en particules si ténues, que le microscope seul permet d'en reconnaître la véritable nature. Des galeries et de petites chambres vides relient entre elles toutes ces chambres pleines et assurent le service.

La cellule royale et ses dépendances sont protégées par une voûte épaisse, dont le dessus sert de plancher à un grand espace libre ménagé au centre du monticule. Sur cette espèce d'aire s'élèvent des piliers massifs hauts quelquefois de plus de 1 mètre, qui donnent à cette vaste salle un air de nef de cathédrale et qui supportent les couvoirs. Ceux-ci diffèrent du reste de l'édifice autant par leur structure que par leur destination. Partout ailleurs l'argile est seule mise en œuvre et c'est encore elle qui forme en quelque sorte la carcasse de la nourricerie ; mais ici les grandes chambres où doivent éclore les œufs et se tenir les très jeunes larves sont refendues en un grand nombre de petites cellules, dont les cloisons sont entièrement construites en parcelles de bois collées avec de la gomme. On trouve de ces couvoirs de toutes dimensions, et quelques-uns sont aussi gros qu'une tête d'enfant.

Tous sont entourés d'une coque de brique, aérés par les portes qui donnent dans les galeries ou corridors de communication, et placés comme ils le sont, entre le grand vide du comble et la nef dont nous avons parlé tout à l'heure, ils réunissent toutes les conditions désirables d'égalité de température et de ventilation.

Revenons maintenant à la cellule royale et brisons-en l'enveloppe. Elle renferme toujours un couple unique, objet des soins les plus empressés, mais qui achète sa grandeur au prix d'une réclusion perpétuelle, car les portes et les fenêtres du palais, suffisantes pour laisser passer un ouvrier ou un soldat, sont trop étroites pour livrer passage au roi et plus encore à la reine. Celle-ci toujours au centre de la chambre princière et reposant à plat, frappe tout d'abord les yeux de l'observateur. Qu'elle ressemble peu à ce gracieux insecte aux fines ailes, à la taille svelte qui n'avait que trois ou quatre fois la longueur et trente fois le poids d'un ouvrier ! — Ses ailes ont disparu ; la tête et le corselet sont restés à peu près les mêmes ; l'abdomen, au contraire, a pris un développement monstrueux, et tend à s'accroître sans cesse. Dans une vieille femelle, il est deux mille fois plus grand que le reste du corps et atteint jusqu'à 15 centim. de long. Cette femelle pèse alors autant que trente mille ouvriers, et, grâce à cette obésité exagérée, les précautions prises pour prévenir la fuite sont parfaitement inutiles, car elle ne peut faire un seul pas. Quant au mâle, il a aussi perdu ses ailes, mais n'a d'ailleurs changé ni de dimension ni de formes. Toutefois il use peu de sa faculté de locomotion, et, tapi d'ordinaire sous un des côtés du vaste abdomen de sa compagne, il se borne à remplir les fonctions de mari de la reine.

Les soldats et les travailleurs ont l'air de faire assez peu d'attention au roi ; mais ils sont fort occupés de la reine.

L'espace laissé libre autour de celle-ci est constamment rempli par quelques milliers de serviteurs empressés qui circulent autour d'elle en tournant toujours dans le même sens. Les uns lui donnent à manger, d'autres enlèvent les œufs qu'elle ne cesse de pondre ; car ici, comme chez les Abeilles, cette reine est avant tout la mère de ses sujets. Seulement chez les Termites sa fécondité est vraiment merveilleuse, et n'était l'immensité du nombre des travailleurs que suppose l'accomplissement des travaux exécutés par une seule colonie, il serait difficile de croire aux détails que Smeathman assure avoir vérifiés plusieurs fois. Cet abdomen monstrueux semble n'être qu'un vaste ovaire dont les branches multipliées renferment un si grand nombre de germes en voie de développement, qu'il s'en trouve toujours un de mûr. A travers les téguments amincis et devenus transparents, on voit ses canaux sans cesse animés de mouvements de contraction, tantôt sur un point, tantôt sur un autre. Grâce à ce mécanisme, le Termite femelle, sans même s'en apercevoir peut-être, pond au-delà de soixante œufs par minute, c'est-à-dire plus de quatre-vingt mille par jour, et Smeathman est porté à croire que cette ponte prodigieuse dure toute l'année avec la même activité.

Ces myriades d'œufs, promptement recueillis, sont portés dans les couvoirs, et il en sort bientôt autant de larves semblables aux ouvriers, mais beaucoup plus petites et d'un blanc de neige. Ces larves habitent encore pendant quelque temps les chambres où elles sont nées. Elles y sont l'objet des soins attentifs, et les murs mêmes qui les abritent semblent se changer en plates-bandes pour les nourrir.

Grâce à la chaleur humide qui règne sans cesse au centre de la termitière, les cloisons de bois et de gomme qui forment les couvoirs se couvrent de champignons microscopiques assez semblables à nos mousserons, et les jeunes Termites trouvent dans ces moisissures un aliment approprié à leurs premiers besoins. Ils subissent sans doute une première métamorphose et revêtent la forme d'ouvriers actifs ou de soldats. Les premiers seuls parviennent à l'état d'insectes parfaits. Vers la saison des pluies, il leur pousse des ailes, et par quelques soirées d'orage, mâles et femelles sortent par millions de leurs retraites souterraines; mais leur vie aérienne est de courte durée. Au bout de quelques heures, les ailes se flétrissent et se détachent. Dès le lendemain, la terre est jonchée de ces malheureux, et désormais incapables de fuir, ils sont la proie de mille ennemis qui guettent cette provende annuelle. Bien peu échappent au massacre. Quelques couples recueillis par des ouvriers, protégés par des soldats que le hasard a conduits auprès d'eux, rentrent dans leurs galeries et deviennent d'ordinaire les souverains de leurs sauveurs. Bientôt cloîtrés pour toujours dans leur cellule royale, ils forment le noyau d'une nouvelle termitière, et n'ont plus qu'à songer à accroître le nombre de leurs sujets.

Tous les voyageurs parlent de peuples mangeurs de Fourmis; c'est Termite qu'il faudrait dire. On doit en effet compter l'homme lui-même parmi les ennemis qui épient chaque année l'émigration de ces insectes dans le but de s'en nourrir. Les Indiens enfument les termitières et arrêtent au passage les individus ailés dont ils hâtent ainsi la sortie. Moins industrieux, les Africains ne recueillent que ceux qui tombent dans les eaux voisines. Les premiers pétrissent ces insectes avec de la farine et en font une sorte de pâtisserie, les seconds se bornent à les torréfier, à peu près comme le café. Ils les mangent ainsi à pleines mains et les trouvent délicieux.

Quelque étrange que puisse sembler cette nourriture, il paraît qu'elle a son mérite, même pour des palais européens. Les voyageurs s'accordent à parler des Termites comme d'un mets agréable, et comparent leur saveur à celle d'une moëlle ou d'une crème sucrée. Smeathman les regarde comme un aliment délicat, nourrissant et sain. Il semble même les préférer à ces fameux Vers palmistes qui, dans les Indes, figurent sur les tables les plus somptueuses comme une délicieuse friandise.

Les Termites neutres conservent pendant toute leur vie les caractères et les attributions qui leur ont valu le nom de soldats. Comptant à peine pour un centième dans la population des termitières, ils y constituent une classe à part, qu'un écrivain du dernier siècle n'eût pas manqué de comparer à la noblesse de ces monarchies, où les larves auraient représenté les roturiers. En temps ordinaire ils vivent oisifs, montant pour ainsi dire la garde à l'intérieur ou se bornant à surveiller les travailleurs, sur lesquels ils exercent une autorité évidente.

En temps de guerre, ils paient bravement de leur personne, ils meurent s'il le faut pour le salut commun. Au premier coup de pioche qui met à jour une galerie, on voit accourir la sentinelle la plus voisine. L'alarme se répand, et en un clin d'œil une foule de combattants couvrent la brèche, dardant en tout sens leur grosse tête, ouvrant et fermant avec bruit leurs tenailles. Ont-ils saisi un objet quelconque, rien ne leur fait lâcher prise ; ils se laissent arracher les membres et le corps par morceaux sans desserrer leurs mâchoires. S'ils atteignent la main ou la jambe de leurs agresseurs, le sang jaillit aussitôt. Chaque Termite en fait couler une quantité supérieure au poids de son propre corps. Aussi les nègres, privés de vêtements, sont-ils bientôt mis en fuite, et les Européens ne sortent du combat qu'avec leurs pantalons largement tachés de sang.

Tout en soutenant la lutte, ces soldats frappent de temps à autre sur le sol avec leurs pinces, et les ouvriers répondent à ce signal bien connu par une sorte de sifflement. L'attaque est-elle suspendue, les maçons se montrent en foule, apportant tous une bouchée de terre toute prête. Chacun à son tour s'approche du point à réparer, y applique sa part de mortier et se retire sans jamais gêner ou retarder ses compagnons. Aussi le nouveau mur avance-t-il rapidement sous les yeux de l'observateur. Pendant ce temps, les soldats sont rentrés, à l'exception d'un ou deux mille travailleurs. L'un d'eux semble chargé de surveiller les travaux. Placé près du mur en construction, il tourne lentement la tête en tous sens, et chaque deux ou trois minutes frappe rapidement le dôme de ses pinces en produisant un bruit un peu plus fort que le balancier d'une montre. A chaque fois, on lui répond par un sifflement qui part de toutes les parties de l'édifice, et les ouvriers manifestent un redoublement d'activité. Si l'attaque recommence, en un clin d'œil les ouvriers disparaissent et les soldats sont à leurs postes, luttant sans relâche et défendant le terrain pouce à pouce. En même temps les ouvriers sont à l'ouvrage ; ils masquent les passages, murent les galeries et cherchent surtout à sauver leurs souverains. Dans cette intention, ils comblent au plus vite les salles de service, si bien qu'en arrivant au centre d'un monticule, Smeathman ne pouvait distinguer la cellule royale, perdue au milieu d'une masse uniforme d'argile. Mais le voisinage de ce palais se trahissait par la foule même des travailleurs et des soldats, réunis tout autour, et qui se laissaient écraser plutôt que d'abandonner la place.

La cellule elle-même en renfermait toujours quelques milliers, restés autour du couple royal et qui s'étaient fait murer avec lui. Smeathman les a toujours vus se laisser emporter avec ces objets de leur dévouement et continuer leur service en captivité, tournant sans cesse autour de la reine, lui donnant à manger, enlevant les œufs, et, faute de convoirs, les empilant derrière quelque morceau d'argile ou dans un angle du local qui servait de prison.

Au reste, pour voir les Termites, il faut presque toujours détruire leurs ouvrages. Le hasard peut bien faire rencontrer quelque colonie en train de changer de domicile, ainsi qu'il arriva à Smeathman, qui eut ainsi le plaisir de passer en revue une de leurs armées, mais en général ces insectes ne cheminent jamais à découvert. De chaque nid reposant au niveau ou au-dessous du sol, à quelque espèce qu'il appartienne, rayonnent en tous sens des galeries souterraines qui s'étendent au loin. Le Termite des arbres lui-même construit un long tube qui arrive jusqu'à terre et sert de centre à ses chemins couverts. Toutes les espèces ont d'ailleurs les mêmes habitudes ; leurs innombrables escouades sont incessamment en quête de quelque corps organique à dévorer, et cet instinct en fait pour l'homme des ennemis tellement redoutables, que Linné n'a pas hésité à les appeler le plus grand fléau des Indes. » ·

Les Termites des sables que l'on trouve dans le voisinage du fleuve Amazone bâtit ses édifices avec des matériaux assez peu consistants, ce qui a permis à Bates de les étudier facilement. « Le district immense qui s'étend derrière Santarem, dit-il, est entièrement couvert de tertres serrés, tous reliés entre eux par un système de galeries dont les voûtes sont formées des mêmes matériaux de construction que les tertres. On peut donc considérer la population entière des Termites de cette espèce comme constituant une seule famille, ce qui donne la clef de leur système de nidification. Il existe des nids de toutes dimensions, depuis de simples mottes accumulées autour d'une touffe d'herbe, jusqu'aux tertres les plus élevés, et l'on trouve tous les degrés intermédiaires. On rencontre : 1° des tertres récents où se tiennent seulement des soldats et des ouvriers peu nombreux qui détruisent les racines des touffes d'herbes ; 2° des tertres encore petits, en voie de construction, habités seulement par un petit nombre de représentants des deux mêmes castes ; 3° des tertres hauts de quelques pouces, contenant une paire d'amas d'œufs gardés par les inévitables castes des soldats et des ouvriers ; ces œufs sont évidemment exportés de quelque autre nid déjà bondé, et qui possède une reine ; 4° de grands tertres renfermant de nombreux œufs dans des chambres diverses et de jeunes larves à différents stades d'évolution, mais n'abritant toutefois aucune reine et n'offrant pas trace de cellule royale ; 5° des tertres très petits contenant un certain nombre d'insectes sexués et ailés, ainsi que quelques ouvriers et soldats, mais ne renfermant ni œufs ni larves, ni nymphes, ni reine ; 6° des tertres presque entièrement développés, sans reines et sans cellule royale, mais contenant seulement un certain nombre de larves presque mûres et de nymphes qui dévoreront en leur compagnie ; 7° des tertres de même grandeur, qui abritent des nymphes et des insectes sexués pourvus d'ailes ; 8° des tertres abritant une reine et son roi dans une cellule spacieuse située vers le centre de la base et construite à l'aide de matériaux qui diffèrent de ceux des autres parties du tertre. C'est une matière épaisse, dure, quelque peu semblable à du cuir, tandis que le reste est une masse grenue et friable. »

A citer aussi les constructions des *Termes mordax.* « Ces termites, dit M. Girard, construisent les nids que Smeathman appelle *en tourelle.* Ils n'ont au maximum qu'un mètre de hauteur, et ressemblent par la forme à des champignons, ou plutôt à des corps de petits moulins à vent cylindriques. Ils sont constitués par un cylindre droit, recouvert d'un chapiteau plus ou moins aplati et qui déborde tout autour de 8 à 10 centimètres. Une fois achevés, on ne les retouche plus comme les autres, pour les agrandir. A mesure que le nombre des insectes augmente, ils édifient de nouvelles tours, tout contre les premières, et même sans attendre que celles-ci soient tout à fait achevées. On en trouve parfois cinq ou six au pied du même arbre. Ces nids sont divisés à l'intérieur en un grand nombre de cellules, parfois subcuboïdes ou subpentagones, sans qu'on y remarque de distribution particulière, comme des arches, des conduits, etc. L'argile des nids est noirâtre, rougissant au feu et donnant une brique très belle et d'un rouge clair. »

C. — CHEZ LES OISEAUX

On peut aussi considérer comme fabricant de tumuli, le curieux et joli échassier, le Flamant rose, que tout le monde a admiré dans les jardins zoologiques. Cet oiseau en effet construit son nid (*fig.* 39) dans les endroits où l'eau est peu profonde. A l'aide de ses longues pattes, comme les enfants font des châteaux de sable, il ramasse la vase en un amas conique comme un pain de sucre, entremêlé de plantes aquatiques. Au sommet de ce monticule de 30 à 50 cent., il y a une légère dépression où la femelle dépose ses œufs. Elle les couve en s'asseyant sur son nid, les pattes un peu fléchies. Le mâle et la femelle se relayent à tour de rôle.

Fig. 39. — Nid de Flamant.

Mais les véritables oiseaux constructeurs de tumuli sont les Léipoas et les Mégapodes.

Certains serpents pondent leurs œufs dans les matières végétales en fermentation, du fumier par exemple, dont la chaleur suffit à les faire éclore. Les oiseaux du groupe des mégacéphales agissent de même.

Gould s'exprime ainsi qu'il suit au sujet du Léipoa ocellé : « Ce bel oiseau est un des phénomènes les plus curieux des régions encore peu explorées de l'Austra-lie ; et l'étude seule de son genre de vie a pu déterminer la place qu'il convient de lui assigner dans la classification. Gilbert et Grey m'ont fait connaître ses habi-tudes ; je reproduis ici ce qu'ils m'en ont dit :

Ce matin, m'écrit Gilbert, le 28 septembre 1842, je pénétrai heureusement dans un épais fourré, où souvent déjà j'avais cherché, mais en vain, des œufs de Léipoa. Je ne m'étais pas encore fort avancé dans l'intérieur, que l'indigène qui m'accom-pagnait me prévint que nous étions arrivés près d'un lieu de ponte.

Une demi-heure après nous trouvons un nid, consistant en un tas de terre assez élevé, mais au milieu d'un tel massif de buissons que nous étions obligés de mar-cher dessus pour avancer. Désireux de ravir les trésors cachés au fond de ce nid, je repoussai mon compagnon et me mis en devoir de creuser. Cet acte déplut à mon indigène, qui me fit comprendre que, n'ayant jamais exploré pareil nid, je risquais fort de casser les œufs, et que je ferais mieux de lui laisser le soin de ce travail. Je me rendis à son avis. — Il commença alors par enlever la terre du milieu, de manière à former une large dépression centrale.

Quand il eut creusé ainsi environ deux pieds, je vis avec une joie mêlée pres-que de crainte, les gros bouts de deux œufs placés sur leur extrémité pointue. La terre qui les entourait fut enlevée avec des précautions infinies, car, au premier contact de l'air, leur coquille devient extrêmement fragile, et je m'emparai des deux œufs. A cent pas environ plus loin, nous trouvâmes un second nid, plus grand, qui renfermait trois œufs. Dans le courant de nos investigations, nous vîmes encore huit autres nids, mais vides d'œufs.

Pour vous donner une idée des localités où niche le Léipoa, je vais essayer de décrire les collines du Wongan. Elles se trouvent à environ 1300 pieds au-dessus du niveau de la mer, au nord-est de la maison de Drummont, dans la baie de Toot ; elles sont entourées d'une forêt d'arbres à gomme et couvertes sur plusieurs milles d'étendue de buissons touffus, entrelacés, dépassant la hauteur d'un homme, et formés principalement d'une espèce très singulière d'arbre à gomme nain. Le sol est un sable ferrugineux rouge. C'est de ce sable qu'est fait le monticule qui sert de nid ; au centre se trouve un sable plus fin, mêlé à des matières végétales.

Drummont, qui, en Angleterre, a pendant longtemps fait des observations sur des couches de fumier, estime que la chaleur développée autour des œufs par la fermentation de ces matières végétales, atteint environ 89° Fahrenheit. Dans les deux nids que j'ai explorés, il y avait beaucoup de Fourmis blanches qui avaient accolé leurs couloirs à la coquille des œufs. Le plus grand monticule que je vis avait environ vingt-quatre pieds de circonférence, et cinq pieds de haut. Dans tous les nids non encore prêts à recevoir les œufs, la couche de matières végétales était froide et humide ; je crois aussi qu'avant de pondre, l'oiseau retourne cette couche et la recouvre de terre. Tous les monticules dans lesquels j'ai trouvé des œufs avaient leur surface extérieure complètement lisse, arrondie de telle sorte qu'un passant, ignorant des mœurs de ces oiseaux, les aurait pris pour des fourmilières;

ceux, au contraire, qui ne renfermaient pas d'œufs, offraient une dépression
à leur sommet. Les œufs étaient exactement déposés au milieu du monticule,
disposés en rond, tous à la même hauteur, éloignés d'environ trois pouces les uns
des autres. Ces œufs ont un volume considérable ; ils ont 3 pouces 3/4 dans leur
diamètre longitudinal, 2 pouces 1/2 dans leur diamètre transversal, et ils pèsent
8 onces. Leur couleur varie d'un brun clair au rouge laqué clair.

De toute la journée, nous ne pûmes apercevoir aucun Léipoa, bien que nous
en ayons trouvé de nombreuses traces. Nous en vîmes même dans des marais desséchés, à deux milles des nids. Il en résulte que le Léipoa ne demeure pas dans les
fourrés où il pond. Les indigènes assurent qu'on ne peut le tuer qu'en se mettant
à l'affût près du nid, et en y attendant son arrivée, vers le coucher du soleil. Je
l'essayai, je demeurai là à attendre pendant plusieurs heures, aucun oiseau n'ap-
parut, et l'impatience de mon guide finit par devenir telle que je dus quitter
l'affût.

En repassant près du monticule, j'aperçus enfin le Léipoa, mais il faisait trop
sombre pour pouvoir le tirer.

— Dans une lettre du 12 décembre, Grey complète ces renseignements de Gilbert.

Les monticules que construit cet oiseau ont leur base de douze à treize pieds de
circonférence, et sont hauts de deux à trois pieds ; le sable et les herbes y sont
ramassés dans un rayon de quinze à seize pieds, à partir du pourtour extérieur.
Voici comment sont faites ces constructions :

Une dépression, presque circulaire, d'environ 18 pouces de diamètre et de 7 à
8 pouces de profondeur, est d'abord creusée dans le sol ; elle est remplie de feuilles
sèches, de foin et d'autres substances analogues ; des matières semblables sont
amassées tout autour. Cette première couche est couverte de sable mêlé à des herbes sèches. Avant de pondre un œuf, l'oiseau ouvre le monticule, c'est-à-dire qu'il
creuse à son sommet une cavité de 2 à 3 pouces de profondeur, dépose son œuf dans
le sable, puis le recouvre et arrange le monticule. Un second œuf est placé dans le
même plan horizontal que le premier, mais à l'extrémité opposée du même diamètre ; le troisième et le quatrième le sont à l'extrémité du diamètre perpendiculaire à ce premier. Les autres sont déposés dans les intervalles qui séparent les
quatre premiers. Le mâle aide la femelle à ouvrir et à fermer le monticule.

Les indigènes assurent que la femelle pond chaque jour un œuf (ce sont, sans
doute, des femelles différentes). A ma connaissance, on n'a jamais trouvé plus de
huit œufs dans un nid. »

Des faits analogues ont été signalés chez le Mégapode tumulus. « Les nids
(*fig.* 40) varient sous le rapport du volume, de la forme et des matériaux qui entrent dans leur composition. Généralement, ils sont situés près du bord de la mer,
et sont formés de sable et de coquillages ; quelques-uns renferment de la vase et
du bois pourri. Gilbert en trouva un qui avait 5 mètres de haut et 5^m,33 de circonférence ; un autre avait 50 mètres de circonférence ; Macgillivray en vit aussi
un qui avait les mêmes dimensions. Il est très probable que ces nids gigantesques

sont l'œuvre de plusieurs couples, et que chaque année ils sont agrandis et réparés. La cavité du nid a une direction oblique de haut en bas, et soit en dedans, du bord

Fig. 40. — Nid du Mégapode tumulus.

du sommet vers le centre, soit en dehors, du centre du sommet vers la paroi latérale. Les œufs sont à deux mètres de profondeur, à une distance de 60 centi mètres à un mètre de la paroi latérale.

Les indigènes ont raconté à Gilbert que ces oiseaux ne pondent qu'un œuf dans une cavité, puis la remplissent de terre et aplanissent parfaitement la place de l'ouverture. D'après les traces récentes qui se trouvent au sommet et sur les côtés du monticule, on reconnait facilement si un Mégapode a creusé récemment une cavité. La terre qui la recouvre est très lâchement tassée, on y enfonce une baguette d'autant plus facilement que la cavité est plus récente. Il faut une certaine habitude et beaucoup de patience pour atteindre les œufs. Les indigènes creusent avec leurs mains ; ils n'enlèvent de sable que juste ce qu'il faut pour pouvoir se glisser par l'ouverture et rejeter entre leurs jambes le sable qu'ils déplacent.

Mais leur patience est souvent mise à une dure épreuve, il leur faut parfois creuser à 2 mètres, 2 mètres 1/2 sans trouver d'œufs, et pendant ce temps ils ont terriblement à souffrir de la chaleur et des piqûres de millions de moustiques. Les œufs sont placés verticalement, le gros bout dirigé en haut ; leur volume est très variable, mais ils se ressemblent par la forme. Leur diamètre longitudinal a environ 10 cent. et leur diamètre transversal 6 cent. Leur couleur varie suivant la nature des matériaux qui les entourent; ceux qui sont placés dans une terre noire, sont uniformément d'un brun rougeâtre foncé ; ceux qui sont dans le sable sont d'un jaunâtre sale. Cette couleur est due à une mince couche qui recouvre l'œuf ; l'enlève-t-on, on trouve la coquille entièrement blanche. D'après les indigènes, les œufs sont pondus la nuit, et à plusieurs jours d'intervalle. » (Gould.)

* * *

Dans cet ouvrage, nous n'aurons qu'à citer une fois les Batraciens, — animaux d'intelligence médiocre, — et c'est dans ce chapitre que cette description semble devoir prendre place. Il s'agit d'une Rainette du Brésil, l'*Hyla faber*, qui construit un véritable nid. « Au moment de la reproduction elle va à l'eau et élève, à partir du fond du marais, un mur circulaire en terre d'un pied de diamètre environ (*fig.* 41).

Fig. 41. — Nids d'une Rainette du Brésil *Hyla faber*.

Cette circonvallation finit par atteindre le niveau de l'eau et par le dépasser de près de 10 centimètres. Elle ressemble alors à un volcan en miniature surgi du fond des eaux. L'animal en lisse parfaitement les parois intérieures avec ses pattes de devant et sa poitrine. C'est, du reste, la femelle seule qui se livre à ce travail. Au bout de deux nuits le nid est prêt et la ponte a lieu. On conçoit que les œufs et, plus tard, les larves sont fort bien protégés contre leurs ennemis et dans une certaine mesure contre la dessiccation éventuelle de l'étang. Les parents se tiennent d'habitude dans le voisinage du nid et semblent le surveiller » (D\[r] L. Laloy.) On trouve un rudiment de cette industrie chez une Salamandre de l'Amérique du Nord, l'*Amphiuma*, qui dépose ses œufs dans une cavité creusée dans le sol. La femelle s'enroule autour d'eux, non pour les couver, mais plutôt, semble-t-il, pour les protéger contre leurs ennemis.

CHAPITRE VII

Les Ingénieurs des Ponts et Chaussées

La plupart des fourmis·construisent des canaux et des chemins couverts qui les protègent lorsqu'elles passent d'un point de la fourmilière à un autre, ou lorsqu'elles exploitent pour leur nourriture un riche emplacement éloigné de leur « home ».

« Une fourmilière, dit Forel. doit le plus souvent chercher sa subsistance hors de son nid, surtout sur les arbres, où elle va traire les Pucerons au bout des branches. Toutes les constructions dont nous allons parler sont faites dans ce but. Elles manquent chez beaucoup d'espèces, surtout chez celles qui ne font que de petites fourmilières.

1° *Canaux souterrains.* — Toutes les Fourmis savent à l'occasion creuser des canaux (*fig.* 42) qui, partant de la partie souterraine de leur nid et se tenant plus ou moins loin de la surface du terrain, s'en vont aboutir à une distance souvent assez considérable.

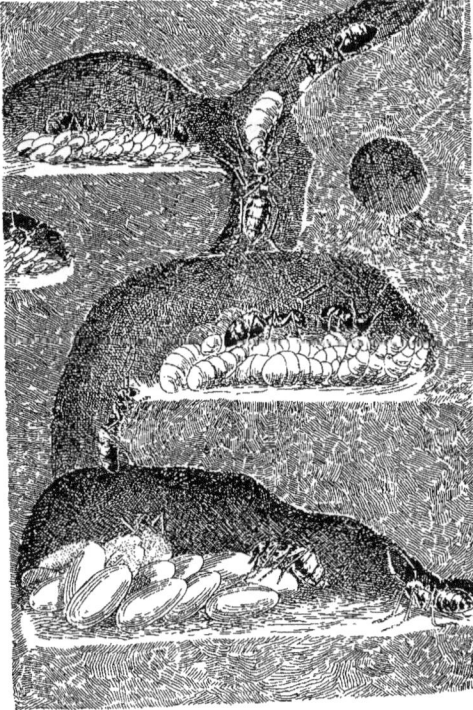

Fig. 42. — Intérieur d'une fourmilière.
Au bas, on voit le commencement d'un canal souterrain destiné à s'étendre au loin.

Leur but est soit de relier deux nids d'une colonie chez les espèces à mœurs souterraines, soit de procurer aux habitants d'un nid une issue éloignée du dôme qui leur permette de sortir et d'entrer sans dévoiler à leurs ennemis le lieu qui recèle leur couvée.

Chez les *Lasius flavus*, ils sont pratiqués en outre dans toutes les directions pour aller à la recherche des Pucerons de racines. (Huber.)

Chez les *F. fugax*, ils servent principalement à relier entre elles de petites agglomérations de cases, éloignées les unes des autres, et qu'on peut regarder comme nids séparés, si l'on veut, car les canaux qui les réunissent n'ont souvent pas un demi-millimètre de diamètre, de sorte que les femelles seules peuvent y passer. Huber parle déjà de ces « galeries tortueuses » souterraines. Ebrard les décrit très bien chez les *F. fusca* et chez l'*Aphaengaster barbara*, espèce du midi de l'Europe.

Il est difficile de les suivre directement dans leur parcours ; mais les incursions du *P. rufescens* chez la *F. fusca* nous fournissent un moyen très curieux de nous assurer de l'existence des communications souterraines.

Le *Polyergus rufescens* vient en armée serrée attaquer les *F. Fusca* ; l'armée entre dans le nid par la première porte qu'elle trouve ouverte et en ressort quelques minutes après, chargée de cocons volés aux propriétaires du nid.

Ebrard cite un cas où les *P. rufescens* étant entrés subitement dans le nid de *F. fusca* par le dôme, il vit ces dernières émerger tout à coup du milieu d'une touffe d'herbe située à 40 centimètres du dôme, et s'enfuir avec leurs nymphes et leurs jeunes ouvrières encore blanches.

Moi-même je vis une armée de *P. rufescens* arrivant rapidement sur un nid de *F. fusca* s'arrêter à dix centimètres du dôme et entrer tout entière par une ouverture pratiquée dans le gazon et que je n'avais pas vue. Je bouchai cette ouverture lorsque toutes les envahisseuses furent sous terre, et j'en pratiquai une ou deux sur le dôme des *F. fusca*. L'armée tout entière ressortit au bout de deux ou trois minutes par les ouvertures que je venais de faire.

Une autre armée des mêmes *P. rufescens* envahit un petit dôme de *F. fusca*, à peine gros comme une pomme. J'aperçois alors à 30 ou 40 centimètres de là un second dôme analogue au premier; j'y fais une ouverture, et bientôt les *P. rufescens* ressortent en deux colonnes, partant, l'une du premier dôme et l'autre du second, preuve indubitable d'une communication souterraine entre les deux.

Mais les nids de *F. fusca* n'ont souvent point du tout de dôme, et il leur arrive fréquemment dans ce cas de ne s'ouvrir que par des canaux s'éloignant du nid. C'est alors que les *P. rufescens* ont le plus de peine à les découvrir.

Je note ici comme comparaison une observation de Bates sur une énorme Fourmi bien connue au Brésil, l'*Atta cephalotes* (probablement plutôt l'*A. sexdens*). On voulait ensoufrer un de ces nids pour tuer les habitants comme on le fait chez nous pour les nids de Guêpes. Quel ne fut pas l'étonnement de Bates, lorsqu'il vit la fumée de soufre ressortir à soixante-dix pas du Nid !

2° *Chemins.* — Certaines espèces de Fourmis, allant en files assez serrées exploiter tel pré, tel arbre ou telle haie, se construisent à cet usage de véritables grandes routes battues, qui leur facilitent énormément la circulation, surtout dans les prés où les entrecroisées des graminées gênent extrêmement leur marche, principalement lorsqu'elles portent un fardeau. Tandis que Mayr croit que ces chemins se font seuls par le simple fait du passage continuel des Fourmis, Christ et Huber avaient déjà vu qu'elles travaillaient elles-mêmes à les creuser.

Le fait que d'autres Fourmis qui marchent en files assez serrées pour exploiter leurs arbres ne laissent rien apercevoir de semblable, suffirait à lui seul pour prouver que ces chemins demandent un travail spécial. Les chemins dont je veux vous parler sont particuliers aux *F. rufa* et *pratensis*, ainsi qu'au *L. fuliginosus*, surtout aux deux premières.

Les petites fourmilières n'en font pas ou bien n'en font qu'un seul; plus une fourmilière est considérable, plus elle a de chemins. Leur direction ne dépend ni du soleil, ni d'un certain instinct qui pousse les Fourmis à partir en ligne droite, comme le prétend M. E. Robert, mais simplement des endroits qu'elles peuvent exploiter, et de la manière la plus commode d'y parvenir. Le chemin a avantage à passer dans des endroits riches en butin, car les Fourmis peuvent en profiter pour chasser sur tout son parcours, en s'écartant un peu à droite et à gauche.

Si une fourmilière est au bord d'une haie, elle construira d'abord un chemin le long de la haie à droite, et un autre à gauche; ces chemins allant en sens contraire serviront à exploiter les deux bouts de la haie; ils iront en diminuant graduellement d'importance jusqu'à une certaine distance du nid, où ils deviendront indistincts. Dans ce cas la haie est ordinairement située entre une route et un pré; alors, si la fourmilière est puissante, elle envoie un certain nombre d'ouvrières à travers la route, pour exploiter la seconde haie située de l'autre côté.

Mais il est impossible et inutile aux Fourmis de faire un chemin à travers la grande route; aussi n'est-ce que de l'autre côté de celle-ci que deux ou plusieurs chemins partent du point où arrive la colonne de Fourmis et se dirigent des deux côtés de la haie ou dans une autre prairie.

D'autres fois, si elles y trouvent avantage, les Fourmis traversent la route en deux endroits.

Mais les chemins les mieux battus sont ceux qui partent directement du nid pour exploiter le pré du même côté ou les arbres qui s'y trouvent. Quelquefois un chemin s'en va droit à un arbre, où il s'arrête net, les Fourmis allant presque toutes sur l'arbre; le plus souvent ils vont, en devenant de moins en moins marqués, et finissent par disparaître peu à peu. Souvent un chemin se bifurque; d'autres fois il repart d'un arbre ou d'un bout de haie en formant un angle avec sa direction précédente.

Les Fourmis profitent des passages naturels où elles peuvent circuler sur un certain espace sans avoir besoin de creuser avec peine une route; ainsi, du pied d'un mur, du bord d'une allée. Dans les bois et les taillis, leurs chemins sont plus simples à creuser, car il y a moins de plantes basses enchevêtrées; la circulation est ordinairement très facile pour les Fourmis dans ce qui est pour les hommes un taillis inextricable. Elles y font cependant des routes dont elles ôtent les feuilles sèches et autres embarras.

Enfin les chemins servent à réunir divers nids d'une colonie.

Ils varient beaucoup en fréquentation, en largeur et en longueur. La première de ces qualités dépend naturellement de l'importance du lieu d'exploitation où il conduit.

Dans les bois, où la construction de la route est facile, mais où des feuilles qui tombent, des débris de toute sorte viennent constamment l'obstruer, les Fourmis ont soin de lui donner beaucoup de largeur, jusqu'à deux décimètres, mais peu de profondeur.

Dans les prairies, au contraire, où la construction est difficile, mais stable, ces chemins sont étroits et profonds ; ils ont à peine 4 à 6 cent. de largeur sur 1 à 2 cent. de profondeur. Les *Formica rufa* et *pratensis* creusent leurs routes en déblayant la terre, en ôtant les objets qui encombrent le passage, et en coupant ou plutôt en sciant les tiges des petites plantes qui les gênent au moyen de leurs mandibules. Elles ne commencent pas à les creuser à partir de leur nid, mais elles fréquentent d'abord toutes les lignes où elles veulent creuser des chemins, et travaillent à les construire sur toute leur longueur en même temps.

Ce n'est qu'en observant d'une manière suivie qu'on se rend compte de tous les efforts qu'a coûtés aux Fourmis la construction de ces chemins, surtout dans les prairies.

Ils ne diffèrent de ceux que font les hommes qu'en ce qu'ils sont concaves au milieu et relevés sur les bords, de sorte que la pluie les submerge.

Leur longueur, avons-nous dit, varie beaucoup. Ils peuvent s'étendre jusqu'à 80 et même 100 pas (60 à 80 mètres) de distance du nid. Un seul grand nid peut en envoyer huit ou dix. Quelquefois ils vont tous d'un même côté, ne s'écartant qu'à angle aigu les uns des autres : c'est le cas quand ce côté est le seul à exploiter.

Tout ce que nous avons dit se rapporte aux chemins des *Formica rufa* et *pratensis*.

Les *Lasius fuliginosus* ne font ordinairement pas de chemins battus, leur passage d'un arbre à l'autre n'étant pas difficile. J'ai observé cependant dans quelques-unes de leurs grandes colonies des chemins analogues à ceux des Fourmis précédentes, mais plus étroits quoique aussi indistinctement creusés. Plusieurs routes semblables partaient d'un énorme châtaignier, non loin de Lugano, et se dirigeaient vers d'autres arbres. Les *Lasius fuliginosus* sortaient du tronc de ce châtaignier jusqu'à 3 m. du sol.

3° *Chemins couverts et pavillons.* — Cette industrie est propre seulement à un petit nombre d'espèces suisses. Huber l'a si bien décrite qu'il n'y a presque rien à ajouter. Ces fourmis sont avant tout les *Lasius niger* et *alienus*, puis les *L. Brunneus* et *emarginatus*, enfin le *Myrmica lœvinodis, scabrinodis*, etc. Elles ont aussi des plantes, des arbres même à exploiter malgré leur petitesse, mais ce sont surtout leurs Pucerons qu'elles veulent aller visiter en paix et protéger contre d'autres Fourmis ou contre leurs ennemis nombreux (Larves de Coccinelles, etc.).

A cet effet, le *L. niger* creuse des chemins analogues à ceux des *F. rufa*, mais il a le plus souvent de la terre de déblai lorsqu'elle est humide pour couvrir ces chemins d'une voûte maçonnée (*fig.* 43). A certains endroits trop exposés, il sait percer des tunnels qui ressortent plus loin pour se continuer dans un nouveau chemin couvert. Lorsque le chemin passe en un endroit abrité, tel que le pied d'un mur, les Fourmis suppriment la voûte, et il devient identique aux chemins ouverts des *F. rufa* ; il en est de même lorsque les *L. niger* traversent une grande route ; ils essaient bien de faire des voûtes, mais elles sont constamment détruites.

On comprend quel aspect varié et intéressant présentent ces chemins. J'en ai

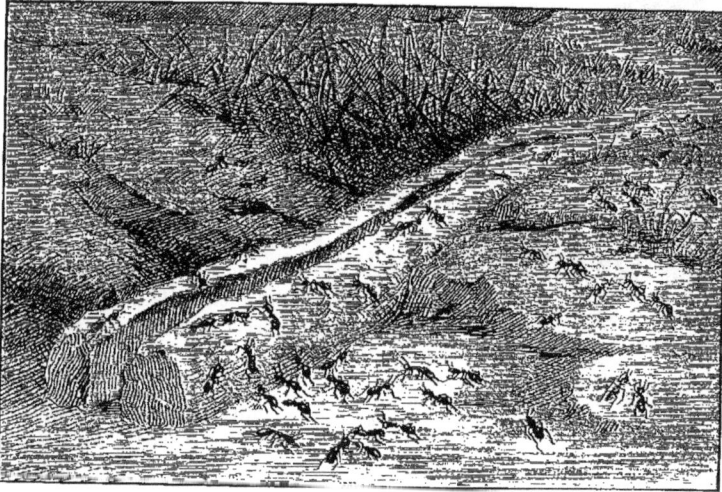

Fig. 43. — Fourmis occupées à construire un chemin couvert.

vu un qui était entièrement voûté et fait en terre ; il avait un ou deux centimètres de large sur un centimètre à peine de haut et montait sur le pan d'un mur élevé. Il traversait ensuite le sommet de ce mur et redescendait de l'autre côté jusqu'à terre ; tout cela pour passer d'une cour dans un jardin. Deux autres chemins de *L. niger* traversaient une route large de cinq mètres et demi.

Ces chemins servent dans une colonie à conduire d'un nid à l'autre ; mais bien plus souvent ils aboutissent à une plante ayant des Pucerons sur les tiges. Arrivé au pied de la plante le chemin s'arrête, mais les Fourmis élèvent le long de la tige des galeries maçonnées qui enferment complètement les Pucerons et cela jusqu'à deux ou trois décimètres au-dessus du sol. Elles y bâtissent même souvent plusieurs cases soutenues par les feuilles de la plante.

Le *L. niger* sait enfin aussi se servir des détritus de l'écorce pourrie pour faire des galeries analogues le long des troncs des arbres où vivent ces Pucerons ; mais c'est surtout, comme l'a déjà fait remarquer Roger, l'industrie du *L. Brunneus* qui ne vit presque que de cette manière, en cultivant d'énormes Pucerons d'écorce qu'il protège à l'aide de voûtes construites en détritus.

Les *Myrmica* ne font guère que des chemins couverts. Elles bâtissent par contre des cases (*fig.* 44) en terre sur les plantes autour de leurs Pucerons. Les unes sont en communication avec le nid par une voûte en terre rampant le long de la tige ; les autres sont bâties entièrement en l'air sans communication couverte avec le sol. Ce sont surtout ces dernières que nous appellerons avec Huber des *pavillons*. Les Pucerons, et surtout les Gallinsectes sont littéralement murés par ces Fourmis ; leur prison est du reste assez large, et une petite ouverture permet aux Fourmis d'y entrer et d'en sortir. J'ai observé un pavillon de *M. Scabrinodis* situé à quelques centimètres au-dessus du sol, sur un rameau de chêne ; il avait la forme d'un cocon et était long d'un centimètre et demi. Il recouvrait des *Chermes* que les Fourmis cultivaient avec soin. Quand les pavillons communiquent avec le nid des Fourmis, celles-ci y portent souvent leurs larves, et ils deviennent une simple dépendance du nid. J'ai observé un pavillon bâti ainsi autour d'une plante pour des *Lasius emarginatus*. Ce pavillon recouvrait aussi des *Chermes.*

Fig. 44. — Pavillons suspendus construits par les Fourmis pour loger leurs Pucerons. L'un deux est pourvu d'un canal de communication le reliant à la fourmilière.

Notons en passant un fait qui se rapporte à cette industrie.

J'avais établi des *Tetramorium cæspitum* dans une arène entourée d'un mur de gypse en poudre qui les empêchait de s'échapper car chaque fois qu'ils tentaient de l'escalader, le gypse s'éboulait et les renversait. Cela alla bien pendant une quinzaine de jours, mais alors il prit à mes Fourmis l'idée de tourner la difficulté en essayant de creuser délicatement un tunnel dans le gypse. Plusieurs essais échouèrent, le tunnel s'éboulant à mesure qu'elles creusaient, mais après de longs efforts, elles finirent par réussir et par percer mon mur de gypse dans toute son épaisseur, à plusieurs places ; un de ces tunnels se bifurquait même dans l'intérieur du mur. Il me suffit d'un léger attouchement pour faire ébouler le gypse et combler tous leurs tunnels, mais il paraît qu'elles avaient perfectionné leur méthode de creusement, car dès lors elles en refirent partout en quelques heures, à mesure que je les détruisis. Je les laissai alors tranquilles et elles s'enfuirent avec leurs larves et leurs nymphes. Ce fait montre combien les Fourmis savent varier leur industrie. »

Des chemins analogues se rencontrent aussi chez les Termites. Les Tortues des Galapagos connaissent également l'art de construire des routes.

CHAPITRE VIII

Les Couturiers

L'industrie des animaux réserve bien des surprises, mais je crois qu'il serait difficile d'en rencontrer une aussi inattendue que celle des Couturiers, ces petits oiseaux qui, sans aiguille autre que leur bec, arrivent à coudre solidement des

Fig. 45. — Nid de la Fauvette couturière Cisticole schœnicola.

feuilles les unes aux autres pour abriter le nid intérieur. Cette merveille se rencontre chez le Cisticole schœnicole (*fig.* 45), plus connu sous le nom de Fauvette couturière, qui habite le sud de l'Espagne, de l'Italie, la Grèce, l'Algérie.

Savi a décrit le premier le nid du Cisticole schœnicole. D'après lui, cet oiseau a une manière toute spéciale de rassembler les feuilles qui entourent son nid et de consolider son travail. Dans le bord de chaque feuille, il pratique des trous au travers desquels il passe un ou plusieurs fils. Ces fils sont formés de toile d'araignée ou du duvet de certaines plantes ; ils ne sont pas longs, et vont deux ou trois fois au plus d'une feuille à l'autre ; en outre leur épaisseur est variable, et ils sont parfois bifurqués. Le nid est placé à un pied environ du sol. Ses parois sont formées de duvet végétal, par exemple de bourre de peuplier ou de tremble, d'aigrettes de chardons, auxquels sont mêlés de la laine, des crins, des toiles d'araignées. — Le tout est cousu aux feuilles enveloppantes et repose sur d'autres feuilles que l'oiseau a courbées et fait passer sous le nid, feuilles qui fonctionnent comme ressorts.

On croyait que c'était la femelle qui construisait ce nid ; mais les observations de Tristam, confirmées par celles de Jerdon, nous ont appris que le mâle exécute la majeure partie de ce travail : dès que la base est achevée, il met les autres matériaux en place.

A la partie latérale et supérieure du nid, les deux parois interne et externe s'accolent l'une à l'autre ; mais en bas, elles sont séparées par une couche plus ou moins épaisse de petites feuilles sèches et fines, qui forment un coussin épais et mou, sur lequel reposeront les œufs. Dans le tiers supérieur de la paroi est pratiquée une ouverture d'entrée circulaire.

Le nid, dans son ensemble, a la forme d'une bourse ovale ou d'une quenouille. Il est établi au milieu d'une touffe d'herbes, de roseaux ou de joncs. La femelle commence à pondre avant qu'il soit complètement achevé, et elle couve quand le premier œuf est pondu. Pendant ce temps, le mâle continue à élever les parois du nid et à coudre les feuilles.

« J'ai été assez heureux, dit Tristam, pour découvrir un nid en voie de construction, et, pendant plus d'un mois, j'ai pu observer jour par jour le travail du Cisticole. Lorsque le premier œuf fut pondu, l'ouvrage était encore transparent et ses parois n'avaient pas un pouce de haut. Tant que dura l'incubation, le mâle continua son œuvre, et lorsque les petits naquirent, le nid avait trois pouces de haut et il était suffisamment solide. » (Brehm.)

L'Orthotome à longue queue, qui se trouve depuis l'Himalaya jusqu'au cap Comorin, coud son nid avec autant d'art que le Cisticole. Hutton a eu l'occasion d'observer deux nids de ces oiseaux. « Le premier, assez élégamment construit, avait ses parois formées de roseaux, de coton, de fils de laine, solidement entrelacés ; sa cavité était tapissée de crins de cheval, et il était placé entre deux feuilles d'une branche d'amalthée. Ces deux feuilles avaient été d'abord appliquées l'une sur l'autre dans le sens de leur longueur, et dans cette position, cousues l'une à l'autre dans un peu plus de leur moitié inférieure, au moyen d'un fort fil de coton, que l'oiseau avait filé lui-même ; de cette façon, à la partie supérieure du nid, au niveau des deux pétioles, immédiatement contre la branche, il restait une ouverture par laquelle l'oiseau pouvait pénétrer dans son nid.

CHAPITRE IX

Les Mouleurs de cire.

Les insectes qui ont la propriété de sécréter de la cire arrivent dans leurs constructions à une haute précision et à des formes géométriques paraissant avoir pour but d'économiser le plus possible cette matière plastique dont la sécrétion les fatigue beaucoup.

Lorsque les Abeilles (*fig.* 46) vivent à l'état sauvage, elles bâtissent leurs alvéoles dans un creux naturel du sol ou dans la cavité d'un tronc d'arbre vermoulu ; jamais elles ne le creusent elles-mêmes, réservant tout leur temps au façonnage de la cire et à l'approvisionnement des cellules en miel et en pollen.

A
Reine.

B
Faux-Bourdon.

C
Ouvrière.

Fig. 46. — Abeilles.

Si l'on examine une cavité occupée par des Abeilles, on voit pendre du plafond des sortes de murailles plus ou moins parallèles les unes aux autres et laissant entre elles des intervalles d'un centimètre environ, des sortes de rues permettant la circulation des intéressantes bêtes industrieuses. Chaque muraille est un *gâteau* de cire dont les deux surfaces sont couvertes d'alvéoles hexagonaux d'une régularité merveilleuse et plus ou moins remplis de miel et de pollen. Ces cellules se rejoignent par le fond au milieu du gâteau et sont un peu inclinées d'avant en arrière et inversement, de manière que le miel qu'elles contiennent ne puisse s'écouler. « Il n'y a pas de vides entre les plans d'une cellule et ceux de ses voisines, chaque pan de cire étant commun à deux cellules, de sorte que les six faces latérales d'une cellule sont en même temps chacune la face latérale de six cellules, ses voisines immédiates. Les cellules des deux faces du gâteau ne sont pas exactement opposées l'une à l'autre, car les cellules ne se terminent pas par des fonds plats, mais par des pyramides creuses, composées chacune, au moyen de troncatures obliques (*fig.* 47) dans le prisme, de trois losanges égaux, en sorte que le fond d'une cellule appartient en même temps aux fonds de trois cellules du rang opposé. L'adossement des cellules et le fond pyramidé en creux sont destinés à économiser le plus possible la cire employée et l'espace destiné à contenir la postérité et la nourriture de celle-ci et des habitants de la ruche. On a calculé que la cire nécessaire pour édifier cinquante cellules à fond plat permet d'en construire cinquante et une à fond pyramidé. Le pied des cellules est renforcé d'un bourrelet de cire. On peut dire que, sous ce double but, l'instinct a porté les Abeilles à résoudre certaines questions qui ont exercé les mathématiciens. Ainsi, la nécessité de l'adossement des cellules ne donne plus que trois figures pour leurs sections droites, le carré, le triangle équilatéral et l'hexagone régulier, car ce sont les seules figures planes qui peuvent se juxtaposer sans vides, et par suite trois prismes seuls sont possibles. Les deux premières figures offriraient trop d'espace en angles perdus pour les larves, qui ne peuvent utiliser pour leurs coques nymphales que le

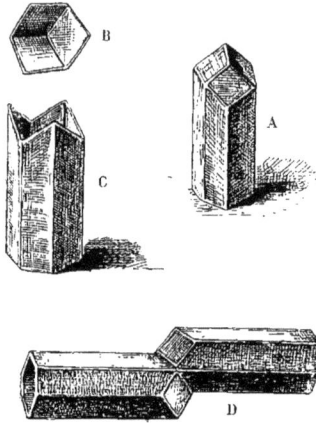

Fig. 47. — Organisation des cellules d'Abeilles.
A. Alvéole dont l'ouverture est en bas ; on voit la pyramide qui en constitue le fond.
B. Pyramide isolée et vue de face.
C. Alvéole auquel on a enlevé la pyramide qui en constitue le fond.
D. Deux alvéoles ajustés l'un contre l'autre.

cercle inscrit, lequel diffère au contraire bien moins de l'hexagone que du carré et du triangle. L'hexagone régulier a un contour moins long que le triangle équilatéral et que le carré de même surface ; on voit donc déjà que, parmi les solutions possibles, celle que les Abeilles ont adoptée donne lieu au moindre développement dans les parois latérales de l'enceinte, et à la plus petite dépense de cire pour la formation de ces murailles destinées à contenir soit le couvain, soit la provision de miel et de pollen. » (M. Girard.)

Dans les gâteaux d'Abeilles, il y a surtout deux sortes de cellules (*fig.* 48), les unes petites, les autres grandes. Dans les premières naîtront des *ouvrières*, dans les secondes, des *mâles*. Ordinairement les cellules des ouvrières, qui représentent les 7/8 des galeries, occupent le centre et les cellules des mâles la périphérie ; elles sont raccordées entre elles par des cellules intermédiaires.

En outre, les Abeilles construisent sur le bord des gâteaux un très petit nombre de vastes cellules assez irrégulières, en forme de dé à coudre auquel elles ressemblent en outre par leur surface portant des enfoncements. Ces cellules sont très grandes et contiennent cent fois plus de cire que les alvéoles ordinaires. C'est à leur intérieur que se développent les *mères* ou *reines*, d'où le nom de *cellules royales* qu'on leur donne.

La cire est sécrétée exclusivement par les ouvrières, et suinte entre les segments de l'abdomen (*fig.* 49). « Les lames de cire, qu'on peut retirer avec la pointe d'une aiguille, sont plus fragiles et moins blanches que la cire des alvéoles tout récents, et ne se comportent pas de même à l'égard de certains dissolvants. La salive de l'ouvrière modifie un peu cette cire qu'elle retire des glandes avec la pince des pattes postérieures, saisit ensuite avec les crochets des tarses antérieurs, et porte, afin de la triturer, entre ses mandibules, taraudées en creux au bout, de façon que la cire devienne plus collante, plus malléable.

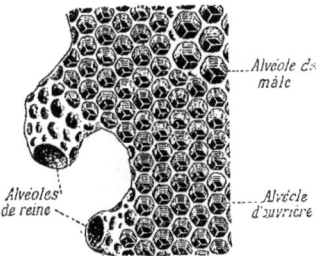

Fig. 48. — Portion d'un gâteau d'Abeilles montrant les trois sortes d'alvéoles.

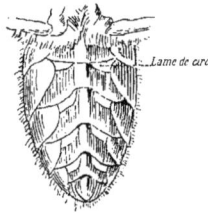

Fig. 49. — Abdomen d'une Abeille vu par dessous.

Buffon croyait que les Abeilles, travaillant toutes ensemble aux alvéoles de 'eurs rayons, produisaient des cavités toutes égales. Ce n'est pas ainsi que les choses se passent : les cellules se font une à une, de place en place et non toutes à la fois. Les ouvrières se rassemblent en haut de la ruche. Une d'elles, bien chargée de cire, refoule les autres, et forme, en tournant, un espace vide où l'on doit construire. Elle façonne un ruban de cire sur lequel elle étend sa large lèvre inférieure comme une truelle, de façon à incorporer à la cire la salive dont cette lèvre est chargée, à la blanchir et à la rendre glutineuse, et attache au plafond un petit bloc formé de toute la cire que lui donnent ses glandes abdominales. Une autre lui succède et augmente le petit tas cireux déposé par sa compagne, qui lui sert de guide et d'amorce, puis une troisième, etc. De ces opérations résulte un bloc de cire raboteux, informe, sans trace de figures de cellules, descendant verticalement de la voûte, sur une longueur de 24 à 36 millimètres. C'est une simple cloison en ligne droite et sans inflexion, occupant la place du plan axile futur du gâteau, avec une épaisseur égale environ aux deux tiers du diamètre d'une cellule, moindre vers l'extrémité. Puis une Abeille creuse avec ses mandibules une niche cylindrique à fond arrondi à la partie supérieure de la cloison de cire, et accumule des déblais en deux cloisons verticales. Une autre la remplace, etc. Ensuite deux ouvrières, vis-à-vis l'une de l'autre, creusent ensemble sur les deux parois du gâteau futur, puis deux nouvelles en outre, puis davantage, de sorte que bientôt une centaine d'Abeilles travaillent à la fois aux cellules, et il ne devient plus possible de suivre leurs multiples opérations. Les contours des cellules, d'abord arrondis, sont ensuite excavés en angles de 60 degrés et les fonds hémisphériques changés en

fonds pyramidaux, par pans obliques, avec angles sortants et rentrants ; puis le bord des cellules est vernissé d'un peu de propolis ([1]). Les cellules de la première rangée, celles du haut, ont été mal façonnées, car les Abeilles savent qu'elles sont provisoires. En effet, le travail fini, le peloton d'Abeilles se trouble quelques instants ; elles mordillent la première rangée de cellules, la détruisent et façonnent la cire de ces cellules en colonnettes irrégulières d'attache et de consolidation. » (M. Girard). Ce travail fatigue beaucoup les Abeilles ; aussi, dans les élevages artificiels, leur donne-t-on généralement des gâteaux de cire tout préparés ; les Abeilles n'ont ainsi qu'à s'occuper que de la récolte du miel.

Les Abeilles vont lécher le nectar sur les fleurs ; il s'accumule dans leur jabot et là subit de légères modifications. Quand elles le dégorgent dans les alvéoles, c'est le *miel*. — Quant au *pollen*, elles le rapportent fixé à leurs pattes. — Enfin, les Abeilles récoltent sur certains arbres une matière résineuse, le propolis, qui leur sert à boucher les fentes des ruches et à enduire d'un vernis imperméable les animaux qui s'introduisent dans la ruche et qu'elles mettent à mort.

Les œufs ne sont pondus que dans un certain nombre de cellules, dites à *couvain*. Les autres cellules ne servent que d'outre à miel ; c'est là que les Abeilles viennent en chercher pour se nourrir elles-mêmes ou donner à manger à leurs larves. Les deux sortes de cellules sont absolument identiques.

*
* *

Au Brésil, existent des Mouches à miel sans aiguillon, auxquelles on a donné le nom de Mélipones. Leurs nids (*fig.* 30) diffèrent par de nombreux points de celui des Abeilles de nos pays. « Le plus souvent, dit Maurice Girard, ils sont placés dans les branches creuses ou le tronc de vieux arbres, les cavités des rochers, la tige fistuleuse de certains végétaux ; il en est qui sont attachés au haut des arbres, librement et sans couverture, d'autres au contraire sont perforés sous terre ou entre les racines des arbres. L'architecture interne offre de très grandes différences avec celle des ruches des Abeilles ordinaires. Les cellules hexagonales à couvain constituent des gâteaux étagés, horizontaux et non verticaux, et offrant par suite les alvéoles verticaux et sur un seul rang, en dessus, le tout presque toujours entouré de nombreux feuillets de cire entre-croisés, formant un labyrinthe protecteur ; à côté de cette dégradation évidente de la forme des gâteaux d'Abeilles se trouve un perfectionnement par division du travail. Les alvéoles ne servent qu'à l'élevage des larves et des nymphes ; le miel et le pollen sont emmagasinés à part dans des amphores de cire de toute autre forme, ovoïdes, beaucoup plus amples que les alvéoles et groupées diversement autour du nid à couvain. Enfin, presque sans exception, l'entrée de l'habitation est fort petite et gardée par une ou plusieurs vigilantes sentinelles ; un tunnel de cire, long et plus ou moins flexueux, communique aux cellules à couvain, et, de celles-ci, il faut passer par le labyrinthe de feuillets pour arriver aux amphores à miel. De cette façon, l'odeur suave du

---

([1]) Le propolis est une sorte de résine recueillie par les Abeilles sur les végétaux.

miel ne peut s'étaler au dehors, ce qui, dans les régions chaudes où vivent les Méliponites, attirerait des nuées d'insectes pillards ; en outre, si quelque insecte est parvenu à forcer l'entrée, il ne peut manquer d'être aperçu par les Méliponites, soit dans les boyaux flexueux, soit entre les feuillets ; il est chassé ou mordu et empoisonné par la salive. » Ajoutons que, chez elles, la cire ne sort pas seulement par l'intervalle des anneaux, mais par toute la surface du dos.

L'une des Mélipones la mieux connue est la Mélipone scutellaire, sur le nid de laquelle le même auteur donne les renseignements qui suivent.

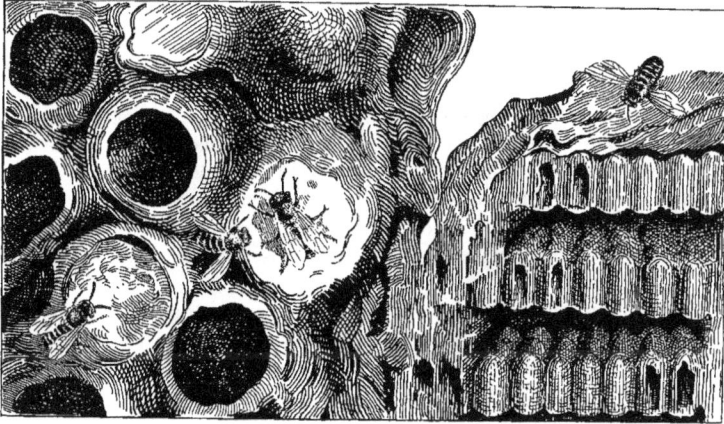

Fig. 50. — Nid de la Mélipone écussonnée.
À droite : alvéoles à couvain ; à gauche : amphores à miel.

Les ouvrières sont seules chargées de façonner les gâteaux à couvain et les amphores à provisions, de récolter la nourriture, de préparer les cellules destinées à recevoir l'œuf de la mère, d'y renfermer les aliments nécessaires et de les operculer aussitôt après la ponte, de nettoyer la ruche et d'en mastiquer les trous et les fentes avec du propolis.

Le couvain est pondu dans des alvéoles hexagonaux, verticaux, ouverts seulement en haut quand ils sont vides, constituant des étages horizontaux superposés de gâteaux orbiculaires, dont le diamètre se rétrécit de bas en haut, maintenus adhérents par des bandes de cire aux feuillets qui enveloppent extérieurement le nid à couvain. Ces gâteaux sont aussi attachés par un côté contre une des parois internes de la ruche. L'étage le plus bas repose sur de très fortes et très épaisses colonnes, fixées au fond de la ruche, et les feuillets de cire de l'enveloppe labyrin-thique s'appuient aussi sur ce fond, en laissant de distance en distance des passages assez grands pour permettre aux ouvrières de sortir les cadavres des jeunes insectes mal développés, qui ont été jetés hors des cellules. Les Mélipones construisent leurs étages avec une rapidité surprenante. Quand un étage est relié par des bandes de cire à l'enveloppe labyrinthique, elles commencent à édifier au milieu de l'étage supérieur une petite colonne de ciré, dont la base est placée sur un angle formé par les cloisons verticales des cellules, afin de permettre aux jeunes insectes de sortir de leurs berceaux. Cette colonne d'environ 5ᵐᵐ de hauteur établie, la construction de la cellule commence. Elle a d'abord la forme d'une calotte de gland ; puis elle s'élève avec le même diamètre, de plus en plus jusqu'à ce qu'elle ait atteint la hauteur voulue, 12 à 13ᵐᵐ environ. La première cellule est à l'origine complètement ronde et ne reçoit sa forme hexagonale que lorsque d'autres cellules sont construites près d'elle. En deux ou trois heures, six ou huit cellules sont terminées, munies d'œufs et operculées, et cinq ou six ouvrières seulement ont suffi à cette opération. Pour ce travail, elles courent çà et là et reviennent vite, tantôt apportant un petit morceau de cire entre leurs mandibules, tantôt aidant une compagne, etc. Quand plusieurs cellules sont terminées, les Mélipones construisent d'autres colonnes pour consolider l'étage ; elles rendent les colonnes faibles plus fortes en disposant de la cire tout autour ; enfin, quand l'étage est achevé, qu'il a de huit à dix centimètres de diamètre et qu'il a atteint l'enveloppe labyrinthique de cire, il y est fixé par des attaches. Si les Mélipones ne jugent pas utile de construire un autre étage, elles le couvrent d'une mince couche de cire, en le reliant à l'enveloppe, par une continuation de cette dernière. Tous ces travaux exigent une température élevée.

Les vases qui contiennent le miel et le pollen sont construits en cire et ont 3 à 4 centimètres de diamètre, c'est-à-dire la grandeur et aussi la forme d'œufs de pigeon. La Mélipone scutellaire construit ses outres sans ordre apparent et avec des dimensions peu régulières. Leur couleur est la même que celle de l'enveloppe labyrinthique du nid à couvain, c'est-à-dire d'un brun clair. Les vieilles outres sont bien plus foncées que celles construites en dernier lieu. Leur nombre est proportionné à la population de la colonie ; elles sont fixées au fond de la ruche, sur de fortes colonnes de cire. Il y en a qui sont attachées et adossées les unes aux autres, et on en compte parfois six à sept accolées. Le pollen est solidement empilé dans certaines outres, qui sont hermétiquement fermées aussitôt qu'elles sont remplies. La plupart des vases sont destinés à l'emmagasinage du miel. Les uns sont entièrement pleins et fermés, d'autres presque pleins et munis à la partie supérieure et sur le côté, suivant leur provision, d'un petit trou dont la largeur permet à chaque Mélipone d'entrer pour déposer son butin ; enfin certains ne sont construits qu'à moitié et laissent voir le miel clair et liquide. Parfois, du miel entre en fermentation, un petit monticule de mousse recouvre l'orifice du vase, puis, la fermentation continuant, la mousse tombe par côté et coule le long de l'outre. Les Mélipones savent calculer avec sagacité le poids que pourra contenir et supporter chaque vase, et quelle épaisseur il faut, en conséquence, donner aux parois, aux attaches et aux colonnes. Comme chez les Abeilles, l'économie de matière parait être leur principale loi. »

**
* *

Les Bourdons peuvent, comme les espèces précédentes, sécréter de la cire ; mais ils n'en font qu'un usage assez restreint. Il est vrai que les mères n'ont pas seulement à pondre, comme chez les Abeilles, mais qu'en outre il faut qu'en même temps qu'elles construisent, elles nourrissent leur progéniture.

Beaucoup d'espèces de Bourdons nichent dans les cavités du sol, naturelles ou creusées par un autre animal. Elles se contentent de les aménager à leur usage et surtout de les nettoyer. Les mères récoltent du pollen et du miel et, en mélangeant ces deux substances, font des sortes de boules dans lesquelles elles pondent leurs œufs, chacun dans un petit trou qu'elles creusent. En outre, les Bourdons construisent en cire des outres qu'ils remplissent de miel pur ; ces outres sont assez grossières et leur contenu sert de réserve de nourriture. « Réaumur rapporte que les faucheurs qui le fournissaient de nids de Bourdons connaissent bien ces réservoirs et s'amusent volontiers à les ôter des nids qu'ils ont découverts, pour en boire le miel. Ces gobelets, dont il n'y a qu'un petit nombre par nid, sont placés ordinairement sur le gâteau supérieur, tantôt près du milieu, tantôt près des bords ou sur les bords mêmes, et leur capacité égale celle des plus grandes coques nymphales. Quelquefois un pot à miel s'élève au-dessus du reste du gâteau. Leurs parois, formées d'une cire grossière pareille à celle qui plafonne le nid, sont assez épaisses ; en outre ces godets n'ont jamais la forme hexagonale. Les Bourdons ne cherchent pas à ménager la cire ; leurs colonies sont une dégradation considérable de celles des Apites et des Méliponites. Lorsque les larves ont filé leurs coques dans l'intérieur de la masse de pâtée où elles ont vécu, les ouvrières enlèvent à l'entour tout ce qui reste de cette pâtée recouvrant les coques, afin de l'employer ailleurs à former de nouvelles masses de cette matière, où de nouveaux œufs pourront être déposés. » (Girard.) Les Bourdons emploient aussi leur cire pour tapisser d'un mince vernis la paroi de la cavité où ils ont élu domicile ; ceux qui font des nids de mousse, et dont nous allons rapporter l'histoire, l'utilisent aussi pour réunir les brins entre eux.

Le Bourdon des mousses est un insecte assez commun, et dont les mœurs intéressantes peuvent être facilement vérifiées. On se procure les nids construits par cet insecte au moment des moissons ; les faucheurs les mettent à jour et les connaissent bien ; il suffit de leur en demander pour qu'ils vous en récoltent une centaine.

Le nid (*fig.* 51), construit entre les tiges des plantes, ressemble à un nid retourné ou encore à une motte de terre hémisphérique. Il est uniquement formé de brins de mousse desséchés, non adhérents les uns aux autres, mais entremêlés assez étroitement. En un point de la base, il y a un orifice, une porte pour permettre aux Bourdons d'entrer et de sortir. Souvent même on voit partir de la porte un couloir qui s'étend assez loin du nid ; de cette façon, les hôtes peuvent rentrer chez eux sans être vus.

On peut retourner ces nids sans crainte, car les Bourdons ne cherchent généralement pas à piquer et continuent même leur travail. Rien n'est plus intéressant que de voir ces insectes construire leur nid. Les Bourdons, avec leurs mandibules, coupent dans les environs du nid de petits fragments de mousse. Généralement ils se placent en file indienne, les uns derrière les autres, et toujours la tête tournée

Fig. 51. — Nid du Bourdon des mousses.

Fig. 52. — Bourdons se passant de l'un à l'autre des brins de mousse pour construire leur nid.

en sens inverse du nid (*fig.* 52). Le Bourdon le plus éloigné saisit le brin de mousse avec ses mandibules et le passe à ses deux pattes antérieures. De celles-ci le brin passe aux pattes intermédiaires, puis aux pattes postérieures. A ce moment, la mousse est saisie par le second Bourdon, qui la passe au troisième, et ainsi de suite jusqu'au nid. Là, le dernier insecte s'occupe d'emmêler, de tresser les brins de mousse que ses camarades lui ont passé : c'est l'architecte.

Jamais on ne voit les Bourdons apporter la mousse, en volant, de lieux éloignés ; il ne se servent que de la mousse environnante.

Cet amas de mousse n'est pas partout aussi irrégulier qu'à la surface extérieure. Il est creusé à l'intérieur d'un certain nombre de cavités dont les parois sont relativement lisses et constituées par une mince couche de cire gris-jaunâtre. En malaxant celle-ci entre les doigts, on peut en faire des petites boulettes ; mais, contrairement à la cire des Abeilles, elle ne fond pas, même à une température assez élevée. Si on la chauffe trop cependant, elle s'enflamme.

A l'intérieur de ces cavités, si bien protégées contre la pluie, se trouvent des amas de coques ovoïdes, amas très variables tant par leur nombre et par leur grosseur, que par leur forme qui est très irrégulière. Il n'est pas rare d'en voir deux ou trois superposés.

Les coques qui composent ces amas ressemblent à de petits œufs d'oiseaux ; leur couleur est jaune pâle ou blanchâtre ; il y en a de trois grosseurs différentes. Quelques-unes d'entre elles sont vides et ouvertes par le pôle inférieur ; ce sont celles d'où les Bourdons sont déjà sortis.

A la surface des amas et remplissant l'intervalle des coques, il y a des corps singuliers dont la nature embarrasse au premier abord, mais que, avec un peu d'observation, on finit par élucider. Ce sont des petites masses noirâtres, irrégulières, que l'on ne peut mieux comparer qu'à des truffes. Au premier abord, on les prend pour les excréments des Bourdons, mais en les ouvrant avec un canif, on voit qu'au centre il y a un vide occupé par 15 à 20 œufs oblongs, d'un beau blanc un peu bleuâtre. De ces œufs naissent de jeunes larves qui dévorent la matière environnante : celle-ci est donc une substance déposée par les Bourdons adultes pour la nourriture de leur progéniture. Quand ces larves sont suffisamment grandes, elles tissent les coques ovoïdes décrites plus

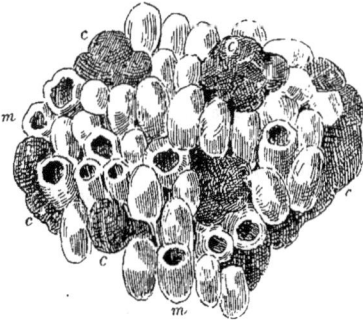

Fig. 53. — Gâteau retiré d'un nid de Bourdons des mousses.
On voit les amas de pollen et de miel *c* et les pots de miel *m*.

haut et qui sont tout à fait comparables au cocon des papillons. En en ouvrant plusieurs, on y trouve des larves, dont quelques-unes sont transformées en nymphes.

Au milieu des coques soyeuses on remarque aussi des pots de cire contenant du miel (*fig.* 53) : ce sont sans doute des réserves de nourriture pour les Bourdons adultes. Ajoutons enfin que ceux-ci se présentent sous quatre grosseurs différentes : les plus gros sont les femelles, les autres sont les mâles et les ouvrières.

Il est intéressant de noter que toutes ces catégories travaillent, quel que soit leur sexe, fait qui ne se rencontre pas chez l'Abeille domestique.

Comme tant d'oiseaux, les Bourdons des mousses montrent un certain éclectisme dans le choix des matériaux servant à confectionner leurs nids. « Les Bourdons, dit M. Girard, montrent des instincts d'appropriation qui arrivent véritablement aux lueurs de l'intelligence. Fr. Smith rapporte qu'une des espèces brunes de Bourdons était vue fréquemment voler à l'intérieur d'une écurie, passant au travers des fenêtres treillissées. L'insecte s'occupait activement à recueillir de courts poils de chevaux accumulés dans les tas ; puis la femelle volait en s'éloignant à une petite distance, et allait se poser au milieu de quelques herbes. En examinant l'endroit, on découvrit un nid entièrement formé de poils de chevaux. Ce nid intéressant ayant été détruit, l'insecte abandonna complètement sa construction. Une autre très curieuse déviation des usages habituels des constructeurs en mousse, fut observée, en 1854, par le Dr W. Bell. Un Rouge-Gorge avait construit son nid dans le porche d'un cottage : il fut occupé par une colonie de Bourdons, qui l'adapta à son usage. »

Pierre Huber, le fils du célèbre observateur des Abeilles, rapporte un fait analogue. « Le hasard, raconte-t-il, m'a fait découvrir un trait de leur industrie que la nature ne m'eût certainement jamais offert. J'avais recouvert un nid de Bourdons avec une cloche de verre, comme je le fais ordinairement ; les bords de la cloche ne portaient pas exactement sur la table où elle était placée ; il y avait même certains endroits où le plateau était si fort voilé, qu'un Bourdon aurait pu passer sous les bords de la cloche avec la plus grande facilité. Je remplis les vides avec de la toile grossière ; je la fis même entrer fort avant dans la cloche, afin de la fermer plus sûrement. La ruche était établie dans mon cabinet ; un long canal vitré, adapté à la porte du nid, conduisait les Bourdons hors de la fenêtre par une ouverture que j'avais pratiquée dans le bois même de la croisée, et au moyen de ces préparatifs je pouvais observer sans risquer d'être piqué. Je vis bientôt les Bourdons attaquer les morceaux de toile qui fermaient leur ruche ; ils en arrachaient les fils les uns après les autres ; ils les cardaient avec leurs mandibules, et les coupaient aussi minces que des brins de coton ; ils réunissaient ensuite ces brins avec leurs jambes ; ils en formaient des flocons qu'ils poussaient derrière eux, à mesure qu'ils les avaient cardés. Plusieurs Bourdons étaient continuellement occupés à ce travail, tandis que d'autres individus de la peuplade s'occupaient à pousser avec leurs jambes ces petits morceaux de coton contre le nid même ; ils travaillèrent à effiler cette toile pendant plus d'un mois ; ils en entourèrent leur nid d'un tas épais au moins d'un pouce et demi en certains endroits, et qui s'élevait jusqu'à la moitié de la hauteur du nid. Quand ils eurent effilé une plus grande quantité de toile, ils en couvrirent entièrement l'enveloppe, comme ils auraient fait avec de la mousse, et même ils en firent entrer sous l'enveloppe une assez grande quantité pour fermer tous les vides qu'elle pouvait laisser entre son bord et celui du gâteau. D'autres Bourdons déchirèrent la couverture d'un livre dont je m'étais servi pour recouvrir la boîte où je les avais logés ; ils coupèrent ces lambeaux de papier en fort petits morceaux qu'ils réunirent au-dessus de l'enveloppe de leur nid. Les Bourdons savent encore tirer parti des vieilles coques tissées par leurs larves lorsqu'elles appartiennent à des gâteaux abandonnés ; elles les effilent et en font une bourre ou une espèce d'ouate dont elles recouvrent leur nid en guise de mousse. » Malgré leur aspect « paresseux », les Bourdons sont de grands travailleurs.

CHAPITRE X

Les Résiniers

La résine, cependant si répandue dans la Nature, est très rarement employée par les animaux pour l'édification de leurs demeures. Cela tient sans doute à ce que, malgré sa plasticité, elle adhère très fortement et se détache difficilement de l'organe qui l'a récoltée ; elle présente aussi l'inconvénient de durcir très lentement. Il y a néanmoins des insectes qui l'utilisent : ce sont surtout des hyménoptères appartenant au genre Anthidie. L'espèce la mieux connue à cet égard est l'Anthidie à sept dents, dont nous allons succinctement relater l'histoire.

Le lieu où elle niche est singulier : c'est la coquille vide d'un Escargot. On reconnaît qu'une de celles-ci est habitée quand, en la regardant par transparence, on voit une masse obscure dans les derniers tours de spires, c'est-à-dire les plus étroits. L'Anthidie préfère de beaucoup l'Escargot des vignes, *Helix aspersa*, mais elle se contente aussi d'espèces plus petites, l'*Helix nemoralis* et l'*Helix cespitum* notamment. Le nid est établi plus ou moins profondément suivant la largeur de la coquille. En pénétrant dans les tours de spires, on rencontre d'abord une façade formée de graviers anguleux cimentés par une résine qui, probablement, vient du Genévrier oxycèdre. En arrière vient une barricade de débris incohérents, nullement cimentés entre eux et composés surtout de graviers calcaires, de parcelles terreuses, de bûchettes, de fragments de mousse, de chatons et d'aiguilles d'oxycèdre, de déjections sèches d'Escargots : c'est un véritable matelas friable et, par suite, bien disposé pour entretenir la chaleur interne sans mettre un obstacle trop dur à la sortie des jeunes. L'hyménoptère ne fait d'ailleurs usage de cette barricade que dans les grosses coquilles, celles, par conséquent, où il n'occupe que le fond. Dans les petites qu'il habite entièrement, il néglige les remblais défensifs.

Continuons notre chemin dans la coquille et nous arrivons aux loges qui, habituellement, sont au nombre de deux ; l'antérieure, plus ample, est l'habitation du mâle ; la postérieure, plus petite, est la demeure de la femelle. Ces loges sont limitées, en avant et en arrière, par des cloisons translucides, faites en résine absolument pure ne présentant aucune incrustation de matières étrangères.

D'autres Anthidies bâtissent aussi en résine, mais non dans une coquille d'Escargot. L'Anthidie à quatre lobes et l'Anthidie de Latreille nichent en effet sous les pierres, les creux des talus ensoleillés, un trou abandonné de Scarabée, etc. : c'est un amas de cellules accolées les unes aux autres dont l'ensemble forme une masse de la grosseur du poing ou d'une petite pomme. « Au premier abord, dit J. H. Fabre, on reste très indécis sur la nature de l'étrange boule. C'est brunâtre, assez dur, légèrement poisseux, d'odeur bitumineuse. A l'extérieur sont enchâssés quelques graviers, des parcelles de terre, des têtes de Fourmis de grande taille. Ce trophée de cannibales n'est pas signe de mœurs atroces : l'apiaire ne décapite pas les Fourmis pour orner sa case. Incrusteur, comme ses collègues de l'Escargot, il cueille aux abords de sa demeure toute granule dure propre à fortifier son ouvrage ; et les crânes desséchés de Fourmis, fréquents à la ronde, sont pour lui des moellons de valeur pareille à celle des cailloux. Chacun emploie ce qu'il trouve sans longues recherches. L'habitant de l'hélice, pour construire sa barricade, fait cas de l'excrément sec de l'Escargot son voisin ; l'hôte des dalles et des talus hantés par les Fourmis met à profit les têtes des défuntes, prêt à les remplacer par autre chose quand elles manquent. Du reste, l'incrustation défensive est clairsemée ; on voit que l'insecte n'y donne pas grande importance, confiant qu'il est dans la robuste paroi des loges. La matière de l'ouvrage fait d'abord songer à quelque cire rustique, beaucoup plus grossière que celle des Bourdons, ou mieux à quelque goudron d'origine inconnue. Puis on se ravise, on reconnaît dans la substance problématique la cassure translucide, l'aptitude à se ramollir par la chaleur, puis à brûler avec flamme fumeuse, la solubilité dans l'alcool ; enfin tous les caractères distinctifs de la résine. »

Les Anthidies des coquilles sont très parcimonieuses de résine. Celles dont nous nous occupons en sont au contraire très prodigues ; il serait bien intéressant de savoir où et comment s'en fait la récolte. Un intéressant point à étudier.

Citons enfin un autre insecte résinier, l'Odynère alpestre, qui niche aussi dans les coquilles d'Escargot et sur lequel Fabre nous a appris ce qui suit. Affranchie par l'hélice de la rude besogne du forage, elle se spécialise dans la mosaïque. Ses matériaux sont, d'une part, la résine, cueillie probablement sur l'oxycèdre ; d'autre part, de petits graviers. Sa méthode s'écarte beaucoup de celle des deux résiniers logés dans l'Escargot. Ceux-ci noient complètement dans le mastic, à la face externe de l'opercule, leurs grossiers moellons anguleux, inégaux de volume, de nature variable et parfois à demi-terreux, de façon que l'ouvrage, où les morceaux sont juxtaposés au hasard, dissimule son incorrection sous un enduit de résine. A la face interne, le mastic ne comble pas les intervalles, et les pièces agglutinées apparaissent avec toutes leurs irrégulières saillies et leur gauche arrangement.

L'Odynère alpestre travaille d'après d'autres plans : elle économise la poix en utilisant mieux la pierre. Sur un lit de mastic encore visqueux sont enchâssés à la face externe, exactement l'un contre l'autre, des grains siliceux ronds, à peu près tous du même volume, celui d'une tête d'épingle, et choisis un à un par l'artiste au milieu des débris de nature diverse dont le sol est semé. Quand il est réussi, cas fréquent, l'ouvrage fait songer à quelque broderie en perles de quartz sommairement façonnée. Habituellement, l'Odynère n'incruste que des perles de silex. Elle les aime tellement qu'elle en met partout. Les cloisons qui subdivisent l'hélice en chambres sont la répétition de l'opercule : mosaïque soignée de silex translucides **sur** la face d'avant. Enfin, souvent, de même que chez l'Anthidie, il y a, tout en **avant** des loges, une barricade de graviers mobiles et de nature incohérente.

Fig. 54. — Nid du Rupicole orangé.

On peut encore citer un cas où la résine est employée, mais non exclusivement pour ses propriétés agglutinantes. C'est celui d'un oiseau, le Rupicole orangé, si remarquable par la crête de plume qui orne sa tête et par son habitude de danser; il établit son nid (*fig.* 54) le long des parois de rochers ou les crevasses des blocs de granite. Ce nid ressemble à celui de l'Hirondelle ; il est fixé à la pierre par de la résine, et c'est avec cette même matière que l'oiseau le tapisse extérieurement. A l'intérieur, il est formé de racines, de fibres végétales et de plumes.

CHAPITRE XI

Les Tapissiers

« Dans les premiers jours de juillet 1756, le seigneur d'un village proche des Andelys vint voir M. l'abbé Nollet, accompagné, entre autres domestiques, d'un jardinier qui avait l'air fort consterné. Il s'était rendu à Paris pour annoncer à son maitre qu'on avait jeté un sort sur sa terre. Il avait eu le courage, car il lui en avait fallu pour cela, d'apporter les pièces qui l'en avaient convaincu ainsi que ses voisins, et qu'il croyait propres à en convaincre tout l'univers. Il prétendait les avoir produites au curé du lieu, qui n'était pas éloigné de penser comme lui. A la vue des pièces, le maitre ne prit pourtant pas tout l'effroi que son jardinier avait voulu lui donner; s'il ne resta pas absolument tranquille, il jugea au moins qu'il pouvait n'y avoir rien que de naturel dans le fait, et il crut devoir consulter son chirurgien ; celui-ci, quoique habile dans sa profession, ne se trouva pas en état de donner des éclaircissements sur un sujet qui n'avait aucun rapport avec ceux qui avaient fait l'objet de ses études; mais il indiqua M. l'abbé Nollet comme très capable de décider si l'histoire naturelle n'offrait point quelque chose de semblable à ce qu'on lui présentait. Ce fut donc sa réponse qui valut à M. l'abbé Nollet une visite qui a servi à m'instruire. Le jardinier ne tarda pas à mettre sous ses yeux des rouleaux de feuilles, qui, selon lui, ne pouvaient avoir été faits que par une main d'homme, et d'homme sorcier. Outre qu'un homme ordinaire ne lui semblait pas capable d'exécuter rien de pareil, à quoi bon les eût-il faits, et dans quel dessein les eût-il enfouis dans la terre de la crète d'un sillon? Un sorcier seul pouvait les avoir placés là pour les faire servir à quelque maléfice. L'abbé Nollet certifia au brave homme que ces jolis ouvrages étaient faits par des insectes, et, comme preuve, il tira un *gros Ver* de ces rouleaux. Dès que le paysan l'eut vu, son air sombre et étonné disparut : un air de gaité et de contentement se répandit sur son visage, comme s'il venait d'être tiré d'un affreux péril. »

Cette curieuse anecdote, racontée par Réaumur, est relative à un insecte du genre Mégachile (*fig.* 55), que l'on a souvent l'occasion d'observer dans les jardins et dont l'aspect est celui d'une Abeille au costume grisâtre; nous connaissons aujourd'hui son histoire.

Dans les jardins, tout le monde a remarqué que les feuilles du rosier ou du lilas sont souvent entamées par d'étranges découpures, les unes rondes, les autres ovalaires et d'une régularité presque mathématique; ou les croirait découpées à l'aide de ciseaux ou avec un emporte-pièce. L'artisan qui a pratiqué ces entailles n'est autre que le Mégachile, qui emporte les parties enlevées pour en tapisser son nid ; il semble avoir l'instinct géométrique inné en lui, car il découpe ses ronds et ses ovales de manière qu'ils s'adaptent exactement à celui-ci; il est donc de toute

Fig. 55. — Travaux des Abeilles tapissières (Mégachiles).

nécessité que l'insecte se souvienne du diamètre du nid. Quand la rondelle est découpée, le Mégachile la fait passer entre ses pattes, un peu recourbée, et l'emporte au vol.

Le nid est établi dans une cavité qui n'est pas l'œuvre de la mère, mais dans un moule creusé par un autre animal et abandonné : ce sont tantôt les galeries des Anthophores, tantôt les tuyaux de mine des gros Vers de terre, les puits creusés dans le bois par la larve du Capricorne, les habitations du Chalicodome des galets, les roseaux creux ou même les interstices des murs. Le Mégachile se contente de combler ces cavités avec les morceaux de feuilles, du miel et du pollen, le tout rangé avec un ordre que nous a fait connaître Fabre, chez le Mégachile à ceintures blanches, qui niche surtout dans les puits de Lombric. Ce Mégachile n'utilise de la galerie du ver que la portion antérieure, deux centimètres au plus. Avant de façonner sa première outre à miel, il obstrue le couloir avec une forte barricade composée de feuilles empilées sans beaucoup d'ordre ; il n'est pas rare de compter dans le rempart de feuillage quelques douzaines de pièces roulées en cornets et agencées l'une dans l'autre, à la façon d'une pile d'oublies. Les morceaux qui les composent sont taillés grossièrement et empruntés à des feuilles robustes (vigne, ciste, yeuse, aubépine, grand roseau, etc.)

Immédiatement après la barrière défensive, vient la série des cellules, en nombre très variable, de cinq à douze en moyenne. Non moins variable est le nombre de pièces assemblées pour la confection d'une loge, pièces de deux sortes, les unes ovalaires, formant le nid à miel, les autres rondes, servant de couvercle. Les premières, au nombre de huit à dix, ne sont pas d'égales dimensions et, sous ce rapport, se classent en deux catégories. Celles de l'extérieur, plus grandes, embrassant à peu près chacune le tiers de la circonférence et chevauchant un peu l'une sur l'autre; leur bout inférieur s'infléchit en courbe concave pour former le fond de l'outre. Celles de l'intérieur, notablement moindres, épaississent la paroi et comblent les vides laissés par les premières. La tailleuse de feuilles sait donc modifier ses coups de ciseaux d'après le travail à faire : d'abord les grandes pièces, qui rapidement avancent l'ouvrage, mais laissent des intervalles vides, puis les petites pièces qui s'ajustent dans les intervalles vides. Un autre avantage résulte des découpures à dimensions inégales. Les trois ou quatre pièces de l'extérieur, les premières mises en place étant les plus longues de toutes, débordent à l'embouchure, tandis que les suivantes, plus courtes, sont un peu en retrait. Ainsi s'obtient une feuillure qui maintient les rondelles de l'opercule et les empêche d'atteindre le miel lorsque l'hyménoptère les comprime en un couvercle concave.

Quand l'insecte a rempli ce godet d'un mélange de miel et de pollen et y a déposé un œuf, il le recouvre d'un couvercle composé uniquement de pièces rondes plus ou moins nombreuses. Parfois le diamètre de ces pièces est d'une précision presque mathématique, si bien que les bords de la rondelle reposent sur la feuillure.

Lorsqu'une loge est achevée, l'Abeille en construit une autre par-dessus, et ainsi de suite, pour terminer la série des nids par une barricade analogue à celle qui se trouve à la partie inférieure.

Fabre a fait de nombreux relevés de la flore des Mégachiles, et il est arrivé à cette conclusion que, pour construire leurs outres, les coupeuses de feuilles, chacune suivant les goûts propres de son espèce, n'exploitent pas tel ou tel végétal à l'exclusion des autres; leurs pièces de feuillage varient suivant la végétation des alentours. Tout leur est bon, l'exotique comme l'indigène, l'exceptionnel comme l'habituel, pourvu que le morceau coupé soit d'emploi commode. Certains Mégachiles même, au lieu de feuilles, emploient les pétales : c'est le cas, par exemple, du *Mégachile imbecilla*, qui tapisse souvent avec les pétales du vulgaire Géranium des jardins.

Ce cas exceptionnel est normal dans un genre voisin, chez l'Anthocope du pavot (*fig.* 56), qui creuse des terriers à peu près verticaux dans les chemins battus qui séparent les champs, chacun ne contenant qu'un alvéole par nid : il en tapisse l'intérieur avec les pétales délicats du coquelicot; c'est un véritable sac

que l'insecte ferme à la partie supérieure en en rabattant les bords et en le
recouvrant de terre. Comme le remarque Maurice Girard, on peut dire que les

Fig. 56. — Anthocopes du Pavot construisant leur nid.

enfants de l'Anthocope du pavot méritent ce nom pompeux de *porphyrogénètes*
que les Grecs du Bas-Empire donnaient aux fils de leurs empereurs quand ils
naissaient dans la pourpre, alors que leurs pères occupaient le trône de Constan-
tinople, ce dernier reste de l'empire d'Orient.

CHAPITRE XII

Les Terrassiers et les Mineurs

Peu d'habitations sont aussi répandues chez les animaux que celles creusées dans la terre : on peut dire que l'on en rencontre dans tous les groupes du règne animal.

Les mammifères notamment sont des terrassiers émérites, comme on va le voir par les faits que nous allons citer : c'est pour ainsi dire leur industrie nationale, comme le nid est celle des oiseaux.

Le Renard (*fig.* 57) passe une grande partie de son existence dans un terrier

Fig. 57. — Renards.

creusé dans le sol, terrier où il est à l'abri de ses ennemis et où il peut manger tout à l'aise les animaux qu'il a capturés. Il cherche pour l'établir de préférence la lisière d'un fourré épais ou le penchant d'une colline rocailleuse ; quelquefois, il le creuse tout entier lui-même, mais bien plus souvent, il s'empare du terrier d'un autre animal, de manière à ne plus avoir qu'à l'aménager pour son propre usage : les creux des Lapins sont particulièrement mis à contribution par lui. Il s'empare aussi souvent de la tanière d'un Blaireau ; on assure que pour faire fuir celui-ci, le Renard dépose ses excréments à l'entrée de sa demeure. Le Blaireau qui est la propreté même abandonne la place.

Le Renard, animal prudent s'il en fut, a soin de fournir son terrier de plusieurs issues et, pour plus de sûreté encore, il a toujours plusieurs retraites à sa disposition. « Ce sont des terriers profonds, se ramifiant, creusés dans les ravins, ou entre des racines, et aboutissant à un vaste cul-de-sac. Les terriers multiples du

Renard sont disposés autour d'un terrier principal, qui a une profondeur de 3 mètres, un périmètre qui va jusqu'à 15 ou 20 mètres, et un donjon d'un mètre de diamètre ; les couloirs communiquent les uns avec les autres par des galeries transversales, et ont diverses ouvertures ; un seul couloir aboutit à la chambre terminale ou donjon. Les veneurs distinguent trois parties dans le terrier du Renard : 1° le *maire*, c'est-à-dire l'entrée, l'antichambre, où le Renard vient en observation ; 2° la *fosse*, où il renferme le produit de ses rapines et qui présente au moins deux issues ; 3° l'*occul*, nommé aussi donjon, cavité ronde sans issue, qui est l'habitation proprement dite, où la femelle se retire pour mettre bas. » (Brehm.) En Egypte, les Renards ne se creusent pas de terriers comme ceux des régions tempérées : la femelle seule en établit un pour pouvoir élever ses petits.

* *

Le Blaireau (*fig.* 58) est aussi un fouisseur émérite. D'après les renseignements donnés par Brehm, il habite des terriers, qu'il se creuse lui-même sur le flanc le plus exposé au soleil des collines boisées ; chaque terrier a de quatre à huit ouver-

tures ; la pièce principale est le donjon, auquel aboutissent plusieurs couloirs. Il est assez grand pour que la bête puisse s'y tenir aisément avec ses petits, sur un lit épais de mousse. Plusieurs couloirs y conduisent, mais l'animal ne passe d'ordinaire que par un ou deux ; les autres servent à la ventilation ou sont des issues en cas de pressant danger. Dans toute cette demeure règne la plus grande propreté, ce

Fig. 58. — Blaireau.

qu'on ne voit pas dans les terriers des autres mammifères. L'animal se creuse un terrier dans les petits bois, près des champs, ou même en rase campagne, mais toujours dans un lieu très tranquille. Il aime à mener une vie douce et paisible, et surtout à garder toute son indépendance. La force dont il est doué lui permet de creuser la terre avec une rapidité surprenante ; en quelques minutes, il s'est complètement enseveli. Ses pattes de devant, vigoureuses, à doigts complètement réunis et armés d'ongles solides, lui sont d'un grand secours. Quand la terre qu'il est obligé de déplacer l'arrête, il s'aide de ses pattes de derrière et la rejette loin de lui ; mais à mesure que l'œuvre avance, ces moyens sont insuffisants ; il marche alors à reculons, balayant ainsi toute cette terre et la jetant au dehors. De tous les animaux qui habitent dans des terriers, le Blaireau est celui qui donne à son habitation la plus grande étendue, et qui prend le plus de précautions dans l'intérêt de sa sûreté.

Les couloirs ont tous de sept à dix mètres de long, et leurs ouvertures sont éloignées d'une trentaine de pas l'une de l'autre ; le donjon est à une profondeur d'un mètre et demi sous terre ; s'il est sur une pente rapide, cette profondeur se trouve quelquefois être de quatre à cinq mètres ; mais, dans ce cas, il y a à peu près régulièrement quelques conduits qui y aboutissent verticalement et qui servent à la ventilation. Le Blaireau établit volontiers son terrier dans les ravins, où il trouve réunies les deux conditions qu'il recherche, sûreté et repos.

*

Les Rats (*fig.* 59) et les Souris creusent leurs galeries dans nos maisons ou dans les champs, et sont trop bien connus à cet égard pour que nous insistions.

Fig. 59. — Rat (Surmulot).

Le *Mydaus Télogon*, animal voisin du Blaireau, construit de même un vaste terrier. La cavité centrale n'a pas moins de 1 mètre de diamètre. Il en part, dans tous les sens, des couloirs d'environ 2 mètres de longueur et se terminant par des orifices que le Mydaus a soin de dissimuler sous des branches et des feuilles sèches.

*

La Taupe (*fig.* 60) est l'animal fouisseur par excellence et toute son organisation est en quelque sorte faite dans ce but. Elle creuse continuellement dans le sol, non pas seulement pour y demeurer, mais surtout pour chercher sa nourriture. Grâce à ses deux pattes antérieures (*fig.* 61), larges, puissantes et armées de griffes très fortes, elle se déplace dans la terre avec autant de facilité qu'un poisson dans l'eau. Ses galeries sont creusées à une faible distance au-dessous de la surface du sol, de sorte que celui-ci est généralement soulevé le long de son passage. Par place, les déblais rejetés constituent de petits monticules bien connus sous le nom de taupinières.

Fig. 60. — Taupe commune.

Blasius a décrit la demeure de la Taupe :

De tous les animaux souterrains de nos contrées, c'est la Taupe qui construit le plus péniblement sa demeure artistique : ce n'est que par un rude labeur qu'elle peut l'assurer contre tous les dangers, et y trouver de quoi assouvir sa voracité. Son habitation proprement dite ou donjon est établie avec tout l'art possible. Ordinairement, ce donjon se trouve dans un endroit où il est difficile d'arriver de l'extérieur ; par exemple, sous des racines, sous un mur, et il est assez éloigné du terrain de ses chasses. Sur ce terrain, qu'un couloir généralement droit relie au

Doigt supplémentaire.
Fig. 61.
Patte antérieure
de la Taupe.

donjon, les galeries souterraines se croisent et s'entre-croisent de mille manières. Indépendamment de ces galeries, l'animal, au moment du rut, en établit d'autres pour se mettre en rapport avec la femelle.

Le donjon (*fig.* 62) se manifeste à l'extérieur par un tas de terre bombé et de grandeur assez considérable. A l'intérieur se trouve une chambre arrondie, de 8 à

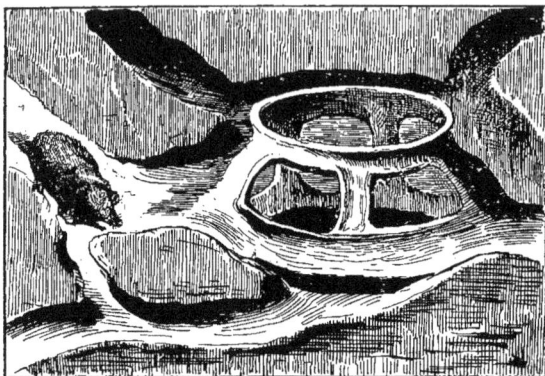

10 centimètres de diamètre, servant de lieu de repos. Elle est entourée de deux conduits circulaires concentriques, disposés, l'externe sur le même plan que la chambre, dont il est éloigné de 15 à 25 centimètres, l'interne sur un plan un peu plus élevé. De la chambre partent trois conduits qui, se

Fig. 62. — Partie centrale du terrier de la Taupe.

dirigeant obliquement en haut, s'ouvrent dans le couloir circulaire interne; celui-ci se relie avec le couloir circulaire externe par cinq ou six couloirs obliques descendants, alternant avec les premiers. De celui-là partent huit à dix conduits rayonnants, alternes avec les couloirs précédents; ils vont dans toutes les directions et suivent une courbe pour s'ouvrir dans le couloir principal.

Un couloir de sûreté descend de la chambre, se recourbe en haut et vient aboutir au conduit d'aération. Les parois du donjon et des galeries sont épaisses, fortement comprimées et lisses. Dans la chambre se trouve un lit rembourré de feuilles, d'herbes, de jeunes plantes, de mousse, de paille, de fumier, de radicelles, que la Taupe a ramenés en grande partie de la surface de la terre. Si le danger la surprend par en haut, elle repousse cette couche et descend.

Si elle est attaquée de côté ou par en bas, quelques-uns des couloirs communiquant avec le couloir circulaire interne lui restent ouverts.

La Taupe est en sûreté dans sa chambre, et y reste tant qu'elle ne chasse pas. Cette chambre est à 5 ou 6 cent. au-dessous de la surface du sol. Les couloirs principaux étant plus larges que l'animal n'est gros, celui-ci peut s'y mouvoir facilement : les parois en sont très épaisses et consolidées par la compression que la Taupe exerce sur elles; ces couloirs ne sont marqués à l'extérieur par aucune taupinière; la terre qui en provient est tassée sur les côtés, et c'est ainsi que la Taupe s'en débarrasse.

C'est par le couloir principal que la Taupe peut facilement gagner son terrain de chasse ; souvent il sert de refuge à d'autres animaux souterrains, tels que Musaraignes, Campagnols, Crapauds ; mais malheur à eux si le propriétaire de l'établissement les rencontre. La position du couloir est indiquée à l'extérieur par les plantes languissantes, flétries et par un léger affaissement du sol. Il a souvent 30 et même 45 mètres de longueur.

Le terrain de chasse est situé loin du donjon, et chaque jour, été et hiver, la Taupe le parcourt en tous sens. Les couloirs du terrain de chasse n'ont qu'une durée temporaire ; l'animal ne les utilise que pour chercher sa nourriture, il ne les consolide pas, rejette de temps à autre, à la surface, la terre qu'il a déplacée et indique ainsi sa marche. Les Taupes vont à la chasse trois fois par jour, le matin, à midi et le soir. Elles parcourent donc six fois leur galerie principale ; aussi, dès qu'on a pu en déterminer la direction, est-il facile de les prendre.

*
* *

Le Hamster (*fig.* 63) se creuse dans la terre de vastes demeures qui lui servent d'habitation et d'autres qui lui servent de greniers pour mettre ses provisions à l'abri. « Le terrier du Hamster commun est assez artistement construit. Il consiste en une grande chambre, située à une profondeur de 1 à 2 mètres, en un couloir de sortie oblique et un couloir d'entrée vertical. Des galeries profondes mettent le réduit principal, ou chambre de repos, en communication avec les chambres de provision. Les terriers varient suivant l'âge et le sexe de l'animal : ceux des jeunes sont plus courts, les

Fig. 63. — Hamster.

plus superficiels ; ceux des femelles sont plus grands, et ceux des vieux mâles ont plus de développement et de profondeur.

Un terrier de Hamster se reconnaît facilement à l'amas de terre qui est devant le couloir de sortie, et qui est généralement recouvert de grains de blé. Le couloir d'entrée est vertical, on peut y plonger souvent un bâton de 1 à 2 mètres de long ; ce couloir n'arrive pas directement à la chambre de repos, il s'infléchit et y arrive tantôt obliquement, tantôt horizontalement. Le couloir de sortie, par contre, est toujours sinueux. Les deux ouvertures sont distantes de 1 m. 20 au moins, souvent même de 1 m. 50 à 4 mètres. On peut voir facilement si un terrier est habité ou non.

Est-il revêtu de mousse, de champignons, d'herbes, les parois sont-elles dégradées, il est abandonné ; car le Hamster tient toujours son habitation en parfait état. Dans un terrier qui est habité depuis longtemps, le frottement de l'animal polit les parois, les fait paraître même brillantes. Les ouvertures sont un peu plus larges que les conduits qui y aboutissent ; ceux-ci ont au plus 5 à 8 cent. de diamètre. Les chambres varient sous le rapport des dimensions. Celle qui sert de demeure habituelle à l'animal est plus petite. Elle est remplie de paille fine, de gaines de chaumes, qui forment une couche molle ; les parois en sont lisses et polies. Trois couloirs y aboutissent, celui d'entrée, celui de sortie et celui qui conduit à la chambre aux provisions. Celle-ci ressemble à la première pour la forme. Elle est ovale ou arrondie ; sa partie supérieure est bombée ; ses parois sont lisses.

A la fin de l'automne, elle est remplie de blé. Les jeunes Hamsters n'en construisent qu'une, les vieux en creusent de trois à cinq, et l'on y trouve de 2 à 4 hect. de grains. Souvent le Hamster bouche avec de la terre le couloir qui conduit à cette chambre ; parfois il le remplit aussi de grains. Ceux-ci sont comprimés de telle sorte que l'homme qui découvre un terrier de Hamster doit y porter la pioche avant de pouvoir les ramasser. — On croyait autrefois que le Hamster séparait les diverses espèces de semences ; c'est une erreur : il prend les grains et les enterre tels qu'il les recueille.

Ils sont souvent mélangés de débris d'épis. Si l'on trouve les diverses espèces séparées dans un terrier, cela ne provient pas de l'instinct d'ordre qui présiderait aux opérations du Hamster ; on ne peut l'attribuer qu'à ce que ces diverses espèces ont été récoltées dans différentes saisons. Dans le couloir d'entrée, on trouve souvent avant d'arriver à la chambre de repos une place élargie où l'animal dépose ses ordures.

Le terrier de la femelle diffère un peu ; il n'a qu'une ouverture de sortie, mais le nombre de ses ouvertures d'entrée varie de deux à huit ; cependant, tant que les petits ne sortent pas du terrier, une seule sert. Plus tard, ceux-ci les utilisent toutes. La chambre de repos est circulaire, elle a 33 cent. de diamètre ; sa hauteur est de 8 à 14 cent., et elle renferme une couche de menue paille. Il en part autant de couloirs qu'il y a d'ouvertures d'entrée ; souvent ces couloirs communiquent entre eux. Les chambres à provisions y sont rares. Tant que la femelle a des petits, elle n'amasse rien.

Le Hamster est un animal hibernant ; dès que la terre se réchauffe et se ramollit, il se réveille. Ce réveil a lieu en mars, et quelquefois en février. Il n'ouvre pas immédiatement son terrier ; il y reste encore quelque temps, et se nourrit des provisions qu'il a amassées. Au milieu de mars les mâles, au commencement de février les femelles, quittent leur demeure pour aller à la recherche de jeunes pousses de blé, de coquelicots, de grains nouvellement semés, qu'ils rapportent dans leurs terriers ; un peu plus tard toutes les plantes fraîches leur sont bonnes.

En abandonnant leur retraite d'hiver, les Hamsters se creusent un nouveau terrier où ils passent l'été, et, dès que leur travail est fini, l'accouplement a lieu. Ce terrier d'été a 30 ou, au plus, 60 cent. de profondeur ; dans la chambre principale est établi un nid où la femelle met bas. Il ne renferme qu'une seule chambre à provisions.

A la fin d'avril, le mâle se rend dans la demeure de la femelle ; l'un et l'autre vivent quelque temps en très bons rapports; ils se donnent même des témoignages d'attachement et se défendent mutuellement, au besoin. Deux mâles qui se rencontrent dans le terrier d'une femelle, se livrent un combat acharné, jusqu'à ce que le plus faible succombe ou s'enfuie; on trouve souvent de vieux Hamsters mâles, couverts de cicatrices, restes de ces luttes. Mais après l'accouplement, les deux époux deviennent aussi étrangers l'un à l'autre qu'auparavant.

La femelle a au moins deux portées de 6 à 7 petits par an : la première a lieu en mai. Les petits naissent nus et aveugles, mais avec des dents, et pèsent alors un peu plus de 4 grammes. Ils grandissent très rapidement, et leur poids est de 50 grammes que leurs yeux sont encore fermés : ils ne s'ouvrent que du huitième au neuvième jour. Dès ce moment, les petits commencent à marcher autour de leur nid. La mère les élève avec tendresse ; du reste, elle adopte et soigne avec tout autant de dévouement d'autres nourrissons qu'on lui donne à élever, lors même qu'ils sont plus âgés que les siens. Le quinzième jour, les jeunes Hamsters se mettent déjà à creuser, et dès cet instant, la mère les émancipe, c'est-à-dire qu'elle les chasse de son terrier, et les force ainsi à se tirer d'affaire tout seuls, ce qui ne leur est pas difficile. » (Brehm.)

* * *

La plupart des mammifères orientent fort bien leurs repaires, pour éviter soit les pluies, soit le vent, soit la chaleur. A cet égard les Chiens marrons d'Égypte sont à citer. « Ils vivent complètement indépendants dans les ruines, y dorment la plus grande partie du jour, et rôdent pendant la nuit. Chacun a ses trous, creusés avec beaucoup de soin, et chaque Chien a deux de ces trous : l'un à l'est, l'autre à l'ouest. La montagne est-elle orientée de telle sorte que les deux trous soient exposés au vent du nord, le chien s'en creuse un troisième sur le versant opposé, mais il ne l'habite que lorsque le vent trop froid lui rend incommode le séjour dans l'un des deux autres. Le matin, jusqu'à dix heures, on le trouve dans le trou placé sur le versant oriental ; il attend là que les premiers rayons du soleil viennent le réchauffer ; mais bientôt la chaleur devenant trop grande, il se retire à l'ombre. On voit alors les Chiens se lever l'un après l'autre, se traîner sur la colline chacun vers son trou situé sur le versant occidental et y continuer son somme. Après midi, le soleil venant l'y visiter, il retourne dans son premier trou, et y reste jusqu'au coucher du soleil. »

* * *

Certains mammifères creusent leurs nids dans le sol, mais diminuent l'aridité des parois en les tapissant de matières moelleuses. Ce cas, assez rare, se rencontre chez le Fenec zerda (*fig.* 64), qui vit dans les déserts du nord de l'Afrique. Le Fenec, raconte L. Buvry qui l'a observé par lui-même, se creuse un terrier comme le Renard ; il l'établit surtout au voisinage des genêts épineux, qui représentent toute la végétation du désert dans l'Algérie ; probablement que là où croissent ces arbrisseaux, le sol est plus ferme. Les couloirs en sont ordinairement à ras de terre, et le donjon n'est pas situé profondément, il est tapissé de fibres de palmier, de plumes, de poils et toujours tenu très proprement. Le Fenec creuse à merveille ; ses pattes de devant travaillent avec tant d'ardeur qu'on a peine à en suivre le mouvement des yeux. Cette aptitude à creuser vite souvent lui sauve la vie ; le presse-t-on, il s'enfonce sous terre. Accompagnés de quelques Arabes, nous poursuivions un jour, à cheval, un Fenec ; tout à coup il disparut ; mais je connaissais sa ruse, je descendis de cheval, et, creusant la terre derrière lui, je retirai l'animal vivant de sa retraite, au milieu des cris de joie de mes compagnons. Durant le jour, le Fenec dort dans son terrier. Il s'enroule, se cache la tête sous la queue, les oreilles restant seules découvertes. Il se réveille au moindre bruit. S'il est surpris, il grogne comme un petit enfant, et témoigne ainsi son mécontentement. Au coucher du soleil, il quitte son terrier et gagne les abreuvoirs. »

Fig. 64. — Fenecs.

La Loutre (*fig.* 65), également, cherche à rendre son home le plus agréable

Fig. 65 — Loutre commune.

possible. Elle l'établit toujours sur les bords d'une rivière pour être ainsi tout près des poissons dont elle fait sa nourriture. L'ouverture du terrier est d'ailleurs en plein dans l'eau, à environ 50 ou 60 centimètres de la surface. De cet orifice part un couloir qui monte obliquement et, au bout de 1 m. 50 environ, se termine dans une vaste chambre, toujours sèche et tapissée d'herbes. Du même donjon, part en outre un couloir qui vient s'ouvrir à la berge, ordinairement dans un endroit caché, par exemple au milieu d'un buisson épais, et qui sert à la ventilation de la demeure.

Fig. 66. — Ornithorynque

*

L'*Ornithorynque* (*fig.* 66 et 67) creuse aussi des terriers dans les talus des rivières en Australie. Il y a un orifice sous l'eau et un autre dans le talus.

Fig. 67. — Nid de l'Ornithorynque avec les galeries qui y conduisent.

*

Le Bettongie penicillé ou Kanguroo-rat est aussi à citer à ce même point de vue. D'après les renseignements donnés par Gould, cet animal se creuse dans le sol une cavité où il construit son nid, qui se confond tellement avec le milieu environnant, qu'on ne peut l'apercevoir si l'on n'y prête une grande attention. Il choisit une place entre des touffes d'herbes, auprès d'un buisson. Tout le jour, l'animal y reste couché, seul ou avec sa femelle, complètement caché aux regards car il a toujours soin de fermer l'ouverture qui y conduit. Les indigènes ne s'y laissent pas tromper. Il est très curieux de voir ces animaux recueillir l'herbe nécessaire à la construction de leur nid. Ils se servent à cet effet de leur queue, qui est prenante. Ils saisissent avec elle une touffe d'herbe et la transportent à l'endroit convenable. En captivité, ils emportent de même à leur gîte divers matériaux ; c'est du moins ce que faisaient quelques-uns de ceux que lord Derby avait dans son parc à Knowsely, dans des conditions se rapprochant le plus possible de celles dans lesquelles ils vivent en liberté.

*

Les Spermophiles, pour le malheur des agriculteurs, creusent la terre pour y établir leurs nids et leurs greniers d'abondance. D'après ce qu'en dit Brehm, quoique vivant en troupes, chaque individu construit son terrier, le mâle à fleur de terre, la femelle plus profondément. Le donjon est à un mètre et demi ou deux mètres sous terre ; il est ovale et son grand diamètre mesure environ 30 centimètres ; des herbes sèches y forment une couche épaisse et molle. Il n'en part qu'un couloir assez épais et tortueux, courant souvent parallèlement à la surface du sol. A son ouverture extérieure est un petit tas de terre. Ce couloir ne sert que pendant un an ; aux premiers froids, le Spermophile le ferme, en creuse un autre qui va du donjon, ou chambre de repos, à la surface du sol, et l'ouvre quand il sort de son sommeil hivernal. D'après le nombre des couloirs, on peut déterminer l'âge du terrier, mais non celui de l'animal, car il arrive souvent qu'un Souslik s'empare de l'habitation d'un de ses semblables, décédé. Le terrier renferme diverses chambres latérales, où l'animal enserre ses provisions d'hiver. Le compartiment dans lequel la femelle met bas est toujours plus profond que les autres, pour que la jeune famille y soit en sûreté.

*

Les mammifères peuvent aussi rembourrer leurs demeures avec d'autres matériaux que des herbes ou de la mousse. C'est ainsi que les *Géomys* femelles, qui vivent de la même manière que les Taupes, tapissent leur nid avec des poils dont elles se dépouillent, matelas très utile pour les petits.

*

Le Chien des prairies (*fig.* 68), connu aussi sous le nom d'Écureuil jappant ou de Cynomys de la Louisiane, vit toujours en troupes nombreuses dans des prairies basses, couvertes d'un tapis de gazon constitué par une graminée, le *Sesleria dactyloïdes*. Les monticules formés par la terre rejetée de leurs galeries sont tellement nombreux que les indigènes donnent à l'emplacement où on les trouve le nom de *villages*. Balduin Mœllhausen nous a donné à leur sujet de nombreux renseignements que nous allons rapporter.

On ne se fait une idée de l'étendue des habitations de ces animaux paisibles, qu'en cheminant des journées entières entre les petits monticules qui servent chacun de demeure à deux individus ou à un plus grand nombre.

Elles sont généralement éloignées l'une de l'autre de 5 à 6 mètres ; le petit monticule qui est devant l'entrée de chacune d'elles et qui représente la valeur d'un bon tombereau, est formé de la terre qu'ils ont rejetée de leurs couloirs sou-

terrains. Ces habitations ont une ou deux ouvertures. Un sentier battu va de l'une
à l'autre, et à leur vue on se figure aussitôt l'amitié et les rapports intimes qui
doivent exister entre ces animaux. Ils choisissent pour l'emplacement de leurs
villages, un lieu où se trouve une herbe courte, rude, qui croît surtout sur les
hauts plateaux, et qui, avec certaines racines, est la seule nourriture de ces animaux. Sur les hauts plateaux du Nouveau-Mexique, là où, sur plusieurs milles
d'étendue, on ne trouve pas une goutte d'eau, à moins de creuser à plus de trente

Fig. 68. — Un « village » de Chiens des prairies.

mètres de profondeur, et où, pendant plusieurs mois, il ne tombe pas de pluie, on
rencontre des colonies de Chiens des prairies très étendues ; il faut donc admettre
qu'ils n'ont pas besoin d'eau, et qu'une forte rosée suffit pour les désaltérer. Il est
certain qu'ils ont un sommeil hivernal, car ils n'amassent aucune provision pour
l'hiver ; d'un autre côté, en automne l'herbe se dessèche et la gelée durcit le sol de
telle façon qu'ils ne pourraient plus se procurer leur nourriture habituelle. Quand
le Cynomys social sent les prodromes de son sommeil léthargique, ce qui arrive à
la fin d'octobre, il ferme toutes les ouvertures de son habitation pour se garantir
du froid, et il s'endort pour ne se réveiller qu'aux premières chaudes journées
du printemps. Au dire des Indiens, il ouvre quelquefois son habitation avant la
fin des froids, et c'est là un signe certain du prochain adoucissement de la température.

Une pareille colonie offre un spectacle curieux à celui qui peut s'en approcher
sans être aperçu. Aussi loin que l'œil s'étend, la vie et la joie règnent partout ; sur
chaque monticule est assis un individu dans la posture d'un écureuil ; sa queue

dressée est en mouvement continuel, les aboiements des uns répondent aux aboiements des autres et font concert.

En approchant, on entend, on distingue la voix plus basse des individus âgés et plus expérimentés, puis, subitement, comme d'un coup de baguette, tout a disparu. De distance en distance, on voit poindre à l'entrée du terrier la tête d'une sentinelle, dont les aboiements répétés préviennent ses compagnons de l'approche de l'homme. Se dissimule-t-on et attend-on patiemment, les gardes reprennent possession de leur poste d'observation, et par leurs aboiements annoncent que le danger a disparu. Chaque Cynomys, l'un après l'autre, arrive à l'entrée de son terrier, et les jeux recommencent. Un individu âgé, à l'air respectable, va rendre visite à son voisin ; celui-ci l'attend au sommet de son monticule et, agitant la queue, semble l'inviter à prendre place à ses côtés. On dirait qu'ils aboient pour communiquer leurs pensées et leurs sentiments ; ils mettent de la vivacité dans leurs entretiens ; ils disparaissent dans l'intérieur de l'habitation, en sortent un instant après et vont de compagnie visiter un autre voisin, qui les reçoit hospitalièrement et les accompagne ensuite dans leur promenade ; rencontrent-ils d'autres individus, ils leur donnent des témoignages d'amitié, puis la société se sépare, chacun rentre dans sa demeure. On peut assister des heures entières à ce spectacle, seulement on désirerait connaître le langage des animaux pour se mêler à eux et entendre leurs conversations.

Le Chien des prairies court sans crainte entre les pieds des buffles ; mais le moindre mouvement du chasseur, celui-ci serait-il même éloigné, fait disparaître sous terre toute la société. De légers aboiements, semblant partir des profondeurs du sol, témoignent seuls encore de l'existence de ces animaux.

*
* *

Il est quelques mammifères — rares il est vrai — qui aménagent tous les ans deux habitations, l'une pour l'été, l'autre pour l'hiver. De ce nombre sont les Marmottes (*fig.* 69), dont les habitations ont été décrites avec une grande exactitude par Tschudi, l'auteur du livre bien connu sur les Alpes.

Les Marmottes, dit-il, établissent leurs habitations d'été sur les oasis de gazon qu'entourent les rochers et les abîmes ; elles recherchent le soleil plutôt que l'ombre et évitent toujours l'humidité. Leurs trous sont souvent creusés à 3 ou 4 pieds de profondeur, et des galeries d'une ou deux toises, si étroites qu'on a peine à y passer le poing, conduisent à la demeure

Fig. 69. — Marmottes.

proprement dite, qui a la forme d'un vaste bassin. L'entrée se trouve quelquefois en plein gazon, mais, le plus souvent, elle se cache au milieu des rochers ou sous des pierres où il est impossible de la découvrir. Les galeries vont en montant ou en descendant ; elles sont simples ou divisées en plusieurs embranchements, dans lesquelles la terre est si bien tassée et pressée que c'est à peine s'il a fallu en élever pour les construire.

L'accouplement a lieu après le sommeil d'hiver, et déjà en juin les petits viennent au monde : il n'en naît pas plus de quatre à la fois. Ceux-ci ne sortent que quand ils sont passablement gros, et ils partagent l'habitation de leurs parents jusqu'à l'année suivante.

Les Marmottes n'ont quelquefois qu'une demeure pour les deux saisons. Dans ce cas, elles la construisent sur le plan des habitations d'hiver, qui sont plus vastes que les résidences d'été. Mais, en général, elles aiment à passer la belle saison, autant que possible, dans les hautes prairies, à 3 000 mètres environ. C'est là leur séjour préféré, parce qu'elles y sont à l'abri de tout dangereux voisinage.

Cependant le moment arrive où il faut le quitter ; elles descendent alors dans les pâturages que le berger vient d'abandonner et s'y creusent leurs terriers d'hiver, vaste construction qui contient quelquefois une famille de quinze individus. Avant

Fig. 70. — Une famille de Lapins.
Au premier plan : Lapins s'abritant dans une cavité naturelle. A côté on voit
l'orifice d'un terrier.

le milieu d'octobre qui est l'époque où elles s'enferment définitivement, elles transportent une grande quantité de foin dont elles tapissent leurs trous, et qui leur sert aussi, avec de la terre et des pierres, à fermer les canaux.

Les demeures d'été et celles qui ne sont pas habitées restent ouvertes. L'entrée même des canaux est d'ailleurs toujours libre ; ce n'est que 1 ou 2 pieds plus bas que se trouve la porte si solidement bâtie. De là, les canaux se divisent.

L'un n'est qu'un embranchement accessoire, creusé sans doute après la construction de la porte pour décharger les matériaux qui n'étaient plus utiles.

Cet embranchement existe aussi parfois dans les terriers d'été : alors il n'a évidemment pas cette destination, mais il sert sans doute d'échappatoire aux mar-

Fig. 71. — Chlamydophores et leur terrier.

mottes poursuivies par le chasseur, ou bien il devait d'abord former l'entrée principale, et la rencontre d'une pierre a forcé à l'abandonner.

La grande avenue qui conduit à l'habitation d'hiver a rarement moins de 10 pieds de long, à partir de l'entrée, et assez souvent elle a 8 à 10 mètres.

Elle remonte un peu vers l'extrémité et aboutit au terrier, qui ne mesure pas moins de 3 à 6 pieds de diamètre, et qui est rempli d'un foin tendre et sec, renouvelé en partie tous les automnes. La prudente Marmotte commence déjà en août ses approvisionnements.

Elle coupe avec ses dents tranchantes de l'herbe et des plantes, qu'elle fait sécher et qu'elle transporte ensuite chez elle. Bien des gens croient encore, comme Pline, que l'une d'elles se couche sur le dos et se laisse charger de foin par les autres, qui la traînent ensuite dans leur trou en la tirant par la queue : on explique ainsi le triste état de la fourrure de leur dos, qui est en effet très râpé ; mais cela vient uniquement de l'entrée trop étroite des canaux.

Citons encore parmi les mammifères fouisseurs, les Lapins (*fig.* 70), bien connus à cet égard, et les Chlamydophores (*fig.* 71), dont les pattes de devant rappellent celles des Taupes, et qui creusent dans la terre de véritables grottes.

Abordons maintenant l'étude des oiseaux, où les terrassiers ne sont pas moins abondants que chez les mammifères. Certains même creusent de si longues galeries qu'on pourrait facilement les ranger dans le corps de métier des Mineurs.

La Cotyle de rivage (*fig.* 72) vit en colonies sur les rives escarpées et creuse des trous très profonds au-dessus du niveau des plus hautes eaux. « On s'explique

Fig. 72. — Cotyle de rivage et son nid.

difficilement, dit Naumann, comment un aussi petit oiseau, si faiblement organisé, peut arriver à exécuter un travail aussi gigantesque, et en aussi peu de temps. En deux ou trois jours, un couple se creuse une cavité de 5 à 8 cent. de diamètre à son ouverture, plus spacieuse encore au fond, et à laquelle aboutit un couloir d'un mètre, quelquefois de deux mètres de long. A ce moment, l'activité de ces oiseaux est prodigieuse. On les voit péniblement ramasser avec leurs pattes la terre qu'ils ont détachée et la rejeter loin de leur demeure. Souvent, ils abandonnent une construction commencée ; ils ont même achevé de disposer leur trou, et ils en recommencent à nouveau un autre. Quel motif les fait agir ainsi, nous l'ignorons encore complètement. Ils sont si occupés à creuser que l'on pourrait croire qu'ils ont disparu de la contrée ; mais il suffit de frapper le sol pour les voir se précipiter au dehors de leurs demeures. Lorsque la femelle est en train de couver, elle reste sur ses œufs, et ne les quitte souvent que lorsqu'on pénètre, soit avec la main, soit avec une baguette, jusqu'au fond de son trou. Le couloir, à environ 1 m. 30 de l'ouverture, aboutit à une chambre plus spacieuse, où se trouve le nid, consistant en un mince amas de paille et de foin, sur lequel repose une couche de plumes et de poils. Dans les cavités que ces oiseaux trouvent dans les ravins, le long des rochers, dans les murs, les nids sont moins profonds, moins rapprochés les uns des autres. Là, les oiseaux sont obligés de se conformer à la disposition des localités, et ils ont moins l'occasion de déployer tout leur art. » Les Cotyles nichent ainsi toujours au nombre de vingt à cent.

*

Le Pardalotte pointillé d'Australie ne se contente pas de miner. Il établit encore un nid artistement confectionné au fond de son terrier. Le canal qu'il creuse a de 60 cent. à 1 m. de longueur, et il est orienté de telle sorte que l'extrémité soit plus haute que l'ouverture, laquelle est juste suffisante pour permettre à l'oiseau de passer : de cette façon, la pluie ne risque pas d'y pénétrer. Tout au fond, et par suite en pleine obscurité, se trouve le nid, en forme de sphère de 8 cent. de diamètre, à ouverture latérale, et construit avec des bandes d'écorce intérieure d'Eucalyptus.

Les Guêpiers, qui ont la désagréable habitude de manger des Abeilles, recherchent pour nicher la rive escarpée, en terre un peu friable, d'un cours d'eau. A l'aide de son bec et de ses ongles, l'oiseau creuse un trou rond de 5 à 7 cent. de diamètre et duquel il fait partir un couloir horizontal ou légèrement ascendant, qui atteint parfois une profondeur de 1 m. 30 à 2 mètres. Tout à l'extrémité, il aménage une chambre de 25 cent. de long, 16 cent. de large et 10 cent. de haut, où la femelle dépose ses œufs. Si l'on en croit Salvin, il y a quelquefois une deuxième chambre faisant suite à la première. Quand les jeunes naissent, la mère leur apporte une grande quantité d'insectes dont les débris forment bientôt une couche au fond du nid.

*

Le Todier vert recherche aussi pour nicher une paroi de terre verticale, et y creuse un trou de 20 à 30 cent. de profondeur. Le conduit d'entrée, tortueux, se termine par une excavation sphérique, soigneusement tapissée de racines, de mousse et de coton.

*

Dans la série des oiseaux mineurs se place le Martin-pêcheur (*fig*. 73), aussi curieux dans ses mœurs que dans son aspect. Dès la fin de mars, il cherche un endroit pour établir son nid. « C'est toujours une rive sèche, escarpée, complètement dégarnie d'herbe, où ne peut grimper ni Rat ni Belette, ni aucun autre carnassier.

Là, 30 ou 60 cent. au-dessous du bord supérieur, le Martin-pêcheur creuse un trou arrondi, d'environ 5 à 6 cent. de diamètre et de 60 cent. à 1 mètre de profondeur. Cette sorte de terrier se dirige un peu en haut. L'entrée est bifurquée ; l'extrémité opposée se termine par une excavation arrondie de 6 à 8 cent. de haut et de 11 à 14 cent. de large. Le plancher de cette excavation est couvert d'arêtes de poissons et très sec ; la paroi supérieure est lisse. Sur le lit d'arêtes se trouvent les œufs, au nombre de six ou sept, relativement très grands, presque ronds, d'un blanc lustré.

Fig. 73. — Martin-pêcheur.

Lorsqu'ils sont fraîchement pondus, ces œufs présentent une teinte jaunâtre, due au jaune qui est vu par transparence. Ce sont peut-être les œufs les plus beaux que je connaisse ; une fois vidés, ils sont d'un blanc brillant, comme le plus pur émail. Ils ont à peu près le volume de ceux de la caille. Je ne comprends pas comment le Martin-pêcheur, avec ses plumes dures et courtes, peut les couver tous à la fois.

Le Martin-pêcheur met deux ou trois semaines pour creuser le terrier où il dépose ses œufs. Lorsqu'il rencontre des pierres, il cherche à les enlever ; s'il n'y réussit pas, il les laisse en place et creuse à côté d'elles. Ces pierres rendent souvent le couloir d'entrée très tortueux. S'il y en a trop, le Martin-pêcheur abandonne la place et creuse ailleurs un autre nid. Sous le rapport de la construction du nid, le Martin-pêcheur vulgaire se rapproche beaucoup des Pics, avec cette différence qu'ils creusent, ceux-ci le bois mort, celui-là la terre. Le Martin-pêcheur habite le même nid plusieurs années, si rien ne vient le troubler, mais si l'entrée de ce nid s'élargit, il n'y dépose plus ses œufs. On reconnaît facilement les nids qui ont déjà été habités à la quantité de têtes et d'ailes de libellules qui sont mêlées aux arêtes de poissons. Quand le nid est récent, les arêtes sont plus rares, et l'on ne trouve pas de débris de libellules avant l'éclosion des jeunes. A la première vue, le nid d'un Martin-pêcheur peut être distingué du terrier d'un Rat ou d'un autre mammifère, et pour savoir s'il est habité ou non, il suffit d'en flairer l'entrée. S'en exhalet-il une odeur de poisson, on peut être sûr que l'on a affaire à un nid habité.

La ténacité avec laquelle le Martin-pêcheur reste sur ses œufs ou sur ses petits encore dépourvus de plumes, est vraiment remarquable. On peut frapper à coups redoublés et longtemps sur le bord, il ne sort pas ; il reste tranquille lors même qu'on travaille à agrandir l'entrée, et il ne quitte ses petits qu'au moment où on va le saisir.

J'ai trouvé des œufs du milieu de mai au commencement de juin. Le mâle se tient à une distance de cent à trois cents pas de son nid ; il y passe la nuit et une partie du jour. » (Bechstein.)

Un oiseau voisin du Martin-pêcheur, le Céryle-pie, a des mœurs analogues, avec cette différence qu'il niche en véritables colonies. Une de celles-ci, observée par Tristman, avait pris possession d'une paroi argileuse escarpée, a l'embouchure du ruisseau de Moudawarah, dans le lac de Génézareth. L'entrée des nids n'était qu'à environ 10 cent. au-dessus de l'eau, et l'on ne pouvait y arriver qu'à la nage. Chaque ouverture conduisait dans un couloir de 1 mètre, s'élargissant pour former une cavité, tapissée d'herbes.

*

Le Couroucou mérite d'être placé dans la galerie des mineurs bien que son nid soit aérien. Il niche en effet dans des trous qu'il se creuse au milieu des constructions que les Termites établissent sur les arbres. C'est le mâle qui, seul, se charge de ce travail de perforation. Je vis un mâle, raconte d'Azara, suspendu à un arbre à la façon d'un Pic, et occupé à agrandir son nid à coups de bec, tandis que la femelle se tenait immobile sur un arbre voisin et semblait l'encourager par ses regards.

*

La plupart des oiseaux du genre des Pingouins (*fig.* 74) creusent dans le sol de vastes cavités où ils déposent leurs œufs.

*

Le Tadorne vulgaire est d'une grande ressource pour les habitants des iles de la Mer du Nord, auxquels il fournit des œufs délicieux et un duvet valant presque celui de l'édredon. « Le forestier Grœmblein, dit Brehm, a observé le mode de reproduction des Tadornes,

Fig. 74. — Pingouin.

et fait part à Naumann de ce qu'il a constaté à ce sujet. Au commencement de mai, il était occupé dans la forêt à une certaine distance de la côte lorsqu'il aperçut une paire de Tadornes qui tourna plusieurs fois autour de lui et de ses ouvriers et qui finit par s'abattre sur un petit monticule, au milieu des sables. Le mâle resta en sentinelle ; la femelle se dirigea vers une excavation de ce monticule, y descendit et y resta à peu près un quart d'heure. Lorsqu'elle reparut, le mâle la rejoignit. Après avoir coqueté un certain temps, ils s'envolèrent, mais pour s'abattre successivement à différents endroits, dans le but évident de tromper l'observateur.

Celui-ci courut au monticule, y trouva un terrier de Renard qu'il connaissait bien, et vit à l'entrée les pistes fraîches et du Renard et du Tadorne ainsi que leurs excréments. Après plusieurs jours d'observation attentive, on reconnut que la femelle Tadorne n'était entrée dans ce terrier que pour tromper les personnes des environs, et qu'elle s'était fixée dans un autre terrier plus vaste, où l'hiver précédent on avait pris un Blaireau.

Ce terrier était encore habité par un Blaireau et un Renard femelle. On constata que le Blaireau sortait de son terrier et y rentrait régulièrement sans s'inquiéter de ses co-habitants ; les pistes de tous deux étaient fraîches et s'entre-croisaient manifestement ; on put les suivre jusqu'à une profondeur de sept pieds. Dans d'autres couloirs du même terrier par lesquels le Renard avait coutume de passer, le sol était foulé par les Tadornes, et entre leurs larges pistes, se voyaient, comme moulées dans la cire, les pistes plus délicates du Renard. Notre observateur s'étant mis à l'affût derrière un amas de sable, ne tarda pas à voir arriver les Tadornes, qui cherchèrent encore à tromper les ouvriers en s'abattant à leur ancienne place ; puis, ils s'envolèrent vers leur vraie demeure en rasant le sol, s'abattirent sur le terrier, regardèrent un instant de côté et d'autre, et, croyant ne pas être observés, ils commencèrent à parcourir les divers couloirs de ce terrier. Bientôt ils disparurent dans celui qui servait au Renard, et y demeurèrent une demi-heure. L'un d'eux sortit alors, gravit rapidement le monticule à la base duquel s'ouvrait le couloir, regarda de tous les côtés et s'envola vers les prés.

A Sylt, et dans les autres îles de la côte du Schleswig, on construit pour les Tadornes des demeures artificielles. A cet effet, on pratique dans de petites dunes, couvertes de gazons ras, des couloirs qui se croisent au centre, et où ces oiseaux viennent nicher. A chaque emplacement destiné à recevoir un nid, on adapte un couvercle en gazon, fermant exactement mais pouvant être retiré à volonté, ce qui permet de visiter le nid. L'emplacement lui-même est recouvert de mousse et de fumier, afin que les Tadornes trouvent à leur portée tous les matériaux nécessaires. Ces oiseaux prennent régulièrement possession de ces demeures, quelque voisines qu'elles soient des habitations. Ils s'habituent tellement à l'homme qu'ils en supportent la vue même pendant qu'ils couvent. Si on ne dérange pas la femelle, elle pond de sept à douze œufs, volumineux, blancs, lisses, à coquilles solides, et se met activement à couver. Si, comme cela arrive à Sylt, on lui enlève successivement ses œufs, elle peut en pondre vingt ou trente.

Peu à peu elle les entoure de duvet, et les en recouvre soigneusement quand elle les quitte. Elle est si attachée à sa couvée, qu'elle ne l'abandonne qu'au moment où on va la saisir. Les Tadornes qui nichent dans les terriers artificiels de Sylt sont tellement privés, qu'ils ne se dérangent pas quand on enlève avec précaution le couvercle du nid, et ils ne s'éloignent que de quelques pas quand on les touche. Avant de visiter le terrier, on a soin d'en fermer l'ouverture, afin que les oiseaux ne s'y bousculent pas et ne s'effrayent pas. Ceux qui habitent un couloir court, fermé en arrière, se laissent facilement prendre sur leurs œufs ; et ils se défendent à coups de bec, soufflent comme un Chat en colère, poussant des cris assez perçants, plutôt de rage que de crainte. On est obligé quelquefois de chasser ces oiseaux de dessus leurs œufs à coups de bâton, car ils mordent les doigts et font des blessures assez douloureuses.

L'incubation dure vingt-six jours. La femelle conduit alors ses petits vers la mer ; mais, d'ordinaire, elle s'arrête quelque temps sur les pièces d'eau douce qu'elle rencontre en son chemin.

Naumann assure que là où le Tadorne niche dans des trous, à une grande hauteur du sol, la femelle prend ses petits avec son bec et les porte à terre l'un après l'autre. Bodinus le conteste, en s'appuyant sur ses observations personnelles : « Des Tadornes, dit-il, nichaient dans une excavation d'une falaise escarpée et inaccessible ; je me suis emparé des petits en faisant entourer d'un fossé assez profond la place où ils devaient tomber en abandonnant leur nid ; les parois en étaient trop verticales pour qu'ils pussent les gravir ; si les parents transportaient leurs petits hors des cavités où ils sont nés, jamais je n'aurais pu m'en emparer de cette façon. »

**

Le Géositte fouisseur, que les Espagnols appellent *casarita* c'est-à-dire *petit maçon*, niche au fond d'un terrier étroit, s'étendant horizontalement à une distance de deux mètres. « Quelques indigènes m'ont raconté, dit Darwin, que des enfants ont souvent essayé de déterrer son nid, et que jamais ils n'y sont parvenus. L'oiseau choisit, pour établir sa demeure, un petit talus, au sol sablonneux mais solide, sur les bords d'un chemin ou d'un cours d'eau. Ici (dans le Bahia blanca) les murs sont construits en terre. Je remarquai que celui qui entourait la cour de la maison où je demeurais était percé en plusieurs endroits de trous ronds. J'interrogeai à ce sujet mon propriétaire ; il me répondit en se plaignant amèrement des Géosittes, et, plus tard, je pus moi-même observer ces oiseaux en train de travailler. Chose singulière, ils ne paraissent avoir aucune idée de l'épaisseur ; autrement, ils n'essayeraient point de creuser leurs terriers dans des murs d'argile, dont ils devraient connaître les dimensions, eux qui volent continuellement autour. Je suis persuadé que quand, après avoir traversé le mur,

Fig. 75. — Alouette.

Fig. 76. — Perdrix.

l'oiseau se retrouve tout à coup à la lumière, il est rempli de stupéfaction, et ne sait comment s'expliquer un fait si extraordinaire. » Ces faits curieux ont été confirmés par Gray.

**

Certains oiseaux, au lieu de miner comme les espèces précédentes, se contentent d'établir leur nid dans une dépression du sol. C'est le cas d'un grand nombre d'oiseaux de chasse. La gentille Alouette (*fig.* 75) établit ses nids dans les champs

Fig. 77. — Autruches couvant.

de blé ou dans les prairies. Ce sont de simples excavations qu'elle creuse elle-même, conjointement avec le mâle, et qu'elle tapisse avec des brins d'herbes, des tiges sèches et des racines.

La Calandre ordinaire fait de même, mais elle cache souvent son nid un peu mieux en le plaçant sous une motte de terre ou un petit buisson.

Les nids établis sur le sol sont généralement grossiers, mais ce n'est pas une règle générale. Ainsi l'Otocoris alpestre en confectionne un, dans une dépression

Fig. 78. — Parc d'Autruches : Mâle, Femelle, Autruchons.

du sol, qui est soigneusement tapissé à l'intérieur de chaumes, de duvet végétal, d'enveloppes de graines, de brins d'herbes, le tout très bien disposé et déchiqueté pour être moelleux.

Fig. 79. — Nandou ou Autruche d'Amérique.

La Farlouse ou Pipi des prés niche entre les roseaux, les joncs, les herbes. Elle se sert de tiges sèches, de racines, de chaumes entre lesquels elle place des morceaux de mousse. Elle tapisse l'intérieur avec des herbes tendres et des crins de cheval.

Les Perdrix (*fig.* 76), les Cailles, etc. font de même un nid dans une dépression du sol qu'elles tapissent de quelques chaumes moelleux.

Les Autruches (*fig.* 77 et 78) et autres oiseaux analogues, c'est-à-dire les Nandous (*fig.* 79), les Casoars (*fig.* 80), les Emeus pondent leurs œufs à terre, dans

Fig. 80 — Casoars à casques.

une très légère dépression du sol. Elles ne les couvent que pendant la nuit ; dans

Fig. 81. — Albatros.

le jour elles les abandonnent à la chaleur du soleil. Il paraîtrait que plusieurs femelles pondraient leurs œufs dans le même nid et que cé serait le mâle seul qui couverait.

Plusieurs oiseaux marins, les Sternes, les Thalassidromes, etc. déposent leurs œufs dans une simple dépression du sol, et, comme ils vivent en bandes, ces nids sédimentaires sont rapprochés les uns des autres au point qu'il cst impossible de marcher dans l'endroit où ils nichent sans écraser les œufs.

Les Albatros (*fig.* 81) surélèvent un peu leur nid en en garnissant le pourtour de la terre enlevée.

**

Beaucoup de reptiles sont fouisseurs : les Lézards notamment (*fig.* 82) creusent des galeries dans le sol, en utilisant, autant que possible, les cavités naturelles.

La plupart des Tortues (*fig.* 83) déposent leurs œufs dans un trou du sol qu'elles creusent avec leur queue, agissant comme vrille, et leurs pattes de derrière ; après quoi, elles les recouvrent de terre. A titre d'exemple, nous citerons l'observation suivante due à Brehm : « Le 28 mai 1849, après une chaude journée d'été, qui succédait à une longue période de sécheresse, cinq Tortues d'Europe pondirent en même temps ; elles se trouvèrent toutes à l'emplacement qui leur convenait dès sept heures du soir. Au lieu de se rassembler dans un étroit espace, elles se maintinrent fort éloignées l'une de l'autre. Après avoir choisi une place commode et dépourvue de végétaux, elles se débarrassèrent d'une assez grande quantité d'urine qui ramollit

Fig. 82. — Lézard vert.

Fig. 83. — Cistude commune.

le terrain dans une certaine mesure, quoique assez superficiellement d'ailleurs ; elles se mirent ensuite à creuser en terre une ouverture qu'elles pratiquaient à l'aide de leur queue dont les muscles étaient fortement contractés ; l'extrémité de la queue était alors solidement appuyée contre le sol pendant que la partie moyenne décrivait des mouvements circulaires. Ce forage produisit une ouverture conique, étroite en bas et large en haut, dans laquelle les Tortues répandirent encore de petites quantités d'urine pour en amollir le fond. Lorsque cette ouverture fut creusée assez profondément pour admettre la queue presque tout entière, les Tortues se mirent à agrandir ce trou à l'aide de leurs pattes postérieures. Dans ce but, elles sortaient, alternativement avec la patte postérieure droite et avec la patte postérieure gauche, des pelletées de terre qu'elles entassaient sous forme de rempart sur le bord de la fosse. Pendant cette besogne, leurs pattes travaillaient comme des mains ; ces Tortues râclaient, alternativement de droite à gauche avec leur patte droite et de gauche à droite avec leur patte gauche, à chaque fois une pleine poignée de terre, qu'elles déposaient soigneusement en cercle à quelque distance du bord de la fosse ; elles continuèrent à travailler tant que leurs pattes purent encore attraper de la terre.

Pendant tout ce temps, le corps demeurait presque immobile, la tête émergeait à peine du plastron et de la carapace. Chaque Tortue produisit ainsi une excavation de 12 centimètres environ de diamètre, qui se trouva considérablement élargie intérieurement et acquit ainsi à peu près la forme d'un ellipsoïde. Par quelques vains essais pour extraire encore un peu de terre, l'animal parut se convaincre que son nid était prêt. Ces préparatifs avaient bien duré une heure et même davantage.

Sans modifier sa position, la Tortue commença la ponte et accomplit ainsi un second acte non moins remarquable que le précédent. A l'orifice anal on vit poindre un œuf qui fut recueilli avec beaucoup de soin dans la face plantaire d'une patte postérieure ; celle-ci la fit glisser sur le fond du nid en l'accompagnant dans l'excavation. La patte qui venait de fonctionner, se retira alors et l'autre vint enfouir de la même manière un second œuf émergeant de l'anus ; chacune des deux pattes postérieures recueillit ainsi à tour de rôle un œuf pour le descendre au fond du nid. La coque de l'œuf, au moment de sa sortie, était encore molle en partie, mais elle durcissait rapidement à l'air. Il y avait ordinairement 9 œufs, rarement moins ; une seule fois, Miran a vu une Tortue en déposer onze. Les œufs se succédaient très rapidement, souvent au bout d'une minute, rarement après une pose de 2 à 3 minutes ; aussi la ponte elle-même durait-elle environ un quart d'heure, rarement une demi-heure.

Après la ponte, l'animal semblait prendre un peu de repos ; il demeurait là sans faire aucun mouvement. Souvent la patte qui avait fonctionné en dernier lieu restait en suspens dans l'excavation à l'état de relâchement ; la queue, qui durant l'affouillement de la fosse et la ponte, s'était placée latéralement, pendait alors inerte aussi. Il se passait ainsi au moins une demi-heure avant que la Tortue entreprît ses derniers efforts, qui semblaient être aussi les plus violents et qui consistaient à combler la cavité et à niveler le terrain. Dans ce but, la femelle retirait son pied, tout en replaçant sa queue à côté de son corps ; avec l'autre patte, elle saisissait une pleine poignée de terre qu'elle portait avec précaution dans la fosse et qu'elle serrait avec soin sur les œufs. Elle recommençait ensuite la même opération, en changeant de patte, jusqu'à ce que la terre atteignît le niveau du rempart qui avait été fait précédemment. Les dernières poignées de terre n'étaient plus posées aussi prudemment que les premières : l'animal s'efforçait, au contraire, de comprimer cette terre avec le bord externe de son pied. Lorsqu'au bout d'une demi-heure environ la terre extraite du remblai préformé avait été utilisée, la

Tortue se reposait pendant le même laps de temps. Puis elle se soulevait, protractait sa tête hors de sa carapace et promenait ses regards autour du nid, tout en s'assurant du succès de son œuvre. Ensuite elle se mettait à piler le tertre formé par la terre qu'elle avait rejetée, en la battant à l'aide de la partie postérieure de son plastron. Elle soulevait la partie postérieure de son corps, pour la laisser retomber ensuite avec une certaine précipitation. Le battage était exécuté circulairement et constituait un travail fort pénible ; tous ses mouvements s'accomplissaient avec une rapidité surprenante, qu'on n'aurait guère pu attendre de la part d'une Tortue ; elle prenait en même temps toutes les précautions possibles pour effacer les traces qui auraient pu conduire à la découverte du nid confectionné par elle à cette place. Elle y réussissait d'ailleurs si bien que Miran eût en vain cherché les œufs le lendemain, s'il n'avait fait une marque à l'endroit même.» Les œufs restent ainsi dix à onze mois sous terre.

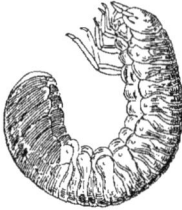

Fig. 84.
Larve de Hanneton.
(*Ver blanc*).

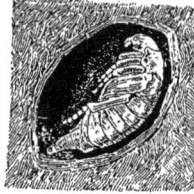

Fig. 85.
Nymphe de Hanneton
dans sa loge.

*
* *

Fig. 86. — Grillons des champs, à divers états de développement.
L'un d'eux sort de son terrier.

Parmi les insectes les plus connus qui creusent des galeries dans le sol, il suffit de rappeler les Vers blancs (larves du Hanneton) (*fig.* 84 *et* 85), les Grillons (*fig.* 86),

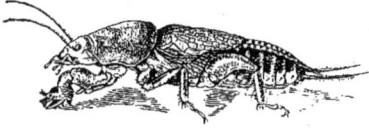

Fig. 87. — Courtillière.

les Taupes - Grillons ou Courtillières (*fig.* 87), les larves de la Cigale (*fig.* 88) et une très grande quantité de larves de Carabiques ou autres. Les étudier tous nous entraînerait trop loin, et nous nous contenterons de nous appesantir sur les Termites.

*

Les nids établis entièrement dans le sol par les Termites sont mal connus. Ils sont généralement bâtis sous une pierre et il en part des galeries qui se rendent auprès des matériaux volumineux dont les insectes se nourrissent. Les galeries sont souvent à parois très solides, et il en est qui sont creusées à plus de huit mètres de profondeur. Beaucoup de ces galeries sont mastiquées avec les excréments mêmes des Termites.

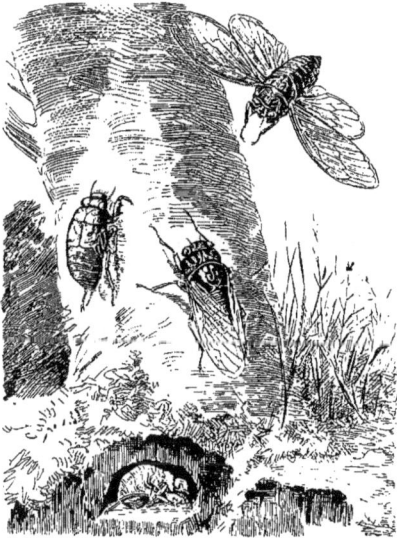

Fig. 88. — Métamorphoses de la Cigale.

Fritz Muller a décrit les nids intéressants du *Termes similis*. Voici le résumé de ses observations, d'après Brehm : les constructions ont l'aspect d'un cylindre épais, de la longueur de 225 millimètres, autour duquel s'enroulent des bourrelets lisses, séparés par des sillons superficiels ; on en compte de 9 à 10 sur une hauteur de 1 millimètre. Ces bourrelets circulaires ne sont pas parallèles, et l'intervalle qui les sépare est essentiellement variable. Les saillies longitudinales et transversales sont moins nettes sur les nids anciens que sur les nouveaux. Sur ces derniers, principalement, on voit parfois, à mesure que les parois se dessèchent, des fentes étroites s'ouvrir le long des sillons qui parcourent les bourrelets longitudinaux ou qui séparent les bourrelets circulaires. Des deux côtés du nid se trouvent généralement quelques courts prolongements ; à l'extrémité de l'un d'eux existe une petite ouverture arrondie, qui seule donne accès à l'intérieur de cet édifice souterrain clos d'ailleurs de toutes parts. Une coupe longitudinale permet de voir que cette construction consiste en autant d'étages séparés par des cloisons horizontales qu'il y a de bourrelets circulaires visibles à l'extérieur; ceux-ci correspondent aux cloisons. Les crevasses, qui résultent du dessèchement, se font au niveau des galeries de communication qui circulent au-dessous des sillons circulaires et longitudinaux. Chaque étage figure une boîte plate dont la paroi externe est bombée, et dont le contour est presque circulaire, tant qu'aucune circonstance extérieure n'est venue le déformer. A chaque étage, le plafond est relié au plancher par un pilier qui s'élargit à sa base et à son sommet, et qui occupe tantôt le centre, tantôt un point plus rapproché du bord. Au pied de chaque pilier se trouve un orifice arrondi qui ne donne passage qu'à un seul insecte à la fois, et qui conduit obliquement à travers le plancher et jusque dans l'étage inférieur. En poursuivant, dans l'épaisseur du pilier, cette direction oblique, on aboutit généralement à la sortie, qui se trouve située à sa base. Ainsi le chemin qui mène de l'étage supérieur à l'étage inférieur à travers les cloisons, le long des piliers, décrit une ligne hélicoïdale, une sorte d'escalier tournant qui est bien loin d'être régulier, à cause de la position des piliers et de l'inégale hauteur des étages. La première paroi de chaque étage récent est formée uniquement à l'aide d'excréments des Termites; ceux-ci appliquent généralement, de part et d'autre des parois faites de leurs déjections, une couche épaisse de terre, surtout autour des régions de la muraille externe que parcourent de longues galeries circulaires; cette paroi externe est recouverte en outre, extérieurement, d'une nouvelle couche d'excréments. En d'autres points et dans les cloisons en particulier, la terre est généralement entremêlée aux fèces sous forme de bandes minces, de plaques ou de grumeaux. Ces constructions compliquées se rencontrent à la profondeur d'un travers de main ou d'un empan au-dessus du niveau du sol. Sur l'emplacement de ces nids existe une galerie creuse, de la largeur d'un doigt, qui entoure intérieurement l'édifice. Les parois lisses de cette galerie sont reliées à l'habitation par un petit nombre de prolongements qui émanent des parties supérieures et inférieures; un de ces conduits (rarement plus d'un) traverse sous forme d'un canal du diamètre d'un tuyau de plume, l'étage inférieur pour aboutir dans le sol à des ramifications éloignées et dilatées parfois en petites chambres irrégulières. Elles arrivent jusqu'aux souches d'arbres, sous l'écorce desquels on a trouvé quelquefois des Termites jusqu'à diverses racines.

*
**

De nombreuses Araignées, — et non des moins intéressantes, — creusent, dans le sol, des terriers, dont la disposition est parfois fort curieuse.

Certaines Mygales creusent dans la terre des terriers munis d'un couvercle (*fig.* 89) dont la structure est véritablement merveilleuse. « Au midi de l'Europe, dit Émile Blanchard, il y a des Mygales. Bien petites à côté des grandes espèces velues de la Guyane et du Brésil, elles sont autrement intéressantes. Elles ne prennent point, comme les autres, une cachette de hasard. Chaque individu, ingénieux habile, ouvrier excellent, se construit une ravissante demeure. Examinons en particulier le logis d'une espèce de la Corse, la Mygale pionnière; mais d'abord examinons un peu le constructeur. Ses antennes-pinces sont garnies d'une rangée de pointes figurant une sorte de râteau ; les crochets de ses tarses portent des dents qui les font ressembler à de petits peignes. Râteaux des antennes-pinces,

Fig. 89. — Mygale pionnière et son habitation, le couvercle étant représenté soulevé.

crochets des tarses, voilà les instruments dont notre Araignée fait un admirable usage. Dans une terre argileuse rougeâtre, la Mygale creuse un puits profond cylindrique, un peu évasé en haut, dans lequel elle pourra monter et descendre bien à son aise. Il serait trop long de parler de la patience nécessaire pour enlever une si grande masse de terre, à peu près grain par grain. Pendant le travail, les parois du puits sont consolidées avec de la matière soyeuse ; mais encore l'Araignée ne se contente pas d'une muraille nue, elle la couvre d'une tenture de soie fine, plus douce que le satin.

La demeure construite, une porte est nécessaire, et c'est ici que toutes les expressions admiratives seraient impuissantes à donner une juste idée de l'œuvre de notre Mygale. Cette porte, sorte de couvercle, est formée d'une couche de terre liée par de la matière soyeuse ; le disque, qui a une grande épaisseur, est élargi de bas en haut, de façon à emboîter exactement la partie évasée du trou. A l'extérieur, la porte est toute raboteuse, comme le sol environnant, pour que rien ne trahisse l'habitation ; à l'intérieur, au contraire, elle est couverte d'un tissu de soie semblable à celui qui garnit la muraille du logis. C'est bien d'avoir une porte, seulement il faut pouvoir l'ouvrir et la fermer. Une charnière et une serrure sont donc indispensables. La charnière est construite avec une petite masse de soie épaisse et résistante ; du côté opposé, la serrure est représentée par un cercle de petits trous. La Mygale est dans son terrier ; entendant qu'on rôde près de sa demeure, que peut-être on cherche à y pénétrer, elle se porte aussitôt vers l'entrée ; enfonçant ses griffes dans les petits trous, se raidissant contre les parois, elle s'efforce d'empêcher toute violation de son domicile. La nuit, pour sortir et aller en chasse, il lui suffit comme aux habitants des caves de quelques villes du nord de la France de soulever sa porte, et de la laisser retomber ; au retour, elle la tire avec ses griffes et se glisse dans son réduit. Malgré leurs habitudes solitaires, les Mygales pionnières s'établissent en certain nombre près les unes des autres.

Victor Audoin a décrit leurs nids en 1833. Mais, depuis 1758, on connaît l'habitation de la Mygale maçonne observée pour la première fois par l'abbé de Sauvages, aux environs de Montpellier. Le nid de la Maçonne ne diffère de celui de la Pionnière que par sa dimension beaucoup plus petite et par sa couleur. La Maçonne, dont les habitudes ont été suivies en plusieurs circonstances, pond ses œufs vers la fin de l'été ; elle garde longtemps ses jeunes dans sa demeure, et l'on a affirmé qu'à une époque, elle cohabite avec le mâle, ce qui n'est pas dans les habitudes ordinaires des Araignées. »

Complétons ce qu'il y a à dire de la Mygale par le passage suivant emprunté à Audoin :

« Les tubes de la Mygale pionnière ont de trois à quatre pouces de profondeur et dix lignes de largeur. Droits dans les deux tiers de leur étendue, ils deviennent obliques vers leur extrémité inférieure. En examinant un de ces tubes avec soin, j'ai remarqué qu'il n'était pas simplement creusé dans la terre argileuse qui l'enveloppait, comme le serait une excavation ou un trou de sonde qu'on pratiquerait dans la terre, mais qu'il était construit à la manière d'un puits, c'est-à-dire qu'il avait des parois propres formées par une espèce de mortier assez solide, en sorte qu'on peut le dégager entièrement de la masse qui l'entoure. Si, pour l'étudier avec encore plus de soin, on en fend un dans le sens de la longueur, on voit que son intérieur est tapissé par une étoffe soyeuse et très mince, douce au toucher, et qu'il n'existe aucune des inégalités qu'on devrait s'attendre à rencontrer sur des murs faits avec une terre grossière. En effet, cette paroi intérieure semble avoir été crépie avec un mortier plus fin ; et, de plus, elle est unie et lissée comme si une truelle eût été habilement passée dessus. Mais les soins que prend l'Araignée pour terminer son ouvrage vont encore plus loin : ce que nous faisons pour nos tentures de quelque prix, elle le pratique dans sa demeure souterraine. Cette sorte de papier satiné qui orne son habitation, elle ne l'a pas posé le premier ; mais elle a d'abord appliqué sur les murailles une toile, ou, pour parler plus exactement, des fils grossiers, et c'est sur eux qu'elle a collé ensuite son étoffe soyeuse.

Tout cela est bien fait pour exciter notre admiration ; mais ce qui a le droit de nous surprendre davantage, c'est la manière dont cette chambre à boyau est ouverte ou fermée au gré de celui qui l'habite. Si l'Araignée n'avait eu rien à craindre de la part d'autres animaux, ou bien si elle avait été assez courageuse et assez forte pour les attendre de pied ferme et les vaincre, elle aurait pu sans inconvénient laisser libre l'entrée de sa maison, cela lui eût été plus commode pour aller et venir ; mais il n'en est pas ainsi, elle a tout à redouter de la part d'une foule d'ennemis, et son caractère timide, joint au peu de moyens qu'elle possède pour leur résister, l'oblige d'être sans cesse sur la défensive. Alors comme tous les êtres faibles, elle emploie la ruse pour se soustraire au danger, et son industrie supplée d'une manière merveilleuse à ce qui lui manque en force et en courage.

Pour clore nos demeures, nous avons des portes qui, roulant sur des gonds, viennent s'appliquer dans une feuillure et y sont retenues ensuite par des serrures et des verrous. La Mygale pionnière ne s'enferme pas autrement chez elle.

A l'orifice de son tube est adaptée une porte maintenue en place par une charnière et reçue dans une sorte d'évasement circulaire qu'on ne peut mieux comparer qu'à une véritable feuillure. Cette porte, ou si l'on aime mieux ce couvercle, se rabat en dehors, et l'on conçoit que l'Araignée, lorsqu'elle veut sortir, n'a besoin que de la pousser pour l'ouvrir. Mais le moyen qu'elle emploie pour la fermer est vraiment remarquable.

A en juger d'après son aspect, on croirait que ce couvercle est formé d'un amas de terre grossièrement pétrie, et revêtu, du côté qui correspond à l'intérieur de l'habitation, par une toile solide. Mais cette structure, qui déjà pourrait surprendre chez un animal qui n'a pas d'instrument particulier pour construire, est bien plus compliquée qu'elle ne le paraît d'abord. En effet, je me suis assuré, en faisant une coupe verticale au couvercle, que son épaisseur, qui n'a pas moins de deux à trois lignes, résultait d'un assemblage de couches de terre et de couches de toile au nombre de plus de trente, emboîtées les unes dans les autres, et rappelant assez bien, à cause de cette disposition, ces poids de cuivre en usage pour nos petites balances, et dont les subdivisions, qui ont la forme de petites cupules, se reçoivent successivement jusqu'à la dernière.

Si l'on examine chacune de ces couches de toile, on remarque qu'elles aboutissent toutes à la charnière, qui se trouve ainsi d'autant plus renforcée que la porte a plus de volume. La rainure elle-même, sur laquelle la porte s'applique, et que nous avons nommée précédemment la feuillure, est épaisse, et son épaisseur est due au grand nombre de couches qui la constituent. Le nombre paraît même correspondre à celui que présente le couvercle.

Plus on étudie avec soin l'arrangement de ces parties, plus on découvre de perfections dans l'ouvrage. En effet, si l'on examine le bord circulaire de l'espèce de rondelle qui remplit en tout les fonctions d'une porte, on remarque que, au lieu d'être taillé droit, il est façonné obliquement du dehors en dedans, de manière à représenter, non pas une rondelle de cylindre, mais bien la rondelle d'un cône ; et, d'une autre part, on observe que la portion de l'orifice du tube qui reçoit ce couvercle est taillée elle-même en biseau et en sens inverse.

Le but de cette disposition est facile à saisir. Si le couvercle avait un bord droit, il n'aurait rencontré, en se rabattant dans l'orifice du tube, aucune partie sur laquelle appuyer ; et, dans ce cas, la charnière seule se serait opposée à ce qu'il pénétrât plus profondément à l'intérieur. Lors même que cette partie délicate serait capable de supporter, sans éprouver de relâchement, ce poids continuel et le choc assez fort que produit le couvercle chaque fois qu'il se rabat, il serait à craindre que quelque pression accidentelle du dehors ne finît enfin par la rompre. C'est pour obvier à ce grave inconvénient que l'Araignée a pratiqué à l'orifice de son habitation une feuillure contre laquelle vient appuyer la porte et qu'elle ne saurait franchir. Cette feuillure est faite avec un tel soin, et le couvercle s'y applique si exactement, qu'il faut beaucoup d'attention pour reconnaître le joint. Au reste, l'instinct de l'animal le porte à rendre cette jonction aussi parfaite que possible ; car non seulement il lui importe de clore solidement sa demeure, mais il a le plus grand intérêt à en cacher l'ouverture aux yeux de ses ennemis. C'est évidemment dans cette intention que l'Araignée a crépi extérieurement la porte de son habitation avec une terre grossière et l'a rendue tellement rugueuse et inégale qu'elle se confond avec la surface du sol.

En agissant ainsi, l'Araignée semble avoir prévu un autre genre de nécessité. Dans l'habitude où elle paraît être de sortir souvent de sa demeure et d'y rentrer à la hâte au moindre danger, il lui a fallu pouvoir ouvrir facilement sa porte. Or cette manœuvre, qui aurait été pénible et plus ou moins longue si la surface extérieure du couvercle eût été lisse, devient très facile à cause des nombreuses inégalités qu'on y trouve et qui donnent toujours prise aux crochets dont l'animal est pourvu.

L'Araignée doit ouvrir elle-même sa porte ; mais elle n'a pas à s'inquiéter de la fermer. Que l'Araignée sorte ou qu'elle rentre, cette porte se ferme toujours d'elle-même ; et c'est là encore une des observations les plus curieuses que fournit l'étude attentive de cette singulière habitation. Quand on cherche à ouvrir la demeure, il faut un certain effort pour soulever le couvercle et le mettre à angle droit avec l'orifice du tube. Si on le renverse encore plus, de manière à ouvrir l'angle davantage, la résistance devient encore plus grande ; mais dans ce cas, comme dans le premier, le couvercle abandonné à lui-même retombe aussitôt et ferme l'ouverture. La tension et l'élasticité de la charnière sont les principales causes de cet effet ; mais, en admettant que cette élasticité n'existât pas, le couvercle, soulevé de manière à dépasser un peu la ligne verticale, pourrait encore retomber de lui-même et fermer naturellement l'orifice du tube. Ce résultat remarquable est dû à la répartition de la matière dont le couvercle est formé. La partie voisine de la charnière est plus épaisse et comme bosselée intérieurement. Ce surcroît de poids, qui, s'il avait eu lieu loin de la charnière, eût porté le couvercle, chaque fois qu'il aurait été soulevé, au delà de la ligne verticale, et l'eût ramené en dehors, se trouvant au contraire placé tout près du point d'attache et du côté intérieur, agit en sens inverse et tend sans cesse à le faire retomber.

La surface intérieure du couvercle ne ressemble en rien à celle du dehors. Autant celle-ci est raboteuse, autant l'autre est unie ; de plus, on a vu qu'elle est tapissée, comme les parois de l'habitation, d'une couche soyeuse très blanche, mais beaucoup plus consistante et ayant l'apparence du parchemin. Nous ajouterons que cette face intérieure est surtout remarquable par l'existence d'une série de trous. Ces petits trous, qu'on pourrait au premier abord négliger de voir, forment un des traits les plus curieux de l'histoire de l'Araignée pionnière, car c'est par leur moyen qu'elle peut, lorsqu'on veut forcer sa porte, la maintenir exactement fermée.

Elle y parvient en se cramponnant d'une part à l'aide de ses pattes aux parois de son tube, et de l'autre en introduisant dans les trous de son couvercle les épines et les crochets cornés dont sont munies ses mâchoires. On comprend que la porte de l'habitation se trouve alors retenue par un moyen en quelque sorte aussi bon que celui que nous obtenons en poussant un verrou dans sa gâche. Mais ce qui doit exciter davantage notre admiration, c'est la manière dont ces trous sont disposés. On croira peut-être que l'Araignée n'en a pas épargné le nombre, et que, pour ne pas se trouver au dépourvu quand la nécessité la force à en faire usage, elle en a criblé la face interne de son couvercle. Ce n'est cependant pas là ce qu'on observe. Ces trous sont peu nombreux, on en compte au plus une trentaine ; et, au lieu d'être dispersés au hasard, ils se trouvent tous réunis en une place déterminée, très convenable, et telle que nous l'aurions choisie nous-mêmes, après y avoir bien réfléchi. En effet, ils sont situés tout près du bord du couvercle, et toujours du côté opposé à la charnière. Il est clair que l'Araignée trouve un grand avantage dans cette disposition, car, dans l'action de tirer à soi ce couvercle, elle opère bien plus efficacement en se cramponnant loin de la charnière que si elle agissait dans son voisinage. L'instinct de l'animal semble l'avoir si bien instruit sur ce point, qu'il n'a pas pris la peine de faire un seul trou, soit au milieu du couvercle, soit au voisinage du point d'attache, et que tous les trous qu'on y observe sont disposés sur une ligne demi-circulaire, très étroite.

Plus nous reconnaissons de perfection dans l'ouvrage de la Mygale pionnière, plus nous sommes forcés de reconnaître que tous ses actes dérivent exclusivement de l'instinct; car, si l'on admettait que l'animal les exécute avec quelque réflexion, il faudrait lui accorder non seulement un raisonnement très parfait, mais encore des connaissances d'un ordre fort élevé et que l'homme lui-même n'acquiert que par un long travail d'esprit et en mettant à profit l'expérience de ses devanciers. L'Araignée opère donc sans calcul ni combinaison, sous une influence étrangère et irrésistible. Quant aux leçons que pourrait lui fournir l'expérience, elles sont entièrement nulles, comme chez tous les insectes : c'est-à-dire qu'après avoir vécu des mois et des années, elle n'en sait guère plus et n'en fait pas davantage que lorsque, sortant de l'œuf, elle s'est mise incontinent à construire. »

On voit, d'après ce passage, que tout le monde n'est pas d'accord sur la nature du sentiment qui pousse les animaux à exercer divers métiers. Audoin n'y voit que de l'instinct. D'autres veulent y reconnaître de l'intelligence.

Les Mygales paraissent détester la lumière. Si on les expose à la lumière du jour, elles semblent comme déprimées. On cite l'une d'elles, que l'on avait gardée comme objet de curiosité et qui, finalement, agacée de ces visites, ferma sa porte, en tissant un morceau d'étoffe de soie qui tapissait l'intérieur de la trappe.

*
* *

La fameuse Tarentule vit aussi dans des terriers qu'elle creuse dans le sol et d'où elle ne sort guère que la nuit. « La Tarentule, dit Léon Dufour, habite de préférence les lieux découverts, secs, arides, incultes, exposés au soleil. Elle se tient dans des conduits souterrains, véritables terriers qu'elle se creuse elle-même, cylindriques et souvent d'un pouce de diamètre ; ces terriers s'enfoncent jusqu'à plus d'un pied dans la profondeur du sol ; mais ils ne sont pas perpendiculaires, ainsi qu'on l'a avancé.

L'habitant de ce boyau prouve qu'il est en même temps chasseur adroit et ingénieur habile. Il ne s'agissait pas seulement pour lui de construire un réduit profond qui pût le dérober aux poursuites de ses ennemis ; il fallait encore qu'il établît là son observatoire pour épier sa proie et s'élancer sur elle comme un trait. La Tarentule a tout prévu. Le conduit souterrain a effectivement une direction d'abord verticale ; mais, à 4 ou 5 pouces du sol, il se fléchit en angle obtus, forme un coude horizontal, puis redevient perpendiculaire. C'est à l'origine de ce coude que la Tarentule s'établit en sentinelle vigilante, ne perdant pas un instant de vue la porte de sa demeure ; c'est là qu'à l'époque où je lui faisais la chasse, j'apercevais ses yeux étincelants comme des diamants, lumineux comme ceux du Chat dans l'obscurité. L'orifice extérieur du terrier de la Tarentule est ordinairement terminé par un tuyau construit de toutes pièces par elle-même et dont les auteurs ne font pas mention. Ce tuyau, véritable ouvrage d'architecture, s'élève jusqu'à un pouce au-dessus du sol et a parfois deux pouces de diamètre, en sorte qu'il est plus large que le terrier lui-même.

Cette dernière circonstance, qui semble avoir été calculée par l'industrieuse Aranéide, se prête à merveille au développement obligé des pattes au moment où il faut saisir la proie. Ce tube est composé principalement de morceaux de bois secs mastiqués avec de la terre glaise et si artistement disposés les uns au-dessus des autres qu'ils forment une sorte d'échafaudage figurant une colonne creuse à l'intérieur. Ce qui établit surtout la solidité de cet édifice, c'est qu'il est tapissé en dedans d'un tissu ourdi par les filières de l'Araignée, tissu qui se continue dans tout l'intérieur du terrier.

Il est facile de concevoir combien ce revêtement, si habilement fabriqué, doit lui être utile pour prévenir les inondations, les éboulements, les déformations, pour assurer l'entretien et la propreté et faciliter aux griffes de la Tarentule l'escalade de la forteresse.

La première fois que je découvris les clapiers de la Tarentule et que je constatai qu'ils étaient habités, en l'apercevant en arrêt au premier étage de sa demeure qui est le coude dont j'ai parlé, je crus, pour m'en rendre maître, devoir l'attaquer de vive force et la poursuivre à outrance. Je passai des heures entières à ouvrir la tranchée avec un couteau pour investir son domicile. Je creusai à une profondeur de plus d'un pied sur deux de largeur, sans trouver la Tarentule. Je fus donc obligé de changer de point d'attaque et je recourus à la ruse. La nécessité est, dit-on, la mère de l'industrie.

J'eus idée, pour imiter un appât, de prendre un chaume de graminée surmonté d'un épillet, et de frotter, d'agiter doucement celui-ci à l'orifice du clapier. Je ne tardai pas à m'apercevoir que l'attention et les désirs de la Tarentule étaient éveillés. Séduite par cette amorce, elle s'avançait à pas mesurés et en tâtonnant vers l'épillet, et, en relevant à propos celui-ci un peu en dehors du trou pour ne pas lui laisser le temps de la réflexion, elle s'élançait souvent d'un seul trait hors de sa demeure, dont je m'empressais de lui fermer l'entrée. Alors la Tarentule déconcertée était fort gauche à éluder mes poursuites et je l'obligeais à entrer dans un cornet de papier que je fermais aussitôt.

Quelquefois, se doutant du piège ou moins pressée peut-être par la faim, elle se tenait sur la réserve, immobile, à une petite distance de sa porte, qu'elle ne jugeait pas à propos de franchir. Sa patience lassait la mienne ; dans ce cas, voici le tactique que j'employais :

Après avoir reconnu la direction du boyau et la position de la Lycose, j'enfonçai avec force et obliquement une lame de couteau de manière à surprendre l'animal par derrière et à lui couper la retraite en lui barrant le clapier. Dans cette situation critique, ou bien la Tarentule effrayée quittait sa demeure pour gagner le large ou bien elle s'obstinait à demeurer acculée contre la lame du couteau. Alors, en faisant exécuter à celle-ci un mouvement de bascule assez brusque, on lançait au loin et la terre et la Lycose et on s'emparait de celle-ci. En employant ce procédé de chasse je prenais parfois jusqu'à une quinzaine de Tarentules dans l'espace d'une heure. Les paysans de la Pouille, au rapport de Baglivi, font aussi la chasse à la Tarentule en imitant à l'orifice de son terrier le bourdonnement d'un insecte au moyen d'un chaume d'avoine, dans lequel ils soufflent. »

*

Les Leptopelmes, qui habitent le midi de l'Europe et l'Afrique, creusent dans le sol des terriers profonds qui sont prolongés à l'extérieur par une toile en forme d'entonnoir (*fig.* 90) soutenue par les herbes environnantes.

*

De nombreux terrassiers se rencontrent chez les Vers, depuis le Ver de terre dont tout le monde connaît les galeries, jusqu'aux Vers marins, les Arénicoles (*fig.* 91), par exemple, dont beaucoup creusent des galeries en forme d'U dont les deux branches viennent s'ouvrir à la surface du sol. Au voisinage des trous de Vers, on rencontre toujours de la terre moulée en tortillons. Ce sont les déjections des petits terrassiers : ils mangent véritablement leur chemin.

Fig. 90. — Entonnoir de Leptopelme.

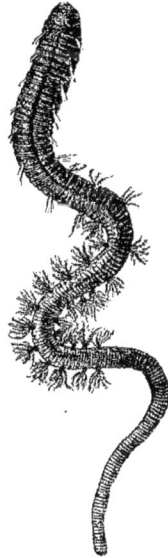

Fig. 91. — Arénicole des pêcheurs.

*

Quelques crustacés sont fouisseurs. « On sait, dit M. F. Houssay, qu'à une certaine époque de l'année, les Crabes abandonnent leur carapace dure. Ce phénomène est connu sous le nom de mue ; ils restent mous quelque temps ; c'est la période pendant laquelle ils grandissent ; puis leurs téguments s'incrustent de nouveau de calcaire et redeviennent résistants. Tant qu'ils sont ainsi privés de leur protection ordinaire, ils sont exposés à une foule de dangers, et en ont si bien conscience qu'ils demeurent blottis sous les rochers ou les galets. Un crabe de la Guadeloupe, appelé *Gegarcinus ruricola*, échappe aux périls nés de cette situation, grâce à son genre de vie et à l'habitude de se creuser un terrier pour y demeurer tant qu'il est privé de ses défenses habituelles. Ce crustacé vit à terre et à une distance de 10 à 12 kilomètres du bord de la mer, et trouve à se nourrir au milieu des détritus animaux et végétaux. Il s'approche de l'eau seulement au moment de la ponte. Du mois de février au mois de mars ils se dirigent tous vers le littoral. Cette migration ne se fait pas comme certaines autres en bandes compactes ; chacun suit sa route en toute indépendance et conserve sa liberté relativement à l'itinéraire et à l'époque du voyage. Ils mènent une vie aquatique jusqu'en mai ou juin ; à ce moment, la femelle abandonne ses petits qui avaient commencé leur premier développement attachés à ses pattes ; puis ils regagnent la terre. La mue se fait en août. A l'approche de cette crise redoutée, chacun se creuse un trou entre deux racines, le garnit de feuilles mortes et en bouche l'entrée avec soin. Tous ces travaux accomplis, le Crabe est entièrement à l'abri ; il subit le travail de la mue en sûreté et ne sort de sa retraite que lorsqu'il est de nouveau capable d'affronter des ennemis et de saisir des aliments avec ses pinces redevenues dures. Cette réclusion paraît durer un mois. Voilà donc un exemple d'une habitation temporaire, nécessitée par des conditions spéciales défectueuses pour la vie au dehors. C'est tout à fait l'enfance de l'art. »

On voit combien sont variées les habitations creusées dans le sol.

D'autres crustacés, les Callianasses vivent dans le sable où elles creusent des galeries. Voici comment se fait cette opération : les pattes-mâchoires, qui sécrètent la substance visqueuse agglutinant le sable, contribuent avec les pattes thoraciques à cette double opération ; celles de la première et de la deuxième paire fouissent le sable qui s'accumule dans une sorte d'auge formée par les pattes-mâchoires externes, et où il se convertit en ciment ; les pattes de la troisième paire sont transformées en véritables truelles ; les pattes postérieures fonctionnent comme balais. Quand le travail est terminé, la Callianasse se trouve dans un tube dont les parois intérieures sont revêtues de ciment ; l'eau filtre à travers ces parois comme à travers une bougie Chamberland, à tel point que, lorsque le sable est accidentellement vaseux, le contenu reste limpide. L'eau est d'ailleurs renouvelée fréquemment par suite des battements des pattes abdominales, qui déterminent des chasses d'eau en arrière et la progression de l'animal en avant.

(G. BOHN.)

CHAPITRE XIII

Les Vanniers

Un nid ! c'est la chaleur intime et le murmure,
La tendresse et l'espoir dans l'ombre palpitant,
C'est le libre bonheur bercé par la ramure,
Bonheur bien enfoui, voisin du ciel pourtant.

SULLY-PRUDHOMME.

Dans aucun groupe du règne animal, on ne trouve l'instinct de la construction aussi répandu ni aussi parfait que chez les oiseaux. Tous en effet, à deux ou trois exceptions près, bâtissent des nids qui sont le plus souvent des merveilles d'architecture et que l'on ne se lasse pas d'admirer. Si l'on songe que l'oiseau n'a que son bec pour tout outil, on voit quelle dose d'ingéniosité il lui faut pour confectionner des nids aériens, en butte à la pluie et aux vents, et destinés à contenir toute une petite famille de turbulents qui le feraient chavirer s'il n'était solidement amarré. Remarquons aussi que l'oiseau si industrieux pour sa progéniture, ne l'est pour ainsi dire pas pour lui-même : c'est même un bohème

Fig. 92. — Nid du Ruticilla.

Fig. 93. — Nid de la Mésange bleue.

vivant au jour le jour : heureusement pour lui il peut aller vers des régions plus clémentes quand la bise arrive et que les victuailles deviennent rares.

Les oiseaux attachent une grande importance à la solidité du nid. Les moins habiles dans la construction les déposent à terre [le Ruticilla par exemple (*fig.* 92)], ou dans des creux de rochers ou d'arbres vermoulus. [Mésange bleue (*fig.* 93)].

Les architectes les plus experts, avec une grande hardiesse, les construisent dans les buissons ou dans les arbres les plus élevés, mais alors les posent sur plusieurs branches formant la fourche, de manière qu'ils ne puissent être enlevés par le vent. De plus, les matériaux englobent plus ou moins ces branches de manière à faire un tout avec elles. De même les oiseaux qui nichent dans les marais attachent leurs esquifs aux roseaux environnants par des amarres en joncs flexibles.

L'épaisseur du fond et des côtés, a remarqué Lescuyer, est surtout proportionnée au poids des jeunes à élever. On s'en fera une idée par les chiffres suivants :

	Poids de			Epaisseurs du fond.	des parois.
Héron	4 jeunes	5492 gr.	. . .	25 cent.	. . 10 cent.
Corbeau	6 —	2629 —	. . .	15 c.	. . . 5 c.
Merle	5 —	465 —	. . .	6 c.	. . . 2 c., 5
Fauvette à tête noire . .	6 —	150 —	. . .	3 c.	. . . 2 c.
Chardonneret	5 —	80 —	. . .	1 c., 5	. . . 1 c., 5.

De plus, ces proportions changent selon que les points d'appui de l'édifice sont plus ou moins nombreux, épais et solides ; ainsi le côté appliqué au tronc d'un arbre, à une pierre, à un mur, a généralement très peu d'épaisseur ; au contraire, celui qui se projette, sans appui, dans le vide en a d'autant plus.

Pour donner plus de solidité à la charpente, la plupart des oiseaux réunissent les matériaux avec de la salive, de la terre gâchée, des brins de mousses, des fils d'araignée.

C'est une règle générale que les parois des nids sont formées de trois couches, la plus externe grossière, l'interne moelleuse et la moyenne de matériaux intermédiaires. L'oiseau prend grand soin surtout de la couche interne qu'il façonne avec des herbes fines, de la mousse, du coton, des poils et de la plume, tous matériaux bien choisis pour conserver la chaleur que la femelle communique à ses œufs.

Les nids des oiseaux, — dans la forme classique que l'on connait, — sont tout à fait comparables à des paniers. Comme les vanniers, les oiseaux entrelacent les brindilles végétales, de manière à en faire une coupe, une cavité creuse. Le mode d'agencement est partout le même ; les matériaux de construction seuls diffèrent. La classification que nous allons adopter est, bien entendu, artificielle et n'a d'autre but que de mettre de l'ordre dans une question assez complexe.

I

Nids en matériaux moelleux.

C'est le cas de la plupart des oiseaux chanteurs de nos pays. Il nous suffira de donner quelques exemples de ces nids connus de tout le monde.

Les nids des Pinsons et des Chardonnerets comptent parmi les plus jolis de nos contrées. En forme de sphère tronquée par le haut, ils sont épais, propres, moelleux. F. Lescuyer, le savant ornithologiste de Saint-Dizier, que nous citons souvent dans cet ouvrage, a fait le relevé suivant des matériaux dont ils sont composés et de leurs dimensions :

Pinson.

	Matériaux	Poids
Garniture intérieure	Écorce filamenteuse des herbes, membranes de feuilles sèches, poils, plumes, laine, duvet de plantes, crin.	5gr., 15
Fond et parois	Mousse, radicelles, brins d'herbes.	12 , 60
Revêtement extérieur	Paillettes de lichen et de mousse blanche, fils d'Araignées.	1 , 85
	Poids total. . .	19gr., 60

Chardonneret.

	Matériaux	Poids
Garniture intérieure	Crin, radicelles, coton de diverses plantes et surtout aigrettes de chardon	2gr., 50
Fond et parois	Racines et herbes fines, mousse et duvet. .	4 , 40
Revêtement extérieur	Paillettes de mousse blanche, toiles et fils d'Araignées	0 , 45
	Poids total. . .	7gr., 35

	Pinson	Chardonneret
Grand diamètre du nid	9cm	7cm
Hauteur du nid	7	5
Grand diamètre de la cuvette . .	5	4 ,6
Profondeur de la cuvette	4 ,5	3
Cube de la cuvette	70 cmc	46cm³.

« Le cube des nids, ajoute Lescuyer, nous indique d'abord que ces oiseaux peuvent se dispenser de grosses attaches et de la terre qui sont employées par les Corbeaux, les Merles et les Grives ; aussi se contentent-ils de rechercher des brindilles, de très fines racines et des herbes à écorce rugueuse pour cimenter la mousse des parois et du fond ; mais ils entre-croisent avec tant d'habileté cette mousse et ces attaches, qu'ils en composent un véritable tissu. Le fond et les parois ont, en effet, avec la solidité convenable, l'impénétrabilité d'une étoffe, l'élasticité et la douceur d'un tricot. Et cependant ce confortable a paru aux père et mère insuffisant. On préparait un berceau, on a voulu la mollesse d'un oreiller. Le Pinson cherche des écorces filamenteuses de plantes, qu'il désagrège, du poil, de la laine, du duvet de plantes, et il en compose une garniture pour tout l'intérieur. Le Chardonneret fait de même, en donnant surtout la préférence aux aigrettes du chardon. Quelques crins sont enroulés de manière à contenir cette espèce de duvet, qui, malgré le tassement, tend toujours à se dilater, et il en résulte une surface aussi unie que possible. Ce n'est pas tout, le Pinson, qui ne manque pas plus d'amour-propre que de goût, tient à ce que la façade de son nid porte la marque de ses œuvres. Les brins de mousse y sont si bien alignés, contournés et lissés, que la paroi tout entière ressemble à la toison d'un Agneau. Puis, cet oiseau cherche des paillettes blanches de lichen ou de mousse, et au moyen de fils d'Araignée, il les fixe et il les dissémine sur la façade, qui est d'un jaune verdâtre, de manière à la couvrir d'espèces d'arabesques et de teintes granitiques. Le Chardonneret met moins de coquetterie à décorer l'extérieur du berceau qu'il prépare, mais comme le Pinson, il tient à lui donner des teintes qui se confondent avec l'écorce des arbres. Quelques fragments de mousse blanche et des toiles d'Araignées lui suffisent. Ces deux oiseaux ont soin d'enchâsser dans le massif du nid les branches qui lui servent de support ; il arrive ainsi qu'aux yeux des inexpérimentés, ces charmantes habitations passent pour des nœuds de l'arbre ou des branches. »

Le nid du Verdier est moins solide, moins épais et moins artistement construit que celui du Pinson. C'est une demi-sphère de 8 centimètres de diamètre à l'ouverture, de 6 centimètres de profondeur. Établi sur les branches des arbres, il est formé de ramilles sèches, de racines, de chaume, matériaux entremêlés, plus en dedans, de mousses, de lichens, de laine. C'est la femelle seule qui le construit.

Le Bouvreuil fait son nid avec des brindilles sèches de pins, de sapins et de bouleaux, puis, plus en dedans, avec des radicelles et des lichens. La cavité intérieure est enfin tapissée avec des poils de différents mammifères (Chevreuil, Cheval, etc.), de la mousse ou de la laine. Ce nid est toujours établi sur les branches, mais tout près de terre et dans un endroit bien caché aux regards.

La Linotte niche dans les bosquets ou sur la lisière des forêts, et très près du sol. Le nid est formé en dehors de petites branches, de racines, d'herbes, de bruyères, et en dedans de tissus moelleux, du crin particulièrement.

Le nid du Serin (*fig.* 94) est large à la base, étroit du haut, parfaitement arrondi. Il est formé, à l'intérieur, du duvet blanc de plusieurs plantes cotonneuses, et à l'extérieur, de quelques chaumes desséchés. Mais l'élément dominant et souvent même exclusif est toujours le duvet : c'est ce qui explique qu'en captivité le « Rossignol des concierges » aime tant les nids artificiels tapissés d'ouate.

Le précieux Eider construit grossièrement son nid à l'extérieur, mais le tapisse à l'intérieur d'une forte épaisseur de plumes que la femelle s'arrache elle-même. Après la naissance des petits, les indigènes s'emparent de ce duvet, qu'ils vendent pour en faire des édredons.

Les Becs-croisés construisent leur nid avec des rameaux de pins et de bruyères, des chaumes desséchés, des lichens, des mousses, et le tapissent de plumes, de brins d'herbes et d'aiguilles de pins. Ils l'établissent sur les arbres en différents points, mais toujours de manière à le mettre à l'abri de la neige en le plaçant au-dessous de branches touffues. La femelle met une grande ardeur à l'édification de son nid.

« J'ai eu l'occasion, dit Brehm, d'observer une femelle qui construisait son nid. Elle apporta d'abord des ramilles sèches, puis courut autour des branches pour

Fig. 94. — Nid du Serin méridional.

cueillir des lichens. Elle en prenait chaque fois son bec plein, les apportait au nid et les coordonnait. La charpente du nid terminée, elle y resta longtemps, mettant tout bien en ordre, foulant les branches avec sa poitrine, les comprimant en se retournant dans tous les sens. Elle prit presque tous ses matériaux sur un arbre voisin. Elle était si pressée, qu'elle travaillait même en plein midi, et qu'en deux ou trois minutes, elle en avait fini avec une charge qu'elle avait cueillie, transportée, arrangée. Le mâle resta près de sa femelle et lui tint compagnie, perché sur une branche ou sur le nid; la nourrit quand elle se mit à couver; chercha par ses chansons à la distraire de sa longue immobilité, car dès qu'elle eût pondu son premier œuf, elle ne bougea plus du nid : on aurait dit qu'il voulait ainsi la dédommager de ses peines. »

Fig. 95. — Nid du Rossignol.

La plupart des nids en forme de coupe et en matériaux moelleux sont placés sur les arbres ou dans les buissons [Exemple : celui du Rossignol (*fig*. 95)]. Il est quelques oiseaux cependant qui les déposent à terre. C'est le cas, par exemple, des Tariers vulgaires, qui nichent dans les prairies et qui cachent si bien leurs constructions qu'il est difficile de les découvrir. « Les faucheurs, dit Naumann, les trouvent moins souvent que ceux qui ramassent ensuite le foin avec des râteaux ; j'ai même vu des nids échapper aux uns et aux autres, et, malgré la fenaison, le mâle et la femelle élever heureusement leurs petits. Les parois de ce nid sont formées de racines lâchement entrelacées, de tiges sèches, de chaumes, de feuilles, d'herbes, de mousse ; à l'intérieur se trouve une couche de matériaux plus délicats, que tapissent des crins de cheval. »

Fig. 96. — Pie-Grièche.

II

Nids en herbes.

Beaucoup de petits oiseaux construisent des nids entièrement en herbes. « La Pie-grièche écorcheur (*fig*. 96), et la Fauvette à tête noire, dit Lescuyer, nous fournissent deux types en ce genre

Pie-grièche écorcheur.

	Matériaux du nid	Poids
	125 gros brins d'herbe.	9 gr.
Fond et parois	84 brins plus petits servant à liaisonner la mousse.	3 , 60
	Mousse.	12
	209 brins.	24gr., 60
Garniture intérieure	155 brins d'herbe très petits pour la garniture intérieure	3
		27gr., 60
	Débris et poussière.	6
		33gr., 60

Grand diamètre du nid 14cm
Hauteur du nid   7
Grand diamètre de la cuvette   7   sur 7cm, 5
Profondeur . . . .   4 , 5
Cube. 120cmc

Cent et quelques brins d'herbe, assez résistants, sont nécessaires à cet oiseau pour former le pourtour de son nid. A cette partie de la paroi il en ajoute une seconde en mousse, qu'il enlace dans d'autres brins plus petits. Des filaments du même genre forment la garniture intérieure.

De ces assemblages, il résulte toujours une unité très compacte, une couche aussi chaude que possible. Selon les circonstances, cette Pie-grièche, comme ses congénères, varie sensiblement et les matériaux et leur distribution.

Les nids des Fauvettes sont composés de brins d'herbe très menus avec de petites dimensions et surtout peu de profondeur, ils apparaissent sous la forme d'une coupe gracieuse.

Celui de la Fauvette à tête noire, que chacun a pu voir dans un jardin ou dans un bosquet, a en profondeur . . . . 4^{cm},

et comme diamètre intérieur à l'ouverture . . . . 7^{cm}.

Les matériaux d'un nid que j'ai analysé se composaient de 560 brins d'herbe. Pour les liaisonner, les oiseaux avaient employé un peu de mousse, des fragments de feuilles sèches, quelques mèches de laine, du fil gris et une demi-douzaine de crins. Au moyen des crins qui s'enlaçaient avec des tiges d'herbe très fines et très lisses, la surface intérieure avait l'aspect d'un parquet et l'élasticité de notre literie.

Grâce aux attaches, les brins d'herbe se trouvaient parfaitement fixés les uns aux autres et aux branches d'un buisson qui leur servait de support.

Tout, dans cette construction, répondait aux besoins présents et futurs de la famille. Cette gracieuse couche était suspendue dans une chambrette de verdure à laquelle la mère se rendait par deux issues. Combien de fois je me suis plu à admirer le touchant tableau de cette mère couvant ses œufs, et des petits recevant la nourriture et les caresses des père et mère !

Le nid de la Fauvette babillarde est encore plus petit et plus gracieux que celui de la Fauvette à tête noire. Les différentes espèces d'herbes sont également employées par de grands oiseaux, mais seulement quand ceux-ci nichent sur terre ou à la surface des eaux sur des roseaux ; alors elles sont plutôt superposées qu'enlacées. C'est ce qui se voit dans les nids de Perdrix ou de Poule d'eau.

Généralement les herbes sèches sont les plus recherchées, parce qu'elles sont plus souples, plus filamenteuses, plus chaudes et qu'elles ne fermentent pas. »

III

Nids en herbes et en terre.

Certains oiseaux chanteurs, tout en construisant un nid moelleux, lui donnent de la solidité à l'aide de terre.

« Par la solidité, les nids de Merle (*fig.* 97) et de Grive (*fig.* 98) ont une certaine ressemblance avec celui du Corbeau-Corneille ; s'ils n'ont pas comme lui la consistance et l'impénétrabilité d'un coussin, ils offrent la solidité d'une véritable paroi. Le Merle et la Grive excellent, en effet, dans l'art de pétrir la terre, de l'étendre et de la polir. En la mélangeant de brins d'herbe qu'ils contournent comme des cercles et entre-croisent, en la séchant à la température de leur corps, c'est-à-dire à quarante-deux degrés huit dixièmes au-dessus de zéro, ils peuvent composer une coupe d'une faible épaisseur et d'une grande solidité.

Fig. 97. — Nid du Merle.

Dans un tel nid il était facile de contenir la chaleur. Il suffisait de l'y produire et de l'y concentrer au moyen d'une couverture, de même qu'au moyen d'un couvercle on conserve la chaleur d'un potage dans une soupière. Or, le père ou la mère sert tout à la fois de foyer et de couvercle. En entr'ouvrant les ailes, il couvre en largeur le grand diamètre de son corps, et il forme alors une surface d'une circonférence égale à celle de l'ouverture du nid ; de plus, il a pour favoriser son action une garniture naturelle de plumes du poids d'environ sept grammes, si c'est un Merle, et de six grammes si c'est une Grive.

La solidité et la chaleur suffisaient-elles ? Non, il fallait à l'intérieur une surface pour le moins lisse et douce.

Aussi le Merle compose une garniture d'herbes très fines, et il en tapisse si complètement la paroi que la terre ne se sent plus et même ne se voit plus.

Quant à la Grive, elle a recours à un procédé dont elle seule parmi les oiseaux possède le secret. Elle cherche des fragments de bois mort, elle les pétrit au moyen de sa salive, et elle en dépose une couche sur toute la paroi de terre. Ce léger crépi est aussi poli que s'il était passé sous la truelle d'un plâtrier, et offre toute la douceur désirable. La garniture extérieure de ces deux espèces de nids est de mousses mélangées souvent de feuilles sèches et de brins d'herbe : c'était là un moyen de mieux assurer encore la chaleur de la chambrette, et puis il fallait bien penser à ceux qui la convoitent. Si on pouvait leur faire croire que ce nid est simplement une touffe de mousse, comme il y en a tant dans la forêt, de la mousse et des feuilles mortes accrochées dans une fourche !

Sans doute ces deux espèces de nids se ressemblent beaucoup; mais ils diffèrent assez pour ne pas être confondus par ceux qui ont le plus d'intérêt à le reconnaître, par les parents, les amis et les ennemis; d'ailleurs les œufs de ces deux espèces se reconnaissent facilement.

Nous allons traduire en chiffres quelques-unes de ces différences. Je les ai

Fig. 98. — Nid de Grive.

trouvées en décomposant des nids que j'ai pris le même jour.

Nid de Merle.

	Matériaux	Poids
Garniture intérieure	Herbes très fines et 34 feuilles	21ᵍʳ.
Fond et parois	Terre, brins d'herbes, bûchettes et racines . .	149
Revêtement extérieur	Mousse, brindilles à crochets, tiges d'herbe à écorce rugueuse	38
	Poids total . . .	208ᵍʳ.

Nid de Grive.

	Matériaux	Poids
Garniture intérieure	Bois mort du crépi	13ᵍʳ
Plafond et parois	Terre, brins d'herbes, bûchettes, racines, écorce d'arbre	56
Revêtement extérieur	Mousse et lichen, brindilles à crochets, tiges d'herbes et écorce rugueuse	70
	Poids total . . .	139ᵍʳ.

	Merle	Grive
Grand diamètre du nid	17^{cm}.	15^{cm}.
Hauteur du nid.	15	12
Grand diamètre de la cuve. . .	9,5 sur 9	8,7 sur 8,5
Profondeur de la cuve.	6,5	6,3

Il s'en faut assurément que les différences ci-dessus signalées se retrouvent au même degré dans tous les nids de Merle et de Grive. Ainsi, selon la température de la saison, ces oiseaux donnent plus ou moins d'épaisseur à telle ou telle des trois parties principales de la paroi. Si celle-ci est adossée à une grosse branche ou à un tronc d'arbre, le Merle ne la compose de ce côté-là que de la garniture intérieure, et la Grive n'y place que ce qui lui est indispensable pour appliquer son léger crépi.

Quoi qu'il en soit des variétés de ces nids, elles sont assez caractéristiques pour nous aider à constater, au moment de la reproduction, la présence de telle ou telle de ces espèces d'oiseaux. Toutes deux sont d'ailleurs très utiles, on a toujours su apprécier la chair délicate de la Grive et du Merle, et on commence à estimer les services qu'ils nous rendent comme auxiliaires de l'agriculture. De plus, ces oiseaux comptent au nombre des meilleurs musiciens de la forêt. » (Lescuyer.)

IV

Nids en lichens.

Les Becs-croisés de nos pays construisent leur nid avec différents matériaux, mais en Suède, ils s'adressent presque exclusivement aux lichens; ils en font un nid dont le diamètre dépasse une aune.

V

Nids en herbes aquatiques et en joncs.

La plupart des oiseaux de marais bâtissent leurs nids sur les rives, au milieu des roseaux. Leur construction, quoique grossière, en est fort intéressante, ainsi qu'on va le voir par le remarquable passage suivant, dû à Lescuyer :

« Si, pour nicher sur les arbres, sur les maisons et sur la terre, il faut comme nous l'avons vu beaucoup d'habileté, il y a également sur l'eau de grandes difficultés à surmonter.

Les bords des étangs et des rivières sont souvent furetés par des animaux de tous genres et par les hommes. Si tous les oiseaux d'eaux y avaient établi leurs pontes, ils auraient risqué d'être sans cesse dérangés et même détruits, et d'ailleurs ils auraient été souvent trop éloignés du centre des éliminations dont ils sont chargés ([1]).

([1]) Lescuyer considère les oiseaux comme créés par la Providence pour faire disparaître de la surface du globe une multitude de substances inutiles ou nuisibles qui sans eux finiraient par l'encombrer.

Un certain nombre devaient donc nicher à la surface même des eaux. On pouvait dans quelques circonstances profiter d'une butte de terre s'élevant au-dessus de l'eau, d'une loge de canardier, d'herbages et de joncs amoncelés, d'un morceau de bois échoué, mais ce sont là des ressources exceptionnelles.

Le moyen le plus naturel et le plus généralement praticable était d'attacher le nid à des roseaux ou à des joncs.

Aussi, c'est à des roseaux que les Rousserolles suspendent leurs berceaux, et la Morelle et la Poule d'eau qui sont des oiseaux très lourds, construisent des espèces d'esquifs qu'elles amarrent au moyen de joncs et d'autres plantes aquatiques. Les Sternes, ou Hirondelles d'étang, font de même.

La terre et les baguettes ne pouvant dans ces circonstances être utilisées, ces nids, par la nature de leurs matériaux, appartiennent au genre des Fauvettes et des Pies-grièches, de la Bécasse et de la Lusciniole ; mais sous d'autres rapports ils en diffèrent trop pour que nous omettions d'ajouter certains détails à ce que nous avons déjà dit.

Voici d'abord quelques chiffres que j'ai obtenus en pesant et en mesurant deux nids de Rousserolle :

	Rousserolle turdoïde (Sylvia turdoïdes)	Rousserolle effarvatte (Sylvia arundinacea)
Diamètre de la cuvette . .	6^{cm}	5^{cm} sur 4^{cm},5
Profondeur de la cuvette .	6,5	4,5
Diamètre du nid	10	7
Hauteur du nid.	13	8,5

Rousserolle turdoïde.

Fond et paroi	{ Feuilles desséchées de joncs, de roseaux et de plantes aquatiques. .	25^{gr}
Garniture intérieure	{ Herbes fines et têtes de roseaux. . .	11
	Poids total. . .	36^{gr}

Rousserolle effarvatte.

Fond et paroi	{ Tiges et petites racines d'herbes, coton végétal	5^{gr},70
Garniture intérieure	{ Herbes très fines	3
	Poids total. . .	8^{gr},70

Quelques explications sont le complément nécessaire de ces chiffres et de ces faits.

La plus grande préoccupation de la Turdoïde a été assurément de suspendre solidement le nid (*fig.* 99) qui devait recevoir ses œufs plus lourds que l'eau et ses jeunes dont les pieds ne sont nullement palmés.

Or ce berceau, pesant 36 gr., avait à porter cinq œufs du poids de 15 gr. environ, plus la mère de 29 gr. Les petits arrivant à leur grosseur, ce poids devait s'élever à 174 gr. 50 et même avec la mère à 203 gr. 50.

C'était là un fardeau beaucoup trop lourd pour un roseau ; il fallait en trouver

Fig. 99. — Nid de la Rousserolle turdoïde.

au moins trois, également éloignés les uns des autres, comme le sont les angles d'un triangle équilatéral, et capables par cela même de supporter et d'équilibrer trois points correspondants de la circonférence du nid.

Il fallait ensuite trouver à une hauteur de trente à cinquante centimètres, c'est-à-dire là où les tiges ne sont ni trop rapprochées de l'eau, ni trop flexibles, des feuilles de roseaux formant crochet ; le plus souvent on n'en rencontre pas de pareilles à la même hauteur sur trois tiges aussi rapprochées.

Enfin, pour placer les premières attaches de la fondation, la Turdoïde ne pouvait s'aider d'un échafaudage quelconque, même d'une branche. Il fallait, pour un travail aussi important, que cet oiseau posât ses pattes sur la tige si mobile d'un de ces roseaux de manière à se tenir à peu près droit. Eh bien ! il n'est nullement arrêté par ces difficultés.

Après avoir choisi, autant que possible au centre des éliminations qu'il prévoit, les trois, quatre, cinq, six ou sept tiges de roseaux auxquelles il attachera les bords de son nid, il va chercher parmi les feuilles desséchées des joncs, des roseaux et des graminées aquatiques celles qui sont longues de 20 à 35 centim. et qui ont le plus de souplesse ; il les mouille, les unit, pour en former une mèche assez compacte, les place à la hauteur voulue sur un crochet formé par une feuille, les roule fortement autour de la tige d'un roseau, les dirige ensuite sur la tige voisine qu'il enroule également. En recommençant plusieurs fois avec le plus grand soin cette première opération, il rattache les unes aux autres les tiges des roseaux, comme on le ferait avec une ficelle ou plutôt une mèche de chanvre.

En continuant ainsi de bas en haut ce genre de travail, il arrive à tresser les parois du nid, comme un vannier une corbeille. Les tiges des roseaux n'ayant pas toujours à point des crochets comme il en faudrait, la Turdoïde englue de sa salive les herbes qu'elle roule autour des tiges et les fait ainsi très bien adhérer.

A ces ligaments des parois et surtout du fond sont également collées des herbes aplaties et des feuilles qui forment ainsi une espèce de cartonnage. Enfin, et pour que ces mélanges ne laissent rien à désirer, la Turdoïde y ajoute un peu de coton qu'elle cherche sur les végétaux les plus rapprochés.

C'est sur cette paroi d'un poids de 25 grammes qu'est posée la garniture intérieure composée de 11 grammes d'herbes très fines et des panicules soyeuses des roseaux.

Si pendant la construction quelques attaches ont eu l'air de faiblir, on les a multipliées d'autant plus, et il arrive ainsi que certains nids ont 22 et même 25 cent. de hauteur. Du reste, tous sont relativement profonds et épais. Il en résulte que les œufs et les petits ne sont pas exposés à souffrir de l'évaporation des eaux et à tomber, quand bien même les roseaux seraient très agités par le vent. Le bord supérieur, en raison de la flexibilité et de la mobilité des roseaux, est tressé et renforcé comme le haut d'un panier.

Tout est donc mis en œuvre pour que le berceau de la Turdoïde, quoique suspendu au-dessus de l'eau, en plein étang, ait autant de solidité que d'élasticité et de chaleur.

S'il n'y a pas de roseaux sur un étang, ce qui arrive quand il vient d'être mis en eau, la Turdoïde va, comme les Fauvettes, planter son nid sur un buisson des rives et surtout de la chaussée.

La construction de l'Effarvatte ne diffère sensiblement de celle de la Turdoïde que par le volume, le poids et la grosseur des matériaux. L'Effarvatte fait même preuve, dans certaines circonstances, d'une très grande habileté. Fréquentant le plus souvent les rives des eaux et des petits canaux, elle niche assez souvent sur

un arbuste, sur des branches qui penchent au-dessus d'une rivière ; alors elle fait
des prodiges d'équilibre. J'ai vu des nids reposer tout à la fois sur une brindille de
buisson et sur un roseau diversement inclinés, d'autres qui étaient suspendus
comme celui du Loriot.

*
* *

L'esquif de la Morelle ne se construit pas non plus sans peine et sans graves
préoccupations. Les joncs ayant moins de densité que l'eau restent à la surface
d'un étang, mais ce n'est qu'en en superposant un certain nombre qu'on obtient de
l'élévation. Il en faut même de deux à trois cents pour supporter à une hauteur
convenable une Morelle et ses œufs, soit un poids de 1200 grammes, 540 gr. pour
15 œufs et 660 pour la mère.

Or les joncs du nid dont je donnerai plus loin l'analyse pesaient complètement séchés 470 gr. ; ils s'élevaient à 13 cent. au-dessus de l'eau, et comme la
cuvette avait 6 cent. de profondeur, il y avait entre le niveau de l'eau et les œufs
une épaisseur de 7 centimètres.

Des tiges de ces joncs, longues de 70 à 80 cent. et ayant un diamètre de 1 cent.,
avaient été arrachées par l'oiseau, amenées les unes sur les autres et reliées entre
elles par leurs racines, leurs feuilles rugueuses et détrempées. Sur un bout renforcé de ce radeau avaient été disposées d'autres feuilles de ces joncs destinées à
la cuvette du nid ; ces dernières, desséchées, souples et flexibles, avaient été superposées, croisées et contournées de manière à former des bords assez solides et
assez élevés. L'espèce de queue de ce radeau servait de rampe pour monter et
pour descendre.

Si un pareil esquif avait été simplement placé à la surface même d'eaux dor-
mantes, le vent l'eût poussé d'un bout de l'étang à l'autre. Il en serait résulté un
éloignement du centre des éliminations à la charge de la Morelle, et une exhibition
fort dangereuse quand passent le Busard-harpaye et le Milan noir.

Aussi la Morelle avait eu soin de le construire au milieu d'un buisson de joncs,
en sorte que les joncs du pourtour du nid servaient d'amarres. Quand il y a une
grande profondeur, le nid est enchâssé dans un massif de roseaux.

Dans ces massifs de joncs et de roseaux, la Morelle trouve non seulement des
attaches et un abri pour son nid, mais encore des graines et des insectes, dont elle
est chargée d'empêcher la trop grande multiplication.

Dans un étang qui vient d'être mis en eau, il n'y a pas encore de végétation,
aussi on n'y voit pas les insectes, ni les petits animaux qui vivent des plantes aquatiques. C'est pourquoi les nids de Morelle y sont très rares.

Par cela même que cet oiseau construit à la surface d'un étang, il plonge et
disparaît facilement dans l'eau à l'approche d'un oiseau de proie. Il a même le
talent de ne reparaître que dans les herbages, de laisser son corps entièrement
submergé, de ne sortir que la tête et d'attendre ainsi que le danger soit passé. En
même temps, il pousse une note d'alarme et met en éveil tous les voisins.

*
* *

Avec des précautions du même genre, la Poule d'eau construit un nid, qui a quelque ressemblance avec celui de la Morelle.

Pour en composer le fond, les parois et la garniture intérieure, elle cherche et arrache au besoin des feuilles de joncs. Étant moins lourde que la Morelle, elle ne se croit pas obligée d'en réunir les tiges pour les fondations. Elle cherche ordinairement une touffe de joncs bien enracinés dans des eaux peu profondes, et offrant beaucoup de résistance. Au milieu de cette touffe, elle emboîte ses premiers et plus gros matériaux. Ensuite elle place et plaque les unes sur les autres des feuilles de joncs et d'arbre. En les mouillant et les pressant, elle obtient une certaine adhérence. Les feuilles de joncs composant les parois sont croisées et contournées de manière à donner toute la solidité désirable. Les plus minces et les plus souples sont naturellement réservées pour l'intérieur.

Ce nid, construit sur pilotis comme celui de la Morelle, se trouve ainsi fixé au sol et ne bouge pas plus que la touffe de joncs avec laquelle il fait corps.

Il est bon de remarquer que les nids de Morelle et de Poule d'eau ne sont faits que pour la période de la ponte et de l'incubation. A peine éclos, les petits vont à l'eau. Plusieurs fois, j'ai pris dans ma main des œufs qui s'agitaient, les petits faisaient de nouveaux efforts, ouvraient la coquille, se sauvaient, s'élançaient à l'eau, se mettaient à nager et même à plonger. Ils étaient alors d'autant plus intéressants qu'ils ont l'avant de la tête orné de plumes d'un rouge vif.

A ces considérations j'ajoute les chiffres de deux analyses.

	Morelle (*Fulica atra*)	Poule d'eau (*Gallinula chloropus*)
Diamètre de la cuvette.	19cm	13cm sur 12cm
Profondeur.	6	5
Largeur du nid	35	23
Hauteur du nid.	25	15
Hauteur du nid au-dessus de l'eau.	13	12
Hauteur du nid en dessous »	12	3
Longueur de la rampe.	50	»
Poids total du nid.	470gr.	65gr.

Les nids de Canards ressemblent d'autant plus à ceux de la Morelle et de la Poule d'eau que le plus souvent ils sont établis sur des touffes de joncs, sur les bords ou à la queue des étangs. » (Lescuyer.)

On a remarqué que le nid de la Rousserolle turdoïde (*fig.* 99) est établi toujours à une hauteur telle que les eaux, même en grossissant énormément, ne puissent l'atteindre : plusieurs observateurs ont remarqué que, certaines années, les Rousserolles nichent à une hauteur plus grande que celle des années précédentes ; or, un peu plus tard, les eaux grossissaient tellement que les nids auraient été submergés s'ils avaient été placés à la hauteur habituelle. L'oiseau aurait donc la prescience des inondations.

VI

Nids flottants.

Le nid du Foulque noir est quelquefois établi au bord de l'eau, dans les joncs ou entre les roseaux, mais souvent aussi il flotte librement à la surface de l'eau. L'extérieur en est fait de chaumes et de tiges de roseau ; l'intérieur est tapissé de substances analogues, plus fines, plus tassées et de joncs soigneusement entrelacés avec des feuilles.

*

L'Hydrofaisan de Chine et le Grèbe castagneux (*fig*. 100) construisent aussi un nid flottant avec des débris de grandes plantes aquatiques.

Fig. 100. — Nids de Grèbes castagneux.

VII

Nids en feuilles.

Certains oiseaux qui établissent leur nid dans une dépression du sol le garnissent exclusivement de feuilles. C'est le cas de la Lusciniole, qui compose son nid à l'aide de feuilles de roseaux régulièrement courbées comme des cercles et plaquées les unes contre les autres. C'est aussi le cas de la Bécasse (*fig.* 101). Dans un de ses nids observé par M. Lescuyer, il y avait quatre cent trente feuilles sèches de chêne et de tremble ; elles avaient été plaquées les unes contre les autres, ramassées à terre au moment de leur emploi, et alors, un peu mouillées et très flexi-

Fig. 101. — Nid de Bécasse.

bles, elles s'étaient prêtées facilement à cette opération. Elles avaient été du reste reliées par leurs queues et par quelques brindilles de bois et de mousse, et il en était résulté un feutrage d'une certaine adhérence. Tous ces matériaux pesaient 49 grammes. Le nid est très bien compris. Étant tout près d'un sol marécageux, les petits trouvent tout de suite une nourriture facile et abondante. Placé sur un terrain sec, ferme et en pente douce, il échappe aux infiltrations de l'eau. Entouré de petits obstacles, il préserve la mère de toute surprise et détourne l'attention et le passage de quelques ennemis. Le nid, enfin, établi dans un trou de terre, a toute la solidité possible. Composé d'un feutrage de feuilles sèches, il est d'une douce élasticité, et, le fond étant épais, la couveuse peut développer et concentrer sur ses œufs une chaleur de $+41°$ environ, malgré l'époque peu avancée de la saison où ils sont pondus.

VIII

Nids multiples.

Presque tous les oiseaux ne construisent qu'un nid. L'espèce dont nous allons parler en fabrique plusieurs, éloignés les uns des autres et placés dans des lieux bien cachés. On ignore l'utilité de cette habitude.

Le Tarin commun (*fig.* 102) commence son nid presque aussitôt après la période du rapprochement. « La femelle, dit Brehm, cherche une place favorable, et l'on ne peut assez admirer la prudence avec laquelle elle la choisit. Je n'ai jamais vu de nid de Tarin que sur les pins ou les sapins ; tous, ils étaient près de l'extrémité des branches, et si bien cachés que l'on comprend la croyance populaire qui les a taxés d'invisibles. L'un est établi sur une branche de pin couverte de lichens, et ce n'est que d'en haut que l'on peut reconnaître le nid à sa cavité, et souvent encore une petite branche vient-elle en masquer la vue ; d'en bas, de côté, le nid se confond entièrement avec les lichens. D'autres sont construits à la cime des branches, et dans un tel enlacement de rameaux, qu'un jour mon dénicheur, auquel j'avais bien indiqué la branche, n'aperçut le nid qu'à la distance de deux pieds, et ne le découvrit qu'après que sur mon conseil il eut écarté les rameaux. Il peut donc très bien se faire qu'une personne qui voit des Tarins construire leur nid, monte sur l'arbre qui le recèle, et ne le trouve pas. C'est ce qui a donné naissance à cette fable : que ces nids renferment de petites pierres qui les rendent invisibles. De plus, ils

Fig. 102. — Tarin.

sont établis à dix ou vingt brasses du sol, très loin du tronc de l'arbre, ce qui les rend encore plus difficiles à apercevoir et à atteindre. Aussi sont-ils invisibles jusqu'à un certain point, et si l'on ne voit les oiseaux les construire, ou y nourrir leurs petits, on ne peut les découvrir. Le nid est très vite achevé. Dans les deux couples que j'ai observés, le mâle prenait sa part de la besogne ; les deux époux arrivaient ensemble, l'un attendant l'autre, pour s'envoler de nouveau de compagnie. Ils cassaient de petites branches sèches pour faire la charpente du nid, et arrachaient la mousse des troncs d'arbres. A chaque fois, ils revenaient le bec rempli de matériaux. Il était très curieux de les voir arranger de la laine : ils la maintenaient avec une patte et la tiraient avec le bec, jusqu'à ce qu'elle fût toute effilée. Je les ai vus très affairés à cette construction le matin et l'après-midi. Dans d'autres cas, ce n'a été que la femelle qui était ouvrière ; mais le mâle volait toujours à côté d'elle. Pleins de confiance, ils n'ont aucune crainte si on les observe de très près ; mais souvent ils abandonnent un nid commencé pour en faire un autre. L'année dernière, je surpris une paire de Tarins qui faisait son nid sur un sapin ; je revins deux jours après sur les lieux, et je vis, non sans étonnement, la femelle travailler à un second nid, sur le même arbre. Cette particularité, qui est commune au Tarin et à la Fauvette grisette, rend encore plus difficile la recherche du nid. En 1819, je trouvai trois nids de Tarins, tous trois abandonnés ; mon dénicheur, de son côté, en découvrit un qui était pareillement délaissé. Le Tarin aime beaucoup l'eau ; on peut le conclure du lieu qu'il choisit pour nicher. Des trois nids que je vis en 1819, deux étaient près d'une grande mare, le troisième près d'un étang ; j'en trouvai un autre non loin du ruisseau. »

IX

Nids de mâles.

Nous parlerons plus loin des nids inachevés des Républicains que l'on croyait être des abris spéciaux pour les mâles, mais qui paraissent plutôt devoir être des nids abandonnés momentanément, mais destinés à être complétés plus tard.

Ces nids spéciaux aux mâles sont en effet des plus rares et leur existence est souvent sujette à caution. Un cas net se rencontre cependant chez la Penthérie à épaulettes jaunes, oiseau du groupe des « Veuves » qui vit dans l'Habesch. La femelle construit des grands nids, très profonds, constitués par des chaumes et dont l'orifice se prolonge par un petit couloir dirigé vers le bas. Tout à côté le mâle se construit un autre nid pour lui tout seul, nid qui diffère de celui de sa moitié en ce qu'il a deux couloirs au lieu d'un.

CHAPITRE XIV

Les Constructeurs de Radeaux

Des appareils tout à fait analogues à des radeaux sont construits par deux poissons, le Macropode de Chine (*fig.* 103) et le poisson Arc-en-ciel, que l'on peut tous
deux observer dans un aquarium.

« Lorsque le mâle du Macropode de Chine revêt sa parure de noce, les nageoires
impaires sont plus hautes qu'en temps ordinaire et se prolongent en filaments

Fig. 103. — Macropodes

ténus. Les nageoires ventrales s'allongent également, à cette époque, en une longue
soie suivie de plusieurs rayons véritables. La tête devient bleu verdâtre avec des
bandes ferrugineuses, et sur l'opercule existe une tache d'un bleu profond, cerclée d'une teinte orangée beaucoup plus vive, ce qui ne laisse pas de donner aux

animaux un aspect très curieux. N'a-t-il pas été domestiqué primitivement pour la beauté de sa parure ? Ce n'est pas toutefois le véritable intérêt qu'il nous présente ; au moment de la reproduction, l'animal déploie, en effet, une industrie tout à fait remarquable.

Le mâle s'occupe d'abord de la confection d'un abri pour recueillir les œufs. Cet abri est des plus singuliers. Pour le construire, il s'approche de la surface de l'eau et hume une bulle d'air. Après l'avoir maintenue un certain temps dans sa bouche, il la lâche, elle remonte et se maintient à la surface. Le poisson recommence alors la même manœuvre, met une seconde bulle à côté de la première, puis trois, quatre, et des centaines de bulles, formant ainsi un petit amas spumeux, qui flotte et se maintient parfaitement, attendu qu'en conservant l'air dans l'intérieur de sa bouche, l'animal, englüant par une espèce de mucus le gaz atmosphérique, a formé une sorte d'enveloppe qui empêche les bulles de se confondre les unes dans les autres. C'est l'abri sous lequel les œufs seront placés. Aussitôt que ce nid est terminé — il peut avoir alors une dimension de 7 à 10 cent. — le mâle attire les femelles au-dessous, les excite à pondre, et comme leurs œufs sont beaucoup plus légers que l'eau, ils montent et se placent au-dessous de l'amas de bulles d'air. Si, d'ailleurs, quelques-uns s'égarent en dehors, le mâle va les saisir avec ses mâchoires et les apporte au lieu convenable. Lorsqu'un certain nombre d'œufs, qui peut aller à cinq cents, d'après les observations de Carbonnier, se trouvent ainsi accumulés au-dessous de cet appareil, le mâle reste à les surveiller, la femelle ne s'occupant pas de ce soin le moins du monde, et la surveillance est des plus actives.

L'animal ne perd pas un instant de vue le soin des œufs dont il a charge ; de temps à autre, il s'occupe d'en modifier la disposition, prend ceux qui sont au milieu pour les mettre sur le bord, et réciproquement, son instinct lui indiquant sans doute que ces variations doivent en favoriser le développement. Lorsque le moment est arrivé de l'éclosion, le mâle n'abandonne pas encore sa progéniture ; les jeunes alevins sont maintenus pendant un certain temps au-dessous du nid et si quelques-uns s'écartent, le vigilant gardien les saisit aussitôt pour les rapporter et les maintenir jusqu'à ce qu'enfin les petits, ayant acquis assez de force, prennent, on pourrait dire, leur volée, et se mettent à nager librement. Le nid se détruit et le mâle l'abandonne.

Tous ces faits sont d'une observation facile ; ce poisson s'élève en effet très aisément. Le point délicat est de le tenir dans un milieu suffisamment chaud ; il faut pour bien faire que la température de l'eau de l'aquarium se maintienne entre 20 et 22 degrés. Pour presque tous ces poissons exotiques, de Chine et du Japon, la grande difficulté est toujours de leur restituer autant que possible les conditions climatériques des pays qu'ils habitent.

*
* *

Ce nid, quelque singulier qu'il puisse paraître, n'est cependant pas encore aussi curieux que celui du poisson Arc-en-ciel. Celui-ci en construit un qui se rapproche peut-être un peu plus d'un nid, comme on l'entend d'ordinaire.

Destiné à contenir des œufs de même nature que ceux du Macropode, c'est-à-dire des œufs flottants, il est constitué non plus par des bulles d'air, mais par des végétaux, par ces filaments verdâtres que l'on connaît sous le nom de conferves, et comme vous pouvez en voir dans toutes les mares. Ces filaments ont, à très peu près, la densité de l'eau, c'est-à-dire qu'ils flottent au milieu du liquide et même ont une tendance à gagner le fond. Or, d'après la nature de ses œufs, l'Arc-en-ciel doit faire son nid à la surface à l'instar du Macropode ; comment s'y prendra-t-il avec ces brins d'herbe qui ne veulent pas surnager ? Il emploie un moyen simple, mais surtout très ingénieux, c'est de charger ces brindilles de bulles gazeuses. Pour ce faire, on lui voit prendre de l'air, comme le Macropode dans sa cavité buccale, mais le pulvériser, l'expulser en une multitude de petites bulles, qui, adhérant à la conferve, la font monter à la surface. Après avoir répété, à plusieurs reprises, ce manège, il tresse les brins d'herbe les uns avec les autres au moyen de sa bouche, de manière à former un petit radeau. Lorsque sa construction a atteint deux ou trois cent. de diamètre, l'animal va encore prendre de l'air à la surface, et, sans l'envelopper de mucus comme le Macropode, il le lâche sous sa construction. Le nid est alors solide et peut se maintenir à la surface. L'animal continue de chercher des brins de tous les côtés, les place auprès des précédents et arrive à faire ainsi un disque qui peut avoir 10 cent. de diamètre. Il continue d'accumuler l'air, le centre s'élève formant une sorte de dôme. Le poisson prend alors de nouveau des conferves et les place sur le bord, les tressant les unes dans les autres avec beaucoup de force, de manière à établir tout autour de ce dôme central un bord plus solide ; le tout représente assez bien un chapeau, étant bombé à la partie moyenne et, tout autour, offrant une partie plane.

Ce nid enfin terminé, l'Arc-en-ciel comme le Macropode, amène les femelles et recueille les œufs pour les accumuler sous le dôme. Les soins qu'il en prend d'abord ne diffèrent guère de ce que fait le Macropode ; il reste là les surveillant pour les mettre tantôt dans une situation tantôt dans une autre. A un certain moment se révèle un instinct tout à fait singulier ; les œufs ne se trouveraient plus dans les conditions convenables pour leur développement, il devient nécessaire qu'ils ne soient plus plongés dans l'air qui soutenait le nid, mais immergés. L'animal se place à ce moment au centre et perce la partie supérieure du dôme, l'air s'échappe, les conferves retombent sur les œufs et le nid redescend dans l'eau.

C'est l'instant où les petits vont éclore, et il ne faut pas qu'ils sortent du nid. Pour simplifier le soin que prenait le Macropode de rattraper avec plus ou moins de peine ceux qui s'échappaient, l'Arc-en-ciel détruit le travail qu'il avait fait pour former tout autour un rebord solide, il enlève une partie des conferves, défait cet entrelacement et le change en une frange qui tombe tout autour de la partie centrale formant ainsi une barrière, laquelle s'oppose dans une certaine mesure à ce que les petits sortent aussi facilement. Au bout d'une vingtaine de jours, le fretin ayant une force suffisante, le mâle le laisse nager librement. » (L. Vaillant.)

*
* *

Au nombre des fabricants de radeaux, il convient aussi de citer un mollusque marin à coquille turbinée, la Janthine, qui ne peut se maintenir à la surface de l'eau que grâce à un flotteur (*fig.* 104), lequel se trouve fixé à son pied et qui est constitué par un amas de vésicules creuses, une « écume cartilagineuse » comme on l'appelait autrefois. Son mode de formation a été étudié par de Lacaze-Duthiers :

« Le flotteur est assez régulièrement formé ; les cellules qui le composent sont polyédriques par suite de la compression qu'elles exercent les unes sur les autres,

Fig. 104. — Janthine et son radeau.

mais elles sont toujours parfaitement sphériques dans celle de leur partie qui reste libre. Le pied est distinctement partagé en deux parties différentes. C'est la partie mobile antérieure qui construit le flotteur.

Voici comment : on la voit d'abord s'allonger en avant, puis se redresser et se porter en haut, aller à gauche et à droite et embrasser dans sa concavité, en se moulant sur elle, l'extrémité antérieure du flotteur qu'elle veut agrandir ; dans ses mouvements d'élongation, cette partie du pied prend souvent la forme d'une petite massue, surtout quand elle s'élève au-dessus de l'eau.

La position du pied sur l'extrémité du flotteur a été signalée par Adams, mais ce qu'il importe de suivre, c'est la succession des mouvements ou manœuvres de la partie antérieure du pied quand elle sort de l'eau et se rapproche du flotteur. On voit d'abord le pied s'allonger pour sortir de l'eau, dans une direction presque opposée à celle du flotteur, puis l'animal le porte en haut et le rend saillant au-dessus du liquide ; à ce moment l'organe présente vers son extrémité comme un godet, il se creuse en canal en rapprochant en dessous ses deux bords et en recroquevillant un peu sa partie antérieure.

Tous ces mouvements se suivent sans interruption ; on peut cependant, sans difficulté, en observer la succession. En s'étirant au-dessus de l'eau, puis en se recroquevillant, le pied enferme une bulle d'air autour de laquelle il sécrète une enveloppe de mucus ; en s'enfonçant ensuite vers le flotteur, il pousse cette vésicule contre l'extrémité antérieure. Les mouvements se répètent dans le même ordre, et les vésicules se trouvent ainsi accumulées. Le mucus, d'abord mou, acquiert bientôt dans l'eau une résistance plus grande, et peut alors produire l'impression d'une matière cartilagineuse. »

CHAPITRE XV

Les Confectionneurs de Bourriches

Fig. 105. — Nid du Geai.

Il est bon nombre d'oiseaux qui, pour construire leurs nids, ne s'adressent pas à des matériaux moelleux, comme les espèces décrites au Chapitre XIII. Ils se contentent de baguettes plus ou moins grossières : leurs nids ne sont plus, dès lors, d'élégants paniers, mais de vulgaires bourriches (*fig.* 105).

Tous les Rapaces diurnes (*fig.* 106 *et* 107), construisent de vastes nids en baguettes, soit sur des rochers, soit sur des arbres; ces nids sont grossiers et reçoivent plutôt le nom d'aires. A titre d'exemple des matériaux employés, voici la « dissection » d'un nid de Buse par Lescuyer :

42 baguettes en chêne desséché ayant une longueur de vingt à soixante centimètres et une épaisseur de un à trois centimètres . .	685^{gr}	
56 baguettes moins fortes (en chêne vert) . .	510	2315^{gr}
190 baguettes plus petites encore.	825	
12 baguettes de charme et de tremble. . . .	55	
35 bouts de branches vertes de hêtre	155	3125^{gr}
82 bouts de branches vertes de bouleau . . .	85	
Plaque de terre ayant en diamètre vingt-cinq centimètres et à la plus forte épaisseur cinq centimètres	810	
Garniture intérieure. — 120 brindilles de bouleau.	65^{gr}	
Écorce, radicelles, lichen, feuilles et fleurs de hêtre.	80	145^{gr}
Poussière et résidu provenant de cette démolition	280	
Total. . .	3550^{gr}	

Fig. 106. — Vautour condor.   Fig. 107. — Aigle.

Rapaces diurnes.

Fig. 108. — Nid de l'Aigle.

Grand diamètre du nid . . . . 75cm sur 50cm
Hauteur 27
Grand diamètre de la cuvette 25
Profondeur 11

« Pour former les fondations et le pourtour, il a fallu quarante-deux grosses baguettes en chêne. A l'intérieur de cette solide barrière, que l'oiseau avait su fixer et équilibrer dans l'enfoncement d'un chêne, ont été placées d'autres branches plus petites, et qui, en raison de leurs courbes et de leurs crochets, se sont parfaitement unies aux premières. Alors ont commencé d'ingénieux mélanges de cent quatre-vingt-dix brindilles de chêne, de trente-cinq de hêtre, de quatre-vingt-deux

Fig. 109. — Nid de l'Épervier.   Fig. 110. — Nid du Faucon.

de bouleau et de douze de charme et tremble, que le constructeur était allé choisir et cueillir sur les arbres voisins. Ce fascinage a été assez complet pour boucher les trous de la paroi. Grâce à la flexibilité du hêtre et du bouleau, de petits cercles ont été attachés dans tout le pourtour, et surtout à la partie supérieure, et la cuvette s'est régulièrement arrondie. Alors on a été chercher de la terre très compacte, dont on a garni le fond du nid, puis on l'a recouverte d'une composition de terre plus légère, de feuilles et d'écorces. Cette terre a servi de lest au bâtiment et a surtout empêché la chaleur de se perdre. Enfin est arrivée la dernière garniture, celle sur laquelle devaient être déposés les œufs; elle a été composée de brindilles de bouleau, et cette espèce de crin végétal a été lui-même entremêlé d'écorces, de racines, de lichens, de feuilles et de fleurs de hêtre. »

Tous les nids de Rapaces, par exemple ceux de l'Aigle (fig. 108), de l'Épervier

(*fig*. 109), du Faucon (*fig*. 110), se ressemblent; quelques-uns sont tapissés de chiffons à l'intérieur.

Les nids que la Cigogne (*fig*. 111) établit sur les toits, les cheminées ou les rochers, sont loin d'être artistiques, mais ils sont solides et servent plusieurs

Fig. 111. — Nids de Cigognes.

années de suite. Ils sont formés à l'extérieur de branches de la grosseur du pouce, d'épines, de mottes de terre et de gazon. Plus en dedans viennent des branches plus fines et des feuilles de roseau. Enfin l'intérieur est composé d'herbes sèches, de fumier, de chiffons, de plumes, de papier, de paille. Le mâle et la femelle en apportent bien les matériaux, mais la femelle seule les coordonne.

Le nid du Corbeau (*fig*. 112) ressemble de loin à un fagot posé à la cime d'un arbre. Il est très grossier, mais, néanmoins, fort bien compris au point de vue architectural, car il est solide et résiste au vent, auquel cependant, par sa position même, il est très exposé. Lescuyer a fait sur lui des observations intéressantes.

« En voici, dit-il, les dimensions ordinaires :

Grand diamètre extérieur (des gros brins) . . . .   40 cm
      —   —   (des petits brins).   30
Hauteur totale   26
Diamètre de la cuvette. . . . .   19 cm sur 19 cm
Profondeur de la cuvette   10

Fig. 112. — Nids de Corbeaux.

La mère peut, pendant 20 jours que dure l'incubation, se cacher et surtout ne pas attirer l'attention de ses ennemis.

Elle peut, avec la même sécurité, recouvrir ses petits jusqu'au jour où ils seront entièrement emplumés.

Sous le rapport de la solidité, cet édifice est à toute épreuve, et il dure des années ; aussi, il est utilisé par les oiseaux de proie, par les Buses, les Faucons-Cresserelles, les Éperviers, les Moyens-Ducs.

J'ai même vu dans un de ces nids perché sur un chêne, au bord d'un étang, une ponte de Canards sauvages. On sait qu'en cette occasion et dans d'autres cas semblables, la mère prend dans son bec le petit naissant et qu'elle le porte à l'eau : j'ai connu une Cane qui s'était établie sur une tête de saule à 700 mètres d'un étang situé dans la plaine, et assurément le jour où elle a installé son nid, elle a dû prévoir que plus tard (quarante jours après) elle serait obligée de transporter ses petits dans des eaux aussi éloignées ; mais revenons au Corbeau.

Il se trouve donc qu'il est l'architecte principal pour beaucoup d'oiseaux. Malheureusement pour lui, son talent est connu, et bien des fois il est arrivé que des Cresserelles, ne voyant pas de vieux nids et trouvant très commode de n'en pas faire, ont chassé le Corbeau de sa demeure, recouvert ses œufs de quelques herbes et préparé une place pour ceux qu'ils avaient à pondre. J'ai plusieurs fois constaté ce fait.

Le nid de Corbeau se compose à sa base et dans le pourtour extérieur de baguettes très bien enlacées, et à l'intérieur, d'un revêtement en herbes fines parfaitement tassées et lissées. Pour cimenter les baguettes et les herbes, ces oiseaux emploient la terre, l'écorce d'arbre, la mousse ; ils y ajoutent quand ils le peuvent, pour donner de la chaleur, du poil de lièvre, de sanglier, de la laine.

Aussi quand on grimpe sur un arbre, et que dans cette solide et magnifique coupe on aperçoit six œufs d'un vert clair pointillé de taches brunes, on jouit vraiment d'un charmant coup d'œil, et on comprend qu'à tous les points de vue cette résidence aérienne soit très attrayante pour les père et mère et pour les petits.

Remarquons encore que les nids de ce Corbeau sont en général sur la lisière d'un bois à proximité de la plaine dans laquelle il est appelé à pratiquer l'élimination. Il n'est cependant pas sans intérêt de savoir ce qu'il faut de matériaux à cet oiseau pour construire un si bel édifice.

En voici le détail d'après une analyse que j'ai faite :

82 baguettes ayant, en diamètre, un centimètre, et en longueur, 0,40 cent.	580 gr
90 baguettes beaucoup plus petites	85
Écorces d'arbre découpées en petites bandes et en filaments . .	257
14 très petites racines d'arbre.	42
55 racines de chiendent	14
Quelques brins de paille	4
Laine . . . . 14 gr	
Poils de vache. 5	67
Poils de lièvre, de lapin et de chat 48	
Mousse.	4
Ficelle et linge	5
Petites boulettes de terre pour attache.	70
Total :	1 128 gr

L'emploi des baguettes n'est nullement incompatible, non seulement avec la solidité, mais encore avec l'élasticité, la douceur et la beauté du nid. »

Pendant qu'il construit son nid, le Corbeau est très méfiant; il n'est pas rare de le voir l'abandonner quand il se sent épié. Mais une fois le nid construit, il y est très attaché et y reste même quand on vient enlever les œufs au fur et à mesure qu'ils sont pondus ou même les petits quand ils sont nés.

Le nid de la Corneille ressemble à celui du Corbeau, sauf qu'il est plus petit. Les branches sèches qui en forment l'extérieur sont souvent reliées par de l'argile. L'intérieur est grossièrement rembourré avec de la laine, des poils, des soies de porc, des fragments d'écorces, des brins d'herbes, des mousses, des chiffons, etc.

Le Casse-noix fait de même, mais établit de préférence son nid au milieu des touffes de gui. « Quelquefois, il s'approprie les bauges des Écureuils, avant qu'elles renferment les petits : il les aplatit pour leur donner la forme de nid et garde toujours pour l'intérieur des matières mollettes, les lichens et la mousse qui étaient déjà destinés à recevoir la portée des Écureuils qu'il vient d'en déloger. Le nid du Casse-noix est fait en dehors avec de très petites branches de hêtre et de sapin, recouvertes en dedans de lichens, de la longue mousse des vieux pins et sapins et d'herbes fines ; les branches sont parfois réunies entre elles par une espèce de ciment formé avec de la poussière des arbres vermoulus, gâchée avec de la terre boueuse ; dans ce cas, le double contour du nid se trouve également garni de mousse, de foin et même de duvet de fleurs, surtout de tussilages et d'aigrettes de chardons. La femelle pond trois, quatre ou cinq œufs blanchâtres ou d'un blanc tirant presque sur le bleuâtre. » (Bailly.)

*
* *

Tous les nids que nous venons d'étudier dans ce chapitre sont l'œuvre des oiseaux ; on peut en rencontrer aussi chez les mammifères.

L'industrie des Singes anthropoïdes est très rudimentaire, du moins quant à leurs habitations, ce qui tient peut-être à ce qu'ils vivent dans des forêts où les fourrés et le couvert des bois leur constituent en quelque sorte des habitations naturelles.

Les Gorilles (*fig* 113) se font une couchette grossière à l'aide de sorte de roseaux étalés sur le sol, parallèlement les uns aux autres. Rarement ils nidifient sur des troncs d'arbre très volumineux, et toujours bien près du sol.

Les Chimpanzés (*fig.* 114) (*Troglodytes niger*) sont plus industrieux et établissent leur demeure sur les arbres. « L'animal fait d'abord choix d'une grosse branche horizontale sur laquelle il doit se tenir. Elle constitue un plancher suffisant pour l'agile animal. Au-dessous de cette branche il fléchit les rameaux voisins, les croise, les entrelace, de manière à obtenir une sorte de charpente. Cet ouvrage préliminaire accompli, il recueille du bois mort ou brise des branchages, et les ajoute sur les premiers. Avant de rien commencer il a pris soin, en choisissant son emplacement, que tout fût disposé de façon qu'une fourche soit à sa portée pour soutenir son toit. Il arrive ainsi à se faire un abri très suffisant. Ces grands singes sont sociables et vivent volontiers dans le voisinage les uns des autres. Ils vont même en excursions par bandes assez nombreuses. Malgré cela, on ne voit jamais plus d'une ou deux de ces cabanes sur le même arbre ; peut-être est-ce à cause des conditions compliquées requises pour la construction, et qui ne peuvent, d'après les probabilités, être réalisées plusieurs fois sur un seul arbre ; peut-être est-ce aussi un certain désir d'indépendance qui pousse les Chimpanzés à ne pas vivre trop côte à côte. Le *Troglodytes calvus*, un parent du précédent et qui habite les

Fig. 113. — Nid du Gorille.

mêmes régions, montre plus d'habileté encore en édifiant son toit. C'est toujours un arbre qui est choisi pour support. Il brise des rameaux et les attache par une extrémité au tronc, par l'autre à une grosse branche. Il emploie pour fixer toutes ces pièces des lianes très résistantes, et qui croissent en abondance dans les forêts où il vit. Au-dessus de cette charpente, dont la construction indique une remarquable ingéniosité, l'animal entasse de larges feuilles, en couches bien pressées et tout à fait impénétrables à la pluie. L'ensemble a l'apparence d'un parasol ouvert.

Le Singe s'assied sur une maîtresse branche, située au-dessous de son ouvrage, et il se tient au tronc avec un bras. Il a ainsi un excellent abri contre le soleil de midi, et contre les diluviennes averses des tropiques. Le mâle et la femelle possèdent chacun leur demeure sur deux arbres voisins, le principe de la cohabitation des époux n'étant point admis chez ces espèces. Quant au petit, il est vraisemblable

Fig. 114. — Chimpanzé.

qu'il couche près de sa mère, tant qu'il n'est point encore d'âge de mener une vie indépendante. » (F. Houssay.) En général, les demeures des Chimpanzés sont construites à peu de distance du sol.

On a longtemps discuté pour savoir si oui ou non l'Orang-Outang (*fig.* 115) se bâtissait un nid. On sait aujourd'hui d'une manière certaine que ce dernier existe et ressemble assez bien à l'aire des grands rapaces : c'est dire que, contrairement à celui des Chimpanzés, il est dépourvu de toit. Il y a quelques années, M. le professeur Selenka en a envoyé un à l'Académie de Berlin. Ce nid était accompagné de la notice suivante : « Le nid que je vous adresse était placé à 11 mètres du sol, sur le tronc fourchu d'un arbre haut de 14 mètres, et dont le tronc mesurait 32 centimètres au pied. Il a été trouvé à Moalang, sur les bords du Katungau, affluent du Kapuas. Deux Dajacks montèrent sur l'arbre et attachèrent les branches composant le nid dans la place même que leur avait donnée l'Orang-Outang, et de façon que le nid pût être un peu replié latéralement pour faciliter le transport, mais il reprendra sa largeur primitive, dès que les liens seront enlevés.

Ceux-ci devront être coupés du côté du dessus du nid, qu'on reconnaîtra aux feuilles qui le garnissent, car l'Orang-Outang couvre son nid de rameaux feuillus et même de feuilles arrachées. Les branches qui en composent la base sont simplement placées l'une sur l'autre et jamais enchevêtrées. Chaque soir ou chaque second soir, l'animal se construit un nouveau nid, ordinairement sur des arbres peu élevés, jamais sur de très hauts. En traversant les forêts, on peut apercevoir par jour, une douzaine de ces nids que les grands vents finissent par détruire. »

Georges Pouchet a donné la description du nid en question. Celui-ci, dit-il, mesure 1 m. 42 de long sur 27 à 80 cent. de large et 20 cent. d'épaisseur. Il est composé de vingt à vingt-cinq branches placées généralement dans le même sens et l'une sur l'autre. Beaucoup sont parallèles, d'autres font un angle peu ouvert. La plupart sont cassées avec leurs deux bouts rapprochés, une seule de celles qui soutiennent le nid avait été coupée avec un instrument tranchant, les autres ont été arrachées. Celle-là a deux centimètres de diamètre ; celles-ci mesurent de 1 à

Fig. 115. — Orang-Outang.

3 centimètres. Elles portent encore leurs feuilles desséchées ; le nid est recouvert en outre de feuilles du même arbre, ovales, longues de 10 à 26 centimètres. Elles appartiennent à une espèce de shorea, essence qui pousse dans toutes les îles de l'archipel indien. Si l'on compare les dimensions du nid envoyé par le professeur Selenka à la taille d'un Orang-Outang adulte, on voit qu'il est bien proportionné à l'animal. Il ne faut pas oublier que l'Orang-Outang en liberté dort sur son nid, comme il fait en captivité, avec les jambes repliées et les bras croisés sur le ventre. Les célèbres « nids » des Orangs-Outangs ne sont donc en aucune façon des huttes habilement construites et bien closes, où le couple élèverait son petit ; ce sont des lits pour dormir.

Un marsupial de la Nouvelle-Galles du Sud, le Chéropé sans queue, se fabrique un nid avec des feuilles et des herbes sèches ; il l'établit sous un buisson, en un point si bien caché que l'œil le plus vif ne peut l'apercevoir.

CHAPITRE XVI

Les Incrusteurs

Je réunis sous le nom d'incrusteurs des animaux dont le corps sécrète une cuticule, un tuyau beaucoup trop mince pour les protéger et sur lequel ils collent eux-mêmes, ils incrustent pour leur donner de la solidité, des corps étrangers. Dans la même catégorie rentrent ceux qui se font un nid en agglutinant des particules solides, soit avec du mortier, soit avec leur salive.

Le type de ces incrusteurs se rencontre chez les Térébelles. Ce sont des Vers marins, au corps extrêmement mou, et dont la tête est ornée d'une grande quantité de tentacules démesurément longs qui les font ressembler à la tête de Méduse de la mythologie. Ces jolies Térébelles sont enveloppées dans un long étui formé de toutes sortes de matériaux, assemblés un peu irrégulièrement, et surtout de débris de coquilles. Ces tubes sont enfouis dans le sable ou fixés à la surface d'une pierre.

Fig. 116. — Térébelle dans son étui.

L'animal peut y rentrer entièrement, mais en temps de repos, il laisse s'étaler dans l'eau sa tête et ses tentacules, filaments pêcheurs, qui vont capturer les bestioles dont la Térébelle se nourrit. Lorsque les tubes sont enfoncés dans le sable, l'extrémité qui sort dans la mer est garnie de franges canaliculées, et formées également de débris. L'intérieur des tubes est parcheminé.

Ehlers a décrit la méthode employée par la Térébelle coquillère pour construire ses tubes (fig. 116) : « Dans un petit aquarium bien aéré, j'ai pu conserver vivants ces animaux inclus dans leurs tubes, et j'ai eu l'occasion d'observer de quelle manière ces Vers procèdent à leurs constructions. Elle diffère suivant que l'animal est en captivité ou en liberté. Dans l'aquarium où les tubes sont couchés, les Vers construisent des appendices filiformes aux deux orifices, tandis qu'en liberté ils n'en placent qu'à l'extrémité qui émerge du sol. A l'occasion, l'animal établit un nouveau tube cylindrique au delà de l'ancien orifice muni de ses appendices ; le fait eut lieu en liberté aussi bien que dans l'aquarium. Dans ce dernier cas, les Vers n'avaient pas le choix des matériaux ; mais tous les tubes que j'ai extraits étaient composés de grains de sable, exclusivement, dans la partie plongée dans le sol ; leur partie libre seulement était revêtue de matériaux les plus divers.

Les Vers étendent, hors de l'un des orifices du tube, leurs longues antennes, pour aller à la recherche de leurs matériaux. Lorsque je leur présentais un fragment plus gros, une petite pierre, un débris de coquillage, l'objet était saisi par un nombre variable de bras qui l'entraînaient dans le tube, jusqu'à l'animal qui y était attaché ; les bras, généralement, disparaissaient en même temps. Les morceaux de verre n'étaient point saisis la plupart du temps. Bientôt toute la masse des bras reparaissait hors du tube, suivie de l'extrémité antérieure du Ver qui portait le morceau précédemment introduit, en partie à l'aide de son lobe céphalique, mais principalement à l'aide de l'écusson ventral des segments antérieurs ; les bords de l'écusson semblaient encadrer l'objet partiellement. Le Ver s'élevait, en tâtonnant, jusqu'à l'orifice du tube et disposait à l'endroit choisi le fragment qui était alors lâché ; l'animal se retirait rapidement dans son tube, et l'objet aggluté se trouvait fixé à sa place. Je vis s'agglomérer ainsi, avec des aspects très variés, des grains de sable et de petits fragments qui se fixaient autour de l'orifice du tube. Rarement, lorsque sans doute les fragments agglutinés n'étaient pas suffisamment consolidés, le Ver soulevait son lobe céphalique et ses écussons ventraux antérieurs, au-dessus des constructions nouvelles, pour leur donner plus de solidité en les revêtant d'une seconde couche de matière visqueuse.

Lorsqu'on présentait au Ver un morceau trop gros pour pénétrer dans le tube, l'extrémité antérieure de l'animal s'élevait à l'aide de ses antennes jusqu'à l'objet appliqué sur l'orifice, et le Ver frottait la face ventrale de la région antérieure de son corps sur l'objet, qui se trouvait alors accolé au tube.

De mes observations résulte que, pendant la construction du tube, les antennes, qui sont traversées dans toute leur longueur par une cannelure ciliée, ne servent qu'au choix des matériaux ; on s'en convainc surtout quand on voit l'animal chercher, à l'aide de ces organes, des grains de sable fin dans la vase, et les porter ensuite jusqu'à son extrémité céphalique. Mais, pour la construction même, ce ne sont pas les antennes qu'il emploie. Les particules isolées sont fixées par une matière visqueuse, qui durcit rapidement et que l'animal apporte du fond de son tube jusqu'au fragment à consolider. Cette matière est sécrétée par des glandes tégumentaires nombreuses, surtout sur la surface ciliée du lobe céphalique et des lobes latéraux des autres segments, ainsi que sur les écussons ventraux et sur les antennes. Elle est apportée sans doute par les lèvres, qui entourent l'orifice buccal, jusqu'au fragment saisi par le lobe céphalique. J'ai pu m'en assurer en retirant de son tube un Ver qui se vit forcé de se reconstruire au plus vite un nouvel abri. Un fragment de verre que je lui présentai fut saisi par le lobe céphalique, puis appliqué contre la bouche ; lorsque je le retirai, je le trouvai recouvert d'une couche membraneuse, identique à la matière visqueuse que le Ver emploie dans ses constructions et qui constitue la paroi interne de son tube. Le fragment ainsi enduit de matière visqueuse est appliqué à l'endroit que le Ver a choisi, au moyen des écussons ventraux et du lobe céphalique, soit qu'il s'agisse d'agrandir le bord du tube, ou de le munir d'appendices filiformes, soit qu'il s'agisse de réparer des dégâts, tels que ceux que j'ai produits en découpant de petites portions de tube. »

Rymer-Jones a étudié les mœurs d'une autre espèce, la Térébelle potier : « Le matériel servant à la construction des tubes de la Térébelle potier se compose essentiellement de vase. Lorsqu'on a extrait l'animal de son tube, il se rétracte et s'enchevêtre étroitement. Mais bientôt, les filaments tactiles se mettent à chercher autour d'eux tous les objets qu'ils peuvent attirer. Quand ces Térébelles, comme la plupart des autres espèces, se sont reposées dans la matinée, elles travaillent pendant le jour ; mais c'est le soir qu'elles déploient le plus d'assiduité. Un certain nombre de filaments tactiles saisissent la vase, d'autres prennent des grains de sable, d'autres guettent des fragments de coquilles, et tout ce qui est recueilli ainsi est amené jusqu'au corps du Ver, par la contraction des antennes isolément. Pendant ce travail, accompli par les filaments tactiles, la partie antérieure du corps se soulève environ 15 à 20 fois par minute et produit un mouvement d'ondulations rapides d'arrière en avant ; mais alors apparaissent 10 à 12 particules de matériaux de construction, qui ont probablement été dirigés dans la bouche, et qui sont ensuite fixés au bord du tube. La lèvre inférieure semble polir cette partie nouvelle et l'agglutiner avec le reste de la construction. Il paraît hors de doute, à présent, que les matériaux sont avalés d'abord. Il est surprenant de voir l'attention d'un artisan aussi infime que ce Ver, se porter à la fois sur tant d'occupations diverses. Une partie des antennes recherche les matériaux, une autre les rassemble et les saisit, une troisième les porte dans l'habitation, quelques-unes déposent leur fardeau, d'autres reprennent la charge qu'elles ont dû lâcher, et pendant tout ce temps l'artisan lui-même est très activement occupé à pétrir dans sa bouche les matériaux, à les rejeter, à les mettre en place, enfin à polir la paroi encore rugueuse qui vient à peine d'être construite. »

D'autres Térébelles, la Térébelle nébuleuse, par exemple, ne se construisent que des tubes temporaires : elles aiment à changer de demeure.

A citer encore, parmi les Vers, les Pectinaires, dont les étuis sont véritablement merveilleux par leur régularité : les grains qui les composent sont à peu près de même dimension et disposés de manière à former une surface lisse ; à la loupe, cela paraît une fort belle marqueterie. Ces étuis sont fréquemment rejetés sur la grève ; sur la plage de Boulogne, par exemple, on peut en recueillir des milliers.

* *
*

Un mollusque, la Lime bâillante (*fig.* 117), peut aussi être considéré comme animal incrusteur. Comme la Moule, chez laquelle le fait est connu de tout le monde, la Lime est pourvue d'un byssus, c'est-à-dire d'un amas de filaments cornés qui, suivant l'expression populaire, ressemble à de la barbe. La Lime a imaginé, pour se protéger de ses ennemis, de fixer à ses filaments du byssus de nombreux corps étrangers, de manière à faire un véritable nid qui l'entoure presque de toutes parts. « Lorsque pendant le mois de mai 1850, raconte O. Schmidt, je collectionnais des mollusques à l'aide du filet, dans le fjord de Bergen, je ne savais pas encore qu'il existât des coquilles nidifiantes. J'y recueillis un jour une masse qui mesurait environ 12 centimètres de diamètre et qui paraissait extérieurement peu bosselée. Elle était composée de petites pierres et de fragments de coquillages ; au premier coup d'œil on reconnaissait qu'elle était consolidée par un fouillis de ligaments bruns et jaunâtres. « Un nid de coquillage ! » s'écrièrent nos rameurs, et, précisément, comme je retournais ce paquet, je vis bâiller à travers une fente assez étroite la coquille blanche de la Lime bâillante. J'extirpai l'animal de son nid, et l'ayant placé dans un verre assez large, je ne pus me lasser de contempler la magnificence de son manteau et la vivacité de ses mouvements. La coquille allongée, à valves

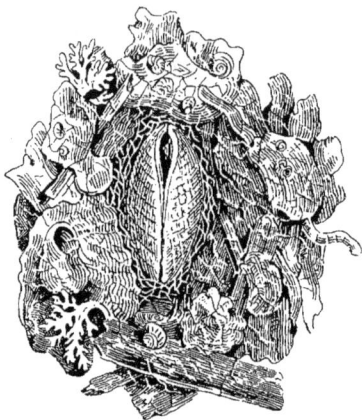

Fig. 117. — Nid de Lime bâillante.

semblables, est du blanc le plus pur ; elle s'ouvre aux deux extrémités et surtout à l'avant, et laisse émerger une foule de franges orangées appartenant au manteau.

Quand l'animal est au repos, celles-ci présentent les mouvements vermiculaires les plus variés, et quand il exécute ses mouvements de natation tout à fait spéciaux, elles traînent derrière lui, ainsi qu'une queue couleur de feu. A peine a-t-on placé ce coquillage en liberté dans l'eau, qu'il ouvre et referme ses valves avec violence, et nage ainsi par saccades dans toutes les directions. Dans ces mouvements, quelques-unes de ces belles franges sont détachées ; mais elles paraissent acquérir par là une vitalité spéciale, car elles continuent, sur le fond du vase, leurs contorsions spontanées, comparables à celles des Lombrics. Ce phénomène, lorsque l'eau est entretenue fraîche, peut durer deux heures. Lorsque l'animal reste dans son nid, il laisse flotter, à travers l'ouverture du nid, d'épaisses touffes de franges qui émanent du bord interne du manteau fendu presqu'entièrement. Ces franges, recouvertes de cils vibratiles très actifs, servent évidemment à amener de petites proies microscopiques, ainsi que l'eau nécessaire à la respiration. On ne s'explique pas pourquoi ce coquillage, si actif, habite dans un nid qu'il ne quitte évidemment pas.

Examinons le nid d'un peu plus près. L'animal assujettit, au moyen de filaments de byssus, d'une espèce grossière, une foule d'objets situés dans son voisinage. Les nids que j'ai vus en Norwège étaient composés seulement de petites
pierres légères et de petits fragments de coquillages; celui que M. Lacaze-Duthiers
a trouvé dans un lieu peu profond du port de Mahon, était formé de matériaux
bariolés, tels que bois, pierres, coraux, coquilles de Gastropodes, etc., qui lui donnent un aspect beaucoup moins léger que ceux que j'ai observés. On n'a pas,
encore vu la Lime construire son nid ; mais comme on peut constater aisément,
chez les Mytilacées, que l'animal possède la faculté de détacher à son gré les filaments du byssus, on doit attribuer la même propriété à la Lime bâillante.

Après avoir aggloméré les grossières parois de sa retraite et après avoir assem-
blé au moyen de centaines de filaments les pierres de sa construction, l'animal en
tapisse l'intérieur à l'aide d'un tissu plus fin, et à ce point de vue sa demeure
rappelle les nids d'oiseaux très fins et très douillets à l'intérieur, et dont l'extérieur
est plus grossier. Ce nid constitue, pour l'animal, peu abrité par sa coquille entre-
bâillée, un abri sûr, qui écarte les poissons de proie les plus rapaces. D'après la
façon dont les Limes pénétrèrent à plusieurs reprises dans mes filets, en Norwège,
à 20 et 30 pieds de profondeur environ, je suis
porté à admettre qu'à une profondeur plus
grande, où elles ne sont troublées ni par les
vagues ni par les courants, elles ne recherchent pas tout d'abord sous les grosses pierres
un emplacement pour leurs nids. Ceux que le
zoologiste français a recueillis à Mahon, se
trouvaient tous dans une eau plus profonde,
et à l'abri de grosses pierres. Desséchés, les
filaments qui réunissent ces matériaux deviennent très cassants ; aussi ces nids, quoique
peu rares, sont très difficiles à conserver dans
les collections. »

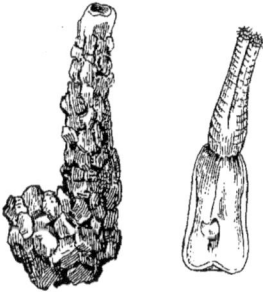

Fig. 118. — Gastrochène modioline.
A gauche : revêtu de son étui.
A droite : débarrassé de son étui.

Un autre mollusque, le Gastrochène mo-
dioline (*fig.* 118) rassemble aussi autour de son corps un étui de petites pierres,
dont l'ensemble a la forme d'une bouteille, ouverte seulement à l'extrémité du
goulot. La face extérieure de cette sorte de nid est très rugueuse.

**
* **

Les insectes incrusteurs sont assez nombreux.

Les larves des hyménoptères du genre *Bember* vivent dans le sable et, pour
éviter les éboulis, sont obligées de se construire uncocon en sable agglutiné avec
leur soie.

Son mode de formation a été admirablement décrit par Fabre. « Trois méthodes générales sont employées par les hyménoptères fouisseurs dans la confection
de l'habitacle où doit s'effectuer la métamorphose. Les uns creusent leurs terriers

à de grandes profondeurs, sous des abris ; leur cocon est alors composé d'une seule enceinte, assez mince pour être transparente. Tel est le cas des Philantes et des Cerceris. D'autres se contentent d'un terrier peu profond, dans un sol découvert ; mais alors tantôt ils ont assez de soie pour multiplier les assises du cocon, comme le font les Sphex, les Ammophiles, les Scolies ; tantôt la quantité de soie étant insuffisante, ils ont recours au sable agglutiné, ainsi que le pratiquent les Bembex, les Stizes, les Palares. On prendrait le cocon des bembeciens pour le robuste noyau de quelque semence, tant il est compact et résistant. Sa forme est cylindrique, avec une extrémité en calotte sphérique et l'autre pointue. Sa longueur mesure une paire de centimètres. A l'extérieur, il est légèrement rugueux, d'aspect assez grossier, mais en dedans la paroi est glacée d'un fil verni.

Mes éducations en domesticité m'ont permis de suivre dans tous ses détails la construction de cette curieuse pièce d'architecture, vrai coffre-fort où se bravent en sécurité les intempéries. La larve repousse d'abord autour d'elle les débris de ses vivres et les refoule dans un coin de la cellule ou compartiment que je lui ai ménagé dans une boîte avec des cloisons de papier. L'emplacement nettoyé, elle fixe aux diverses parois de sa demeure des fils d'une belle soie blanche, formant une trame aranéeuse qui maintient à distance l'encombrant monceau des restes alimentaires, et sert d'échafaudage pour le travail suivant.

Ce travail consiste en un hamac suspendu loin de toute souillure, au centre des fils tendus d'une paroi à l'autre. La soie seule, magnifiquement fine et blanche, entre dans sa composition. Sa forme est celle d'un sac, ouvert à un bout d'un large orifice circulaire, fermé à l'autre et terminé en pointe. La nasse des pêcheurs en donne une assez fidèle image. Les bords de l'ouverture sont maintenus écartés et toujours tendus par de nombreux fils qui en partent et vont se rattacher aux parois voisines. Enfin le tissu de ce sac est d'une finesse extrême, qui permet de voir par transparence toutes les manœuvres du Ver.

Les choses depuis la veille se trouvaient en cet état, lorsque j'ai entendu la larve gratter dans la boîte. En ouvrant, j'ai trouvé ma captive occupée à râtisser, du bout des mandibules, la paroi de carton, le corps à moitié hors du sac. Déjà le carton était profondément entamé, et un monceau de menus débris était amassé devant l'orifice du hamac pour être utilisé plus tard. Faute d'autres matériaux, le Ver aurait sans doute fait emploi de ces râtissures pour sa construction. J'ai jugé plus à propos de la servir suivant ses goûts et de lui donner du sable. Jamais larve de Bembex n'avait construit avec des matériaux aussi somptueux. Je versai à la prisonnière du sable à sécher l'écriture, du sable bleu semé de paillettes dorées de mica.

La provision est déposée devant l'orifice du sac, situé lui-même dans une position horizontale, ainsi qu'il convient pour le travail qui va suivre. La larve, à demi penchée hors du hamac, choisit son sable presque grain par grain, en fouillant dans le tas avec les mandibules. Si quelque grain trop volumineux se présente, elle le saisit et le rejette plus loin. Quand le sable est ainsi trié, elle en introduit une certaine quantité dans l'édifice de soie en le balayant de sa bouche .

Cela fait, elle rentre dans la nasse et se met à étendre les matériaux en couche uniforme sur la face intérieure du sac ; puis elle agglutine les divers grains et les enchâsse dans l'ouvrage avec de la soie pour ciment. La face supérieure se bâtit avec plus de lenteur ; les grains y sont portés un à un et aussitôt fixés avec le mastic soyeux. Ce premier dépôt de sable n'embrasse encore que la moitié antérieure du cocon, la moitié se terminant par l'orifice du sac. Avant de se retourner pour travailler à la moitié postérieure, la larve renouvelle sa provision de matériaux et prend certaines précautions afin de ne pas être gênée dans son œuvre de maçonnerie. Le sable extérieur, amoncelé devant l'entrée, pourrait s'ébouler dans l'enceinte et entraver le constructeur dans un espace aussi étroit. Le Ver prévoit l'accident : il agglutine quelques grains et fabrique un rideau grossier de sable qui bouche l'orifice d'une manière bien imparfaite, mais suffit pour empêcher l'éboulement. Ces précautions prises, la larve travaille à la moitié postérieure du cocon. De temps à autre, elle se retourne pour s'approvisionner au dehors, elle déchire un coin du rideau qui la protège contre l'envahissement du sable extérieur ; et, par cette fenêtre, elle happe les matériaux nécessaires.

Le cocon est encore incomplet, tout ouvert à son gros bout ; il lui manque la calotte sphérique qui doit le clore. Pour ce travail final, le Ver fait une abondante provision de sable, la dernière de toutes ; puis il repousse le tas amoncelé devant l'entrée. A l'orifice une calotte de soie est alors tissée et parfaitement raccordée à l'embouchure de la nasse primitive. Enfin sur cette fondation de soie, les grains de sable, tenus en réserve à l'intérieur, sont déposés un à un et cimentés avec la bave soyeuse. Cet opercule terminé, la larve n'a plus qu'à donner le dernier fini à l'intérieur de l'habitacle et à glacer les parois d'un vernis qui doit protéger sa peau délicate contre la rugosité du sable.

Le hamac de soie pure et l'hémisphère qui plus tard le ferme ne sont, on le voit, qu'un échafaudage destiné à servir d'appui à la maçonnerie de sable et à lui donner une régulière courbure ; on pourrait les comparer aux cintres en charpente que les constructeurs disposent pour bâtir un arceau, une voûte. Le travail fini, la charpente est retirée, et la voûte se soutient par son propre équilibre. De même, quand le cocon est achevé, le support de soie disparaît, en partie noyé dans la maçonnerie, en partie détruit par le contact de la terre grossière ; et aucune trace ne reste de l'ingénieuse méthode suivie pour assembler en édifice d'une parfaite régularité des matériaux aussi mobiles que le sable.

La calotte sphérique formant l'embouchure de la nasse initiale est un travail à part, rajusté au corps principal du cocon. Si bien conduits que soient le raccordement et la soudure des deux pièces, la solidité n'est pas celle qu'obtiendrait la larve en maçonnant d'une manière continue l'ensemble de sa demeure. Il y a donc sur le pourtour du couvercle une ligne circulaire de moindre résistance. Mais ce n'est pas là vice de structure ; c'est, au contraire, nouvelle perfection. Pour sortir plus tard de son coffre-fort, l'insecte éprouverait de graves difficultés, tant les parois sont résistantes. La ligne de jonction, plus faible que les autres, lui épargne apparemment bien des efforts, car c'est en majeure partie suivant cette ligne que se détache le couvercle lorsque le Bembex sort de terre à l'état parfait. J'ai appelé ce cocon coffre-fort. C'est, en effet, une pièce très solide tant à cause de sa configuration que de la nature de ses matériaux. Éboulements et tassements de terrain ne peuvent le déformer, car la plus forte pression des doigts ne parvient pas toujours à l'écraser. Peu importe donc à la larve que le plafond de son terrier, creusé dans un sol sans consistance, s'effondre tôt ou tard ; peu lui importe même, sous sa mince couverture de sable, la pression du pied d'un passant ; elle n'a plus rien à craindre du moment qu'elle est enclose dans son robuste abri. L'humidité ne la met pas davantage en péril. J'ai tenu des quinze jours des cocons de Bembex immergés dans l'eau sans leur trouver ensuite la moindre trace d'humidité à l'intérieur. Que ne pouvons-nous disposer pour nos habitations d'un pareil hydrofuge ! Enfin par sa gracieuse forme d'œuf, ce cocon semble plutôt le produit d'un art patient que celui du Ver. Pour quelqu'un non au courant du mystère, les cocons que je fis construire avec du sable à sécher l'écriture, eussent été des bijoux d'une industrie inconnue, de grosses perles constellées de points d'or sur un fond bleu lapis, destinées au collier d'une élégante de la Polynésie. »

*
* *

Incrusteur est aussi la larve d'un autre hyménoptère, le Tachyte, dont nous devons l'histoire au même auteur. « Le Tachyte, dit Fabre, construit de toute autre manière, bien que son ouvrage, une fois terminé, ne diffère pas de celui du Bembex. La larve s'entoure d'abord, par le milieu du corps à peu près, d'une ceinture de soie que de nombreux fils, très irrégulièrement distribués, maintiennent en place et relient aux parois de la cellule. Du sable est amassé, à la portée de l'ouvrière, sur cet échafaudage général. Alors commence le travail de maçonnerie à petit appareil ; les moellons sont les grains de sable, le ciment est la sécrétion de la filière. La première assise est disposée sur le bord antérieur de l'anneau de suspension. Le circuit achevé, une autre assise de grains agglutinés par le liquide à soie est élevée sur le bord durci de ce qui vient d'être fait. Ainsi procède l'œuvre par couches annulaires, édifiées bout à bout, jusqu'à ce que le cocon, ayant acquis la moitié de sa longueur réglementaire, s'arrondisse en calotte et finalement se ferme. Avec son mode de construction, la larve du Tachyte me rappelle le maçon construisant une cheminée ronde, une étroite tourelle dont il occupe le centre. Tournant autour de lui et disposant les matériaux placés sous sa main, il s'enveloppe peu à peu de son étui de maçonnerie. Pareillement s'enveloppe l'ouvrière en mosaïque. Pour construire la seconde moitié du cocon, la larve se retourne et bâtit de la même façon à l'autre bord de l'anneau initial. En trente-six heures environ, la solide coque est achevée. — Je trouve quelque intérêt à voir le Bembex et le Tachyte, deux travailleurs d'un même corps de métier, employer des méthodes si différentes pour arriver au même résultat. Le premier tisse d'abord une nasse de soie pure, à l'intérieur de laquelle les graviers de sable sont souvent incrustés ; le second, architecte plus hardi, fait économie de l'enceinte de soie, se borne à une ceinture de suspension et bâtit assise par assise. Les matériaux de construction sont les mêmes : le sable et la soie ; le milieu où travaillent les deux ouvrières est le même : une loge dans le sable aréneux ; et cependant chacun des constructeurs a son art particulier, son devis, sa pratique. »

*
* *

Fabre ajoute quelques considérations intéressantes, à propos d'un autre insecte incrusteur, le Stize ruficorne. « Pas plus que le milieu habité et les matériaux employés, le genre de nourriture n'a d'influence sur le talent de la larve. La preuve nous en est fournie par le Stize ruficorne, autre constructeur de cocons en grains de sable cimentés par de la soie. Le robuste hyménoptère creuse ses terriers dans le grès tendre. Comme le Tachyte manticide, il chasse les divers mantiens de la région, avec prédominance de la Mante religieuse; seulement sa forte taille les réclame plus développés sans avoir atteint néanmoins les dimensions et la forme de l'adulte. Il en met de trois à cinq par cellule (¹).

Pour la solidité et le volume, son cocon rivalise avec celui des plus gros Bembex ; mais il en diffère à première vue par un caractère singulier dont je ne connais pas d'autre exemple. Sur le flanc de la coque, de partout régulièrement nivelée, fait hernie un grossier bourrelet, petite motte de sable aggluliné. A cette protubérance se reconnaît tout de suite, parmi tous les cocons de même nature, l'ouvrage du Stize ruficorne.

L'origine nous en sera expliquée par la méthode que la larve suit dans la construction de son coffre-fort. Au début, un sac conique de soie blanche et pure est tissé ; on dirait la nasse initiale des Bembex ; seulement, ce sac a deux ouvertures, l'une très ample en avant, l'autre très étroite sur le côté. Par l'ouverture antérieure, le Stize s'approvisionne de sable à mesure qu'il le dépense en incrustations à l'intérieur. Ainsi se fortifie le cocon, et puis s'édifie la calotte qui le ferme. Jusque là c'est exactement le travail du Bembex. Voilà l'ouvrière enclose, travaillant à perfectionner l'intérieur de la paroi. Pour ces retouches finales, un peu de sable lui est encore nécessaire. Elle le puise dehors au moyen de l'ouverture qu'elle a eu soin de ménager sur le côté de son édifice, lucarne étroite, juste suffisante au passage de son col délié. Les provisions rentrées, cet orifice accessoire, dont il n'est fait usage qu'au dernier moment, se clôt avec une bouchée de mortier, refoulée de dedans en dehors. Ainsi se forme l'irrégulier mamelon qui fait saillie sur le flanc de la coque.

Je ne m'étendrai pas davantage sur le Stize ruficorne. Je me borne à mentionner sa méthode de construction en coffre-fort pour la mettre en parallèle avec celle du Bembex et surtout celle du Tachyte, consommateur comme lui de Mantes religieuses. De ce parallèle, il me semble résulter que les conditions d'existence où l'on voit aujourd'hui l'origine des instincts, genre de nourriture, milieux où passe la vie larvaire, matériaux disponibles pour une enceinte défensive, et autres motifs que le transformisme est dans l'usage d'invoquer, n'influent réellement en rien sur l'industrie de la larve. Mes trois architectes en cocons de sable agglu-

---

(¹) Pour comprendre ce passage, voir le chapitre relatif aux Fabricants de Conserves alimentaires.

tiné, alors même que toutes les conditions sont les mêmes, jusqu'à la nature des vivres, adoptent des moyens différents pour exécuter œuvre identique. Ce sont des ingénieurs non sortis de la même école, non élevés dans les mêmes principes, bien que l'enseignement des choses soit pour tous à peu près pareil. Le chantier, le travail, les vivres, n'ont pas déterminé l'instinct. C'est l'instinct qui leur est antérieur, imposant la loi au lieu de la subir. »

* *
*

Certaines Anthidies sont moins délicates sur le choix des matières qu'elles incrustent, puisqu'elles emploient leurs propres déjections. C'est toujours Fabre qui nous a fait connaître ce curieux trait de mœurs chez les Anthidies qui nidifient avec du coton dans des tiges creuses. Chaque cellule renferme du miel sur lequel flotte l'œuf qui ne tardera pas à devenir larve. Que fait celle-ci de ses excréments ? et comment le Ver les empêchera-t-il de venir souiller la nourriture ? « Avec ses crottins, il fabrique des chefs-d'œuvre, des marqueteries, des mosaïques gracieuses, qui trompent en plein le regard sur leur abjecte origine. Suivons-le dans son industrie à travers les fenêtres de mes tubes. Quand la ration est à demi consommée, commence pour se maintenir jusqu'à la fin une fréquente défécation de crottins jaunâtres, gros à peine comme une tête d'épingle. A mesure qu'ils sont expulsés, la larve les refoule à la périphérie de la loge par un mouvement de croupe et les y maintient au moyen de quelques fils de soie. Le travail de la filière, différé chez les autres jusqu'à l'épuisement des vivres, débute donc ici de bonne heure et alterne avec l'alimentation. Ainsi sont tenus à distance, loin du miel et sans danger de mélange, les immondices, finalement assez nombreux pour former autour de la larve un rideau presque continu. Ce vélarium excrémentiel, mi-partie de soie et de crottins, est l'ébauche du cocon, ou plutôt une sorte d'échafaudage où sont entreposés les moellons jusqu'à leur mise en place définitive. En attendant le travail de mosaïque, l'entrepôt garantit les vivres de toute souillure. Suspendre au plafond, pour s'en débarrasser, ce qu'on ne peut jeter au dehors, ce n'est déjà pas mal ; mais l'utiliser pour en faire œuvre d'art, c'est encore mieux. Le miel a disparu. Maintenant commence le tissage définitif du cocon. La larve s'entoure d'une enceinte de soie, d'abord d'un blanc pur, puis teintée de brun rougeâtre au moyen d'un vernis agglutinateur. A travers son étoffe à mailles lâches, elle saisit de proche en proche les crottins appendus à l'échafaudage et les incruste solidement dans le tissu. De la même manière travaillent, nous l'avons vu plus haut, les Bembex, les Stizes, les Tachytes, les Palares et autres incrusteurs qui fortifient de grains de sable la trame insuffisante de leurs cocons ; seulement, dans leurs bourses d'ouate, les larves de l'Anthidie remplacent les parcelles minérales par les seuls matériaux solides dont elles puissent disposer. Pour elles, l'excrément tient lieu de caillou. Et l'ouvrage n'en marche pas plus mal. Tout au contraire : lorsque le cocon est fini, bien embarrassé serait qui, n'ayant pas assisté à la fabrication, devrait dire la nature de l'œuvre. Par sa coloration et son élégante régularité, l'enveloppe externe de la coque fait songer à quelque vannerie en bambous minuscules, à quelque marqueterie en granules exotiques. »

CHAPITRE XVII

Les Fabricants de Cigares

Dans les campagnes, sur les peupliers (*fig.* 119) ou les ceps de vignes (*fig.* 120), on trouve très fréquemment des feuilles enroulées sur elles-mêmes, tout à fait à la manière des cigares et pendant vers le sol. L'artisan de cette industrie est un coléoptère, un Rhynchite, c'est-à-dire un des plus beaux insectes de nos contrées. Sa carapace est tellement brillante qu'elle semble faite de clinquant et sa dureté est telle qu'on pourrait en faire des bijoux ; j'ai toujours été étonné qu'un bijoutier n'ait pas l'idée d'utiliser ces pierres précieuses que la nature fournit à foison, trop abondamment même au dire des agriculteurs.

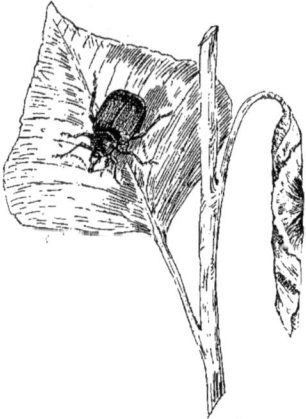

Fig. 119. — Rouleau du Rhynchite du peuplier.

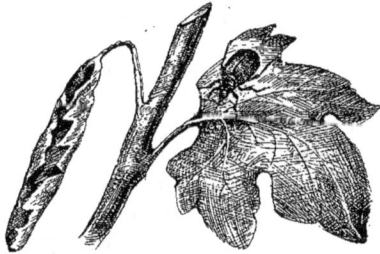

Fig. 120. — Rhynchite de la vigne ét son rouleau.

Comment ce petit insecte, qui n'a pas plus d'un centimètre de long, s'y prend-il pour effectuer un pareil travail ? Comment, avec ses pattes, paraissant même assez gauches, et avec le rostre, la sorte de trompe dont sa tête est pourvue, arrive-t-il à rouler la feuille sur elle-même, besogne à laquelle ne saurait même parvenir un enfant de quatre ou cinq ans ? C'est ce que vient de nous faire connaître J.-H. Fabre dans la septième série de ses « Souvenirs entomologiques ». Nous allons résumer ses observations.

Fabre a pris comme sujet d'études le Rhynchite du peuplier dont le nom indique suffisamment l'arbre sur lequel il vit. C'est surtout dans les régions basses du peuplier qu'il se tient, s'y trouvant sans doute plus à l'aise qu'au sommet où le

13

vent aurait vite fait de le culbuter. Il est donc assez facile à observer, mais on peut encore le transporter à la maison et lui donner des branches de peuplier dont la queue plongeant dans l'eau entretient la fraîcheur. Travailleur infatigable, il continue son petit travail à la grande joie de l'observateur.

Tout d'abord, il est bien évident que si la feuille du peuplier, coriace s'il en fût, conservait sa rigidité, le malheureux Rhynchite risquerait fort de s'escrimer en vain pour en faire une oublie. La première chose à faire est donc d'obtenir la flaccidité de la feuille. Comment s'y prend le coléoptère ? C'est là qu'on voit apparaître un curieux trait de mœurs qui dénote chez l'insecte une remarquable connaissance de la structure des plantes. Écoutez Fabre : « La mère, son choix fait, se campe sur la queue de la feuille, et là, patiemment, elle plonge le rostre, le tourne avec une insistance qui dénote le haut intérêt de ce coup de poinçon. Une petite plaie s'ouvre, assez profonde, devenue bientôt point mortifié. C'est fini : les aqueducs de la sève sont rompus, ne laissent parvenir au limbe que de maigres suintements. Au point blessé, la feuille cède sous le poids ; elle penche suivant la verticale, se flétrit un peu et ne tarde pas à prendre la souplesse requise. Le moment de la travailler est venu. Le Rhynchite désire pour les siens une feuille assouplie, demi-vivante, paralysée en quelque sorte, qui se laisse aisément façonner en rouleau ; il connaît à merveille la cordelette, le pétiole, où sont rassemblés en un menu paquet les vaisseaux dispensateurs de l'énergie foliaire ; et c'est là, uniquement là, jamais ailleurs, qu'il insinue sa percerette. D'un seul coup, à peu de frais, s'obtient ainsi la ruine de l'aqueduc. » Vous le voyez, cela n'est pas sans analogie avec le pincement des bourgeons, opération qui a pour but d'arrêter le développement de ceux-ci.

La feuille du peuplier, chacun le sait, a assez régulièrement quatre côtés, c'est-à-dire la forme d'une lance dont les côtés se dilatent en ailerons pointus. C'est toujours par un des angles, celui de droite ou celui de gauche indifféremment, que débute la confection du rouleau, mais l'insecte se place toujours à la surface lisse de la feuille, moins rebelle à la flexion que l'autre. « Le voici à l'ouvrage. Il est placé sur la ligne d'enroulement, trois pattes sur la partie déjà roulée, les trois opposées sur la partie libre. D'ici comme de là, solidement fixé avec ses griffettes et ses brosses, il prend appui sur les pattes d'un côté tandis qu'il fait effort avec les pattes de l'autre. Les deux moitiés de la machine alternent comme moteurs, de manière que tantôt le cylindre formé progresse sur la lame libre, et que tantôt, au contraire, la lame libre se meut et s'applique sur le rouleau déjà fait. Il faut avoir assisté, des heures durant, à la tension obstinée des pattes, qui tremblotent exténuées et sont menacées de tout remettre en question si l'une d'elles lâche prise mal à propos ; il faut avoir vu avec quelle prudence le rouleur ne dégage une griffe que lorsque les cinq autres sont fermement ancrées, pour se faire image exacte de la difficulté vaincue. D'ici ce sont trois points d'appui, de là trois points de traction ; et les six, un à un, petit à petit se déplacent sans laisser un instant leur système mécanique faiblir. Pour un moment d'oubli, de lassitude, la pièce rebelle déroule sa volute, échappe au manipulateur. » Les tours de spires sont maintenus dans leur position par la force exclusive de l'insecte : aucune colle, aucun fil ne les empêche de se dérouler. Si le Rhynchite agit avec une extrême lenteur, c'est pour donner aux parties roulées le temps de prendre le « pli ».

Les volutes, ayant une certaine longueur, ne se font pas d'un seul coup ; l'insecte n'en a pas la force et se trouve obligé de se mouvoir le long de son « cigare » pour l'enrouler un peu plus. « D'habitude, le Rhynchite travaille à reculons. Sa ligne finie, il se garde bien d'abandonner le pli qu'il vient de faire et revenir au point de départ pour en commencer un autre. La partie ployée en dernier lieu n'est pas encore suffisamment assujettie ; livrée trop tôt à elle-même, elle pourrait se rebeller, s'étaler à nouveau. L'insecte insiste donc en ce point extrême, plus exposé que les autres ; puis, sans lâcher prise, il s'achemine à reculons vers l'autre bout, toujours avec patiente lenteur. Ainsi se donne au pli frais un surcroît de fixité et se prépare le pli qui suit. A l'extrémité de la ligne, nouvelle station prolongée et nouveau recul. De même le soc de labour alterne le travail des sillons. » Enfin, au bout d'une journée environ, le rouleau est achevé ; on comprend que l'insecte ne peut le laisser ainsi, sous peine de le voir se dérouler. La ruse qu'il emploie est fort ingénieuse : il appuie son rostre contre le bord de la feuille, comprime celui-ci dans tous les sens, le lisse comme le ferait une repasseuse avec son fer. Finalement, le bord est intimement collé au reste du rouleau et ne s'en détache qu'avec difficulté. La colle qui a produit cette adhérence n'est pas sécrétée par l'insecte ; elle provient de la feuille même, des glandes qui garnissent le bord, d'où le Rhynchite la fait sourdre en abondance par la pression de son bec. L'animal ayant ainsi terminé son rouleau, comme une enveloppe que l'on achève de fermer avec de la cire à cacheter, passe à une autre feuille pour recommencer son ouvrage.

Le Rhynchite ne fait pas les rouleaux pour lui-même, mais pour sa progéniture : c'est la dot de ses enfants. En même temps qu'elle travaille, — je dis « elle » parce que la femelle seule opère, — l'industrieuse petite bête pond un, deux, trois, quelquefois quatre œufs, qu'elle dépose un peu au hasard, entre les plis : les larves qui en naîtront trouveront ainsi gîte et nourriture à leur discrétion. Quant au mâle, c'est un paresseux qui passe presque toute sa journée à regarder la femelle travailler. De temps à autre cependant, il se rapproche d'elle et s'agrippe aux tours de spires comme s'il voulait lui donner un coup de mains, — ou plutôt de pattes, — mais bientôt il s'éloigne, non sans avoir fait au préalable un brin de cour à sa dulcinée. Il fait semblant de vouloir l'aider pour l'engager à être tendre à son égard : on se fait valoir comme on peut.

Le Rhynchite de la vigne qui, dans certaines localités, cause le désespoir des vignerons, procède de la même façon que le Rhynchite du Bouleau, son proche parent à tous les points de vue. Mais, comme le remarque Fabre, l'ampleur de la feuille et ses profondes sinuosités ne permettent presque jamais un travail régulier d'un bout à l'autre de la pièce. Alors des plis brusques se pratiquent, qui changent, à diverses reprises, le sens de l'enroulement, et laissent au dehors tantôt la face verte, tantôt la face cotonneuse, sans ordre appréciable, comme au hasard.

Autre différence : le scellement des dentelures de la couche finale ne s'opère pas au moyen de glu, mais au moyen de la bourre cotonneuse dont les poils s'enchevêtrent et donnent adhésion.

Tous les Rhynchites ne sont pas cigariers : ainsi celui du prunellier dépose ses œufs dans les fruits aigrelets de cet arbre. Inversement, tous les cigariers ne sont pas des Rhynchites. Parmi les coléoptères, on peut encore en citer deux, également étudiés par Fabre, l'Apodère du noisetier et l'Attelabe curculionite.

L'Apodère du noisetier (*fig.* 121) est un curieux insecte, au corps d'un rouge vermillon, à la tête presque imperceptible, tant elle est petite, munie d'un mufle très court et large, au cou allongé comme s'il avait été serré par une corde. Cet insecte, qui vit aussi, malgré son nom, sur le verne, l'aulne glutineux, ne pique

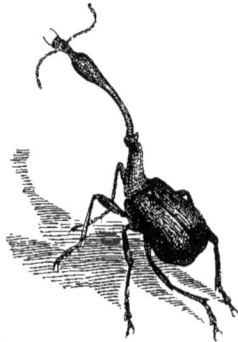

Fig. 121. — Apodère au long cou.   Fig. 122. — Rouleau de l'Apodère sur le verne.

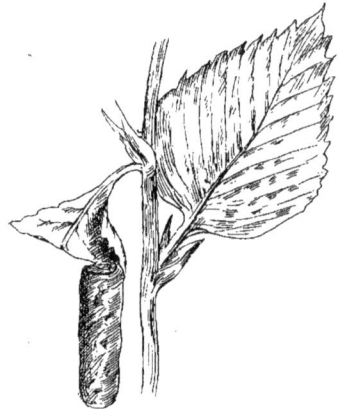

pas le pétiole de la feuille, comme le fait le Rhynchite. Peut-être cela est-il dû à la brièveté de son rostre. « Toujours est-il que, des mandibules, l'Apodère tranche transversalement la feuille du verne, à quelque distance de la base du limbe. Tout est coupé nettement, même la nervure médiane (*fig.* 122). Reste seul intact le bord extrême, où pend flétri le grand lambeau détaché. Ce lambeau, majeure partie de la feuille, est alors plié en deux suivant la grosse nervure, la face verte ou supérieure en dedans ; puis, à partir de la pointe, le double feuillet est roulé en un cylindre. L'orifice d'en haut se clôt avec la partie du limbe que l'entaille a respectée ; l'orifice d'en bas, avec les bords de la feuille refoulés en dedans. Le gracieux tonnelet pendille vertical, se balance au moindre souffle. Il a pour cerceau la nervure médiane, qui fait saillie au bord supérieur. Entre les deux feuillets superposés, vers le centre de la volute, est logé l'œuf, d'un roux de résine et, cette fois, unique. »

L'Attelabe curculionite (*fig.* 123) qui partage avec le précédent sa belle couleur rouge, n'est pas moins habile, bien que les feuilles qu'il travaille, — celles du chêne, — soient fort coriaces. Il commence par inciser le limbe à droite et à gauche de la nervure médiane, tout en respectant celle-ci qui fournira solide point d'attache. La feuille est alors pliée suivant sa longueur, la face supérieure en dedans. L'Attelabe ne travaille que la nuit, sans doute parce qu'à ce moment la feuille est plus molle et se laisse mieux plisser.

Fig. 123. — Rouleau de l'Attelabe sur le chêne-vert.

*
* *

Étudions maintenant les chenilles qui roulent les feuilles à l'aide de leurs fils. Réaumur a si bien observé ces chenilles rouleuses de feuilles que nous ne pouvons faire mieux que de le citer *in-extenso* :

« Si l'on considère les feuilles des chênes vers le milieu du printemps, lors-

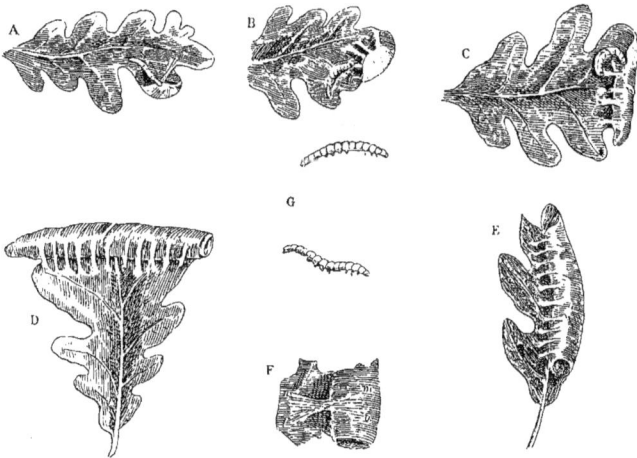

Fig. 124. — Feuilles de chêne roulées.
A) chenille enroulant la feuille en commençant par une des dentelures latérales ; B) la chenille commence l'enroulement ; C) la chenille enroule la feuille par le bord ; D) feuille enroulée en travers; E) feuille enroulée en long ; F) un des cordages de feuille enroulée : G) chenilles rouleuses de feuilles de chêne.

qu'elles se sont entièrement développées et étendues, on en aperçoit plusieurs roulées de différentes manières, toutes capables d'attirer l'attention. La partie supérieure du bout des unes paraît avoir été ramenée avec le dessous de la feuille, pour y décrire le premier tour d'une spirale (*fig.* 124-D), lequel ensuite a été recouvert de plusieurs autres tours fournis par des roulements successifs et poussés quelquefois jusqu'au milieu de la feuille et quelquefois par delà.

Nos doigts ne pourraient mieux faire pour rouler régulièrement une feuille que ce qu'on voit ici; les oublies ne sont pas mieux roulées. Le centre du rouleau est vide, c'est un tuyau creux dont le diamètre est proportionné à celui du corps d'une chenille qui l'habite et qui l'a fait pour l'habiter.

D'autres feuilles des mêmes arbres sont roulées vers le dessus, comme les premières, mais dans des directions totalement différentes (*fig.* 124-E). La longueur, ou l'axe des premiers rouleaux, est perpendiculaire à la principale côte et à la queue de la feuille; la longueur de ceux-ci n'est quelquefois poussée que jusqu'à la principale nervure, et quelquefois la largeur entière de la feuille est roulée. Les axes ou longueurs de divers autres rouleaux sont obliques à la principale nervure; leurs obliquités varient sous une infinité d'angles, de façon néanmoins que l'axe du rouleau prolongé rencontre ordinairement la principale nervure du côté du bout de la feuille. Quoique la surface des rouleaux soit quelquefois très unie, et telle que la donne celle d'une feuille assez lisse, il y en a pourtant qui ont des inégalités, des enfoncements, tels que les donnerait une feuille chiffonnée. Quelquefois plusieurs feuilles sont employées à faire un seul rouleau.

De pareils ouvrages ne seraient pas bien difficiles à faire pour qui a des doigts; mais les chenilles n'ont ni doigts, ni parties qui semblent équivalentes. D'ailleurs, avoir roulé les feuilles, c'est avoir fait au plus la moitié de la besogne, il faut les contenir dans un état d'où leur effort naturel tend continuellement à les tirer. La mécanique à laquelle les chenilles ont recours, pour cette seconde partie de l'ouvrage, est aisée à observer. On voit des paquets de fils attachés par un bout à la surface extérieure du rouleau et par l'autre au plat de la feuille. Ce sont autant de liens, autant de petites cordes qui tiennent contre le ressort de la feuille. Il y a quelquefois plus de dix à douze de ces liens rangés à peu près sur une même ligne, lorsque le dernier tour d'un rouleau a à peu près la longueur ou seulement la largeur entière de la feuille. Chaque lien est un paquet de fils de soie blanche, pressés les uns contre les autres, mais qu'on juge pourtant tous séparés.

On imagine assez que ces petits cordages sont suffisants pour conserver à la feuille la forme de rouleau; mais il ne m'a pas paru aussi aisé de deviner comment la chenille (*fig.* 124-G) lui donnait cette forme, comment et dans quel temps elle attachait les liens. Tout cela m'a semblé dépendre de bien des petites manœuvres que j'ai eu très envie de savoir, et qu'on ne pouvait apprendre qu'en les voyant pratiquer par l'insecte même. Il n'y avait guère d'apparence d'y parvenir en observant les chenilles sur les chênes qu'elles habitent. Le moment où elles travaillent n'est pas facile à saisir, et la présence d'un spectateur ne les excite pas au travail. J'ai tenté un moyen qui m'a mieux réussi que je ne l'espérais. J'ai piqué, dans un grand vase plein de terre humide, des branches de chêne, fraîchement cassées; j'ai distribué sur leurs feuilles quantité de chenilles que j'avais tirées des rouleaux qu'elles s'étaient déjà faits. Par bonheur, elles souffrent impatiemment d'être à découvert. Savent-elles qu'elles courent alors risque de devenir la proie des oiseaux ! ou si elles sentent qu'elles ont besoin d'être à l'abri des impressions du grand air, car toutes les rouleuses sont des chenilles rases ? Quoi qu'il en soit, elles se sont mises à travailler dans mon cabinet et sous mes yeux, comme elles l'eussent fait en plein bois.

Ordinairement, c'est le dessus de la feuille qu'elles roulent vers le dessous ; mais les unes commencent le rouleau par le bout même de la feuille, et les autres par une des dentelures des côtés (*fig*. 124-A). Les rouleaux commencés de la première façon se trouvent perpendiculaires à la principale côte, et ceux qui sont commencés de la seconde lui sont ou parallèles ou inclinés. Quelque plate que paraisse une feuille, lors même que sa surface supérieure est concave, il est rare que le bord ou quelque endroit du bord d'une de ces dentelures ne soit point un peu recourbé en dessous ; quelque petite que soit l'étendue de la partie recourbée, et quelque petite que soit sa courbure, c'en est assez pour donner prise à la chenille, pour la mettre en état de commencer à contourner la feuille et de la contourner ensuite autant qu'il lui plaira.

Des fils pareils à ceux qui maintiennent la feuille dans la figure du rouleau servent à la lui faire prendre. Ce n'est qu'en la tirant successivement en différents endroits avec de petites cordes, qu'elle vient à bout de la plier en une espèce de spirale qui a quelquefois cinq à six tours qui tournent autour du même centre.

Notre chenille ayant donc choisi un endroit où le bord de la feuille est tant soit peu recourbé en dessous, elle s'y établit et commence à travailler. Alors sa tête se donne des mouvements alternatifs très prompts ; elle décrit alternativement des espèces d'arcs en des sens opposés, comme le fait le balancier d'une pendule. Le milieu de son corps, ou quelqu'endroit plus proche du derrière est l'espèce de centre sur lequel la tête et la partie du corps à qui elle tient, se meuvent. La tête va s'appliquer contre le dessous de la feuille, tout près du bord, et de là elle va s'appliquer le plus loin qu'elle peut aller du côté de la principale nervure. Elle retourne sur-le-champ où elle était partie la première fois, et revient de même ensuite retoucher une seconde fois l'endroit le plus éloigné du bord. Ainsi continue- t-elle à se donner de suite plus de deux à trois cents mouvements de tête ; chaque allée produit un fil, et chaque retour en produit un autre que la chenille attache par chaque bout aux endroits où la tête paraît s'appliquer. Chacun de ces fils est tendu depuis la partie recourbée de la feuille jusqu'à la partie plane ; il sert ou doit servir à tirer la première vers la seconde : tous ces fils ensemble doivent faire une espèce de lien.

Ils ne partent pas tous d'un même point, les surfaces sur lesquelles ils sont appliqués, soit du côté du bord de la feuille, soit du côté opposé, approchent quelquefois de la circulaire, et ont près d'une ligne de diamètre. La chenille même n'en colle pas un grand nombre en dessous près du bord de la feuille. Bientôt elle en colle quelques-uns contre le bord même, et ceux qu'elle file peu après, elle les attache à la surface supérieure, à la vérité à une petite distance du bord. Ce premier paquet de fils donne déjà une augmentation de courbure à la feuille vers le dessous ; une partie sensible paraît se replier.

L'endroit même du bord auquel le paquet de fils est attaché est plus recourbé que ceux qui le suivent, qui tendent à se redresser ; mais bientôt une plus longue portion va se replier. Le premier lien ayant été assez fourni de fils, la chenille va en commencer un autre à deux ou trois lignes de distance du précédent.

Pour former celui-ci, elle fait une manœuvre précisément pareille à celle qu'elle a employée pour le premier qui, a aussi un effet pareil. La partie qui est entre le premier lien et le second se recourbe plus qu'elle ne faisait, et ce qui est par delà le nouveau lien commence à se recourber et se recourbera davantage lorsque la chenille aura filé plus loin un troisième lien semblable aux précédents.

L'étendue de la partie qui doit former le premier tour du rouleau n'est pas grande. Il en est ici comme d'un papier qu'on roule, en commençant à le rouler par un de ses angles ; aussi trois à quatre paquets de fils (*fig.* 124-B) suffisent pour donner la courbure à tout ce premier tour.

C'est encore au moyen de pareils fils, de pareils liens, que le second tour doit être tortillé. Il faut tirer vers le dessous de la feuille une portion de sa surface supérieure, suffisamment distante de celle qui a été roulée ; c'est-à-dire qu'il faut que chaque nouveau lien soit attaché par un bout à une partie de la feuille plus éloignée du bord, et que par l'autre bout il soit attaché plus près de la principale nervure ou de la queue de la feuille. En un mot, des paquets de fils arrangés au-dessus de ceux du premier tour comme ceux du premier l'ont été, doivent produire un effet semblable ; et comme les premiers ont fait faire à la feuille un premier, ou environ un premier tour de spirale, de même les autres lui en feront faire un second ou partie d'un second, et ainsi de tours en tours.

L'effet néanmoins de ces paquets de fils, leur entier usage, n'est pas encore assez clair, à beaucoup près. On voit bien, comme nous l'avons vu d'abord, qu'ils servent à tenir la feuille roulée ; mais quoique je visse la feuille se courber de plus en plus à mesure qu'un nouveau lien se finissait, j'avoue que je n'apercevais pas la cause du roulement. Le paquet n'est que l'assemblage des fils filés successivement.

Dans l'instant que chaque fil vient de sortir de la filière, pendant qu'elle est encore molle pour ainsi dire, l'insecte l'applique contre la feuille, il est assez gluant pour s'y coller. Il peut bien avoir été tiré droit d'une partie de la feuille à l'autre, mais il ne saurait avoir été assez tendu pour faire un effort capable de ramener une des deux parties de la feuille vers l'autre. Je sais que ce fil, quoiqu'extrêmement délié, a quelque force. Je l'ai vu en bien des circonstances suspendre la chenille en l'air. Si après avoir été filé, il se raccourcissait en séchant, ce raccourcissement le mettrait en état d'agir ; mais où peut aller le raccourcissement d'un fil si court ! Combien serait petite la courbure qu'il pourrait donner à la feuille !

Une force plus puissante agit aussi contre elle, c'est une grande partie du poids de la chenille, et ça n'a été qu'après avoir vu cet insecte faire souvent de pareils ouvrages, que j'ai aperçu tout l'artifice de sa mécanique. Il dépend de la structure de chaque paquet de fils, de chaque lien.

Nous avons considéré d'abord chaque lien comme formé de fils à peu près parallèles ; mais à présent, pour nous en faire une idée plus exacte, nous devons le regarder comme composé de deux plans de fils posés l'un au-dessus de l'autre (*fig.* 124-F). Tous les fils du plan supérieur croisent ceux du plan inférieur. La manœuvre de l'insecte m'en a convaincu, les fils eux-mêmes observés à la loupe devaient me le faire voir ; enfin un paquet considéré à la vue simple suffisait pour découvrir cette structure qui m'avait échappé. Il est plus large à l'un et à l'autre de ses bouts qu'il ne l'est au milieu ; le nombre des fils du milieu est pourtant égal à celui des fils des bouts. Pourquoi y occupent-ils moins de place ? c'est qu'ils y sont plus serrés les uns contre les autres, c'est qu'ils s'y croisent.

Regardons donc chaque lien comme composé de deux plans de fils qui se croisent ; suivons la chenille pendant qu'elle file ceux de chacun de ces plans, et nous découvrirons le double usage de ces deux plans, de ces deux espèces de toile. Les fils du premier plan étant tous attachés à peu près parallèlement les uns aux autres, comme on le voit en *no*, la chenille passe de l'autre côté pour filer ceux du second plan *lm*. Pendant qu'elle file, elle ne peut aller de *l* en *m* sans passer sur les fils *no*, et loin de chercher à les éviter, en soutenant son corps et sa tête plus haut, on voit sa tête et une partie de son corps s'appliquer sur le plan *no* et le presser. Les fils de ce plan sont une espèce de toile, ou de chaîne de toile capable de soutenir cette pression ; ils tirent par conséquent les deux parties de la feuille, l'une vers l'autre. Celle qui est près du bord cède, se rapproche de l'autre ; la feuille se courbe. Il n'est plus question que de lui conserver la courbure qu'elle vient de prendre, et c'est à quoi sert le nouveau fil que la chenille attache. Chacun de ces fils, comme je l'ai déjà fait remarquer, est capable de soutenir un effort aussi considérable que celui que la feuille fait contre lui, puisqu'il peut soutenir une chenille en l'air.

Il suit de ce que nous venons de dire que les fils de la couche supérieure sont les seuls qui soient tendus, que ceux de la couche inférieure deviennent lâches ; c'est aussi ce qu'on peut remarquer en observant le paquet avec attention.

La même disposition de fils qui s'observe dans les deux différentes couches d'un même lien, doit se trouver, et se voit bien plus aisément dans les liens des différents tours comparés les uns aux autres. Quand la feuille ne fait encore qu'un tour de spirale, les liens qui retiennent ce tour sont tendus, au moins leur partie supérieure l'est. Mais quand la même feuille a fait par son roulement un second tour, ce ne sont plus que les derniers liens qui retiennent ce tour qui sont tendus. Tous ceux qui arrêtaient d'abord le tour précédent sont lâches, ils ne produisent aucun effet. Si on appuie légèrement sur ceux du second tour avec une plume, on voit que la feuille est tirée par cette pression ; mais quoiqu'on appuie davantage sur ceux du premier tour, l'action ne passe pas jusqu'à la feuille ; aussi la vue seule apprend qu'ils sont comme flottants. Il n'y a donc que les liens du dernier tour, ou plutôt que les fils des couches supérieures des liens du dernier tour, qui conservent la courbure de la feuille.

Une chenille qui a à rouler une feuille de chêne épaisse, dont les nervures sont grosses, pourrait ne pas filer des fils assez forts pour tenir contre la raideur des principales nervures, et surtout de celle du milieu ; mais elle sait les rendre souples. Elle ronge en trois à quatre endroits différents ce que ces nervures ont d'épaisseur de plus que le reste de la feuille. Les endroits ainsi rongés n'ont qu'une petite étendue, ils m'ont paru se trouver où la feuille doit être pliée pour recommencer à faire un nouveau tour.

Quand la chenille, après avoir roulé une portion de la feuille, parvient à un endroit où il y a une dentelure qui déborde beaucoup par delà le reste, il arrive que les fils qu'elle attache au bout de cette dentelure, au lieu de la rouler la plient. Cette portion ne se courbe que vers le commencement du pli ; le reste conserve une figure à peu près plane. Si la chenille donnait à toute cette partie de la feuille une égale courbure, une égale longueur, comme elle l'a fait aux parties qu'elle a ci-devant roulées et qui étaient d'une moindre étendue, le vide du rouleau aurait là beaucoup plus de diamètre qu'il n'en a ailleurs, il n'aurait plus les proportions commodes à l'insecte.

Après avoir observé une de ces grandes dentelures de feuille qu'une chenille avait presque pliée à plat, j'ai vu dans la suite que la chenille en formait un tuyau d'un diamètre aussi petit que celui des autres endroits, et un tuyau très bien arrondi. Pour cela elle a besoin d'avoir recours à deux manœuvres différentes :

1° Elle raccourcit la partie pliée, elle en retranche pour ainsi dire tout ce qu'elle a de trop étendu, sans en rien couper néanmoins ; elle en attache une portion à plat contre la feuille par un millier de fils ; 2° ce qui reste libre est trop aplati ; c'est à coups de tête qu'il m'a paru qu'elle l'arrondissait. J'ai vu des chenilles renfermées dans ces endroits trop aplatis, qui agitaient leur tête vivement et alternativement en des sens contraires ; à chaque mouvement la tête frappait contre les parois, elle donnait des espèces de petits coups de marteau dont on entendait le bruit.

Au reste, quand la chenille a fini le premier tour du rouleau, elle travaille presqu'à moitié à couvert. Le bout replié ne touche jamais entièrement la partie de la feuille sur laquelle il a été ramené. Outre que souvent il n'est pas courbé autant qu'il le faudrait pour cela, c'est que ses bords sont dentelés, et laissent des passages au corps flexible de l'insecte. La chenille se sert de ces passages pour faire sortir la moitié de son corps ou plus lorsqu'elle file les liens qui attachent le milieu du troisième ou du quatrième tour. Les ouvertures des bouts lui donnent une libre sortie pour les liens qui sont plus près des bouts ; le derrière reste dans l'intérieur du rouleau pendant que la tête va filer aussi loin qu'elle peut atteindre, ce qui la mène assez près du milieu du rouleau.

Outre les liens qui sont tout du long du dernier tour du rouleau, l'insecte a souvent besoin d'en mettre aux deux bouts, ou au moins à un des bouts ; mais ils sont tellement disposés, qu'ils ne lui ôtent pas la liberté de sortir de l'intérieur de ce rouleau et d'y rentrer (*fig.* 124-C). C'est là son domicile, c'est une espèce de cellule cylindrique qui ne reçoit le jour que par les deux bouts ; et ce qu'elle a de commode, c'est que ses murs fournissent la nourriture à l'animal qui l'habite. Cette chenille vit de feuilles de chêne ; étant à couvert, elle les ronge à son aise et en sûreté ; elle commence par ronger le bout qui a été contourné le premier, et ensuite elle mange tout ce qui a été tortillé, au dernier tour près. Aussi de quatre à cinq tours que faisait une feuille roulée par de là le milieu ou même entièrement roulée, souvent on ne retrouve plus que le dernier tour. »

* *

D'autres chenilles, au lieu de rouler les feuilles, se contentent de les plier. « Le nombre de ces plieuses est encore plus grand que celui des rouleuses ; leurs ouvrages sont plus simples, mais il y en a qui malgré leur simplicité, ne laissent pas de paraître industrieux. On voit de ces belles feuilles dont le bout a été ramené vers le dessous ; il y a été appliqué et assujetti presque à plat, il ne reste d'élévation sensible qu'à l'endroit du pli. J'ai observé de ces feuilles où tout le contour de la partie pliée était logé dans une espèce de rainure que la chenille avait creusée dans plus de la moitié de l'épaisseur de la feuille. Sur d'autres feuilles du même arbre, on voit que leurs grandes dentelures ont été pliées de même en dessous.

La plupart des autres arbres nous offrent aussi des feuilles pliées par les chenilles, mais il n'y en a point où on en puisse observer plus commodément que sur les pommiers, ils en ont de toutes espèces à nous faire voir : de seulement pliées en partie, je veux dire de simplement courbées, de pliées vers le dessus, de courbées, de pliées vers le dessous.

Entre ces dernières, le pommier même en a qui ont une singularité que je n'ai observée sur aucune de celles des autres arbres, si ce n'est le figuier. Tout autour du bord de la dentelure de la partie repliée, il y a un bourrelet comme cotonneux qui est pourtant de soie d'un jaune pâle ; il s'élève d'environ une ligne au-dessus de la partie qu'il entoure ; il la borde, comme ferait un cordonnet, il a plus d'épaisseur que de largeur.

Au lieu que les chenilles rouleuses habitent des rouleaux, les plieuses se tiennent dans une espèce de boîte plate, elles n'y ont pas grand espace, mais il est proportionné à la grandeur et à la grosseur de leur corps ; ordinairement ce sont de petites chenilles. Chacune est bien close dans cette espèce d'étui plat ou de boîte ; il reste pourtant quelquefois une ouverture à chaque bout, mais à peine ces ouvertures sont-elles sensibles. Elles se renferment ainsi pour se nourrir à couvert ; mais si elles rongeaient, comme font les rouleuses, l'épaisseur entière de la feuille, leurs espèces de boîtes seraient bientôt tout à jour, au lieu que tant qu'elles y demeurent, jamais on n'y voit de trous. Leur goût, et peut-être leur prévoyance les porte à ne manger qu'une partie de l'épaisseur de la feuille. Celles qui plient les feuilles en dessous épargnent la membrane qui en fait le dessus. Les unes et les autres n'attaquent point les nervures et les fibres un peu grosses.

Elles savent ne détacher que la substance la plus molle, le parenchyme qui est renfermé dans le réseau fait par l'entrelacement des fibres. Aussi la structure de ce réseau est-elle bien plus sensible dans les endroits où ces chenilles ont rongé, que dans les autres endroits.

Celles qui habitent des feuilles bien pliées commencent à ronger la substance de la feuille à un des bouts de l'étui ; la partie qui a été rongée la première est celle sur laquelle elles déposent leurs excréments. Elles continuent de ronger en avançant vers l'autre bout, mais elles ont la propreté d'aller jeter leurs excréments dans l'endroit où sont les premiers ; ainsi ils se trouvent accumulés à un coin et jamais il n'y en a d'épars. C'est au moins ce qu'observent régulièrement les chenilles de nos pommiers dont les étuis sont bordés d'un bourrelet, ou cordon soyeux.

On voit avec plaisir manger celles qui se contentent de courber des feuilles, surtout si on les considère à la loupe. On remarque avec quelle adresse et avec quelle vitesse elles découpent une partie de l'épaisseur de la feuille. Leur tête est un peu inclinée vers un côté afin apparemment qu'une seule de leurs dents perce d'abord une petite portion de la substance de la feuille, que les deux dents serrées l'une contre l'autre dans le moment suivant savent détacher. Les coups de dents se succèdent avec une vitesse prodigieuse, et à mesure qu'ils sont réitérés, le réseau, formé par les fibres, se découvre, il devient distinct dans les endroits où auparavant il était à peine sensible. Ce n'est que par petites aires que la substance de la feuille est emportée. » (Réaumur.)

***

Fig. 125. — Feuilles de saule roulées par une chenille dont on voit ici le papillon.

Quantité de chenilles ne se contentent pas de rouler et de plier une seule feuille ; elles en réunissent plusieurs dans un même paquet. Les plus remarquables sont celles que l'on trouve sur les saules (*fig.* 125). « Les feuilles longues et étroites de l'arbre et de l'arbrisseau en question sont très propres à s'ajuster parallèlement les unes aux autres, c'est même la direction qu'elles ont au bout de chaque tige quand elles ne se sont pas entièrement développées. Une espèce de petite chenille rose à seize jambes, dont le fond de la couleur est brun et tacheté de blanc, lie ces feuilles les unes contre les autres, et en fait des paquets où elles sont souvent très bien étendues et très bien arrangées.

Sa mécanique n'a pourtant rien ici de bien remarquable, elle fait précisément

ce que nous ferions en pareil cas, elle dévide un fil autour des feuilles qui doivent
être tenues ensemble, depuis un peu au-dessus de leur queue, jusqu'à une assez
petite distance de leur pointe. Elle a trouvé les feuilles presque couchées les unes
auprès des autres, elle a eu peu de peine à les rapprocher ; les tours du fil qui les
maintiennent sont très proches les uns des autres.

Les plus jolis de ces paquets sont ceux qui sont faits sur une espèce d'osier,
dont le bord des feuilles forme en certain temps, savoir avant qu'elles se soient
développées, des cordons goudronnés ; la face de chaque feuille sur laquelle sont
ces cordons, est en dehors du paquet composé d'un grand nombre de pareilles
feuilles ; ce qui le fait paraître un ouvrage très travaillé. La surface unie et convexe de chaque feuille est tournée vers le centre du paquet. Tout le long du milieu
de ce paquet, il y a une espèce de tuyau creux dans lequel la chenille se tient, elle
ronge les feuilles et les parties des feuilles qui en sont proches.

Mais ce qu'elle mange d'abord, et ce semble, par prévoyance, c'est l'œilleton
du bout de la tige qui se trouve renfermé vers le commencement du paquet. Si
elle laissait cet œilleton fin, il pourrait se développer, s'étendre vers le centre du
paquet, le paquet pourrait être défait, et les fils qui le tiennent seraient bientôt
brisés, si le bout de la tige s'étendait, grossissait, ou s'il poussait des feuilles ; mais
la chenille, en rongeant sa pointe, le met hors d'état de croître et de pousser rien
en dehors. » (Réaumur.)

CHAPITRE XVIII

Les Architectes de Maisons Sphériques

Les animaux qui construisent des nids en boule, avec ouverture latérale, emploient les mêmes matériaux que ceux qui font des nids en forme de coupe. Mais leurs habitations sont beaucoup plus parfaites en ce que, par leur disposition même, l'intérieur du nid est en partie à l'abri de la pluie. On peut rencontrer de telles constructions aussi bien chez les oiseaux que chez les mammifères, et même — qui l'eût cru ? — chez les poissons.

I

Chez les Oiseaux.

Le Moineau fait des nids assez grossiers (*fig.* 126) qu'il construit en différents endroits. Dans les villes il préfère les creux des murs, les lucarnes, les gouttières,

Fig. 126. — Nid du Moineau.

le dessous des tuiles, les fenêtres que l'on n'ouvre jamais et même l'intérieur des cheminées. On en trouve un grand nombre dans les clochers des églises. Souvent, il ne fabrique pas lui-même son nid, mais vole le sien soit à une Hirondelle, soit à un Étourneau. Dans les campagnes, il n'est pas rare de le voir nicher dans les buissons ou les branches d'un arbre, à une hauteur de 4 à 7 mètres ; souvent aussi il s'établit dans les creux des troncs d'abres. Ces considérations ont amené J.-H. Fabre — le naturaliste que nous n'hésitons pas à qualifier d'illustre —, à faire quelques remarques que nous croyons devoir relater.

« Quand Virgile nous parle du bon Évandre qui, précédé de sa garde, deux molosses, se rend auprès d'Énée son hôte, il nous le montre matinalement éveillé par le chant des oiseaux :

Evandrum ex humili tecto lux suscitat alma
Et matutini volucrum sub tegmine cantus.

Quels pouvaient être ces oiseaux qui, dès la première aube, gazouillaient sous le toit du vieux roi du Latium ? Je n'en vois que deux : l'Hirondelle et le Moineau, l'un et l'autre réveille-matin de mon ermitage, aussi ponctuels qu'aux temps saturniens. Le palais d'Évandre n'avait rien de princier. Le poète ne le cache pas ; c'était pauvre demeure : *humili tecto*, dit-il. D'ailleurs, le mobilier nous renseigne sur l'édifice. On donne pour couchette à l'hôte illustre une peau d'ourse et un tas de feuilles :

. . . . *Statisque locavit*
Effultum foliis et pelle Libystidis ursæ.

Le Louvre d'Évandre était donc une case un peu plus grande que les autres, peut-être en troncs d'arbres superposés, peut-être en blocs non équarris, employés tels quels, peut-être en torchis de roseaux et de glaise. A ce rustique palais convenait un couvert de chaume. Si primitive que fût l'habitation, l'Hirondelle et le Moineau étaient là, du moins le poète l'affirme. Mais où se tenaient-ils avant de trouver un gîte dans la demeure humaine ?

L'industrie du Moineau, de l'Hirondelle, du Pélopée et de tant d'autres ne peut être subordonnée à celle de l'homme ; chacun doit posséder un art primordial de bâtir, qui du mieux utilise l'emplacement disponible. Si de meilleures conditions se présentent, on en profite ; si ces conditions manquent, on revient aux antiques usages, dont la pratique, plus exigeante quelquefois en travail, est du moins toujours possible.

Le Moineau nous dira le premier où en était son art de nidification lorsque manquaient les logements de la muraille et de la toiture. Le creux d'un arbre, à l'abri des indiscrets par son élévation, avec embouchure étroite garantie de la pluie et cavité suffisamment spacieuse, est pour lui demeure excellente qu'il accepte volontiers, même quand abondent dans les alentours les vieux murs et les toitures. Le moindre dénicheur dans mon village est au courant de l'affaire, et il en abuse. L'arbre creux, voilà donc un premier logis employé par le Moineau, bien avant d'utiliser la case d'Évandre et la forteresse de David ou le rocher de Sion.

Il y a mieux encore dans ses ressources architectoniques. A son informe matelas, amoncellement sans cohérence de plumes, de duvet, de bourre, de paille et autres matériaux disparates, semblerait indispensable un appui fixe, largement étalé. Le Passereau se rit de la difficulté, et de temps à autre, pour des motifs dont

je n'ai pas le secret, il conçoit un plan audacieux : il prépare un nid n'ayant
d'autre appui que trois ou quatre menus rameaux au sommet d'un arbre. L'inha-
bile matelassier veut obtenir la suspension aérienne, la demeure oscillante, apanage
des ourdisseurs, vanniers, tisseurs, versés à fond dans l'art de l'entrelacement. Il
y parvient.

Dans l'enfourchure de quelques rameaux, il amasse tout ce que les abords
d'une maison peuvent lui présenter d'acceptable pour son travail : menus chiffons,
fragments de papier, bouts de fil, flocons de laine, brins de paille et de foin,
feuilles sèches de graminées, filasse abandonnée par la quenouille, lanières d'écorce
rouies par un long séjour à l'air, et de ses récoltes variées, gauchement enchevêtrées l'une dans l'autre, il parvient à faire une grosse boule creuse avec étroite
ouverture sur le flanc. C'est volumineux à l'excès, l'épaisseur du dôme devant
suffire à protéger de la pluie, que n'arrêtera plus l'abri de la tuile ; c'est très grossièrement agencé, sans art aucun, mais enfin c'est assez solide pour tenir bon une
saison. Ainsi devait travailler au début le Moineau si l'arbre manquait. Aujour-
d'hui l'art primitif, trop coûteux en matériaux et en temps, est rarement pratiqué.

Deux grands platanes ombragent ma demeure ; leurs branches atteignent le
toit, où toute la belle saison se succèdent des générations de Moineaux, trop
nombreuses pour mes semis de pois et mes cerises. Leur vaste fouillis de verdure
est la première étape à la sortie des nids. Là s'assemblent et longuement piaillent
les jeunes, avant de prendre l'essor pour la picorée ; là stationnent les escouades
des repus à leur retour des champs. Les adultes s'y donnent rendez-vous pour
surveiller la famille récemment émancipée, admonester les imprudents, encourager les timides ; là se vident les querelles de ménage ; là se discutent les événe-
ments du jour. Du matin au soir, c'est un continuel va-et-vient de la toiture aux
platanes et des platanes à la toiture. Eh bien, malgré cette assidue fréquentation,
je n'ai vu qu'une fois, en une douzaine d'années, le Moineau nidifier dans la ramée.
Le couple qui se décida pour le nid aérien sur l'un des platanes ne fut pas très
satisfait, paraît-il, des résultats obtenus, car il ne recommença pas l'année suivante. Nul depuis n'a remis une seconde fois sous mes yeux un gros nid en boule
balancé par le vent à l'extrémité d'une branche. L'abri fixe et moins coûteux de
la tuile est préféré. Nous voilà suffisamment renseignés sur l'art primordial du
Moineau. »

Le nid du Moineau est une boule très volumineuse et grossière formée d'un
amas informe de paille, de foin, de petites branches, de chiffons, de poils, de
laine, de morceaux de papier. La cavité intérieure est cependant tapissée de plumes.
La forme en boule se rencontre surtout lorsque le nid est établi dans un endroit
non protégé de la pluie. Mais l'oiseau ne se donne pas la peine de fabriquer la
partie supérieure du nid lorsqu'il est surplombé par une tuile ou le rebord d'une
fenêtre, preuve manifeste que cette partie est bien faite pour servir de parapluie.

***

La Pie (*fig.* 127) niche au faîte des arbres les plus élevés (*fig.* 128). Son nid est une boule formée de baguettes et à ouvertures latérales. Voici les observations qu'a faites Lescuyer sur son architecture.

« Nous avons pu en visiter quelques-uns qui étaient moins élevés, et vraiment nous les avons trouvés singulièrement remarquables. L'un d'eux, que j'ai descendu, m'a permis de fournir les indications suivantes :

A la base, il avait la forme d'une coupe profonde et était composé de trois parties très

Fig. 127. — Pie.

Fig. 128. — Nid de Pie en voie de construction.

distinctes, d'un revêtement extérieur en fortes baguettes, d'un fond et de parois en mortier, enfin d'une double garniture intérieure, l'une, celle du bas, en brindilles, l'autre en racines très fines; au-dessus s'élevait une coupole formée de petites branches.

Des matériaux autres que des baguettes longues, résistantes et épineuses, n'eussent pas permis aux Pies d'en bien établir et fixer les fondations, les accotements et la voûte; aussi ces oiseaux en avaient-ils cherché et employé qui étaient longues de quarante centimètres à un mètre. J'en ai même trouvé une pliée en deux qui avait un mètre 30 centimètres de longueur et qui pesait 30 grammes.

On comprend que le transport et le maniement de fardeaux aussi embarrassants ne soient pas faciles. Il m'a été donné l'an dernier d'apprécier ce genre de difficulté. M'étant caché sous des arbres verts, j'ai vu deux Pies qui, étant parties d'un nid en construction, y revinrent bientôt, le mâle avec une brindille de 40 centimètres de longueur, et la femelle avec une baguette longue de 80 centimètres. La femelle s'élevait difficilement et sa tête tournait sous le poids du gros bout de sa branche, mais son époux qui l'avait précédée et qui avait facilement placé sa brin-

COUPIN. 14

dille, se porta à son secours au moment de son arrivée. Chacun prit un bout de cette pièce de charpente, qui, grâce à de communs efforts, fut plantée à la place qui lui était destinée. Un instant après, une autre pièce du même genre fut apportée et également piquée dans les fondations, mais de manière à se croiser avec la première. Comme la partie supérieure de cette dernière branche restait trop droite, la femelle, qui semblait diriger les travaux, s'élança dessus et se mit à sauter, jusqu'à ce qu'elle lui eût fait atteindre l'inclinaison voulue. On comprend qu'avec de pareils ouvriers, rien n'ait été négligé pour assurer le succès de l'entreprise.

Aux branches principales des fondations et des accotements, les oiseaux en ajoutent d'autres plus petites, mais garnies de crochets et d'épines. C'est sur ce solide fascinage que s'appuie la coupe en mortier; elle a au fond trois centimètres d'épaisseur et pour les côtés de un centimètre à quinze millimètres. La terre pétrie dont elle est formée est liaisonnée par des tiges d'herbes et des racines d'arbustes, et de plus elle est solidement fixée aux baguettes du pourtour.

La garniture intérieure, étant doublée, permet à une pluie d'orage d'envahir la coupe, mais sans inonder les œufs ou les petits avant sa filtration à travers la terre. L'élasticité et la douceur de l'intérieur sont extrêmes, si j'en juge surtout par le fait que je vais raconter.

Un propriétaire de Saint-Dizier fit couper, en avril 1874, quelques arbres d'un petit bois. Sur l'un d'eux était un nid de Pie contenant cinq œufs. Les père et mère en construisirent de suite un autre à cent mètres de là, au sommet d'un saule, très élevé et très fragile. Neuf jours après, le coupeur vint abattre ce dernier arbre au moment où j'arrivais. Un grimpeur monta pour me descendre le nid, mais en raison de la fragilité du bois, je fis scier la branche qui le supportait, elle tomba perpendiculairement de vingt-deux mètres de hauteur, puis arrivée sur le sol elle s'affaissa doucement. Eh bien, dans ce nid, il y avait un œuf, et cet œuf n'était pas cassé. Ainsi j'ai pu constater que cette construction n'avait duré que neuf jours.

Le nid de Pie, si remarquable par sa base, est bien plus curieux encore par sa coupole. Elle se compose de baguettes choisies à cause de leur longueur, de leur force, de leurs crochets et surtout de leurs épines. Solidement plantées dans le massif, elles s'entre-croisent de manière à former une voûte à claire-voie, mais très solide. Cette fortification permet à la Pie, qui n'est pas armée comme un rapace, de se risquer sur les arbres isolés et très en évidence dans la plaine. Deux ouvertures calculées sur le diamètre de son corps lui permettent d'entrer et de sortir facilement, tandis que des ennemis de forte taille, comme le Corbeau-Corneille et la Buse, n'osent s'y aventurer.

De loin, cette espèce de touffe en baguettes se confond avec les nombreux rameaux de la cime des arbres et dissimule autant que possible la demeure de la Pie. Les feuilles se développant, aident encore à détourner l'attention.

Pour que le lecteur se fasse une idée exacte de ce genre de construction, je produis ici les mesures et le poids du nid dont j'ai parlé plus haut (*fig.* 129).

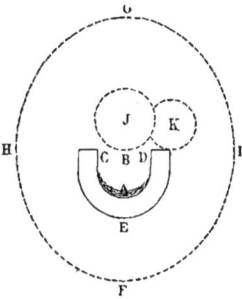

Fig. 129. — Coupe schématique
d'un nid de Pie.

Profondeur de la cuvette de A à B.	12cm5
Diamètre de la cuvette de C à D.	14, 5
Hauteur de la coupe de B à E. .	18
Hauteur de la coupe et du soubassement en baguettes de B à F . .	35
Hauteur de la coupole de B à G.	35
Largeur totale du nid de H à I.	60
Diamètre de l'entrée J	16
Diamètre de la sortie K	13
Épaisseur de la garniture intérieure :	
1° Des baguettes	2cm
2° Des racines	5

Maintenant voici de quoi se composaient les matériaux :

57 grosses baguettes, la plupart d'épines, ayant une longueur de trente à quatre-vingts centimètres, et en diamètre de cinq à huit millimètres pour former le recouvrement du nid . . . .   290 gr.

105 grosses baguettes de diverses essences de bois, pour le revêtement extérieur de la coupe et les attaches. . . .   410   } 750 gr.

40 plus petites, reliant les plus grosses à la terre . . .   50

Pour la coupe, terre fixée par des racines et de petites branches à crochets 2.150

Petites branches, racines et herbes matelassant l'intérieur de la cuvette   115

Total général . . . .   3.015 gr.

Les Pies ont l'habitude, fréquemment notée, de construire plusieurs nids à la fois, mais elles n'en achèvent qu'un, où elles déposent leurs œufs. Elles paraissent agir ainsi pour donner le change à leurs ennemis. « Quatre ou cinq couples de pies, dit Al. Nordmann, nichent depuis plusieurs années dans le Jardin de botanique d'Odessa, où j'ai ma demeure. Ces oiseaux me connaissent très bien, moi et mon fusil, et quoiqu'ils n'aient jamais été l'objet d'aucune poursuite, ils mettent en pratique toutes sortes de moyens pour donner le change à l'observateur. Non loin des habitations se trouve un petit bois de vieux frênes dans les branches desquels les Pies établissent leurs nids. Plus près de la maison, entre cette dernière et le petit bois, sont plantés quelques grands ormeaux et quelques robiniers. Dans ces arbres, les rusés oiseaux établissent des nids postiches dont chaque couple fait au moins trois ou quatre, et dont la construction les occupe jusqu'au mois de mars. Pendant la journée, surtout quand ils s'aperçoivent qu'on les observe, ils y travaillent avec ardeur, et si quelqu'un vient par hasard les déranger, ils volent autour des arbres, s'agitent et font entendre des cris inquiets ; mais tout cela n'est que ruse et fiction, car tout en faisant ces démonstrations de trouble et de sollicitude pour ces nids

postiches, ils avancent insensiblement la construction du nid destiné à recevoir les
œufs, et y travaillent dans le plus grand silence, et pour ainsi dire en cachette,
durant les premières heures de la matinée et le soir.

Si parfois quelque indiscret vient les y surprendre, soudain ils revolent, sans
faire entendre un son, vers leurs autres nids, et se remettent à l'œuvre comme si
de rien n'était, en montrant toujours le même embarras et la même inquiétude,
afin de détourner l'attention et de déjouer la poursuite. »

* *
*

Au nombre des fabricants de nids sphériques il convient de citer ensuite le
Troglodyte, qui construit des amours de petits nids (*fig.* 130).

Ce gentil petit oiseau toujours en mouvement est beaucoup plus occupé qu'on
ne croirait à la confection des nids. Il a en effet l'habitude de construire plus de
nids qu'il ne lui en faut pour ses
pontes. Cette monomanie de la
construction ne se rencontre pas
seulement chez les Troglodytes
déjà mariés, mais aussi chez les
mâles encore célibataires. Sont-
ce alors des nids de plaisance, ou
bien est-ce prévoyance pour les
couvées ultérieures ? Bœnigk a
observé le Troglodyte, du mois
d'avril jusqu'au mois d'août, et a vu
un mâle construire presque entièrement quatre nids avant de trouver une femelle. Après la pariade,
le couple construisit encore quatre
nids, mais qui, pour des raisons
non élucidées, ne purent servir.
La femelle, découragée, abandonna le mâle qui, en philosophe, continua à travailler pendant plusieurs semaines et cons-

Fig. 130 — Nid de Troglodyte d'Europe.

truisit encore deux nids qui, comme les précédents, ne servirent à rien.

Peu d'oiseaux sont aussi éclectiques que lui sous le rapport des matériaux
employés et du lieu où ils sont déposés. On peut dire qu'il niche un peu partout
et bâtit avec n'importe quoi. Ainsi, on a trouvé des nids sur des arbres élevés, sur
le sol, dans des trous, des troncs d'arbres, des crevasses d'un mur, des trous
de rochers, sous les tuiles des toits, dans les buissons, les cabanes, sous les racines,
sous les tas de bois. En somme, ils sont toujours placés dans des endroits cachés
au regard. Ils sont sphériques, avec une ouverture d'entrée bien construite. Tissés
souvent avec soin en brins de mousses, ils peuvent être aussi formés seulement

d'un amas désordonné de feuilles, doublées à l'intérieur de plumes. Souvent aussi, les Troglodytes se contentent de réparer le nid abandonné d'un autre oiseau.

*
* *

Le joli Ménure Lyre ne bâtit pas un nid aussi élégant que l'est son joli plumage, mais intéressant cependant à noter parce que, contrairement aux autres nids en boule, la moitié supérieure ne fait pas corps avec l'inférieure et s'en laisse facilement détacher. Le toit est formé d'herbes, de fougères, de mousses et de morceaux de bois. La cavité inférieure est constituée par de grosses ramilles, des morceaux de bois et surtout des racines fines et flexibles. Ce nid, de 50 cent. de diamètre et de 15 cent. d'épaisseur, ressemble de loin à un amas d'herbes et de branches sèches. Pour ne pas abimer sa queue dont elle est fière, la femelle la rabat sur le dos et pénétre dans le nid à reculons. Elle n'y pond qu'un seul œuf.

II

Chez les Mammifères

Le gentil Écureuil (*fig.* 131) ne peut vivre sans habitation ; il lui en faut même plusieurs, et il n'est pas rare de voir un seul individu avoir jusqu'à quatre nids. Il l'établit surtout dans les forêts de pins et ne se fait pas faute de voler les nids d'oiseaux, notamment ceux des Corbeaux et des Pies, qui ressemblent le plus au sien, pour les aménager à son usage ou en utiliser les matériaux. Mais ces logis ne sont ordinairement que temporaires et lui servent surtout dans le jour. Quant à ceux où il passe la nuit et où la femelle fait ses petits, il les construit lui-même avec des branchettes cueillies à même dans la forêt ou empruntées à des nids d'oiseaux. Dans sa forme générale le nid de l'Écureuil (*fig.* 132) est une boule placée sur les branches des arbres ; le fond en est constitué par des branchettes entrelacées, tout à fait comme celui d'un nid d'oiseau ; il est recouvert par un dôme un peu conique de bûchettes suffisamment tassées les unes contre les autres pour empêcher la pluie de pénétrer à l'intérieur. La cavité intérieure est mollement rembourrée avec de la mousse. Chaque nid possède deux ouvertures : l'une, la principale, se trouve vers la base, du côté du soleil levant. Au point diamétralement opposé se trouve une autre ouverture plus petite, moins bien limitée et servant sans doute à la fuite de l'animal surpris.

Fig. 131. — Écureuil.

Il est à noter que la présence d'un dôme au nid de l'Écureuil est bien en rapport avec ses mœurs. Peu d'animaux sont en effet plus sensibles que lui à la pluie et aux orages. Même une demi-journée avant l'arrivée d'un orage, il montre une agitation extrême, et, dès que le mauvais temps survient, il se réfugie dans son nid jusqu'à ce que la bourrasque cesse. Si le vent vient du côté de l'ouverture, l'ani-

Fig. 132. — Nid d'Écureuil.

mal a soin de la boucher soigneusement pour éviter à sa robe la souillure de la pluie. Les nids lui servent beaucoup aussi en hiver pour se mettre à l'abri du froid et pour accumuler des provisions dans certains d'entre eux.

*
* *

Le nid de l'Écureuil, si confortable qu'il soit, n'est pas comparable à celui de la Souris naine (*fig.* 133), dont la demeure peut rivaliser avec les constructions des oiseaux. D'après ce qu'en dit Brehm, ce nid est arrondi et de la grosseur du poing ou d'un œuf d'Oie. Suivant les endroits, il est placé sur vingt ou trente feuilles de graminées, réunies de manière à l'entourer de tous les côtés, ou bien il est suspendu à près d'un mètre de terre, aux branches d'un buisson, à une tige de roseau, et se balance dans l'air. L'enveloppe extérieure est formée de feuilles de roseaux ou d'autres graminées, dont les tiges forment la base de tout l'édifice. Le petit architecte prend chaque feuille entre ses dents, la divise en six, huit, dix lanières, qu'il entrelace et tisse en quelque façon de la manière la plus remar- quable. L'intérieur est tapissé avec le duvet des épis des roseaux, avec des chatons, des pétales de fleurs. L'ouverture est petite et latérale. Toutes les parties sont si étroitement unies, que le nid a une forme solide. Quand on compare les organes imparfaits de la Souris avec le bec bien mieux approprié des oiseaux, on ne peut

Fig. 133. — Nid de la Souris naine.

assez admirer cette construction, et l'on est forcé d'attribuer plus d'adresse à la Souris naine qu'à bien des volatiles.

Ce nid étant toujours construit, au moins en très grande partie, avec des feuilles des végétaux qui lui servent de support, il en résulte qu'il a la même couleur que les plantes environnantes. La Souris naine ne se sert de cette habitation que pour y déposer ses petits, par conséquent elle n'est que très temporaire ; les petits l'ont même quittée avant que les feuilles soient fanées et aient pris une couleur différente de celle de la plante. Les vieilles femelles construisent des nids plus parfaits que les jeunes ; mais celles-ci tendent déjà à imiter leurs aînés, et, au bout d'un an, elles se font des nids de repos assez solides et réguliers.

On croit que la Souris naine a deux ou trois portées par an, chacune de cinq à neuf petits. Ceux-ci restent ordinairement dans le nid jusqu'à ce qu'ils puissent y voir. La femelle les recouvre chaudement, ou pour mieux dire ferme la porte de la loge qui les recèle, quand elle doit la quitter pour chercher de la nourriture.

Elle s'accouple quelquefois en allaitant, et comme la gestation n'est que de vingt et un jours, une seconde mise-bas suit presque le sevrage de la première portée. Dès que les petits peuvent se nourrir eux-mêmes, elle les abandonne.

* * *

Les Campagnols amphibies font quelque chose d'analogue. Leur nid est généralement construit dans leurs galeries souterraines, c'est-à-dire à une certaine profondeur ; mais on en a vu aussi établis soit sur le sol, soit même sur les roseaux. L'un de ces derniers a été observé par Blasius. « C'était, dit-il, à un mètre au-dessus du niveau de l'eau et à trente pas du bord. Lié à trois tiges de roseaux, comme celui de la Calamoherpe, il avait une forme sphérique et était composé de fines feuilles de graminées. Un tampon de ces mêmes feuilles en bouchait l'entrée ; son diamètre, à l'extérieur, était de 10 cent. et le vide intérieur mesurait un peu plus de 5 cent. Il contenait deux jeunes Rats d'eau, à demi adultes, d'un noir de charbon. Un des deux parents était également noir ; il avait abandonné la place à mon arrivée, et avait sauté à l'eau. Il nageait et plongeait avec beaucoup d'habileté. L'étang ayant de 70 à 80 centimètres de profondeur, les parents ne pouvaient atteindre le nid qu'à la nage, et devaient ensuite grimper le long des tiges de roseaux. La situation ordinaire du nid des Campagnols amphibies est toute différente ; ceux-ci avaient toute facilité pour établir souterrainement le leur dans les champs ou les prairies avoisinantes, ou bien encore sur le sol, dans les buissons qui couvraient la digue de l'étang ; aussi je ne sais comment expliquer le fait. J'ai trouvé ce nid par hasard en fouillant les roseaux pour découvrir celui de l'Effarvatte ; jamais je n'aurais eu l'idée de chercher à un pareil endroit un nid de Campagnol amphibie. »

Si l'on en croit Brehm (le père), les Campagnols, qui se nourrissent exclusivement de tiges et de racines de roseaux, vont dévorer leurs aliments sur une espèce de table à manger. « Cette table est placée sur des tiges recourbées de roseaux, à quelques centimètres au-dessus de la surface de l'eau. Elle est formée d'une masse solide, épaisse, d'herbes vertes, et a de 28 à 30 cent. de diamètre ; la surface en est parfaitement lisse ; l'animal s'en sert à la fois comme table à manger et comme lit de repos. Dans l'étang de Rethendorf, les Campagnols ne se nourrissaient, en été, que de tiges de roseaux. Ils les coupaient au niveau de l'eau, les prenaient dans leur bouche et les portaient jusqu'à la table la plus voisine. Là, ils s'asseyaient, saisissaient la tige avec leurs pattes de devant, et la tiraient à eux jusqu'à ce qu'ils arrivassent à la partie supérieure, succulente ; ils la tenaient alors solidement et la mangeaient tout entière. Avaient-ils fini avec une tige, ils en recherchaient une autre, la traitaient de même, et ainsi de suite, jusqu'à ce qu'ils se fussent rassasiés. Pendant qu'ils sont occupés à prendre leur repas, les Campagnols n'aiment pas à être dérangés. Aperçoivent-ils quelqu'un, même de loin, ils sautent aussitôt dans l'eau, plongent et vont se cacher dans un de leurs couloirs. » Aucun autre mammifère, croyons-nous, ne fabrique quelque chose de comparable à ce nid.

III

Chez les Poissons.

On peut encore rencontrer des fabricants de nids en boule chez des êtres aquatiques, des poissons, où la chose a toujours émerveillé les naturalistes. Il s'agit de l'Épinoche (*fig.* 134) et de l'Épinochette, dont nous allons rapporter l'histoire.

Connaissez-vous l'Épinoche ? C'est un bien joli petit poisson qui pullule dans nos eaux douces. Le pêcheur à la ligne le déteste franchement, car il vient souvent happer son hameçon et lui donner de fausses joies. Celui qui possède un étang où il espère récolter *moult* carpes et autres, entre en furie quand il trouve des Épinoches dans son domaine : d'une très grande fécondité et d'une non moins grande voracité, elles ne tardent pas à faire périr les cohabitants d'un bassin. Repoussées par tout le monde, il est bien juste qu'elles trouvent un peu d'attention bienveillante du côté des hommes de science qui, détachés de toute question pratique, s'y intéressent sous plusieurs rapports.

L'Épinoche aiguillonnée, l'espèce la plus commune, se reconnaît facilement à son corps très aplati latéralement et terminé par une queue non bifurquée, se déployant comme un éventail (*fig.* 134). Le dos et les flancs sont garnis d'épines acérées, appliquées contre le corps en temps de repos, mais se dressant avec une apparence terrible quand l'animal se croit en danger. On ne peut se faire une idée de l'irascibilité de cet avorton. A l'état de repos, il est argenté comme si on l'avait enduit de mercure; mais si on l'agace tant soit peu, il devient rouge de colère, puis il pâlit, redevient pourpre et ainsi de suite, comme le visage d'un enfant quand le Chat veut manger sa tartine de confiture. Le spectacle devient particulièrement curieux quand on met deux Épinoches mâles dans un même aquarium: les combats singuliers qu'ils se livrent sont inénarrables; il faudrait Homère (si l'on peut employer cette métaphore quelque peu hasardée!) pour en dépeindre toutes les péripéties et tous les changements de coloration qui apparaissent, depuis le vert du vaincu jusqu'à la brillante parure pourpre du triomphateur. Mais tous ces phénomènes ne sont encore rien auprès de la manière dont l'Épinoche assure sa postérité. Chose curieuse, c'est le mâle seul qui se charge de ce soin ; la mère, contrairement à ce qu'on rencontre chez tant d'animaux, ne s'en préoccupe guère.

Or donc, quand un mâle, las de son existence de vieux garçon, se sent pris du saint amour de la paternité, on le voit nager en tous sens, comme s'il était inquiet et comme s'il cherchait quelque chose. Ce quelque chose n'est autre qu'un endroit favorable pour construire son nid, un nid aquatique ! Quand il l'a trouvé, il va chercher avec sa bouche des détritus de plantes, des lambeaux de feuilles, des filaments d'algues qu'il rapporte au lieu choisi et qu'il dépose avec soin, en les étalant de manière à constituer un tapis moelleux. Il entre-croise les brins dans tous les sens, il les tisse en quelque sorte et se frotte contre eux en sécrétant un liquide muqueux qui les agglutine ensemble et les colle à la vase sous-jacente. Mais ce lit, quelque bien fait soit-il, tend à remonter grâce à sa faible densité, et ce sera du travail à refaire ! Le poisson n'est pas si bête que le veut le proverbe ; il va chercher de petits cailloux qu'il dépose sur le tapis de verdure, l'empêchant ainsi de flotter. Quand nous mettons un presse-papiers sur nos lettres pour ne pas

Fig. 134. — Épinoche et son nid.

qu'elles s'envolent, nous n'agissons pas autrement. Mais ce n'est pas tout. Cette base de sustentation n'est pas encore assez solide ; une deuxième lui est super-posée, puis une troisième, et ainsi de suite jusqu'à ce que le tout soit suffisamment fort. Dès lors, l'Épinoche ne s'occupe plus de la région centrale ; elle se contente d'élever le pourtour, c'est-à-dire de construire une sorte de muraille circulaire, laissant au centre un godet vide. Les parois extérieures en sont assez grossièrement tissées, enchevêtrées un peu à la diable, tandis que l'intérieur est l'objet d'un soin spécial, et est formé des algues les plus moelleuses et de la vase la plus fine. Puis les murs grandissent de plus en plus, non verticalement, mais de manière à venir se rejoindre petit à petit. A ce moment le nid est achevé : c'est une boule de la grosseur du poing, creuse et percée sur un côté d'une ouverture circulaire régulière qui donne accès dans l'intérieur, et, juste en face d'elle, d'un orifice plus petit et irrégulier.

On pourrait croire qu'un pareil travail de maçon a dû singulièrement salir notre vaillant ouvrier. Point du tout ; au contraire même. L'Épinoche, naguère encore d'une couleur terne, se revêt d'une éclatante parure : le dos devient d'un beau vert émeraude, l'œil devient plus vif, l'abdomen et les joues prennent une teinte du plus beau rouge. On croirait voir un marié de Bretagne qui, le jour de ses noces, s'est paré de ses plus beaux et de ses plus brillants atours. Sous cette parure naturelle, le mâle va chercher l'Épinoche femelle qui vient déposer ses œufs dans le nid et ensuite s'en va. Mais, immobile, le mâle veille sur sa progéniture avec un soin jaloux. On le voit agiter ses nageoires avec une grande rapidité. Ce mouvement continu est destiné à créer dans l'eau des courants qui renouvellent sans cesse le liquide en contact avec les œufs. De temps à autre, il passe sa tête par la lucarne pour voir si tout va bien et, satisfait, ressort faire le guet. Pour les poissons du voisinage, en effet, ces œufs tout frais pondus, seraient un régal de roi : aussi, nombreux sont les ennemis du frêle abri ; il n'y a pas jusqu'aux femelles elles-mêmes qui, mères dénaturées, ne cherchent à pénétrer dans le nid pour en dévorer les pontes. Mais le mâle trouve dans sa tendresse paternelle une audace et un courage sans pareils. Tout petit qu'il est, sans trêve et sans repos, il tient tête à tous les assaillants et, après des combats homériques, finit généralement par les faire fuir, non sans leur faire subir maints dommages. Mais à quels prodiges ne pourrait atteindre l'amour d'un père ! Quand les œufs éclosent, les jeunes écervelés veulent sortir du nid, mais l'Épinoche les force à réintégrer le domicile paternel. Ce n'est que lorsqu'elle les juge « bons pour le service » qu'elle leur donne la clef des champs... aquatiques.

*

L'Épinochette, que l'on rencontre dans les mêmes lieux que le poisson précédent, construit un nid analogue, à cette différence près, qu'au lieu de le construire sur la vase, elle l'attache un peu au-dessous du niveau de l'eau à des plantes aquatiques. Un point intéressant est cependant à noter ici : quand le nid est presque achevé, l'épinochette y pénètre et se met à tourner sur elle-même autour de son axe. Cette manœuvre singulière s'explique facilement si l'on observe que le dos de l'animal est garni d'une série de petites épines disposées comme les dents d'un peigne : il est probable que lorsque l'animal pivote sur lui-même, ces épines jouent le rôle de carde et régularisent par ce fait les brindilles qui tapissent la cavité intérieure.

CHAPITRE XIX

Les Fabricants de Hamacs

A peine arrivés dans nos parages, les Loriots, appelés aussi Oiseaux de Pentecôte, se mettent à construire leur nid (*fig.* 135). Celui-ci est toujours placé à la bifurcation d'une branche d'arbre. C'est une sorte de bourse, un véritable hamac que l'oiseau confectionne avec des feuilles à moitié sèches, des brins d'herbes, des fibres d'orties, d'écorce de bouleau, de la laine, des toiles d'Araignées, etc., matériaux qu'il agglutine avec sa salive. Finalement, il tapisse l'intérieur d'herbes fines, de plumes ou de laine. Le mode d'attache aux branches est particulièrement bien compris ; les câbles qui composent la charpente du nid, suspendu ainsi comme un hamac, sont enroulés autour des branches, ficelés, collés les uns aux autres de manière à en faire un tout très solide. Toussenel dit que le nid du Loriot est une merveille d'art qui pourrait bien mériter à son auteur le premier prix d'architecture aérienne. « Je ne sais pas de nid, en effet, ajoute-t-il, qui l'emporte sur celui du Loriot pour l'élégance de la forme, la richesse des matériaux, la délicatesse du travail et la solidité de la bâtisse.

Le nid du Loriot est encore plus mignon peut-être et de moindre dimension relative que celui du Chardonneret. Il est tapissé au dehors comme celui du Pinson d'une couche de ce lichen argenté des arbres fruitiers qui lui donne l'air de faire corps avec la branche qui le supporte. Mais la demeure du Loriot est bien plus habilement dissimulée encore que celle du Pinson. Celle du Pinson est assise sur la branche dont elle augmente le volume, et elle appelle les regards. Le nid du Loriot, au contraire, est fixé par des attaches de liane aux deux branches d'une fourche horizontale entre lesquelles il flotte suspendu, et dont l'épaisseur masque une forte partie de la paroi extérieure. Audubon, qui a passé des semaines entières à regarder travailler le Loriot de Baltimore, sur un arbre perché et aidé d'une longue vue, a constaté que ces oiseaux employaient pour tisser l'étoffe de leurs matelas le même procédé que nos tisserands pour confectionner leur toile : c'est-à-dire qu'ils commençaient par faire une chaîne et une trame, et que chacun des deux époux, comprenant les avantages de la division du travail, se chargeait de la conduite de l'une des deux opérations, non de l'autre. » C'est la femelle seule qui tapisse l'intérieur.

Le Loriot paraît avoir un goût spécial pour les objets de couleur voyante, dont

il cherche à orner son nid. « J'ai un nid de Loriot dit M. Magaud d'Aubusson, suspendu à l'extrémité fourchue d'une branche flexible d'Azérolier, où il se balance
mollement au gré de la brise printanière. Cette jolie corbeille à deux anses
est curieuse à plus d'un titre. Elle est entièrement composée de très minces lanières
d'aubier, étroitement entrelacées et solidement fixées par un ingénieux système

Fig. 135. — Nid du Loriot.

d'attaches aux deux branches de la fourche entre lesquelles elle flotte, pour ainsi
dire. Mais ce qui est surtout remarquable, c'est que l'oiseau, qui ne s'est servi pour
construire que d'une seule sorte de matériaux, a glissé, entre les lanières de la
partie inférieure et extérieure de la nacelle, une dizaine de petits morceaux de
papier multicolore et deux fils de laine à tapisserie, l'un rouge et l'autre bleu. »
L'introduction d'éléments nouveaux, dans la construction ou la décoration du nid
du Loriot, est d'ailleurs assez fréquente. Dans une notice très intéressante sur les
mœurs de cet oiseau, M. Albert Cretti de Palluel rappele un certain nombre d'ob-

servations de ce genre : Le Loriot recherche ardemment les morceaux d'étoffe pour attacher son nid aux deux branches qui le supportent ; aussi trouve-t-on souvent dans son nid des choses qui ne laissent pas de surprendre. Moquin-Tandon cite deux nids de Loriots dans lesquels on avait trouvé : dans l'un, un ruban et une belle manchette de dentelle ; dans l'autre, une manchette brodée que l'oiseau avait prise dans un jardin sur un arbuste où elle avait été mise à sécher. Florent Prévost, connaissant cette particularité des mœurs du Loriot, était arrivé à faire prendre à des Loriots, au moment où ils faisaient leur nid, des morceaux d'étoffe de diverses couleurs qu'il avait placés à dessein sur un buisson. Le Loriot recherche aussi les morceaux de papier blanc ou coloriés qu'il peut rencontrer. M. Traverse, préparateur à la Faculté des sciences de Toulouse, a trouvé dans la charpente d'un nid de Loriot une lettre chiffonnée. L'abbé Vincelot cite un autre nid tapissé extérieurement d'images coloriées représentant des soldats, et contenant à l'intérieur un bulletin *oui*, ramassé au moment du plébiscite. *Le Naturaliste* signalait dernièrement, d'après l'un de ses correspondants, un nid de Loriot dans la construction duquel entraient, pour la plus grande partie, des rubans de papier d'un appareil télégraphique Morse. » Le bureau télégraphique le plus proche était à au moins trois kilomètres de là. Il avait donc fallu que le Loriot fasse un chemin considérable pour rassembler les bandes, dont la quantité était assez considérable.

CHAPITRE XX

Les Fabricants de Pièges

Si l'on excepte les Araignées (voir plus loin, ch. 23), qui ont élevé la capture des proies à l'aide de filets à la hauteur d'une institution d'état, on peut dire que l'emploi de pièges est extrêmement rare chez les animaux. Les seuls exemples connus sont ceux du Fourmilion, du Vermilion et des Cicindèles ; leur industrie n'en est que plus intéressante à étudier.

La larve du Fourmilion ou Formica-léo a imaginé, pour capturer les insectes dont elle fait sa nourriture, un procédé très ingénieux. Elle creuse à la surface

Fig. 136. — Piège du Fourmilion.
En haut : adulte.
En bas : larve et entonnoir.

du sable de larges entonnoirs (*fig.* 136), au fond desquels elle se blottit : tout insecte qui vient à passer dégringole dans l'entonnoir et arrive au fond, où de suite il est happé par la larve. En outre, si la proie tend à s'échapper, elle envoie sur elle des pelletées de sable, pelletées qui la font tomber au fond encore plus vite. La larve en elle-même n'a rien de séduisant : c'est une sorte de grosse punaise dont la tête est armée de deux grands crochets dentés à leur partie interne. Quand elle est au fond de son entonnoir, elle se cache complètement dans le sable et ne laisse émerger que ses deux mandibules. Une fois maîtresse de sa proie, elle la tire presque entièrement sous le sable et la suce tout à son aise ; un quart d'heure lui suffit pour vider complètement une Fourmi, et en deux ou trois heures elle a retiré tout ce qu'il y a de succulent dans le corps d'une grosse Mouche bleue de la viande. Après quoi, d'un coup de tête, elle envoie la dépouille hors de son piège.

Le Fourmilion a souvent soin d'établir sa construction dans un endroit où il n'a rien de redouter de la pluie, par exemple au pied des vieux murs et dans les endroits les plus dégradés. Il n'y reste d'ailleurs pas indéfiniment. Quand les éboulements ont rendu les pentes de son entonnoir trop douces, le Fourmilion l'abandonne et va en construire un autre à petite distance.

Réaumur a étudié avec soin la construction de l'entonnoir.

« Pour donner à cet entonnoir de justes proportions, pour creuser dans le sable un trou conique dont la pente soit assez précipitée, il y a peut-être plus de façons de la part de notre insecte qu'on ne s'y attendrait, et dont aucune n'est inutile. Il commence par en tracer l'enceinte, c'est-à-dire par faire un fossé semblable à celui qu'il creuse en cheminant, mais un fossé qui entoure un espace circulaire, plus ou moins grand selon que le Formica-léo veut donner plus ou moins de diamètre à l'entrée de l'entonnoir, et plus ou moins grand encore selon que le Formica-léo est plus vieux ou plus jeune. Les très jeunes ne font que des petits entonnoirs ; ils n'entreprennent que des ouvrages proportionnés à leurs forces et ne cherchent pas à tendre un piège à de gros insectes ; ceux qui ne font presque que de naître ne donnent quelquefois à la plus grande ouverture des leurs qu'une ligne ou deux de diamètre, et ceux qui sont près d'avoir pris tout leur accroissement, habitent quelquefois dans des trous dont le diamètre de l'entrée a plus de trois pouces. Les entonnoirs où d'autres se tiennent ont des grandeurs moyennes ; on en voit communément dont le diamètre de l'ouverture est d'un pouce et de quelques lignes de plus ou de quelques lignes de moins. La grandeur du trou n'est pourtant pas toujours proportionnée à celle de l'insecte qui y est logé : quelquefois on tire d'un grand trou un Formica-léo dont la grosseur est au-dessous de la médiocre ; d'autres fois on est étonné d'en trouver un très gros au fond d'un trou d'une assez petite capacité.

La profondeur des entonnoirs nouvellement faits a environ les trois quarts du diamètre de la grande ouverture. J'ai trouvé neuf lignes de profondeur à ceux qui en avaient douze à leur entrée, un pouce de profondeur à ceux dont l'entrée avait seize lignes. L'ouvrage que le Formica-léo a à faire après avoir tracé une enceinte, est donc d'enlever un cône de sable, renversé, dont la base ait un diamètre égal à celui de l'intérieur de l'enceinte, et dont la hauteur soit à peu près les trois quarts de ce diamètre. Pour en venir à bout, il a bien des pas à faire. S'il restait dans une même place, il ne réussirait pas à donner à l'entonnoir qu'il se propose de creuser la rondeur et la régularité convenables. Quand il s'est déterminé à travailler sérieusement, il se met donc en marche ; ce n'est pas pour aller sur une ligne droite, c'est pour en suivre une du même genre que celle que parcourent les Chevaux qui font tourner une meule ; il veut et doit suivre en marchant la circonférence intérieure de l'enceinte, comme s'il avait à tracer un second fossé concentrique au premier.

Dès qu'il a fait un pas, il s'arrête pour charger sa tête de sable. Elle n'est pas plutôt chargée qu'il l'élève brusquement, et jette ainsi celui qui la couvrait par-delà la circonférence de l'enceinte.

Ceux qui ont parlé de cet insecte ne semblent pas s'être arrêtés à considérer la manière dont il charge sa tête de sable, et n'ont pas pris toutes les précautions nécessaires pour parvenir à voir comment il le fait ; ils semblent avoir cru que sa manœuvre était alors telle que celle qu'on lui voit faire lorsque, cherchant un lieu pour se fixer, il marche presque couvert de sable, et fait sauter en l'air celui sous lequel sa tête se trouve nécessairement à la fin de chaque pas. Le Formica-léo qui travaille à l'excavation de l'entonnoir y procède pourtant d'une autre façon digne d'être sue : le sable qu'il jette ne doit pas être pris d'une enceinte qu'il n'a pas intention d'agrandir, celui qui est enlevé ne doit être tiré que de la masse intérieure. Or si le Formica-léo se contentait de marcher à reculons pour charger sa tête de sable, il la chargerait également du plus proche de l'enceinte, et de celui qui est vers l'intérieur. Il agit avec plus de régularité ; il ne fait passer sur sa tête que le sable qui est entre elle et l'axe du cône. La manœuvre par laquelle il parvient est sûre ; il se sert comme d'une main d'une de ses jambes de la première paire, de celle qui est du côté de l'intérieur, pour pousser sur sa tête le sable qui est du même côté. Les mouvements de cette jambe sont extrêmement prompts, et se succèdent sans intervalle; aussi la tête a-t-elle bientôt sa charge.

L'ouvrier occupé à creuser un fossé ne jette pas plus sûrement hors de ses bords, et pas si vite, la terre que sa bêche a coupée, que la tête du Formica-léo ne jette hors de l'enceinte le sable dont elle a été couverte. La tête est ainsi chargée deux ou trois fois de suite dans le même lieu, et deux ou trois fois elle lance une pluie de sable.

Le Formica-léo fait ensuite un nouveau pas en arrière, au bout duquel il s'arrête, et se sert encore de sa même jambe comme d'une main, pour couvrir sa tête de sable qui est encore jeté par celle-ci comme par une pelle.

Après une suite de pas, il se retrouve presque au même lieu d'où il était parti, il a parcouru un cercle. Il continue de marcher pour en parcourir un second plus proche du centre, ou, plus exactement, le Formica-léo décrit dans la route une spirale de l'espèce de celles qui sont tracées sur un cône. Quand il a suivi deux ou trois tours de spirale, la quantité du sable qui a été ôtée est très sensible ; il s'est formé au-dedans de l'enceinte un fossé plus large et plus profond qui entoure un cône de sable. Ce cône n'a pas la base en haut, comme l'avait celui que nous avons fait imaginer lorsque l'insecte a commencé à fouiller. Le sommet du nouveau cône est en haut ; le sable qui s'est éboulé de la partie la plus élevée de cette masse de laquelle le Formica-léo en a ôté à tant de reprises, le sable, dis-je, qui s'en est éboulé, a été cause que la partie supérieure a eu bientôt moins de diamètre que n'en a sa base, et que peu à peu elle est devenue presque pointue. C'est toujours à la base de ce cône que le Formica-léo prend le sable qu'il jette hors du

COUSIN.

15

trou, qui lui-même sera conique quand tout le cône de sable aura été enlevé. La base de celui-ci devient de plus en plus petite à mesure que l'insecte en a parcouru le tour plus de fois : son sommet s'abaisse en même temps, parce que des grains s'en éboulent à chaque instant. Le cône de sable devient donc à la fin si petit que sa base n'a qu'un diamètre égal à celui que doit avoir le fond de l'entonnoir et qu'il a à peine une ligne ou deux de hauteur : quelques coups de tête suffisent pour jeter hors du trou ce petit reste de sable.

La jambe qui fait l'office de main pour charger la tête de sable, et qui le fait avec tant d'adresse et d'agilité, ne peut manquer de se fatiguer ; quand il a agi assez longtemps le Formica-léo la laisse reposer, et se détermine à se servir pour le même usage de l'autre jambe de la même paire, qui apparemment n'est pas moins adroite que la première ; mais, pour la faire travailler, il faut qu'elle se trouve placée, comme l'était la première, vers l'intérieur du trou, ce qui demande que le Formica-léo se retourne bout pour bout, et qu'il décrive ensuite des cercles dans un sens contraire à celui où il en décrivait auparavant. Pour se retourner il n'aurait qu'à pirouetter sur lui-même, qu'à amener son derrière où était sa tête ; mais cette manœuvre n'est pas apparemment pour lui la plus aisée, car alors il en fait une autre, il traverse le cône composé de sable qui reste à enlever ; il passe de l'endroit où il est à l'endroit opposé diamétralement. Quand il y est rendu, il se met en marche pour faire ses circonvolutions dans un sens contraire à celui où il les faisait ; la jambe qui auparavant était la plus proche de l'enceinte extérieure est alors la plus proche de l'axe de l'entonnoir, et c'est alors à elle à charger la tête de sable.

Quelquefois le Formica-léo achève son entonnoir tout de suite, et en vient à bout en moins d'une demi-heure ou même d'un quart d'heure ; quelquefois il le fait à bien des reprises ; il prend des intervalles de repos, tantôt plus courts, tantôt plus longs ; il se tient quelquefois tranquille pendant des heures entières, et cela apparemment selon qu'il est plus ou moins pressé par la faim. On ne peut guère attribuer qu'à ce besoin la diligence avec laquelle il y en a qui expédient leur ouvrage pendant que d'autres restent dans l'inaction. J'ai eu à la fois des centaines de Formica-léo dans une seule mais assez grande caisse, et souvent j'ai pris plaisir à aplanir la surface du sable où ils étaient, à combler tous leurs trous ; quelques-uns travaillaient presque sur-le-champ à s'en faire un, et le plus grand nombre différait souvent à se mettre à l'ouvrage dans les jours longs et chauds depuis midi ou une heure ou deux après, jusqu'à ce que le soleil fût près de se coucher ; lorsque ses rayons brillent, et surtout s'ils tombent sur le sable où ces insectes sont logés, ils ont peine à se déterminer à travailler ; mais lorsque le temps est couvert et chaud toutes les heures sont pour eux propres au travail.

Ceux qui font leurs entonnoirs à la campagne n'ont pas toujours à leur disposition un sable aussi fin et aussi égal que celui que donne un observateur à ceux qu'il tient dans son cabinet. Parmi les grains de sable ordinaire, il se trouve de gros grains de gravier, de petites pierres ; le Formica-léo qui façonne un trou dans une terre pulvérisée rencontre des grumeaux de terre; aussi voit-on souvent de gros graviers, de petites pierres et des grumeaux d'une terre dure, sur le bord d'un trou dont l'intérieur n'a que des grains extrêmement fins.

M. Bonnet, qui sait penser à ce qui mérite d'être observé, a eu une curiosité que n'ont point eue ceux qui nous ont entretenu de cet insecte. Il a eu celle de savoir quel parti prenait le Formica-léo dans le cas où la petite pierre, où la petite masse de terre dure était d'un tel poids qu'il ne pouvait se permettre de la lancer en l'air avec sa tête, par delà le bord du trou commencé. M. Bonnet, après en avoir épié un grand nombre, a eu le plaisir d'en surprendre plusieurs dans cette circonstance embarrassante ; il a vu toute la manœuvre à laquelle ils ont recours alors. Le Formica-léo se détermine à porter la masse incommode où il ne la peut jeter ; il sort du sable, il se montre en entier à découvert, en avançant ensuite un peu à reculons, il fait passer le bout de son derrière sous la petite pierre, et, en allant encore un peu en arrière, et en faisant faire à ses anneaux des mouvements convenables, il la conduit vers le milieu de son dos, et l'y met en équilibre. Mais le difficile est de la conserver dans cet équilibre pendant le transport en montant à reculons le long d'une pente déjà escarpée. De moment en moment la charge est prête à tomber, soit à droite, soit à gauche ; ce n'est qu'en abaissant ou élevant à propos certaines portions de ses anneaux, que le Formica-léo parvient à la retenir. Enfin, malgré tous ses efforts et malgré tout son savoir en tours d'équilibre, la pierre lui échappe quelquefois, elle roule dans le fond du précipice. Il a le courage d'aller l'y rechercher et faire de nouveaux essais de son adresse et de sa force. Il donne ainsi de grandes preuves de patience, lorsque, comme M. Bonnet l'a vu, il retourne à cinq ou six reprises se charger du fardeau qui lui a échappé autant de fois ; le Formica-léo lui semblait alors condamné au supplice du criminel Sisyphe.

On peut faire naître des occasions d'avoir un spectacle qui tourmente notre insecte et qui amuse celui qui l'observe, en jetant au fond de son trou une petite pierre d'un poids trop grand pour être enlevée d'un coup de tête. J'ai quelquefois mis dans la même peine dix à douze Formica-léo à la fois ; la petite pierre de chaque trou n'était pourtant pas de même figure ni de même poids. Le Formica-léo qui avait eu le bonheur d'en avoir une légère en partage la faisait partir d'un coup de tête, et celui à qui il en était échu une trop lourde, ou d'une figure trop irrégulière, se déterminait par la suite à abandonner son trou. D'autres entreprenaient de transporter hors du leur la pierre dont ils jugeaient pouvoir charger leur dos ; le plus souvent néanmoins, ils se contentaient de la pousser soit avec la tête soit avec le dos, contre les parois de l'entonnoir; pourvu qu'elle n'en couvrit pas le fond, c'est assez pour eux ; le piège quoique un peu moins parfait suffit encore trop pour faire prendre des insectes.

Il y a des entonnoirs faits, pour ainsi dire, à la hâte, qui n'ont pas autant de profondeur, ni un talus aussi raide que ceux pour lesquels nous avons vu les Formica-léo employer tout leur art. L'insecte se contente de jeter avec sa tête le sable de l'endroit où il s'est fixé ; il forme ainsi en peu d'instants une cavité conique, mais qui n'a ni la grandeur ni les proportions de celles dont l'enceinte a été tracée régulièrement. »

Le Fourmilion est donc obligé pour se nourrir d'attendre que le hasard fasse passer un insecte dans le voisinage de son piège. Heureusement pour lui, il est doué d'une grande résistance à l'inanition ; on en a vu plusieurs rester sans manger pendant plusieurs mois. En outre, il a la faculté de pouvoir manger beaucoup quand les proies sont abondantes, de sorte qu'en quelques minutes il peut se nourrir pour plusieurs mois.

Au moment de la nymphose, le Fourmilion s'enfonce dans le sable pour faire sa coque. Celle-ci est constituée à l'extérieur par des grains bien arrangés, réunis par des fils de soie, et à l'intérieur par de la soie pure et artistement tissée. La nymphe est entourée d'un large voile. « Il est vrai, remarque Réaumur, que quelque disposé qu'on soit à accorder de l'adresse au Formica-léo, on a d'abord quelque peine à imaginer qu'il puisse parvenir à se faire la coque dont nous parlons. Il se trouve au milieu d'un tas de grains extrêmement mobiles dont les supérieurs s'appuient nécessairement sur son corps ; comment viendra-t-il à bout de ménager dans ce sable une cavité plus grande que celle que son corps peut remplir, telle qu'est la cavité de l'intérieur de chaque coque ! Si on y prend garde, la difficulté pourtant se réduit à faire une voûte de sable hémisphérique ; dès qu'on supposera cette voûte faite et capable de résister à la pression du sable supérieur, le Formica-léo pourra ménager un vide au-dessous, il pourra pousser en bas et vers les côtés une partie du sable qui est sous la voûte. Or l'insecte, qui sait filer, quoique posé au milieu d'un massif de sable, peut attacher les uns aux autres les grains qui se trouvent au-dessus de lui, et coller assez de ces grains pour former une calotte hémisphérique ; cela fait, le reste ne demande plus que du temps. Cet ordre dans la construction, qui nous a paru le seul que le Formica-léo pût suivre, est aussi celui qu'il suit. On s'en convaincra si on trouble de ces insectes dans un travail qu'ils n'ont que commencé. J'ai enlevé avec précaution les couches de sable sous lesquelles des Formica-léo étaient occupés à bâtir : lorsque j'ai mis ainsi à découvert des coques qui n'étaient pas encore finies, ç'a toujours été en-dessous que je les ai trouvées ouvertes.

Au reste, on peut forcer un Formica-léo à montrer les principales manœuvres au moyen desquelles il parvient à se bâtir une coque, si on le tire de celle qu'il a commencée avant qu'il ait eu le temps de la fermer ; alors il lui reste encore dans le corps une provision de liqueur à soie, et il fait tout ce qui est en lui pour l'employer utilement si on lui donne du sable à sa disposition. Ce qu'on remarquera d'abord, c'est que le Formica-léo à qui on vient d'ôter l'ouvrage auquel il s'occupait, n'est pas étendu comme ils le sont tous dans l'état ordinaire ; sa tête et son corps ne se trouvent plus dans une ligne droite. Ce dernier est recourbé en arc de cercle ; il semble être devenu le moule sur lequel la coque doit prendre de la rondeur ; la convexité que les premiers anneaux forment du côté du dos ramène le col et la tête en dessous, vers le ventre, de manière que si on appuie un peu sur les cornes, elles touchent en-dessous le bout du derrière ; il n'est plus alors en son pouvoir de se redresser entièrement ; tout ce qu'il peut, c'est se courber un peu moins. Si on pose le côté convexe ou le dos de ce Formica-léo sur une couche de sable trop peu épaisse pour qu'il puisse y être enterré, on lui voit faire des tentatives pour se construire une coque. C'est alors qu'il fait paraître sa filière, qu'il l'allonge autant qu'elle peut être allongée; il la porte à droite et à gauche, en dessus et en dessous, pour chercher le sable ; lorsque son bout en a touché successivement deux grains, ils sont liés ensemble. On voit avec plaisir les mouvements de la filière se répéter avec une grande vitesse, comment elle s'incline et se courbe de différents côtés, et enfin on voit ce que ses mouvements ont produit. On distingue une ou plusieurs larges files de grains de sable qui ont été attachés ensemble et qui forment des morceaux de rubans étroits.

Tout ce travail pourtant ne lui donne point une coque ; il ne peut venir à bout de s'en faire une, à moins que la couche de sable ne soit assez épaisse pour le couvrir : ce n'est que quand il est couvert de sable qu'il parvient à réunir les grains qui forment la voûte, laquelle est, pour ainsi dire, le fondement de l'édifice.

Les coques ne sont pas toutes de la même grosseur : les plus grosses donnent des femelles, les plus petites des mâles. Les adultes sont pourvus de quatre ailes, et ressemblent un peu aux Libellules, mais avec moins d'élégance et de légèreté.

A noter enfin que les larves de certaines espèces de Fourmilions ne font pas d'entonnoirs et se contentent de s'enfoncer dans le sable en ne laissant passer que leurs mandibules à ras de terre.

L'entonnoir du Fourmilion n'est pas, comme on le croit généralement, isolé dans l'histoire des insectes. On rencontre en effet un engin identique chez la larve d'un diptère à laquelle on a donné le nom de Vermilion (*Leptis vermileo*) et que l'on trouve en divers points de la France. « Cette larve, dit Maurice Girard, comme celle des Fourmilions, et souvent en leur compagnie, se tient au pied des murs dégradés ou au bas des talus abrités par une roche en surplomb. Le corps d'un gris sale, un peu jaunâtre, va en augmentant régulièrement de grosseur de la tête à l'anus. La tête, effilée comme celle des asticots, rentre, au repos, dans le premier anneau du corps. Il en sort deux mandibules en forme de dards, qu'elle enfonce dans ses victimes et dont elle se sert comme points d'appui pour marcher, en tirant son corps après elle. En outre, elle saute en débandant sa région postérieure. Le dernier anneau, plus long que les autres, et un peu aplati, se recourbe en dessous, comme un crampon qui fixe la larve au sable de l'entonnoir pendant que la proie se débat. Il se termine par quatre appendices charnus et velus, que Réaumur compare à une main ouverte à quatre doigts. La larve n'a pas de pattes et s'enfonce, comme un éclair, dans le sable dès qu'on touche à son entonnoir ; très agile, elle s'élance du fond sur la victime qui y tombe, et l'enlace comme un petit serpent. Elle ne commence pas par tracer le pourtour de son entonnoir ainsi que la larve du Fourmilion. Elle s'enfonce dans le sable, de haut en bas, au moyen de sa tête pointue. Le sable est lancé au dehors par les inflexions alternatives de son corps ; parfois il se plie en compas, dont la plus longue branche tourne autour de la plus courte, formée par la partie postérieure, de sorte que le haut de la par-

tie antérieure jette le sable en tournoyant. On comprend que ce mouvement est
très propre à faire un cône : aussi l'entonnoir du Vermilion est plus profond, eu
égard à sa taille, que celui du Fourmilion, et à parois plus abruptes. Il en aplanit

Fig. 137. — Piège de la larve de la Cicindèle champêtre.

les bords escarpés, en frottant son corps contre eux, et lance une pluie de sable
sur l'insecte qui cherche à lui échapper en remontant la surface interne du cône
meurtrier. »

*
**

La larve des Cicindèles agit autrement, mais avec autant d'astuce, pour se procurer les petits insectes qui lui sont indispensables pour se nourrir. Elle creuse dans la terre un trou vertical (*fig.* 137) dans lequel elle s'arc-boute de manière que sa tête, aplatie et légèrement excavée, vienne exactement boucher l'orifice d'entrée situé à ras du sol. Vienne à passer une bestiole sur cette véritable trappe vivante, la larve s'enfonce aussitôt, entraînant avec elle sa victime qu'elle ne tarde pas à saisir entre ses pinces et à dévorer.

CHAPITRE XXI

Les Exploiteurs de leur salive... et autres produits naturels

Ainsi que nous l'avons déjà vu et que nous le verrons à nouveau plus loin, la salive des animaux entre très souvent dans les constructions qu'ils édifient. C'est avec elle que les Abeilles maçonnent, transforment la poussière des routes en un ciment très tenace ; c'est avec elle aussi que beaucoup d'oiseaux collent entre eux les brins de mousse servant à confectionner leur nid ; c'est elle enfin qui, sous forme de fils de soie, est employée à des ouvrages si variés par les chenilles. Il est même certains oiseaux, comme les Salanganes, qui fabriquent des nids entiers avec la sécrétion de leurs glandes salivaires.

Les Salanganes habitent surtout les îles de la Sonde, mais on en trouve aussi dans les montagnes d'Assam, dans le Nillgeris, dans le Sikkim et à Ceylan. Elles vivent autour des récifs et le long des côtes abruptes où viennent se briser les vagues. Elles confectionnent des nids célèbres (*fig.* 138), inexactement appelés *nids d'Hirondelles*, dont on fait d'excellents potages, surtout en Chine et aux Indes, où on les vend fort cher, et sur la nature desquels on a longtemps discuté. On croyait autrefois que l'oiseau les fabriquait avec différents matériaux mucilagineux, des algues notamment, flottant dans la mer. On sait depuis Bernstein qu'il n'en est rien et qu'ils sont formés par la salive même de l'oiseau.

« Nous ne devons pas nous étonner, dit-il, si tant d'opinions diverses ont eu cours au sujet de la provenance de la matière qui compose les nids des Salanganes. Tant que l'on se fiait aux récits d'indigènes ignorants et superstitieux, tant qu'on se contentait de comparer les caractères extérieurs de cette substance avec ceux d'autres matières complètement différentes, il ne fallait pas espérer la lumière sur ce point. On ne pouvait arriver à la vérité qu'en observant ces oiseaux en vie. A la vérité, cela est difficile ; car ils nichent dans des cavernes sombres, plus ou moins impraticables, où le jour pénètre à peine. Heureusement qu'une espèce voisine, qui habite Java et qui est connue sous le nom de *Kusappi*, est assez facile à observer, car elle niche dans les lieux abordables, soit à l'entrée des cavernes, soit le long des falaises. Plusieurs fois, j'ai pu la voir construire son nid, ce à quoi je ne suis jamais arrivé pour la Salangane proprement dite.

La forme des nids comestibles (ceux de la Salangane proprement dite) est connue depuis longtemps. Ils ressemblent au quart d'une coquille d'œuf, coupée suivant son grand diamètre. Ils sont ouverts par en haut, et le rocher contre lequel ils sont appliqués les cloisonne en arrière. Les parois du nid sont très minces. Le bord supérieur se prolonge et forme de chaque côté une sorte d'aile assez forte, qui maintient le nid appliqué contre le rocher. Ce nid est formé d'une matière translucide, blanchâtre ou brunâtre, et présente des stries trans-

Fig. 138. — Nid de la Salangane (improprement appelé « nid d'Hirondelle »).

versales ondulées, disposées plus ou moins parallèlement les unes aux autres. C'est là la seule organisation qu'ils présentent. Les nids foncés, brunâtres et qui ont le moins de valeur, sont à mon avis des demeures anciennes où des petits ont été élevés ; les blancs ont plus de valeur et sont les plus récemment construits. D'autres observateurs rapportent ces différents nids à deux espèces distinctes ; mais comme je n'ai pu me procurer aucun oiseau pris dans un nid brun, je ne me hasarderai pas à trancher la question ; on trouve d'ailleurs tous les degrés intermédiaires entre les nids blancs et les nids bruns ; et tous présentent la même disposition, ce qui me fait croire qu'ils appartiennent réellement à une seule espèce. On rencontre des nids dont la face interne présente une disposition réticulée, résultant de la dessiccation et de la contraction de la substance employée ; souvent aussi on rencontre des plumes enchâssées dans les parois.

C'est dans ces nids que la Salangane pond deux œufs, rarement trois, d'un blanc éclatant, et mesurant 20 millimètres dans leur diamètre longitudinal et 14 dans leur plus grand diamètre transversal.

Le nid du Kusappi ou Salangane fuciphage ressemble extérieurement à celui de la Salangane proprement dite; il en diffère cependant essentiellement en ce qu'il est composé de tiges d'herbes. La matière gélatineuse ne sert qu'à relier ces tiges entre elles et à fixer le nid contre le rocher; aussi est-elle principalement abondante à la partie postérieure, et notamment dans les deux ailerons qui prolongent en arrière le bord supérieur. Ces ailerons manquent souvent, lorsque le nid surtout est d'une construction solide. Je possède un nombre assez considérable de nids de Kusappi que l'on a trouvés sous le toit d'un édifice public à Batavia. Ils sont formés de tiges d'herbes, de crins de cheval, disposés les uns sur les autres, mais sans être entrelacés; ils sont agglutinés ensemble par cette masse gélatineuse, abondante surtout à la paroi postérieure, où elle servait à maintenir le nid contre le rocher. »

Bernstein, dans ses premières communications, insista sur le grand développement des glandes salivaires, notamment des sublinguales, et émit l'hypothèse que ce pourrait bien être les organes de sécrétion de la substance qui forme le nid. Depuis, il en a acquis la preuve; il a vu que pendant la saison des amours, ces glandes devenaient turgescentes, pour diminuer de volume après la ponte.

« Ces glandes sécrètent une quantité considérable d'un mucus épais, visqueux, qui vient s'amasser à la partie antérieure de la cavité buccale. Ce liquide ressemble assez à une solution saturée de gomme arabique; il est très visqueux et filant. Si l'on en tire un fil de la bouche et qu'on l'enroule autour d'un bâton, on peut retirer toute la salive de la bouche et même des conduits excréteurs. Elle se dessèche très rapidement et ressemble tout à fait à la substance qui compose les nids. Au microscope, elle présente le même aspect. Mise entre deux feuilles de papier, elle les agglutine comme le ferait une solution de gomme. On peut de même en entourer des brins d'herbes et les coller les uns aux autres.

Quand l'oiseau commence son nid, il vole vers l'endroit qu'il a choisi, et du bout de sa langue applique sa salive contre le rocher; il répète ce manège dix, vingt fois, sans jamais s'éloigner beaucoup. Il trace ainsi un demi-cercle ou un fer à cheval. La salive se dessèche rapidement et le nid a une base solide sur laquelle il reposera. Le Kusappi se sert de diverses substances végétales, qu'il agglutine les unes aux autres avec sa salive; la Salangane proprement dite n'emploie que sa salive. Elle se pose sur la charpente de son nid, puis, portant alternativement la tête à droite et à gauche, elle en élève les parois, et forme ainsi les lignes stratifiées dont nous avons parlé plus haut. Au moment du travail, quelques plumes peuvent rester collées par la salive. L'irritation causée par le gonflement des glandes peut aussi pousser les oiseaux à les vider, en les pressant ou en les frottant. Des lésions peuvent donc se produire, et quelques gouttes de sang se mêler à la salive.

La sécrétion de celle-ci est en rapport avec le régime de l'oiseau. Quand, pendant quelques jours, j'avais donné à mes Salanganes beaucoup de nourriture, la sécrétion salivaire devenait très abondante; elle tarissait, au contraire, quand ces oiseaux souffraient de la faim. C'est ce qui explique pourquoi, en certaines saisons, les Salanganes bâtissent leur nid plus rapidement qu'en d'autres : dans le premier cas, elles ont de la nourriture à profusion; dans le second, elles pâtissent. »

La récolte des nids de Salanganes est très périlleuse. Les hommes sont obligés de descendre avec une corde le long des parois abruptes pour aller les détacher. Une bonne partie de la population riveraine de l'île de Java se livre à cette chasse, très fructueuse car lesdits nids se vendent à des prix fabuleux.

*
* *

Citons encore un autre exploiteur de sa salive.

Le Dendrochélidon Klecho habite les Indes, l'Australie et l'Afrique. « Cet oiseau, dit Bernstein, construit son nid d'une façon toute particulière. Tandis que les autres espèces nichent le long des rochers ou des murailles, dans des fentes, dans des crevasses, lui établit son nid sur les branches les plus élevées.

Ce nid, par sa forme demi-sphérique, par la manière dont les matériaux sont disposés, ressemble assez à celui de la Salangane; il est cependant bien plus petit, bien moins profond. Tous ceux que j'ai examinés n'avaient que 10 millim. de profondeur et 40 de diamètre. Ce nid, fixé à un petit rameau horizontal qui en forme la paroi postérieure, ressemble ainsi à une petite coupe, et est à peine suffisant pour recevoir un œuf. Les parois en sont excessivement minces : on dirait une feuille de parchemin. Elles sont formées de plumes, de lichens, d'écorces, le tout lié ensemble par une matière visqueuse, très probablement par de la salive. A l'époque des amours, les glandes salivaires de ces oiseaux deviennent très turgescentes.

Le nid est si petit, si fragile, que l'oiseau, ne pouvant s'y poser, se tient sur la branche, et couvre avec son ventre le nid et l'œuf unique qui s'y trouve. Celui-ci a 25 millim. dans son diamètre longitudinal, et 19 dans son plus grand diamètre transversal; il est de forme ovale très régulière; l'on ne peut y distinguer un gros bout et un petit bout. Il est d'un bleu azuré qui pâlit lorsque l'œuf a été vidé. D'après mes observations, cet oiseau niche deux fois par an : une première fois en mai ou en juin, une seconde fois peu après la première nichée; le même nid lui sert pour ses deux couvées.

Cette disproportion entre la taille de l'oiseau, la grandeur de son nid et celle de son œuf, me rendit curieux d'observer le jeune. Peu de jours après son éclosion, il ne devait évidemment plus pouvoir se loger dans le nid. Je laissai donc un couple de ces oiseaux couver en paix. Peu de jours après sa naissance, le petit remplissait entièrement le nid; à ce moment il le quitta et prit la posture qu'avait la femelle quand elle couvait, c'est-à-dire qu'il se tint sur la branche, son ventre reposant sur le nid.

Dans cet état, ce jeune oiseau deviendrait une proie facile pour tous les rapaces, s'il ne savait par un artifice échapper à leurs regards. Il ne quitte pas sa position avant qu'il soit complètement développé, mais lorsqu'il aperçoit quelque chose de suspect, il relève le cou, hérisse toutes ses plumes, se penche en avant, de manière à cacher ses pattes ; il reste ainsi complètement immobile, et son plumage marbré de brun et de noir s'harmonise si bien avec la couleur des branches couvertes de lichens blanchâtres, qu'il est fort difficile de l'apercevoir. »

* *

Beaucoup d'autres animaux utilisent pour leurs industries un produit de sécrétion de leur corps autre que la salive : c'est le cas notamment des « filateurs », dont nous nous occupons à un autre endroit de cet ouvrage. C'est aussi le cas de la Mante religieuse, qui fabrique une sorte de capsule pour ses œufs ; profitons-en pour résumer l'histoire de cette curieuse bête (*fig.* 139).

La Mante ne manque pas d'élégance, bien que d'aspect un peu « excentrique » au premier abord. Sa taille est svelte ; ses longues ailes de gaze sont du plus beau vert et son fin museau, porté par un long cou, lui donne l'air espiègle. Seule de tous les insectes, elle dirige son regard dans tous les sens, inspectant sans cesse les environs. Cette mobilité de la tête donne à l'insecte un air étrange qui est encore augmenté par la présence de ses longues pattes et surtout celles de la paire antérieure que l'animal est obligé de tenir constamment pliées.

La Mante se tient en général sur les plantes basses, immobile et se contentant de tourner la tête de droite et de gauche. Tous ceux qui l'ont vue ainsi ont été frappés de son aspect ; avec sa longue robe de gaze, son attitude recueillie et ses pattes de devant relevées comme dans une fervente prière, elle a tout à fait l'air d'invoquer le ciel. Aussi, dans tous les pays, l'imagination naïve des peuples a voulu voir dans cette attitude un acte de piété. Les Grecs l'appelaient déjà Μάντις, c'est-à-dire le Devin, le Prophète. Les Hottentots et les Nubiens la considèrent comme un dieu tutélaire et, en Europe, on l'appelle partout *Prie-Dieu* : en Languedoc, c'est *lou Prégo-Diou*, et, au Portugal, le *Louva-Deo*. — « Saint François Xavier, dit une légende monacale, ayant aperçu une Mante tendant les deux bras vers le ciel, la pria de chanter les louanges de Dieu ; sur quoi l'insecte entonna aussitôt un cantique des plus édifiants ». Pison, dans son *Histoire naturelle des Indes occidentales*, appelle les Mantes *Vates*, et parle de cette superstition propre aux chrétiens aussi bien qu'aux païens, qui les nomment prophètes ou devins. L'habitude qu'ont aussi les Mantes d'étendre en avant tantôt une patte ravisseuse, tantôt l'autre, et de garder longtemps cette position, a fait croire en outre qu'elles indiquaient le chemin aux passants. « Cette bestiole est réputée si divine, dit Mouffette, que si un enfant lui demande sa route, elle lui montre la véritable, en étendant la patte, et le trompe rarement ou jamais. Ces poses bizarres ont valu aux Mantes beaucoup de leurs noms spécifiques, qui veulent dire devin, suppliant, priant, etc. » (M. Girard). La science a en quelque sorte consacré la légende, en donnant à l'animal qui nous occupe le nom de Mante religieuse, *Mantis religiosa*.

Malgré son nom et son aspect mystique, la Mante est un des insectes les plus féroces de nos champs ; c'est un véritable bandit, qui passe son existence à semer

le carnage parmi les bestioles à six pattes qui l'environnent. Si elle ne remue pas,
c'est dans le but de laisser celles-ci s'approcher, et, si elle tient ses pattes relevées,
c'est pour être toute prête à la capture. Ces pattes antérieures, — que l'on a si
bien nommées les *pattes ravisseuses*, — sont en effet ses instruments de mort. La
hanche en est d'une longueur inaccoutumée, pour permettre de lancer rapidement
au loin le véritable piège à loup qu'elle porte à l'extrémité. Ce piège est formé

Fig. 139. — La Mante religieuse.
En haut : Au vol.
En bas : Au repos, et paquet d'œufs.

de deux parties : la cuisse, sorte de scie à deux lames parallèles, laissant au milieu
une gouttière, et la jambe, scie également double mais à pointes plus fines qui se
replie sur la première. La jambe, enfin, se termine par un croc canaliculé très
aigu en la pointe.

Les pattes ravisseuses forment donc une vaste tenaille qui fait même de cruelles
blessures au doigt imprudent qui vient s'y laisser prendre. Au repos, elles sont

repliées sous la poitrine ; mais vienne à passer une proie, le traquenard, déployé en un clin d'œil, est projeté sur elle, puis brusquement refermé : l'insecte est pris, broyé et, malgré sa force, ne peut plus échapper ; le drame est poignant dans sa rapidité, et par le « broyage » de la victime dont on entend craquer la carapace de chitine.

Fabre, d'Avignon, qui a étudié la Mante religieuse, a donné un tableau saisissant de la lutte entre un Criquet et une Mante, tous deux placés sous une cloche en treillis :

« A la vue du gros Criquet, qui s'est étourdiment approché sur le treillis de la cloche, la Mante, secouée d'un soubresaut convulsif, se met soudain en terrifiante posture. Une commotion électrique ne produirait pas effet plus rapide. La transition est si brusque, la mimique si menaçante, que l'observateur novice hésite, retire sur-le-champ la main, inquiet d'un danger inconnu. Si ma pensée est ailleurs, je ne peux encore, vieil habitué, me défendre d'une certaine surprise. On a devant soi, à l'improviste, une sorte d'épouvantail, de diablotin chassé hors de sa boîte par l'élasticité d'un ressort.

Les élytres s'ouvrent, rejetées obliquement de côté ; les ailes s'étalent dans toute leur ampleur et se dressent en voiles parallèles, en vaste cimier qui domine le dos ; le bout du ventre se convolute en crosse, remonte, puis s'abaisse et se détend par brusques secousses avec une sorte de souffle, un bruit de *puf ! puf !* rappelant celui du Dindon qui fait la roue. On dirait les bouffées d'une Couleuvre surprise.

Fièrement campé sur les quatre pattes postérieures, l'insecte tient son long corsage presque vertical. Les pattes ravisseuses, d'abord ployées et appliquées l'une contre l'autre devant la poitrine, s'ouvrent toutes grandes, se projettent en croix et mettent à découvert les aisselles ornementées de rangées de perles et d'une tache noire à point central blanc. Les deux ocelles, vague imitation de ceux de la queue du Paon, sont, avec les fines bouclures éburnéennes, des joyaux de guerre tenus secrets en temps habituel. Cela ne s'exhibe de l'écrin qu'au moment de se faire terrible et superbe pour la bataille.

Immobile dans son étrange pose, la Mante surveille l'acridien, le regard fixé dans sa direction, la tête pivotant un peu à mesure que l'autre se déplace. Le but de cette mimique est évident : la Mante veut terroriser, paralyser d'effroi la puissante venaison qui, non démoralisée par l'épouvante, serait trop dangereuse.

Y parvient-elle? Sous le crâne luisant du dectique, derrière la longue face du Criquet, nul ne sait ce qui se passe. Aucun signe d'émotion ne se révèle à nos regards sur leurs masques impassibles. Il est certain néanmoins que le menacé connaît le danger. Il voit se dresser devant lui un spectre, les crocs en l'air, prêt à s'abattre ; il se sent en face de la mort et il ne fuit pas lorsqu'il en est temps encore. Lui qui excelle à bondir et qui si aisément pourrait s'élancer loin des griffes, lui le sauteur aux grosses cuisses, stupidement reste en place ou même se rapproche à pas lents.

On dit que les petits oiseaux, paralysés de terreur devant la gueule ouverte du serpent, médusés par le regard du reptile, se laissent happer, incapables d'essor.

A peu près ainsi se comporte, bien des fois, l'acridien. Le voici à portée de la fascinatrice. Les deux grappins s'abattent, les griffes harponnent, les doubles scies se referment, enserrent. Vainement le malheureux proteste : ses mandibules mâchent à vide, ses ruades désespérées fouettent l'air. Il faut y passer. La Mante replie les ailes, son étendard de guerre ; elle reprend la pose normale et le repas commence.

Quand la proie est de petite taille, la Mante la happe sans se donner la peine de la « méduser » au préalable. Ce n'est d'ailleurs que la femelle qui se livre à cette mimique, et ses ailes même ne paraissent lui servir qu'à cela, car elle ne vole pour ainsi dire presque jamais. Le mâle, au contraire, beaucoup plus fluet, ne se contente pas de grimper et de courir, il vole d'une plante à une autre à la recherche d'une épouse ou d'une petite proie.

La Mante une fois en possession de son Criquet lui dévore la nuque et, quand le malheureux ne bouge plus, se met en devoir de le dévorer presque tout entier, en véritable gloutonne. »

Les Mantes, surtout au moment où elles sont remplies d'œufs, sont entre elles assez mauvaises camarades. « Sans motif que je puisse soupçonner, raconte Fabre, deux voisines brusquement se dressent dans leur attitude de guerre. Elles tournent la tête de droite et de gauche, se provoquent, s'insultent du regard. Le *puf! puf!* des ailes frôlées par l'abdomen sonne la charge. Si le duel doit se borner à la première égratignure, sans autre suite plus grave, les pattes ravisseuses, maintenues ployées, s'ouvrent ainsi que les feuillets d'un livre, se rejettent de côté et encadrent le long corselet. Pose superbe, mais moins terrible que celle d'un combat à mort. Puis l'un des grappins, d'une soudaine détente, s'allonge, harponne la rivale ; avec la même brusquerie, il se retire et se remet en garde. L'adversaire riposte. Deux Chats se gifflant rappellent un peu cette escrime. Au premier sang sur le mol abdomen, ou même sans la moindre blessure, l'une s'avoue vaincue et se retire. L'autre replie son étendard de bataille et va, tranquille en apparence, mais toujours prête à recommencer la querelle, méditer ailleurs la capture d'un Criquet. Le dénouement tourne bien des fois de façon plus tragique. Alors est prise dans sa plénitude la pose des duels sans merci. Les pattes ravisseuses se déploient et se dressent en l'air. Malheur à la vaincue ! L'autre la saisit entre ses étaux, et se met sur l'heure à la manger, en commençant par la nuque, bien entendu. L'odieuse bombance se fait aussi paisiblement que s'il s'agissait de croquer une Sauterelle. L'attablée savoure sa sœur ainsi qu'un mets licite ; et l'entourage ne proteste pas, désireux d'en faire autant à la première occasion. »

Les femelles ne se font pas faute non plus de manger les mâles, sensiblement moins forts qu'elles. Ceux-ci d'ailleurs savent à quoi ils s'exposent, car en se rapprochant d'elles, ils ne le font qu'avec circonspection.

Les Chinois s'amusent à mettre des Mantes en cage pour jouir de leurs luttes ; comme dans les combats de Coqs ou de Grillons, on parie même ferme sur les combattants.

Le nid de la Mante mérite attention. C'est une masse volumineuse de quatre centimètres de longueur sur deux de largeur, sorte de gâteau de couleur blonde accolé sur les souches des vignes, les pierres, le bois, les tiges sèches des herbages, les brindilles des arbrisseaux, etc. La face supérieure en est régulièrement convexe avec trois zones longitudinales bien accentuées. La médiane est formée de lamelles imbriquées, laissant entre elles des fissures destinées à faciliter la sortie des jeunes au moment de l'éclosion. Les zones latérales ne présentent aucun entre bâillement. Si l'on coupe ce nid en travers, on voit que les œufs sont noyés dans une gangue jaunâtre d'aspect corné et rangés par couches courbes et concentriques. Fabre a pu se rendre compte du mode de formation du nid ; nous allons résumer ses observations.

Pendant la ponte, le bout du ventre est constamment immergé dans un flot d'écume d'un blanc grisâtre, un peu visqueuse et presque semblable à de la mousse de savon. Deux minutes après, elle est solidifiée et sa consistance est celle que l'on constate sur un vieux nid. La masse spumeuse se compose en moyenne partie d'air emprisonné dans de petites bulles. Cet air, qui donne au nid un volume bien supérieur à celui du ventre de la Mante, ne provient évidemment pas de l'insecte, quoique l'écume apparaisse dès le seuil de l'abdomen ; il est emprunté à l'atmosphère. La Mante construit donc surtout avec de l'air, éminemment apte à protéger le nid contre les intempéries. Elle rejette une composition gluante, analogue au liquide à soie des chenilles ; et de cette composition, amalgamée avec l'air extérieur, elle produit l'écume. Elle fouette son produit comme nous fouettons le blanc des œufs, pour le faire gonfler et mousser. L'extrémité de l'abdomen, ouverte d'une longue fente, forme deux amples cuillers latérales qui se rapprochent, s'écartent d'un mouvement rapide, continuel, battent le liquide visqueux et le convertissent en écume à mesure qu'il est déversé au dehors. On voit en outre, entre les deux cuillers bâillantes, monter et descendre, aller et venir, en manière de tiges de piston, les organes internes, dont il est impossible de démêler le jeu précis, noyés qu'ils sont dans l'opaque flot mousseux.

Le bout du ventre, toujours palpitant, ouvrant et refermant ses valves avec rapidité, exécute des oscillations de droite à gauche et de gauche à droite à la façon d'un pendule. De chacune de ces oscillations résultent, à l'intérieur, une couche d'œufs, à l'extérieur, un sillon transversal. A mesure qu'il avance dans l'arc décrit, brusquement, à des intervalles très rapprochés, il plonge davantage dans l'écume comme s'il enfonçait quelque chose au fond de l'amas mousseux. Chaque fois, à n'en pas douter, un œuf est déposé.

Dans les campagnes, le nid de la Mante porte le nom de *tigno*, et les paysans le considèrent comme très apte à guérir les engelures : il suffirait même d'en avoir un sur soi pour être préservé du mal de dents.

C'est ordinairement vers le 10 juin que se fait l'éclosion. Les nouveau-nés glissent sur les lames médianes et sortent au dehors. Mais combien ils sont différents des adultes ! La tête est opalescente et obtuse ; sous une tunique générale, on voit de gros yeux noirs. Les pièces de la bouche sont étalées contre la poitrine et les pattes sont collées au corps, d'avant en arrière. Cet emmaillotage est évidemment destiné à protéger la jeune larve des injures des coques vides et des voies tortueuses qu'il leur faut traverser.

Cette « larve primaire » ne reste pas longtemps à cet état. « Sous les lamelles de la zone de sortie, les larves primaires se montrent. Dans la tête se fait un puissant afflux d'humeurs qui la ballonnent, la convertissant en une hernie diaphane à continuelles palpitations. Ainsi se prépare la machine de rupture. En même temps, à demi engagé sous son écaille, l'animalcule oscille, avance, se retire. Chacune de ces oscillations est accompagnée d'un accroissement dans la turgescence céphalique. Enfin le prothorax fait gros dos, la tête s'infléchit fortement vers la poitrine. La tunique se rompt sur le prothorax. La bestiole tiraille, se démène, oscille, se courbe, se redresse. Les pattes sont extraites de leurs fourreaux ; les antennes, deux longs fils parallèles, se libèrent semblablement. L'animal ne tient plus au nid que par un cordon en ruine. Quelques secousses achèvent la délivrance. Voilà l'insecte avec sa véritable forme larvaire. Il reste en place une sorte de cordon irrégulier, une nippe informe que le moindre souffle agite comme un frêle duvet. C'est, réduite à un chiffon, la casaque de sortie violemment dépouillée. » (Fabre.)

A peine sorties du nid, les jeunes larves sont en butte à une multitude d'ennemis, parmi lesquels les Lézards et les Fourmis sont particulièrement à citer. Quant à elles, on n'a pu encore savoir à quels animaux ou à quelles plantes elles empruntaient leur nourriture. C'est un intéressant point d'interrogation.

CHAPITRE XXII

Les Fabricants d'Habits

La plupart des chenilles sont nues et par suite à la portée de nombreux enne-mis. Quelques-unes cependant se fabriquent un vêtement dont l'épaisseur les protège et dont la forme les dissimule.

Certaines chenilles de Teignes vivent sur les plantes, cachées pendant toute leur vie dans des fourreaux portatifs dans lesquels elles se métamorphosent. « Les fourreaux qu'elles se fabriquent avec le parenchyme des feuilles dont elles se nourrissent sont de forme très variée ; néanmoins, on peut les ramener à trois types principaux : ceux qui sont plus ou moins cylindriques ; ceux qui sont légè-rement déprimés avec une arête longitudinale dentée en scie ; ceux qui, en forme de corne recourbée, sont enveloppés en outre, depuis leur base jusqu'à la moitié de leur hauteur, de petites pièces membraneuses de cellules rangées par étages les unes au-dessus des autres, ce qui a fait donner par Réaumur le nom de Teignes à falbalas aux chenilles ainsi vêtues. Les papillons provenant des chenilles qui vivent dans ces divers fourreaux sont généralement parés de couleurs brillantes, souvent métalliques. Il en est qui appartiennent au genre *Adela*, dont les mâles de beaucoup d'espèces ont des antennes démesurées, comme des fils de soie pou-vant avoir plus de six fois la longueur du corps et qui les gênent beaucoup dans leur vol ; d'autres appartiennent aux genres *Incuvaria* et *Ornix*. D'autres fois, les fourreaux portatifs sont formés de soie, les uns en forme de crosse de prélat, les autres cylindriques et enveloppés à leur base de deux appendices ressemblant aux deux battants d'une coquille bivalve ou aux enveloppes d'une silique ; il y a sou-vent dans ces formes de fourreaux, ressemblant à des débris de plantes, des imitations protectrices pour la défense. Réaumur appelle les chenilles qui vivent dans ces deux espèces de fourreaux : Teigne à fourreaux en crosse et Teigne à manteaux. » (M. Girard.)

A

Parmi ces Teignes, l'une, qui vit sur les ormes, a été particulièrement bien étudiée par Réaumur ; elle nous servira d'exemple.

« Les fourreaux des Teignes d'ormes (*fig.* 140) ont le premier coup d'œil pour eux ; ils semblent plus travaillés, mieux façonnés que ceux de plusieurs autres Teignes. Leurs figures ne sont pourtant pas constamment les mêmes, mais en général on peut les comparer à celles de quelques poissons, tels que les Carpes. Ce sont à la vérité des figures de poisson bien en petit. La partie qui répond au ventre est plus renflée que le reste et arrondie ; de là en allant vers la queue, le fourreau s'aplatit et se termine assez comme la queue d'un poisson. Le bout vers lequel est la tête de l'insecte est un peu recourbé du côté du ventre, il a une ouverture ronde et rebordée. Mais ce qui fait que ce fourreau imite le plus la figure d'un poisson, c'est que sa partie supérieure, celle qui répond ordinairement au dos de l'insecte, est ornée de dentelures qui ressemblent assez à ces ailerons que les poissons ont sur le dos.

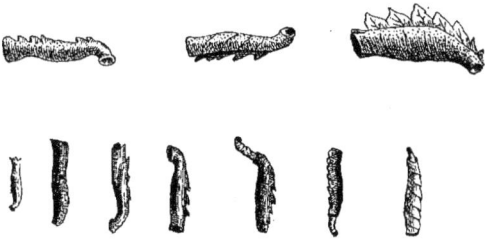

Fig. 140. — Fourreaux divers de la Teigne de l'orme.

C'est sur ces fourreaux des Teignes d'ormes qu'il est plus aisé que sur tous autres de s'éclairer ou au moins de prendre des soupçons bien fondés de la matière dont ils sont faits. En général, ceux de toutes espèces sont de couleur de feuille sèche ; ils ne diffèrent guère en couleur qu'autant que des feuilles sèches de différents arbres en diffèrent entre elles. Si on les examine à la loupe, on découvre aisément entre eux et les feuilles sèches d'autres ressemblances que celles de la couleur ; on observe des nervures, des fibres pareilles à celles des feuilles ; on voit que ces fibres et ces nervures forment, par leur rencontre de petits compartiments, un réseau qu'on reconnaît pour celui d'une feuille. Enfin malgré la forme singulière de ces fourreaux, et malgré quelques autres particularités qu'on leur remarque, et qu'on ne voit pas aux feuilles, il devient très probable qu'ils sont faits de feuilles sèches. Mais comment l'insecte tire-t-il des feuilles la matière propre à se vêtir ? Comment s'y prend-il pour lui donner la forme singulière qu'a le fourreau ? Quels sont les apprêts qu'il sait donner à cette matière pour que les fourreaux qui en sont faits ne soient point trop fragiles, et pour qu'ils diffèrent encore par d'autres endroits des feuilles sèches ordinaires ? C'est ce que j'ai inutilement tâché de deviner ; aucune de mes conjectures n'a atteint précisément le vrai; il a fallu que l'insecte lui-même me montrât tous ses procédés. Pour être en état de les raconter clairement et tels qu'il me les a fait voir, je dois commencer par expliquer comment il se nourrit.

Dès qu'il se tient continuellement sur des feuilles, on imagine assez qu'elles doivent lui fournir un aliment convenable : c'est des feuilles aussi qu'il se nourrit ; mais ce n'est point du tout à la façon de ces chenilles, de ces Hannetons, et de tant d'autres insectes qui rongent, en entier ou en grande partie, les feuilles auxquelles ils s'attachent : nos Teignes ménagent mieux celles de nos arbres. C'est en dessous de la feuille qu'elles se tiennent ; mais elles ne la touchent précisément que par le contour de cette ouverture ronde du fourreau, par laquelle elles font sortir leur tête quand il leur plaît ; de sorte que la longueur du fourreau fait toujours un angle avec le plan de la feuille, souvent de 45 degrés, quelquefois plus grand, quelquefois plus petit. La direction du plan de l'ouverture du fourreau, avec la longueur de ce même fourreau, détermine son inclinaison avec la feuille, et cette direction du plan de l'ouverture n'est pas la même dans tous les fourreaux. Quoi qu'il en soit, représentons-nous l'ouverture du fourreau de la Teigne appliquée contre le dessous d'une feuille, et le reste du fourreau, avec le corps de l'insecte qui y est contenu, en l'air et comme pendant au-dessous de la feuille. La Teigne qui a besoin de manger fixe ce fourreau dans la position où nous venons de le considérer ; elle sait filer comme le savent les autres chenilles. Soit avec des fils, soit avec la matière propre à les composer, elle attache les bords de l'ouverture de son fourreau contre la feuille : elle a besoin qu'il soit ainsi assujetti. Dès qu'il l'est, elle est en état de détacher la nourriture qui lui est propre.

Une feuille, telle que sont celles des ormes, est assez mince ; on sait pourtant qu'elle est composée de deux membranes, l'une en forme le dessus, l'autre en forme le dessous. C'est entre ces deux membranes qu'est renfermé le parenchyme,

Fig. 141. — Teignes de l'orme travaillant à la confection de leurs fourreaux.

la pulpe de la feuille, cette substance comme vésiculaire, qu'on appellerait volontiers la chair de la feuille. Les Teignes ne prennent pour nourriture que ce parenchyme (*fig*. 141).

La Teigne qui vient d'attacher son fourreau perce la partie de la membrane qui répond à l'ouverture de celui-ci. Le trou étant fait, elle ronge tout ce qui se trouve de parenchyme jusqu'à l'autre membrane ou à la membrane supérieure ; mais jamais elle ne perce celle-ci, jamais elle ne perce la feuille de part en part ; le parenchyme qu'elle rencontre en chemin est son aliment. Si elle se contentait de celui qui est vis-à-vis de l'ouverture, elle se contenterait de bien peu ; pour un seul repas il lui en faut davantage ; aussi voit-on sa tête s'avancer et se recourber ; elle mine entre les deux membranes, et successivement dans tout le contour du trou, elle en détache la substance charnue qu'elle dévore à mesure, et écarte en même temps les deux membranes l'une de l'autre plus qu'elles ne le sont dans leur état naturel, elle se fait par là une place capable de contenir la partie de son corps qui doit y entrer. La feuille devient transparente dans ces endroits, elle laisse apercevoir tous les mouvements de la Teigne. Partout où sa tête peut atteindre, l'opacité et en même temps le vert de la feuille disparaissent. Elle atteint toujours de plus en plus loin ; pour cela elle sort toujours de plus en plus de son fourreau, par conséquent la partie de son corps qui y reste est toujours de plus en plus petite, et fait un angle avec celle qui est en dehors. Quand elle a rongé pendant quelques heures, il n'y a souvent que le bout de sa queue qui reste dans le fourreau. Il est donc nécessaire alors que ce fourreau se soutienne seul, et de là vient la nécessité de la précaution qu'elle prend de le coller et de border le contour du trou de la feuille d'un cordon de soie qui tient au contour de l'ouverture du fourreau. Là celui-ci est fixe et toujours prêt à recevoir l'insecte quand il lui prend envie d'y rentrer, et il y rentre de lui-même de temps en temps, soit lorsqu'il veut se donner du repos, soit lorsqu'il veut pénétrer dans l'épaisseur de la feuille, dans des côtés opposés à ceux où il pénétrait auparavant. Ainsi il est toujours à couvert lorsqu'il prend de la nourriture, comme lorsqu'il est dans l'inaction, puisque la feuille même d'où il la détache le couvre. Pour peu aussi qu'il s'aperçoive de quelques mouvements extraordinaires dans la feuille, il s'en retire vite et rentre à reculons dans son étui.

C'est pourtant en empêchant quelques Teignes des feuilles d'orme de rentrer dans leur fourreau que je suis parvenu à observer pour la première fois tout l'art qu'elles emploient à se vêtir. J'ai saisi doucement et prestement les fourreaux de plusieurs Teignes qui s'étaient avancées loin pour manger ; j'ai retiré ces fourreaux aussi vite que je les avais saisis. Les insectes logés en grande partie et même cramponnés entre les deux membranes de la feuille, n'ont pu suivre leur habit, ils s'en sont trouvés dépouillés. Sans leur avoir fait aucun mal, je les ai donc mis dans la nécessité de se vêtir, et quelques-uns, dont le nombre cependant a été le plus petit, l'ont entrepris.

Suivons une de ces Teignes, à qui son fourreau vient d'être arraché, et qui a bien voulu faire usage de son industrie sous mes yeux ; elle commence par faire sortir la partie postérieure de son corps par le trou percé dans une membrane de la feuille ; elle cherche son habit en tâtant à droite et à gauche ; mais après être sortie presque entièrement sans le trouver, elle prend le parti de rentrer dans la feuille aussi avant qu'il est possible. L'espace qu'elle avait creusé en détachant la nourriture qui lui était nécessaire, étant trop petit pour recevoir son corps s'il y était étendu en ligne droite, elle travaille à agrandir cet espace. Qu'elle ait besoin de manger ou non, elle continue de ronger la substance de la feuille comprise entre les deux membranes, et à force de ronger, elle parvient à se faire une place où elle peut être à l'aise. En attendant qu'elle ait un habit, la voilà déjà à couvert ; elle est couchée entre les deux membranes de la feuille comme entre deux couvertures et environnée de matière propre à lui fournir des aliments. Elle n'y reste pas longtemps tranquille, bientôt on la voit recommencer à miner avec une nouvelle ardeur ; le transport des décombres ne l'embarrasse pas, puisqu'elle mange tout ce qu'elle détache du trou qu'elle agrandit. En l'étendant, elle se loge déjà plus au large, mais, ce qui est essentiel, c'est qu'elle prépare en même temps l'étoffe propre à se faire un habit. Les deux membranes dont nous avons tant parlé jusqu'ici font cette étoffe, le drap dont il doit être fait. Les pièces n'ont pas besoin d'être bien grandes ; elles le sont cependant par rapport à la grandeur de l'insecte, car un fourreau neuf a au moins le double de la longueur du corps de ce petit animal, et souvent il en a bien davantage. Ces morceaux de membranes n'ont pas toujours les mêmes figures ; dans les circonstances dont nous parlons, ils en ont quelquefois une qui approche de celle d'un rectangle ; chaque morceau est souvent borné par deux des fibres principales qui partent de la nervure qui partage la feuille en deux selon sa longueur. Dans cette partie de la feuille, les deux membranes sont donc séparées l'une de l'autre, tout le parenchyme a été détaché ; elles n'ont rien de vert, elles ont alors une couleur blanchâtre ; mais elles sont très transparentes, non seulement elles laissent voir le corps de l'insecte, elles ne dérobent même aucun de ses mouvements. Du reste, en les préparant, il a pris grand soin de les conserver saines et entières, il n'y a pas fait la moindre petite fente ; la seule ouverture qui s'y trouve, c'est celle qui lui a d'abord donné entrée ; mais ce trou est alors à un des bouts de la membrane préparée, et dans une partie qui sera inutile.

En cet état, chacune de ces deux membranes est pour notre Teigne ce qu'est pour un tailleur une pièce de drap, et un tailleur ne s'y prendrait pas autrement qu'elle va faire. L'habit qu'elle se veut tailler doit être composé de deux morceaux égaux et semblables, qui doivent être réunis ensemble au-dessus du dos, et au-dessous du ventre ; elle va couper sur chacune de ces membranes un morceau de telle figure et grandeur qu'il formera la moitié de l'habit ; et cela exactement et aussi régulièrement que si elle avait un patron qui la guidât. Ses dents ou serres lui servent de ciseaux pour couper chacune de ces pièces ; des ciseaux ordinaires sont, à la vérité, des outils qui coupent plus vite ; néanmoins les pièces ne sont pas longues à couper ; tout l'ouvrage va assez promptement, puisqu'un habit peut être commencé et fini en moins de douze heures, à le prendre depuis que l'insecte a percé une feuille, jusqu'à ce qu'il l'ait rendu parfait et qu'il l'ait mis en état d'être emporté. Ainsi la Teigne n'a pas seulement fait son habit en douze heures ; ce temps lui a suffi, de plus, pour en fabriquer ou préparer l'étoffe.

Si chacun des morceaux qui doivent composer l'habit avait une figure régulière, s'ils étaient ronds ou carrés par exemple, leur coupe n'aurait pas de quoi nous surprendre si fort. Les fibres entre lesquelles les membranes se trouvent renfermées pourraient déterminer nécessairement l'insecte à les tailler carrément ;

certains mouvements nécessaires de son corps pourraient aussi le forcer à le couper en rond. Mais on ne peut pas voir sans étonnement que ces pièces sont contournées avec une sorte d'irrégularité nécessaire à la forme du fourreau ; la coupe du morceau de drap propre à faire le devant ou le derrière d'un de nos habits n'a peut-être pas des contours aussi difficiles, ou plus difficiles à suivre.

Ces morceaux de membranes doivent être coupés, à un bout, plus larges du double, qu'ils ne le sont à l'autre ; en venant du bout large au plus étroit, ils se courbent doucement, mais ils se courbent différemment de chaque côté ; le bord d'un des côtés est un peu concave, et le bord de l'autre côté est un peu convexe. Le petit bout est l'endroit où doit être le trou par où la tête de l'insecte sortira ; il faut qu'il y ait une échancrure près de ce bout, afin que cette partie étant appliquée sur la feuille, le reste du tuyau en soit distant. Enfin cette figure est si contournée et si irrégulière, qu'il est très difficile de la décrire. Cependant l'insecte n'a rien qui le conduise à couper des morceaux de feuilles suivant de tels contours. Il semble vouloir nous prouver qu'il a l'idée de leur figure, et qu'il sait agir suivant cette idée.

Quoi qu'il en soit, il est aisé au moins à notre Teigne de tailler les deux pièces de façon qu'elles aient chacune précisément la même figure et les mêmes contours, puisqu'elles sont toujours l'une vis-à-vis de l'autre, et que l'insecte est placé entre elles; après avoir coupé une portion d'une des pièces, il coupe la portion correspondante de l'autre. Quoique détachées, elles ne laissent pas de tenir au morceau dont elles ont été retranchées et elles y restent comme encadrées. Les petites dentelures qui y ont été faites nécessairement pendant que l'insecte les séparait les y tiennent engrenées, il n'y a pas à craindre qu'elles tombent.

Voilà l'habit taillé, mais il reste à le finir. Nous avons dit que sa grandeur n'est pas proportionnée à celle du corps de la Teigne, mais qu'elle l'est aux mouvements que celle-ci aura à s'y donner; comme la Teigne doit s'y retourner, l'habit doit avoir une largeur et une longueur qui semblent excédentes ; elle a même besoin de s'y retourner bien des fois avant de le rendre parfait. Nous avons laissé les deux pièces qui le doivent composer comme flottantes l'une vis-à-vis et au-dessus de l'autre ; il reste à les assembler, à les bien unir ensemble. L'art de coudre n'est pas connu de notre insecte ; mais nous avons déjà vu qu'il sait celui de filer ; c'est avec des fils tirés de la filière qui est un peu au-dessous de la bouche, qu'il attache ensemble les deux bords des deux pièces ; et il les attache si solidement, si bien, et avec tant de propreté que, quand l'habit est fini, quoiqu'on sache les endroits où les deux bords ont été ajustés l'un contre l'autre, on a peine à les reconnaître, même avec le secours de la loupe.

Il m'a paru que la Teigne ne se pressait pas d'assembler entièrement les deux pièces, ou de les assembler tout du long, qu'elle les attachait d'abord en différents endroits assez éloignés les uns des autres. Elle attend, pour les assujettir partout fixement, qu'elle leur ait fait prendre la vraie courbure, la vraie rondeur qu'elles doivent avoir. Ces pièces, considérées comme planes, ont bien les contours qu'elles doivent avoir, la coupe les leur a donnés, mais elles ont à prendre leur forme en bosse, et à prendre pour ainsi dire le bon pli sur le corps même de l'animal. C'est aussi en se retournant, en se mettant dans toutes les positions où il aura par la suite besoin de se mettre, qu'il les écarte l'une de l'autre autant qu'elles le doivent être et qu'il leur donne de la convexité.

La partie du fourreau par où sort la tête de l'insecte est comme une petite portion de cylindre creux, qui fait un coude avec le reste ; au lieu que ce bout est arrondi, l'autre bout est aplati dans les fourreaux de nos Teignes d'orme ; les deux membranes appliquées l'une contre l'autre donnent à cette dernière partie de leur fourreau une sorte de ressemblance avec la queue d'un poisson. Quand la Teigne achève d'assembler les deux pièces du fourreau, elle n'assemble point cette portion qui se termine en queue ; les parties qui la composent doivent être en état de se séparer l'une de l'autre toutes les fois que l'insecte a des excréments à rejeter. Il va alors à reculons vers le bout plat du fourreau, il force les deux membranes à s'écarter, et par l'ouverture qu'elles laissent entre elles, il pousse dehors un petit grain noir ; cette opération finie, il revient vers l'autre bout du tuyau, et l'ouverture de la queue du fourreau se referme par le ressort des parties qui la forment.

Son travail ne se borne pas à bien assembler les deux pièces qui composent l'habit ; après qu'elle les a jointes ensemble suffisamment pour qu'elles puissent soutenir, sans se séparer, la pesanteur de son corps et les différents mouvements, on voit la Teigne aller et revenir d'un bout de l'habit à l'autre, et frotter en même temps avec sa tête la surface intérieure des deux membranes dont il est composé.

Il pouvait y être resté des inégalités qu'elle n'aime pas à sentir contre sa peau ; les frottements de tête les aplanissent, les lissent.

Elle ne se contente même pas d'unir l'étoffe de son habit, elle la fortifie, principalement dans l'étendue que son corps y doit le plus occuper, c'est-à-dire depuis l'ouverture par laquelle la tête peut sortir jusqu'environ à la moitié de sa longueur. Là surtout, le fourreau a une épaisseur et une solidité qui surpassent beaucoup celles de la mince membrane qui recouvre une feuille : il les doit à une doublure qui y a été appliquée. Elle est composée de fils si exactement collés, si parfaitement réunis, qu'on ne peut venir à bout de les bien séparer ; ils forment une espèce d'enduit qui rend opaque ce fourreau composé de membranes très transparentes.

Enfin les parties de l'habit étant solidement réunies, étant suffisamment fortifiées où elles ont besoin de l'être, en un mot, l'habit étant fini, la Teigne songe à le retirer de sa place, car il est, pour ainsi dire, toujours resté sur le même établi, il est même resté engrené dans les bords des pièces de la feuille où il a été coupé ; il n'y a donc plus qu'à le dégager des parties dans lesquelles il est encadré. Cette opération demande que l'insecte fasse plus usage de sa force que de son adresse. Il fait sortir sa tête et les jambes qui en sont le plus proche, par l'ouverture du nouveau fourreau ; ses jambes s'accrochent à quelque portion de la feuille sur laquelle il se tire et tire en même temps son fourreau en avant, car il le saisit intérieurement avec le reste de son corps, et principalement avec les crochets des jambes membraneuses. Le nouvel habit ne cède pas aux premiers efforts ; lors même qu'il ne tient à rien, il est d'une assez pesante charge pour le petit animal qui le porte : la Teigne réitère donc plusieurs fois les mêmes tentatives ; elle s'accroche à différentes parties de la feuille et sous différentes inclinaisons ; enfin le fourreau se débarrasse de l'espèce de cadre qui le retenait. L'insecte alors marche, il emporte son habit, et va s'appliquer sur quelque autre feuille ou sur une autre partie de la même feuille. Là il la perce pour en tirer de la nourriture de la manière dont nous l'avons expliqué. »

Les descriptions de Réaumur sont un peu alambiquées, mais elles sont exactes. Bien qu'un peu « dures » à lire, nous avons tenu à en donner quelques-unes pour faire connaître le style de celui que tous les entomologistes appellent le « Maître ».

B

Mais les plus remarquables des chenilles qui se font un vêtement sont les Teignes des pelleteries (fig. 142), que Réaumur a décrites avec grand soin : « Leur tête,

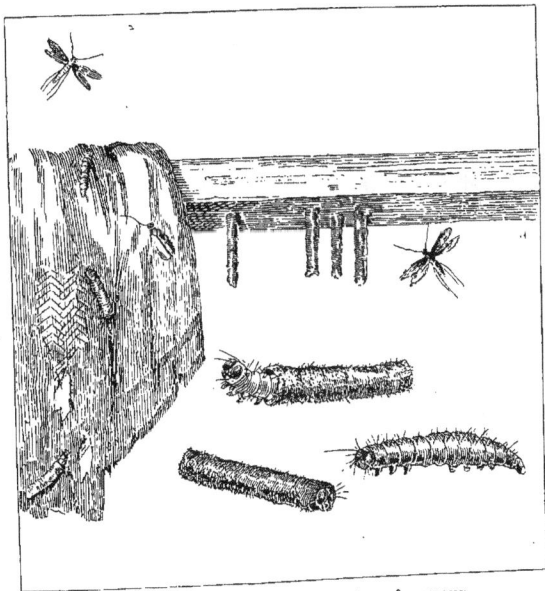

Fig. 142. — La Teigne des pelleteries et ses fourreaux.

leurs serres et les six jambes situées proche de la tête et peut-être une partie du premier anneau sont tout ce qu'elles ont d'écailleux : sur le reste de leur corps, il y a une peau blanche, mince, transparente et par conséquent délicate. L'habit nécessaire pour le couvrir n'a pas une figure fort recherchée, le corps de l'insecte est d'une forme qui approche de la cylindrique, pour le loger il ne lui faut qu'une espèce de tuyau : telle est aussi son enveloppe, c'est un tuyau creux dans toute sa longueur, ouvert par les deux bouts près desquels il a ordinairement un peu moins de diamètre que vers le milieu. Celui des plus vieilles Teignes a environ quatre à cinq lignes de longueur, il en a rarement six.

Tout l'extérieur de ce tuyau, de cet étui, ou comme nous l'appellerons plus souvent, de ce fourreau est une sorte de tissu de laine tantôt bleue, tantôt verte, tantôt rouge, tantôt grise, etc., selon la couleur de l'étoffe à laquelle l'insecte s'est attaché et qu'il a dépouillée. Quelquefois diverses couleurs s'y trouvent mélangées de façon fort singulière ; plus souvent ces différentes couleurs sont rapportées les unes auprès des autres par bandes. Ce n'est au reste que l'extérieur de ce fourreau qui est de laine, tout l'intérieur est gris blanc, et de soie. C'est une doublure qui fait corps avec le reste de l'étoffe, ou plutôt le fourreau est fait d'une sorte d'étoffe dont la plus grande partie de l'épaisseur est de laine, et dont le reste est de soie, espèce de tissu que nous ne nous sommes pas encore proposé d'imiter.

L'état des Teignes comme celui de toutes les chenilles est passager, elles doivent de même se métamorphoser en papillons, et c'est sous cette dernière forme que les femelles déposent les œufs qui perpétuent leur espèce. Depuis le milieu du printemps jusque vers le milieu de l'été, on voit voler sur les tapisseries, sur les chaises et sur les lits, de petits papillons d'un blanc un peu gris mais argenté, auxquels les gens attentifs à conserver leurs meubles font une juste guerre ; ce sont les papillons en lesquels des Teignes se sont transformées. Pour suivre nos insectes dès leur naissance, j'ai pris plusieurs papillons de cette espèce, j'en ai renfermé de vivants et vigoureux dans des poudriers de verre où j'avais mis des morceaux d'étoffes : quelques-uns y ont fait des œufs. Ces œufs sont très petits ; les voir, c'est tout ce que peuvent faire de bons yeux sans être aidés d'une loupe. On reconnaît pourtant que leur figure est assez semblable à celle des œufs ordinaires, qu'ils sont blancs et qu'ils ont une sorte de transparence.

Il ne m'a pas été possible ni d'observer les chenilles dans le temps qu'elles sortent de leurs œufs, ni même de savoir précisément combien elles en font éclore ; ce que je sais, c'est qu'environ trois semaines après que les papillons ont eu déposé des œufs, j'ai trouvé de petites Teignes et je n'ai plus trouvé les œufs dont j'avais marqué les places.

Peu après qu'elles sont nées, elles travaillent à se vêtir ; on les trouve logées dans des fourreaux pareils à ceux que je viens de décrire, dans des temps où elles sont si petites qu'on ne peut bien s'assurer que ce qu'on voit sont des fourreaux, sans se servir du secours de la loupe. Ce que la nature apprend est su de bonne heure. Pour suivre l'artifice du travail de nos Teignes, il faut les prendre dans un âge plus avancé.

Arrêtons-nous, comme j'ai fait, à une Teigne qui est parvenue à une grandeur sensible, comme à celle de deux ou trois lignes et qui est dans le fort de son accroissement.

Dès que son corps va croître, son fourreau sera trop court pour le couvrir ; aussi s'occupe-t-elle journellement à l'allonger, elle en est entièrement couverte quand elle est dans l'inaction. Nous avons dit qu'il est ouvert par les deux bouts ; quand l'insecte veut travailler à l'allonger, il fait sortir sa tête par celui des bouts dont elle est le plus proche ; on voit ensuite cette tête chercher avec vivacité à droite et à gauche les poils de laine les plus convenables. Elle change de place continuellement. Si les poils qui sont proches ne sont pas tels que la Teigne les désire, elle tire quelquefois plus de la moitié de son corps hors du fourreau, pour aller choisir mieux plus loin. A-t-elle trouvé un poil tel qu'elle le veut, la tête se fixe pour un instant, elle saisit ce poil avec deux dents ou serres qu'elle a au-dessous de la tête près de la bouche ; elle l'arrache après des efforts redoublés et aussitôt elle l'apporte au bout de son tuyau, contre lequel elle l'attache. Elle répète plusieurs fois de suite une pareille manœuvre, tantôt sortant en partie du tuyau, tantôt y rentrant pour coller contre un de ses bords un nouveau brin de laine.

J'ai dit que la Teigne arrache ce brin de laine de l'étoffe ; on voit effectivement qu'elle le tire comme pour l'arracher. Je ne sais néanmoins si quelquefois elle ne le coupe pas ; la figure et la disposition des deux serres ou dents qu'elle a en dessous de la tête, et l'usage qu'elle en fait en d'autres circonstances, concourent à donner la dernière idée. Ses dents sont chacune en forme de lame écailleuse à base large et se terminant en pointe ; chaque paire de dents offre donc deux plans à peu près parallèles entre eux et parallèles à celui du dessous de la tête ; ainsi les dents sont faites et disposées comme les deux lames des ciseaux.

Si la Teigne répétait toujours la manœuvre que nous venons de lui voir faire, au même bout du fourreau, elle ne l'allongerait que par ce bout, elle ne lui donnerait pas la figure d'un fuseau qui lui est assez ordinaire. Il faut donc qu'elle l'allonge successivement par chaque bout, aussi le fait-elle. Après avoir travaillé pendant une minute, et quelquefois pendant quelques secondes à un des bouts, elle songe à l'allonger par l'autre.

On est tout étonné de voir sortir par celui-ci la tête qui sortait par le précédent. On est tenté de croire que l'insecte a deux têtes, ou du moins que le bout de sa queue est fait comme la tête, et qu'il a une pareille adresse pour choisir et pour arracher les brins de laine.

Le vrai est pourtant que c'est la tête qui paraît successivement à l'un et l'autre bout du fourreau et qui successivement laisse la place à la queue. Ce fourreau est large, plus qu'il n'est besoin pour contenir le corps de l'insecte, et environ du double ; dès que la tête a assez agi vers un des bouts, il se plie ; il se tourne et avance la tête vers le côté où est la queue, et cela jusqu'à ce qu'il soit plié à peu près en deux parties égales, alors il retire sa queue vers l'autre côté ; ainsi l'insecte se retourne bout à bout dans son tuyau. Cette manœuvre est si prompte, qu'on n'imagine pas qu'il ait eu le temps de la faire, quoiqu'il soit évident qu'il n'a pas pu en faire une autre.

J'ai voulu la lui voir exécuter ; le moyen en a été facile. En pressant doucement un des bouts d'un fourreau, j'obligeai la Teigne à s'avancer un peu vers
l'autre bout, alors j'emportai avec des ciseaux la partie que je l'avais forcée d'abandonner. Le même manège, répété successivement à chaque bout, a réduit un
fourreau à n'avoir que le tiers de sa première longueur. L'insecte ainsi plus d'à
moitié à découvert, et mis dans la nécessité d'achever de se vêtir, y a bientôt
travaillé. C'est alors que j'ai vu comment il se replie en deux lorsqu'il a à faire
changer sa tête de côté. Le gros du pli, pareil à celui d'une corde pliée en deux, se
trouvait en dehors du tuyau dans cette circonstance, mais ordinairement il se
trouve au milieu et c'est pour cette raison que le tuyau y est plus renflé qu'ailleurs.
C'est quand on a ainsi raccourci, ou même beaucoup moins, le fourreau d'une de
ces petites chenilles, qu'il est plus aisé de la voir travailler, elle fait plus de
besogne en 24 heures qu'elle n'en ferait en plusieurs mois : la nécessité de se vêtir
l'y force.

Au reste, quand la Teigne qui travaille à allonger son fourreau ne trouve pas de
poils à son goût là où sa tête peut atteindre, elle change de place, et elle en change
de temps en temps. Elle marche, et même assez vite, emportant toujours son
fourreau avec elle. Alors la tête et les six jambes écailleuses sont en dehors ; car
c'est au moyen de ses six jambes antérieures qu'elle marche. Les pattes membraneuses, soit intermédiaires, soit postérieures, lui servent pour se cramponner contre
le fourreau, elles le retiennent et font qu'il avance avec le corps, lorsque ses autres
jambes le tirent en avant. Elle s'arrête où elle juge être mieux en état de couper
des poils convenables et de travailler à agrandir son fourreau.

Ne voilà après tout que la moitié de la besogne qu'on juge nécessaire. En même
temps que l'insecte devient plus long, il grossit. Bientôt son vêtement le serrerait
trop, il ne lui permettrait plus de faire toutes ses manœuvres. Lorsque le fourreau est devenu trop étroit, la Teigne est-elle obligée de l'abandonner, comme nous
avons vu ailleurs que les chenilles quittent leur peau ? Nos Teignes des laines
n'abandonnent point ainsi leur habit. J'ai eu beau les observer depuis leur naissance jusqu'à leur parfait accroissement, je n'en ai jamais vu qui d'elles-mêmes
l'aient quitté pour s'en faire un neuf. J'ai donc reconnu qu'elles n'y savent faire autre
chose, quand il est trop étroit, que de l'élargir. Quoique la manière dont elles l'élargissent soit très simple, je ne l'ai point imaginée d'abord, elle ressemble trop à ces
procédés qui supposent une suite de réflexions. Je croyais que les efforts que fait
leur corps contre les parois du fourreau, en se pliant et repliant, distendaient le
tissu, qu'ils faisaient glisser les poils les uns contre les autres, et qu'ainsi elles
l'élargissaient nécessairement sans chercher à l'élargir. Diverses observations me
firent voir une toute autre mécanique, et que l'élargissement du tuyau n'est point
l'effet du hasard ou d'une sorte de nécessité ; les meilleurs moyens pour arriver à
cette fin ont été choisis. Je mis des Teignes dont les fourreaux étaient d'une seule
couleur, sur des étoffes d'une seule et autre couleur : des Teignes à fourreaux
bleus sur du rouge, des Teignes à fourreaux rouges sur du vert ou sur du gris, etc.
Au bout de quelque temps, je vis les tuyaux allongés et élargis. Comme des bandes

circulaires, faites de poils de la nouvelle étoffe que je leur avais donnée à ronger, montraient l'allongement de chaque bout, de même des bandes qui s'étendaient en ligne droite d'un bout à l'autre montraient l'élargissure qui avait été faite. Ces deux bandes étaient parallèles l'une à l'autre et chacune à peu près également distante du dessus et du dessous du fourreau. Je nomme le dessous la partie qui couvre le ventre de l'insecte.

Restait à savoir comment nos Teignes s'y prennent pour faire ces élargissures tout du long de chaque côté de leur fourreau. A force de les observer en différents temps, j'ai vu que le moyen qu'elles emploient est précisément celui auquel nous aurions recours en pareil cas. Nous ne saurions faire autre chose pour élargir un étui, un fourreau d'étoffe trop étroit, que de le fendre tout du long et de rapporter une pièce de grandeur convenable entre les parties que nous aurions séparées. Nous rapporterions une pareille pièce de chaque côté, si la figure du tuyau le demandait. C'est aussi précisément ce que font nos Teignes, avec une précaution de plus, et qui leur est nécessaire pour ne point rester à nu pendant qu'elles travaillent à élargir leur vêtement : au lieu de deux pièces qui auraient chacune la longueur du fourreau, elles en mettent quatre qui ne sont pas plus longues chacune que la moitié d'une des précédentes.

J'en ai vu qui commençaient à ouvrir la fente vers le milieu du fourreau et qui la poussaient jusqu'à un des bouts. Les mêmes dents dont elles se servent pour arracher les poils du drap sont les outils avec lesquels elles fendent leur fourreau. Elles le coupent quelquefois si exactement en ligne droite, les deux bords de la coupure sont si peu frangés, que nous ne pourrions espérer faire mieux, soit avec des ciseaux, soit avec un rasoir; la fente n'a nullement l'air d'avoir été faite par déchirement, aucun poil n'excède les autres. C'est entre les deux bords de cette fente que doit être ajustée la petite pièce qui fera l'élargissement de ce côté-là. Pour mieux voir la largeur qu'elle aurait et le temps que l'insecte mettrait à la faire, j'ai encore pris diverses fois un fourreau ainsi coupé qui était d'une seule couleur, je l'ai posé sur une étoffe d'une autre couleur : une Teigne à fourreau bleu ou vert a été mise sur un drap rouge ; là elle a fait l'élargissure de laine rouge. Elle fait cette pièce précisément comme elle fait les bandes qui allongent le fourreau, elle arrache des poils, elle les porte contre un des bords de la fente et elle les y attache. C'est au fond de la fente ou à l'endroit le plus proche du milieu du fourreau qu'elle commence à attacher les poils qui ensemble doivent composer la pièce; elle est plus ou moins large selon que la Teigne est plus ou moins grosse. Les plus larges que j'ai observées n'ont jamais guère eu que la largeur que peut produire l'épaisseur de cinq à six poils de laine couchés les uns auprès des autres. Pour achever d'élargir le tuyau, la Teigne a encore à faire trois élargissures pareilles à la précédente ; elle s'y occupe successivement, en suivant précisément la manœuvre décrite. Il semble qu'il est assez indifférent pour elle en quel ordre elle fasse les trois autres élargissures ; aussi les pratiques de différentes Teignes varient sur cela.

J'en ai vu qui, après avoir mis la première élargissure, pour mettre la seconde fendaient leur fourreau depuis l'origine de la première jusqu'à l'autre bout. D'autres faisaient la seconde élargissure diamétralement opposée à la première, c'est-à-dire qu'elles commençaient à percer le tuyau au milieu du côté opposé à celui où elles avaient mis une pièce, et qu'elles le fendaient jusqu'au bout opposé à celui où se terminait la première élargissure. J'en ai vu d'autres, au contraire, faire la seconde élargissure immédiatement vis-à-vis la première ; ainsi toute une moitié du tuyau est élargie, l'autre restant étroite. Les Teignes varient ici leurs manières d'opérer de toutes les façons dont il est possible de les varier.

J'en ai vu aussi qui n'avaient pas commencé les fentes nécessaires aux élargissures par le milieu, elles les avaient prises dès le bord, ou auprès du bord, et elles les poussaient insensiblement jusqu'au milieu. A l'égard de la durée de chacune de ces façons, elle n'est pas à beaucoup près égale ; il ne plait pas à toute Teigne, et en tout temps, de travailler également. Pour la seule façon de fendre, j'en ai vu qui, après avoir percé le fourreau au milieu, ont employé deux heures à pousser cette fente jusqu'au bout où elle devait aller ; d'autres l'ont fait plus vite et d'autres plus lentement. Mais la pièce qui doit remplir cette fente a toujours été mise d'un jour à l'autre.

Leur industrie, soit pour allonger, soit pour élargir leur fourreau, nous est à présent assez connue ; mais nous n'avons peut-être pas encore assez expliqué quelle est la tissure de l'étoffe dont il est fait.

Le premier coup d'œil apprend que des tontures de laine en sont la principale matière, et nous avons déjà dit que si on regarde les fourreaux de plus près, on reconnaît que la soie entre aussi dans leur composition, que leur couche extérieure est laine et soie et que leur couche intérieure est pure soie. Comment est appliquée cette doublure de soie ? par quel artifice les brins de laine sont-ils liés ensemble ?

Les procédés que ce travail exige ne sont pas difficiles à deviner lorsqu'on sait que nos insectes sont des chenilles qui, comme les autres chenilles, sont en état de filer, qu'elles filent dès qu'elles sont nées et que leur fil sort aussi un peu au-dessous de la tête comme celui des chenilles ordinaires. Il est si délié qu'il est difficile de l'apercevoir sans un bon microscope. Il est cependant assez fort pour tenir l'insecte suspendu en bien des circonstances, et c'est pour cet effet qu'on s'assure d'abord qu'il existe.

C'est avec ce fil que l'insecte lie ensemble les différents brins de laine qui composent le fourreau, de sorte que le tissu de la partie supérieure peut être comparé à une étoffe dont la chaîne serait de laine et la trame de soie. Il n'est pas pourtant aisé de voir si l'entrelacement est aussi régulier que nous le ferions en pareil cas ; mais il est sûr que nous aurions peine à en faire un aussi serré. Peut-être même que l'entrelacement n'est pas nécessaire ici. Les insectes qui filent ont un avantage que nous n'avons pas: les fils qui ne viennent que de sortir de leur corps sont encore gluants, il suffit qu'ils soient appliqués et pressés contre d'autres fils ou contre d'autres corps pour s'y attacher solidement. Il semble pourtant que notre Teigne entrelace les fils avec les brins de laine, qu'elle ne se contente pas de les y coller ; on voit que le trou qui est au-dessous de sa bouche fournit, comme le ferait une navette, un fil propre à l'entrelacement, et on voit faire à la tête des mouvements vifs et prompts en des sens opposés.

Dans le travail ordinaire, on ne saurait découvrir si l'insecte commence par faire la portion du tissu qui est laine et soie, ou celle qui est pure soie ; mais on le force à nous manifester tous ses procédés en le contraignant à se vêtir de neuf. Pour y obliger une Teigne, j'ai introduit dans un des bouts de son fourreau un petit bâton d'un diamètre à peu près égal à celui de son corps ; poussant ensuite ce bâton peu à peu, j'ai forcé l'insecte à lui céder la place, et ainsi je l'ai chassé de son fourreau. La Teigne nue a été mise dans la nécessité de se faire un nouvel habit ; elle a eu le courage de l'entreprendre, quoi qu'en ait dit Pline qui assure qu'elles meurent si on les tire de leur fourreau, ce qui peut être vrai lorsqu'on n'y apporte pas tous les soins que j'y ai apportés.

Dans diverses expériences pareilles que j'ai faites, les Teignes ont toujours mieux aimé en venir à se faire un nouveau vêtement, que rentrer dans celui dont elles avaient été chassées, et qui cependant leur avait coûté tant de mois de travail. J'ai eu beau remettre auprès d'elles leurs fourreaux, je ne leur ai jamais vu faire de tentatives pour y rentrer.

Quelques-unes, après avoir été dépouillées, sont restées un demi-jour inquiètes, errantes, et se sont enfin fixées. Alors elles ont commencé à se filer une enveloppe un peu plus blanche que les toiles des Araignées des maisons, mais à peu près de pareille consistance. Cette enveloppe a été ordinairement finie dans une nuit ; je l'ai quelquefois trouvée au milieu de tontures de laine qui ne lui étaient pas adhérentes. Enfin au bout de cinq à six jours au plus, le tuyau de soie a été entièrement recouvert de laine. Dans peu de jours la Teigne avait fait l'ouvrage qu'elle n'a coutume de finir qu'en plusieurs mois.

Les Teignes forcées de se vêtir de neuf s'y prennent précisément comme elles le font lorsqu'elles sont nouvellement nées. J'ai observé celles qui n'étaient écloses que depuis peu de jours et qui commençaient par se faire un fourreau de pure soie. Je les ai ensuite attacher au milieu et tout autour de ce fourreau un anneau composé de petits brins de laine couchés parallèlement les uns aux autres et tous un peu inclinés à la longueur du fourreau. On imagine bien que l'aide d'une forte loupe y était nécessaire. Nos petits insectes allongeaient ensuite cet anneau par un nouveau rang de brins de laine collés à chaque bord du premier anneau ; mais ils ne l'allongeaient jamais à tel point les premiers jours qu'il ne fût beaucoup débordé par la partie de pure soie.

Cette partie du tissu est constamment faite la première, elle est destinée à porter les brins de laine qui y doivent être attachés par d'autres fils de soie.

L'habit que s'est fait une Teigne nouvellement née, tout petit qu'il soit, lui est excessivement large, comme si elle voulait s'épargner la peine de l'élargir si tôt ; mais aussi elles ne tiennent presque pas dedans. J'ai quelquefois secoué un morceau de drap, couvert de ces Teignes jeunes et récemment vêtues, sur un autre morceau de drap où je les voulais faire travailler, et je voyais que je n'y avais fait tomber que des Teignes nues ; leurs habits étaient restés sur le premier morceau de drap.

Comme chaque année ces insectes se transforment en papillons, il y a chaque année bien des fourreaux abandonnés. Les jeunes Teignes m'ont paru prendre par préférence la laine dont ils sont faits, à celle des étoffes ; ils leur offrent des matériaux tout préparés, les brins de laine qui les composent sont choisis et sont coupés de même longueur ou à peu près. Des Teignes nées sur du drap bleu, sur du drap rouge, etc., m'ont souvent paru vêtues de toutes autres couleurs quand il y avait de vieux fourreaux dans les endroits où je les avais renfermées ; celles que je croyais voir avec des fourreaux rouges ou bleus en avaient de bruns, de verts, ou de quelque autre couleur. De là vient qu'il n'est pas rare de rencontrer des fourreaux de laine blanche à des Teignes nouvellement nées sur des draps de couleur ; peut-être qu'elles aiment mieux, dans cet âge tendre, la laine qui n'est pas altérée par la teinture, qu'elles choisissent les brins sur lesquels la couleur n'a pas pris. Parmi les brins d'une étoffe de couleur, la loupe en fait apercevoir de blancs. J'ai observé de ces mêmes Teignes un peu plus vieilles qui, quoique sur un drap gris de souris ou cannelle, avaient cependant des bandes d'un très beau rouge et d'un très beau bleu : aussi ces draps avaient-ils été faits de laine de différentes couleurs ; en les observant à la loupe, je distinguais des brins rouges, des bleus et des verts ; les Teignes en avaient choisi de ceux-là par préférence.

Nous avons dit que leur fourreau a assez souvent la forme d'un fuseau ; telle est constamment la forme des tuyaux nouvellement élargis ou de ceux qui sont refaits entièrement à neuf, comme ceux dont nous venons de parler ; mais ceux qui ont été allongés depuis l'élargissure faite ont ordinairement des ouvertures évasées dont le diamètre surpasse celui de la partie qui les précède, quoique pourtant moindre que celui du milieu du tuyau.

Pendant certains jours nos insectes restent dans l'inaction, et tels sont tous ceux de l'hiver. Ils ont aussi de ces temps de repos, mais plus courts, tant en été qu'en automne ; alors ils fixent leur fourreau sur l'étoffe qu'ils ont rongée ci-devant. Si le tuyau était simplement couché sur l'étoffe, il pourrait être jeté à terre par une infinité d'accidents ; mais l'insecte le fixe de façon qu'il ne peut avoir rien à craindre. Il attache à chaque bout de ce fourreau plusieurs paquets de fils, tous collés par leur extrémité contre l'étoffe, ce sont différents cordages qui, pour ainsi dire, tiennent le fourreau à l'ancre.

Les laines de nos étoffes ne leur fournissent pas seulement de quoi se vêtir, elles leur fournissent aussi de quoi se nourrir, elles les mangent et elles les digèrent. S'il est singulier que leur estomac ait prise sur de pareilles matières, qu'il les dissolve, il ne l'est pas moins qu'il ne puisse rien sur les couleurs dont ces laines ont été teintes. Pendant que la digestion de la laine s'opère, sa couleur ne s'altère nullement.

Les excréments sont de petits grains qui ont précisément la couleur de la laine que les insectes ont mangée. Il n'est aucuns sables parmi ceux que les curieux ramassent pour la rareté de leurs couleurs qui en fassent voir d'aussi diversifiées que celles des excréments des Teignes qui ont vécu sur des tapisseries.

Enfin, quand elles sont parvenues à leur parfait accroissement, quand le temps de leur métamorphose approche, elles abandonnent souvent ces étoffes de laine qui leur ont fourni jusque-là de quoi se nourrir et se vêtir. Elles cherchent les endroits qui leur donnent des appuis plus fixes que ne le font des tissus que tout peut agiter.

Il y en a qui vont alors s'établir dans les angles des murs, d'autres grimpent jusqu'aux plafonds. Celles qui, pendant le cours de l'année, ont ravagé les dessus et les dos des fauteuils, se nichent alors volontiers dans les petites fentes qui restent entre l'étoffe et le bois. Celles que j'ai tenu renfermées dans des bouteilles dont l'ouverture avait un grand diamètre se sont ordinairement rassemblées sous le bouchon. Quel que soit l'endroit qu'elles ont choisi, elles y attachent leur fourreau, tantôt par les deux bouts et tantôt par un seul. Quelques-unes le fixent parallèlement à l'horizon, d'autres sous des angles qui y sont différemment inclinés ; il ne m'a pas paru qu'il y eût des positions qu'elles affectassent de leur donner ; mais ce à quoi elles ne manquent pas, c'est à bien clore avec un tissu de soie les ouvertures des deux bouts du fourreau. »

C

Quant aux Teignes qui se font des fourreaux en soie pure, Réaumur s'exprime ainsi à ce sujet: « Quand les habits de nos Teignes, soit en crosse (*fig.* 143 — A à E), soit à manteau, leur deviennent trop courts ou qu'ils les serrent trop, elles ne les abandonnent pas comme les Teignes qui se vêtent de membranes de feuilles et comme celles de diverses espèces abandonnant les leurs pour s'en faire des neufs. La matière de ceux de ces dernières ne leur coûte rien, au lieu que les premières doivent tirer de leur fonds, de leur intérieur, la matière dont elles s'habillent ; aussi en sont-elles plus ménagères : elles agrandissent l'habit qui leur est devenu trop petit. Nous avons vu ailleurs que les Teignes des laines et des fourrures en usent aussi de la sorte. Les pratiques de nos ouvriers, même celles qui se ressemblent dans le fond et qui tendent à de mêmes objets, ont pourtant entre elles des variétés; tous les ouvriers ne s'y prennent pas de la même manière pour faire des ouvrages assez semblables ; il en est de même parmi les insectes. Les Teignes des laines et des fourrures fendent les habits successivement de chaque côté ; pour élargir les leurs, nos Teignes en crosse et celles à manteaux ne les fendent que par dessous. Le procédé est en quelque sorte plus simple, et convient mieux à la forme de leurs habits.

Pour voir bien distinctement les pièces que les Teignes des étoffes mettent à leurs fourreaux pour les élargir, nous les avons contraintes à faire ces pièces d'une laine d'une couleur différente de la couleur de la laine dont le reste était fait ; nous n'avons pas eu besoin ici d'avoir recours à une expérience semblable. Tout le tissu anciennement travaillé par nos Teignes à fourreaux, soit en crosse, soit à manteau, est de couleur brune, et celui qu'elles viennent de faire est extrêmement blanc. Cette partie du tissu, qui est très blanche, montre l'ordre dans lequel le nouveau travail a été conduit. Comme elles veulent agrandir de suite leur habit dans toutes ses dimensions, c'est-à-dire l'allonger et l'élargir, elles commencent par allonger le bout du tuyau qui est du côté de la tête. Là on voit le dessous de la tête s'appliquer contre le bord d'une portion de la surface intérieure du tuyau, la frotter alternative-ment en sens contraire. Le bord de la partie qui a été ainsi frottée se reconnaît à sa blancheur, et il excède le reste ; tous ces mouve-ments alternatifs ont pro-duit des fils qui, à mesure qu'ils sortaient de la filière, ont été collés les uns à côté des autres. La Teigne conti-nue de même à coucher des fils au bord de la partie voi-sine de celle où est le com-mencement de la nouvelle bande ; elle allonge de la sorte successivement tout le contour du bout du tuyau. Mais il est à remarquer que la première bande annu-laire qu'elle vient de finir n'est pas complète, c'est-à-dire qu'elle reste ouverte, ou plutôt fendue du côté du ventre. Bientôt l'insecte aura à fendre du même côté le tuyau anciennement fait, ainsi ce serait inutilement qu'elle fermerait la partie qu'elle vient de travailler.

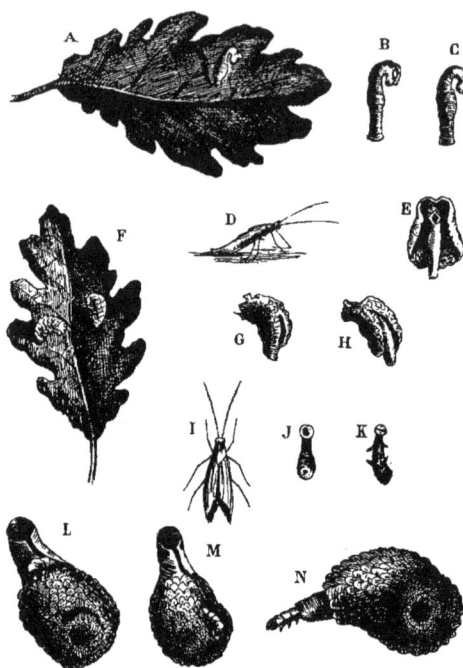

Fig. 143. — Teignes se faisant des fourreaux en soie pure.

A. Feuille de chêne sur laquelle est attaché un fourreau en crosse de Teigne.
B. C. Fourreau grossi.
D. Teigne adulte.
E. Fourreau à manteau, vu en dessous. On a séparé l'une de l'autre et rabattu sur les côtés les deux moitiés.
F. Feuille de chêne avec deux fourreaux de Teigne à manteau.
G. H. Fourreaux grossis de la fig. F.
I. Teigne adulte.
J. Fourreau à oreilles, vu en dessous.
K. Fourreau à oreilles, vu en-dessus.
L. M. N. Fourreaux agrandis par deux Teignes.

La première bande que la Teigne vient de filer ajou-terait peu à la longueur du fourreau, et il est des temps où elle l'allonge de plus d'une demi-ligne tout de suite ; pour cela, elle attache une seconde bande à la première, une troisième à la seconde, et elle continue de la sorte jusqu'à ce que son tuyau ait acquis l'augmentation de longueur qu'elle lui veut. Il est encore à remarquer que l'ouverture de la dernière bande est toujours plus évasée que l'ouverture de celle qui la précède ; ce sont comme des portions d'entonnoirs de plus grands en plus grands, embof-tées les unes dans les autres. La Teigne, en poussant avec la tête la partie qu'elle fabrique, lui fait prendre cet évasement avec d'autant plus de facilité que, comme nous l'avons déjà dit, ces nouvelles bandes restent fendues du côté où est ordinairement le ventre. Souvent même alors le contour de l'ouverture n'est pas circulaire, sa coupe est oblique, la partie qui doit être au-dessus de la tête est plus avancée que le reste ; en un mot, ce contour est un ovale pareil à celui qui vient d'un cylindre coupé obliquement.

Après cette addition faite à l'ouverture du tuyau, la Teigne travaille à l'élargir ; elle en fend une petite portion, et à chaque bord des parties qu'elle vient de séparer, elle ajoute successivement de nouvelles bandes, comme elle en a appliqué autour de l'ouverture, jusqu'à ce que toutes ensemble fassent une largeur égale à ce dont le tuyau doit être élargi. Cela fini, la Teigne fend le tuyau plus loin et ainsi successivement jusqu'à ce qu'elle l'ait élargi dans toute sa longueur.

Supposons que l'habit de notre Teigne soit fait en crosse ; à force d'avancer vers le derrière, elle parvient à l'endroit où ce tuyau est contourné ; là, il est composé de deux parties égales et semblables, réellement séparées l'une de l'autre, tant du côté du ventre que du côté du dos, mais que leur ressort tient toujours appliquées l'une contre l'autre. Elles laissent pourtant quelquefois à l'origine de leur courbure une petite ouverture visible. Dans certains temps, cette ouverture devient plus considérable : toutes les fois que la Teigne a des excréments à rejeter, elle avance à reculons vers cette ouverture, elle l'agrandit en écartant l'une de l'autre les deux pièces qui sont roulées en crosse. Aussitôt qu'elle a rejeté quelques petits grains ronds et noirs, elle retourne en avant, et le ressort des deux pièces en crosse les ramène l'une sur l'autre.

Ces deux dernières pièces sont ce qu'il y a de mieux ouvragé dans l'étui de la Teigne, elles sont composées d'un grand nombre de petites écailles assez semblables à celles des poissons, à cela près qu'elles ne sont pas autant en recouvrement les unes sur les autres et que leur matière est de la soie ; d'ailleurs, leur tissu est si serré qu'il imite la corne ou les écailles transparentes. A mesure que la Teigne croît, elle élargit chacune de ces pièces recourbées, elle les allonge aussi, mais en les allongeant elle n'ajoute rien à la longueur du tuyau, parce qu'elle les fait croître en suivant le contour de leur courbure, et cette courbure descend d'abord en dessous de l'étui, remonte ensuite vers la partie supérieure. L'insecte y travaille par petites portions, et chacune des portions qu'il leur ajoute est une de ces petites écailles de l'assemblage desquelles les tours sont formés. De nouvelles bandes d'écailles attachées aux anciennes des côtés élargissent ces pièces, et des écailles ajoutées aux anciennes des bouts font remonter les bouts plus haut.

Enfin le tuyau étant partout suffisamment élargi, la Teigne réunit avec des fils les parties qui étaient restées séparées pendant qu'elle le travaillait ; alors, vêtue plus à son aise, elle augmente la solidité des parties nouvellement fabriquées, elle les enduit bientôt de quelque sucre qui les brunit, elle mange quand elle en a besoin, elle croît ; et enfin elle recommence à agrandir son fourreau quand l'augmentation du volume de son corps le demande.

Voilà à quoi se réduit le fond du travail des Teignes en crosse ; car il y en a qui, tant qu'elles restent Teignes, vivent dans un fourreau de cette forme ; mais

les Teignes à manteau ont plus d'ouvrage à faire *(fig.* 143 — F à N*).* Ce manteau
est composé de deux grandes pièces entre lesquelles l'étui est renfermé. Dans certains temps, ces deux pièces sont séparées l'une de l'autre du côté du ventre, mais
elles le sont toujours du côté du dos.

Je ne sais peut-être pas quel est leur véritable usage, elles chargent considérablement la Teigne qui a toujours à les traîner ; je ne vois pas à quoi elles servent
de plus qu'à couvrir le tuyau, qu'à lui servir véritablement d'un manteau dont
elles n'ont besoin que quand elles sont parvenues à un âge avancé, car les fourreaux des jeunes Teignes ne l'ont point, ils sont simplement terminés en crosse.
Il faut pourtant bien qu'il leur devienne utile puisqu'elles se donnent la peine de
le faire, et qu'il est la plus considérable partie de leur ouvrage : c'est aussi celle
que j'ai le plus cherché à leur voir exécuter.

Quand elles sont jeunes, elles n'ont point du tout de manteau, ou elles en ont
un qui couvre simplement le bout postérieur du tuyau ; des Teignes un peu plus
âgées en ont un qui couvre une plus grande portion de ce tuyau ; ainsi à mesure
qu'elles avancent en âge, elles agrandissent le manteau, et à la fin il ne laisse à
découvert que le contour de l'ouverture antérieure du tuyau des Teignes parvenues à leur entier accroissement ; et elles y parviennent en six semaines ou deux
mois.

Le travail du manteau est plus simple que je ne l'avais imaginé. J'avais peine à
comprendre comment l'insecte formait ces deux grandes pièces qui s'élèvent beaucoup au-dessus du tuyau qu'elles renferment, et qu'elles ne touchent que par
dessous, et au plus un peu le long des côtés, tant qu'elles ne sont pas entièrement
finies. Mais pour prendre une juste idée de la façon dont ces deux pièces sont
soutenues, et de celle dont l'insecte les travaille, il suffit presque de savoir que j'ai
observé que tout étui à manteau a d'abord été un simple étui en crosse. Quand les
deux parties qui forment la courbure de la crosse se sont agrandies et élevées, elles
se sont rapprochées de l'ouverture antérieure, elles ont donc en même temps renfermé une portion de la partie postérieure du tuyau. Ces deux parties sont alors le
manteau commencé, ou ce petit manteau qui convient aux jeunes Teignes ; chacune
des deux pièces qui le composent n'est nullement adhérente à la partie du tuyau
qu'elle vient envelopper en se recourbant; tant que ces deux pièces n'ont qu'une
certaine hauteur, l'insecte peut les élever en sortant par le dessous de l'étui, par la
fente qu'il y a faite, quand il a eu besoin de l'élargir; mais quand ces pièces sont
devenues si hautes qu'il aurait peine à y atteindre de là, il sort par la partie postérieure du tuyau, il s'introduit entre la surface extérieure de ce tuyau et une des
pièces du manteau. Là est un second logement où il peut être à couvert. Après y
avoir fait entrer la tête, il la porte plus loin, et y tire tout son corps.

Dès qu'il est entre le tuyau et le manteau, il n'y a plus de difficulté à concevoir
comment il va étendre chacune des pièces de ce manteau, il n'a qu'à s'approcher
des bords qu'il veut élever ou élargir, et y filer de nouvelles écailles. Quand il en a
filé une ou deux, il rentre dans son tuyau, soit pour se reposer, soit pour aller
reprendre de la nourriture, et bientôt il revient continuer son travail.

Comme ces Teignes sortent de leur étui quand elles ont à travailler à leur manteau, celles qu'on en a tirées par force ne se font pas une aussi grande affaire d'y rentrer que se font d'autres Teignes de rentrer dans le leur. Je retirai un jour une Teigne de son fourreau fait en crosse, et je l'en mis assez près ; elle retourna s'y loger, ce que je n'ai jamais vu faire à aucune Teigne soit des laines et des fourrures, soit à vêtements de membranes de feuilles.

Je ne me suis pas contenté de voir travailler les Teignes à manteau et à crosse à agrandir leurs fourreaux ; j'ai voulu les contraindre à s'en faire de neufs : pour cela, j'en ai retiré de jeunes et d'un âge moyen de ceux dans lesquels elles étaient logées ; presque toutes ont commencé l'ouvrage, mais plusieurs ne sont pas venues à bout de le finir ; celles qui ont le mieux réussi ont été celles que j'ai posées sur des bouquets de feuilles qui ne faisaient que s'entr'ouvrir. Leur façon ordinaire de travailler est celle qu'elles suivaient quand je les obligeais à se vêtir à neuf, et il arrivait qu'elles étaient quelquefois dans la nécessité de recommencer deux ou trois fois un nouvel étui ; enfin elles se trouvaient épuisées de matière soyeuse avant que d'avoir pu en achever un. Ainsi exposées très longtemps aux impressions de l'air, elles périssaient. Elles ne font pas leurs fourreaux aussi larges, proportionnellement à la grosseur de leur corps, que les autres Teignes des feuilles font les leurs, elles ne peuvent s'y retourner que quand ils sont fendus d'un côté. Quand elles se font un nouveau tuyau, elles le tiennent donc fendu tout du long. Or, mince comme il est alors, le vent qui agite trop fort les feuilles et mille autres petits accidents le chiffonne et lui ôtent la forme, de façon que l'insecte ne peut la lui faire reprendre. Il arrive bien plus aisément de se chiffonner à un fourreau proportionné à la grandeur du corps d'une vieille Teigne qu'à celui qui l'est au corps d'une Teigne naissante : aussi, dans l'ordre naturel, ce n'est que la Teigne naissante qui se fait un habit complet. La vieille Teigne, pourtant, mise dans la nécessité de se vêtir à neuf, a la précaution, dès qu'elle a commencé un étui, d'en coller un des côtés sur une feuille dans une grande partie de sa longueur, et de lui donner encore d'autres soutiens par le moyen de fils, qui, de l'étui commencé, vont s'attacher à des feuilles voisines.

Malgré ces précautions, rarement l'ouvrage vient à bien, excepté dans la circonstance où la Teigne a trouvé une de ces petites feuilles écailleuses qui servent d'enveloppes aux boutons où les feuilles sont renfermées, et lorsqu'elle a ébauché son ouvrage dans une de ces sortes de feuilles.

Ces feuilles ont à peu près la courbure qui convient au tuyau, elles sont fermes, c'est une espèce de moule qui conserve fort bien dans leur arrangement les fils qui ont été appliqués dessus ; mais cela n'empêche pas que la Teigne ne file un grand nombre de fils en dehors de l'étui pour l'assujettir encore mieux. J'ai vu quelquefois des paquets de ces fils du côté de l'ouverture antérieure, qui formaient d'assez grosses masses. Quand le fourreau est avancé, et que l'insecte le croit assez solide pour être transporté, il coupe tous ces fils qui n'avaient servi que pour le maintenir, on le voit ramasser entre ses pattes ceux qui formaient de gros paquets. Il rentre ensuite dans son fourreau, il en frotte l'intérieur avec le dessous de sa tête et ses premières pattes, apparemment qu'il y colle contre les parois les fils qui ci-devant servaient de liens; alors ils servent à fortifier le fourreau. Enfin la Teigne sépare du reste de la feuille la portion contre laquelle son tuyau a été collé ; ses dents en viennent aisément à bout; et elle emporte avec son étui la petite portion de feuille qui lui est adhérente. Par la suite elle recouvre quelquefois cette portion de feuille de fils qui la cachent entièrement ; souvent pourtant on la reconnaît sur le fourreau des plus jeunes Teignes ; elle est extrêmement petite.

Le fourreau est l'ouvrage d'un ou de deux jours au plus. Quand il est nouvellement fait, il est tout blanc, comme le sont les allongements et les élargissures mises aux anciens; mais au bout de deux ou trois jours, il devient brun; apparemment que l'insecte l'humecte avec quelque liqueur qui le teint, et peut-être qui le fortifie ; c'est peut-être une espèce de gomme qui donne de la raideur à ce tissu si mince, qui y produit un effet semblable à celui que produit la gomme arabique sur ces taffetas de France que nous nommons d'Angleterre.

Mais il est à remarquer que le tuyau nouvellement fait est terminé par ces deux appendices qui lui donnent la figure de crosse; cette forme entrait dans le dessein de l'ouvrage que l'insecte a construit, car la figure propre de l'insecte et la façon dont il travaille ne paraissent en rien le nécessiter à la lui donner. »

D

La biologie des Psychés (*fig.* 144) est des plus intéressantes, tant par les mœurs de ses chenilles que par la structure insolite des femelles.

La chenille n'est pas nue comme celle de la plupart des papillons. Elle se construit un fourreau très curieux. Tapissé de soie intérieurement, ce fourreau, ouvert aux deux bouts, est recouvert de débris végétaux ou minéraux ; ces matières étrangères sont le plus souvent constituées par des brins de paille, disposés longitudinalement ou transversalement et mélangés de débris de tiges et de feuilles.

D'autres fois, le fourreau est simplement recouvert de poussière terreuse ou de petits grains de graviers. La forme générale en est conique ou cylindrique, quelquefois enroulée sur elle-même à la manière d'une coquille d'Escargot. La chenille vit constamment à l'intérieur de sa demeure; quand elle veut se déplacer, elle fait saillir la tête, le thorax, les pattes, et se met à marcher en emportant son fourreau avec elle. A cet état, chenille et fourreau, surtout quand celui-ci est formé de brindilles de feuilles, se confondent avec les herbes au milieu desquelles vit cet animal : c'est un cas de mimétisme fort intéressant. A la moindre alerte, la chenille se cramponne à l'aide de ses mandibules au support, et ramène son fourreau sur sa tête par une brusque contraction de son corps; elle reste ainsi immobile jusqu'à ce qu'elle juge que le danger a disparu.

Au moment de la nymphose, la chenille fixe son fourreau à quelques fils de soie, soit sur une plante, soit sur un rocher, et se retourne à l'intérieur. En examinant les chrysalides, on peut savoir si elles donnent des mâles ou des femelles;

celle de la femelle n'offre aucune trace d'ailes visibles par transparence à travers la peau.

Les chenilles des Psychés sont assez difficiles à élever en captivité; il leur faut un endroit aéré et exposé aux rayons du soleil levant. Les mâles éclosent le matin, toujours avant 11 heures; aussitôt sortis de la dépouille de la nymphe, ils se mettent à voler assez irrégulièrement : ce sont des petits papillons, dont les ailes sont de couleur brun-noirâtre et pectinées; ils sont assez rares. Un bon moyen pour s'en procurer est de mettre une femelle dans une petite cage; on ne tarde pas à voir les mâles arriver de toute part, attirés par son odeur. Les femelles, et c'est là un point très curieux de l'histoire de Psychés, sont absolument dépourvues d'ailes, et n'ont que des pattes rudimentaires. Elles vivent à l'intérieur du fourreau que leur ont légué les chenilles d'où elles proviennent.

Elles sont munies à la partie postérieure d'un long oviscapte, aussi grand qu'elles-mêmes, et à l'aide duquel elles vont déposer leurs œufs jusqu'au fond du fourreau.

Fig. 144. — Psyché du gramen. (Papillons et chenilles.)

Certaines ne quittent jamais l'intérieur du fourreau; elles se contentent de se retourner à l'intérieur et de pondre leurs œufs dans l'intérieur de la pellicule même de la chrysalide. Chez un certain nombre d'espèces, les femelles donnent des jeunes par *parthénogenèse*.

Les jeunes chenilles dévorent les restes du corps de leur mère et se partagent fraternellement les lambeaux du fourreau pour se construire des demeures propres.

Les Psychés sont surtout abondantes pendant les années de sécheresse.

E

Les larves de Phryganes, insectes du groupe des névroptères, qui vivent dans les eaux douces, entièrement submergées, se construisent des étuis, des fourreaux cylindriques ouverts à leurs deux extrémités (*fig.* 145). Les matériaux employés varient avec les espèces et aussi, pour chaque espèce, avec les circonstances extérieures. Généralement ce sont de petites bûchettes de bois d'une régularité remarquable et disposées transversalement en laissant au centre un espace cylindrique tapissé par de la soie. D'autres fois, ce sont de simples brindilles de plantes, des fragments de végétaux verts, de vase, de cailloux, de feuilles mortes. Quand l'eau dans laquelle vit la larve contient de petits mollusques, par exemple des Planorbes, elle fait entrer leurs coquilles dans la confection de son étui ; il est même des larves qui en fabriquent entièrement avec ces coquilles, même quand l'animal intérieur est encore vivant. « Ces sortes d'habits, remarque Réaumur, sont « plus fort jolis », mais ils sont aussi des plus singuliers.

Fig. 145. — Phryganes. (Adultes et larves de diverses espèces.)

Un sauvage qui, au lieu d'être couvert de fourrures, le serait de Rats musqués, de Taupes ou autres animaux vivants, aurait un habillement bien extraordinaire ; tel est, en quelque sorte, celui de nos larves. » La Phrygane striée compose d'abord son étui avec des feuilles, puis, à mesure qu'elle grandit, elle le répare et l'augmente avec de petites pierres : finalement le fourreau est entièrement pierreux. Voici, d'après M. Girard, quelques renseignements sur lesdits étuis.

L'instinct de la construction paraît perfectible, laissant parfois entrevoir une lueur d'intelligence. Ainsi une larve habituée à se faire un étui de paille ou de feuilles, mise dans un vase où il n'y a que de petites pierres, finit par s'en servir pour se construire un étui inaccoutumé. Dans les fourreaux à brins transversaux, ces brins sont attachés d'une manière régulière, tangentiellement à l'étui soyeux, en hélice très serrée. Les étuis sableux sont souvent un peu arqués à l'extrémité. Ceux de sable très fin ne peuvent être faits par les larves qui n'en ont pas l'usage naturel ; elles meurent sans rien fabriquer, si on ne leur donne, dans l'eau où on les conserve, que du sable très fin. Pour faire sortir une larve entière de son étui, et c'est ce que savent très bien les pêcheurs à la ligne, il faut la pousser par derrière avec une pointe moussue, afin de rompre l'adhérence des crochets placés à l'extrémité du corps. Elle cherche à rentrer dans son étui par la plus large extrémité, celle de la tête, mais doit alors se retourner, ou couper l'étui et le modifier.

Les fourreaux sont toujours plus ou moins cylindriques, ordinairement plus larges en avant qu'en arrière. Ils sont toujours formés à l'intérieur par un tissu fin et assez fort, bien lisse, produit par la soie que la larve fait sortir des filières, qui durcit promptement à l'eau et acquiert beaucoup de solidité. Les glandes à soie se détachent de la bouche chez la nymphe, diminuent peu à peu de volume et disparaissent par résorption. Quand la larve marche, elle sort du fourreau la tête et les pattes thoraciques, les seules qu'elle possède, et traîne alors son fourreau derrière elle, comme le Limaçon sa coquille ; mais si on l'inquiète, elle y rentre tout son corps, et l'étui semble inhabité.

Pour fabriquer un étui de pierrailles par exemple, la larve nue se promène au fond pour reconnaître et choisir ses matériaux. Elle fait ensuite une voûte de deux ou trois pierres plates, soutenues et liées par des fils de soie, et se loge en dessous. Puis elle choisit les pierres une à une, les tient entre ses pattes et les présente comme un maçon, de sorte que chacune entre dans l'intervalle des autres et que les surfaces planes soient intérieures. Quand la pierre est bien placée, la larve la colle par des fils de soie aux pierres voisines. Elle commence l'étui par sa région postérieure. Les étuis de petites pierres, les plus longs à faire, demandent cinq à six heures.

Au moment de la nymphose, chez quelques espèces, la larve fait, aux deux extrémités de l'étui, des grilles ou tamis de soie perpendiculaires à l'axe du fourreau, à interstices assez lâches, laissant passer l'eau. Parfois, outre les grilles de soie, la larve ajoute aux deux entrées des brins de bois, des herbes, des pierres ; souvent aussi ces obstacles existent seuls, sans les grilles de soie. Enfin quelques espèces ferment leurs étuis avec une seule pierre plate à chaque bout. Si la larve est dans l'eau stagnante, l'étui flotte ou reste au fond ; mais, dans l'eau courante, un surcroît de précautions est nécessaire. La larve, avant la nymphose, attache son étui avec un lien de soie, par son bout antérieur, à une plante, à une pierre, parfois au fourreau d'une autre larve, en le plaçant obliquement, pour que l'eau se renouvelle avec plus de facilité.

Il est d'autres espèces de Phryganes qui se font des abris toujours immobiles : un des côtés de l'abri est adossé à un corps très pesant, pierre, souche, tige. Certaines de ces larves se logent dans un angle de pierres, et apportent devant quelques petites pierres réunies par de la soie ; d'autres construisent une calotte en réseau de fils de soie, collée à une pierre plate. Cette calotte est fortifiée de corps étrangers, herbes ou pierres, et la larve rampe en dessous, entre la pierre et la calotte, entrant et sortant. Parfois, les réseaux sont très grands, lâches, irréguliers, et plusieurs larves se placent dedans, et repartent dans la vase et sous le réseau qui

la retient. Il arrive que ces amas de fils soyeux flottent au bord de l'eau dans la
vase, particulièrement dans les eaux stagnantes des marais ou des ruisseaux peu

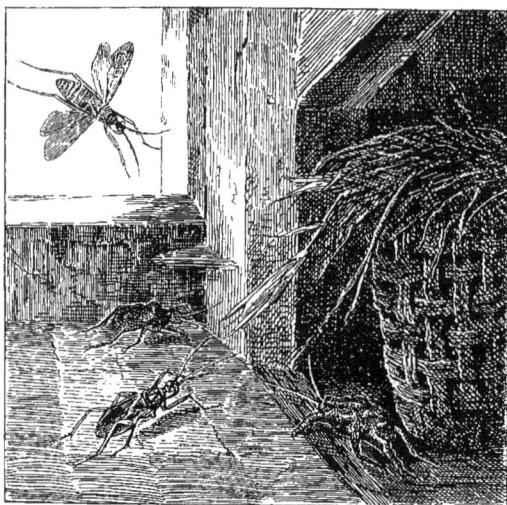

Fig. 146. — Réduve masquée. (Adultes et larves.)

profonds. Enfin, des
larves se font des
boyaux sinueux de
terre vaseuse, dont un
côté est appuyé sur
une pierre, et dans
lesquels elles circu-
lent, et la pierre pa-
rait comme réticulée
de ces mêmes tuyaux
que la larve forme
lors de la nymphose.

F

D'autres insectes se
font des habits moins
coquets et surtout
moins propres. C'est
le cas de la Réduve
masquée (*fig.* 146),
qui s'enveloppe de poussière au point d'en être méconnaissable, et de la larve du
Criocère du lis (*fig.* 147), qui se recouvre de ses excréments.

Fig. 147. — Criocères du lis (Adultes et larves)

A peine les lis commen-
cent-ils à pousser, qu'ils
sont attaqués par un coléoptère et sa larve, tous deux
avides de ses feuilles et de
sa sève. Les naturalistes ont
appelé cet insecte *Crioceris
merdigera*, nom que la dé-
cence m'empêche de tra-
duire, mais qui se devine
facilement et dont, d'ailleurs, on va voir l'origine.
Dès février, on peut étudier
cet insecte.

De l'adulte, il n'y a pas
grand chose à dire. De la
grosseur d'une Bête-à-bon-
Dieu, il a les élytres du plus beau rouge avec, à la surface, de tout petits points

leur donnant un aspect chagriné. La tête et les pattes sont d'un noir de jais faisant avec la couleur corail un agréable contraste. Ce Criocère se promène lentement sur les tiges et surtout les feuilles, dont il dévore le parenchyme tout en respectant l'épiderme inférieur, lame translucide sur laquelle il s'appuie de manière à manger tout à son aise. Prenez l'un d'eux entre le pouce et l'index et portez-le près de votre oreille, vous l'entendrez se plaindre très fortement par des grincements se succédant à intervalles très rapprochés. Ces sons paraissent dus au frottement d'avant en arrière d'une saillie cannelée, située sur le milieu interrompu du dernier anneau abdominal, contre de nombreuses petites saillies chitineuses placées à l'extrémité des élytres. A quoi peut bien leur servir cet appareil stridulent? Probablement à se comprendre, et à se chanter, de temps à autre, un duo d'amour.

Mais revenons à la façon vraiment étrange dont se comporte notre insecte : au lieu de laisser choir les excréments qu'il expulse, il les rejette au-dessus de sa « croupe » par un mouvement particulier de ses derniers anneaux, qui se redressent verticalement au moment de l'élimination ; puis, par d'autres mouvements d'allée et venue de ses autres anneaux, la crotte expulsée et chargée sur son dos glisse jusque vers la tête, toujours maintenue en équilibre grâce à la matière visqueuse qui l'imprègne. A chaque expulsion nouvelle, le même travail de surcharge se reproduit, si bien que l'animal finit par être complètement recouvert d'un manteau composé de ses excréments qui le cache aux regards de ses ennemis.

G

Des rudiments de vêtements se montrent enfin chez les Maïas. « Il est des cas, dit M. Houssay, où la volonté de l'animal n'intervient point ou, du moins, se manifeste très peu. Il se trouve recouvert et protégé par des corps étrangers, qui sont parfois des êtres vivants. Par exemple, les crabes que l'on nomme Araignées de mer ou Maïas ont la carapace recouverte d'algues et d'hydroïdes de toutes sortes. Ainsi garnis, les crustacés ont l'avantage de n'être pas reconnus de trop loin quand ils vont en chasse, et de pouvoir ressembler, sous cette toison, à un rocher quelconque. H. Fol a observé, à Villefranche-sur-Mer, une Maïa tellement enfouie sous cette végétation, qu'il était impossible à première vue de la distinguer des cailloux qui l'entouraient. Dans ces conditions, l'animal subit un abri plutôt qu'il ne se le crée. Pourtant il n'est pas tout à fait aussi passif qu'on pourrait le supposer d'abord, et il intervient dans les circonstances suivantes : quand les Algues qui prospèrent sur son dos sont devenues trop longues et qu'elles risquent de l'encombrer ou de ralentir sa marche, il les met en coupe réglée ; avec ses pattes il les arrache brin à brin et se nettoie à fond. Sa carapace étant bien propre, l'animal se trouve trop lisse et trop facile à distinguer des objets environnants ; il reprend alors des petits bouts d'algues et les recolle sur lui, où elles ne tardent pas à prendre comme des boutures et à prospérer de nouveau. Cette culture est donc voulue, il la dirige et arrête à temps son exubérance : il n'en est pas plus la victime que le jardinier n'est esclave des légumes auxquels il va porter tous les jours une eau bienfaisante.

De génération en génération, ce crabe a acquis l'habitude, l'instinct si l'on veut, de se couvrir ainsi pour se confondre avec les êtres voisins. Naturellement, il est profondément ignorant de la botanique, et n'a pas la moindre notion de ce que peut être une bouture. Si on le place dans un aquarium avec de petits morceaux de papier, écoutant sa prudence, qui l'engage à ne pas se distinguer du milieu, il s'en empare et se les colle sur le dos, comme il aurait fait avec des végétaux, sans se soucier s'ils tiendront fixés ou non. En dépit de ce manque de jugement, nous ne pouvons nous empêcher de reconnaître à cette Maïa une certaine ingéniosité dans la façon qu'elle emploie pour se dissimuler.

Un autre crabe des côtes de France, la *Dromia vulgaris* (*fig.* 148), pratique aussi cette méthode d'abri. Elle s'empare d'une grosse Éponge, la maintient solidement fixée sur sa carapace à l'aide de ses deux paires de pattes postérieures. L'Éponge continue à vivre, à prospérer et à s'étaler sur le crustacé qui l'adopte ainsi. Les deux êtres ne semblent pas fixés définitivement l'un à l'autre; un coup de lame peut les séparer brusquement. Si on effectue de force ce divorce, immédiatement la Dromie se précipite sur la chère couverture et la remet en place.

Fig. 148. — Dromie recouverte d'une Éponge.

M. Künckel d'Herculais raconte l'histoire d'un de ces curieux crustacés qui faisait la joie des travailleurs au laboratoire de Concarneau : le besoin qu'éprouvent ces crabes de se couvrir est tellement vif que, dans les aquariums, lorsqu'on leur enlève leur Éponge, ils s'appliquent sur le dos un lambeau de varech ou de n'importe quoi. On avait fabriqué à un de ces captifs un petit manteau blanc aux armes de Bretagne, et rien n'était plus amusant que de le voir endosser son paletot « quand il n'avait rien à se mettre sur le dos. »

Dans les deux cas, que j'indique au reste comme les premiers rudiments de l'industrie du vêtement, la réflexion et la volonté de l'animal n'ont qu'un faible rôle à jouer; même, pour la Dromie, l'habitude est si invétérée dans la race qu'elle a eu un contre-coup sur l'organisation de l'animal, et que ses quatre pattes postérieures sont profondément modifiées, à l'effet de tenir solidement l'Éponge-abri ; elles ne servent plus pour la natation ou la marche. »

H

Quand on parle de l'intelligence des insectes, on pense tout de suite aux hyménoptères, dont l'état mental est en effet merveilleux, aux chenilles qui, à l'aide de leur soie, font toutes sortes de travaux remarquables, et à quelques autres, comme les Phryganes, habiles à se vêtir, ou les Termites, experts en l'art d'élever des constructions gigantesques. Les coléoptères, au contraire, on les regarde généralement comme des lourdauds, incapables d'une industrie quelque peu délicate, et tout au plus bons à garnir les boîtes des collectionneurs. Cet ostracisme est immérité : n'est-ce pas chez eux que l'on trouve les Bousiers, si malins pour confectionner des boules de fiente pour eux-mêmes ou des poires pour leur progéniture, les Cicindèles, sachant faire de leurs têtes des trappes vivantes, le Criocère du lis dont les larves se fabriquent à bon marché un vêtement avec leurs déjections, les Rhynchites, artisans astucieux dans l'art de rouler les feuilles, les Phanées, confectionneurs de véritables vol-au-vent, et tant d'autres qu'il serait trop long d'énumérer ? En réalité, les coléoptères sont beaucoup plus intelligents qu'ils ne le paraissent ; on s'en rendra compte lorsqu'on les aura mieux étudiés à ce point de vue : je voudrais en donner ici un exemple.

Les Clythres sont de charmants coléoptères, ornés souvent de brillantes couleurs et d'agréables dessins, dont les nombreuses espèces vivent sur les plantes basses ou sur les arbres, les saules notamment. A l'état adulte, ils mènent une existence assez calme qui, comme les peuples heureux, n'a pas d'histoire, du moins jusqu'au moment de la reproduction : les soins de la progéniture, comme cela se voit souvent dans l'espèce humaine, sont seuls à les faire sortir de leur torpeur intellectuelle. Mais parlons d'abord de leurs larves, dont M. J.-H. Fabre, dans ses « Souvenirs entomologiques », vient de nous conter l'histoire, incomplète malgré de nombreux travaux de ses devanciers (*fig. 149*) :

La larve se fabrique un pot allongé dans lequel elle vit à l'instar de l'Escargot dans sa coquille, avec cette différence qu'elle n'y est pas rattachée d'une manière immuable. Elle ne sort cependant jamais de son élégante amphore. « Si quelque chose l'inquiète, d'un brusque recul elle rentre en plein dans son urne dont son crâne aplati ferme l'ouverture. La tranquillité revenue, elle aventure au dehors la tête et les trois segments munis de pattes, mais se garde bien de sortir le reste, plus délicat et accroché au fond. D'un pas menu, alourdi par le faix, elle chemine en relevant à l'arrière sa poterie suivant l'oblique. Elle fait songer à Diogène traînant son habitation, un tonneau en terre cuite. C'est de manœuvre assez pénible à cause du poids, c'est sujet à chavirer par suite du centre de gravité trop élevé. Cela progresse tout de même, en oscillant ainsi qu'un bonnet coquettement posé sur l'oreille. La jarre du Clythre a bonne tournure, et fait honneur à la céramique de l'insecte. C'est résistant sous le doigt, d'aspect terreux, lisse comme du stuc à l'intérieur, relevé au dehors de fines nervures obliques et symétriques qui portent les traces des accroissements successifs. L'arrière se dilate un peu et s'arrondit au bout en une double bosselure de faible relief. Ces deux saillies terminales, le sillon médian qui les sépare, les nervures d'accroissement qui se correspondent à droite et à gauche, témoignent d'un ouvrage linéaire où le constructeur a suivi les règles de la symétrie, première condition du beau. La partie

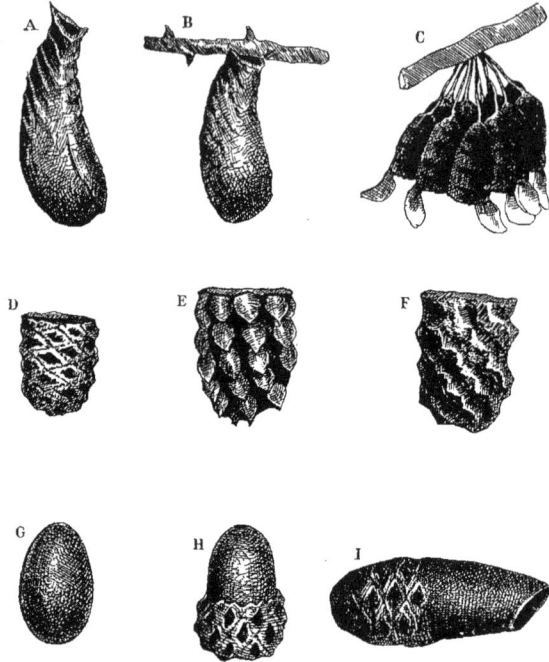

Fig. 149. — Œufs des Clythres et des Cryptocéphales.

A. Coque de la Clythre à 4 points.
B. Coque du Cryptocéphale à 2 points.
C. Œufs de la Clythre taxicorne.
D. Œufs de la Clythre à longs pieds.
E. Œufs de la Clythre à 4 points.
F. Œufs du Cryptocéphale doré.
G, H. Œuf nu et œuf dans une coque incomplète.
I. Clythre à longs pieds ; continuation de la coque
sur la base fournie par l'œuf.

antérieure faiblement s'atténue et se tronque de façon oblique, ce qui permet au pot de se relever et de prendre appui sur l'échine de l'animal en marche. Enfin l'embouchure est ronde, à margelle émoussée. »

Comme il convient à un habit bien confortable, le pot du Clythre n'est pas ramolli par l'eau et supporte la pluie sans se désagréger. La matière fondamentale est de la terre dont les granulations sont réunies par un ciment sur la nature duquel on reste perplexe. Pour se rendre compte de son origine, il suffit d'examiner la larve pendant un instant. De temps à autre, on la voit, par une soudaine reculade rentrer dans son pot et y disparaître en entier. Au bout d'un instant, elle reparait, les mandibules chargées d'une pelote brune qu'elle se met à pétrir, à amalgamer avec un peu de terre cueillie sur le seuil de sa maison et qu'elle étale sur la margelle de l'étui. Puis, elle recommence son manège. Quelle est cette matière? On le devine, ce sont les déjections mêmes de l'insecte et celui-ci, né malin, a ainsi transformé ses water-closets en entrepôts de mastic. Ce qui, pour d'autres, serait une gênante matière devient pour lui une substance très utile.

Cette larve, habile à se confectionner un habit avec une si singulière substance, ne l'est pas moins pour agrandir son froc quand il devient trop étroit ; elle le fait, tout en le laissant, sauf l'ampleur, ce qu'il était avant. « Sa paradoxale méthode consiste en ceci : de la doublure faire étoffe, reporter au dehors ce qui était en dedans. Petit à petit, à mesure que le besoin s'en fait sentir, le ver râcle donc, décortique à l'intérieur la paroi de sa coque. Réduits en pâte liante au moyen d'un peu de mastic fourni par l'intestin, les gravats sont appliqués sur toute la surface externe, jusqu'à l'extrémité postérieure que, sans trop de peine et sans déménager, le ver peut atteindre grâce à sa parfaite souplesse d'échine. Ce retournement de l'habit se fait avec une délicate précision qui garde aux nervures ornementales leur arrangement symétrique ; enfin il augmente la capacité par un graduel transfert de la matière de l'intérieur à l'extérieur. Ce procédé de rajeunir le vieux est de telle correction que rien n'est mis au rebut, rien ne reste inutile, pas même les nippes du nouveau-né, nippes toujours incrustées en clé de voûte au pôle initial de l'édifice. S'il n'y avait apport de nouveaux matériaux, il est visible que l'amplification du pot se ferait aux dépens de l'épaisseur. Devenue trop mince à force d'être retournée pour gagner de l'espace, la coque, tôt ou tard, manquerait de la solidité désirable. Le ver y veille. Il a devant lui autant de terre qu'il peut en désirer ; il a, dans un arrière-magasin, du mastic, dont l'usine ne chôme jamais. Rien ne l'empêche d'épaissir l'ouvrage à son gré et d'ajouter aux râclures internes de la coque tel complément qu'il juge à propos. »

Fait curieux, les premiers rudiments des fourreaux sont produits par la mère, d'une manière en quelque sorte automatique, sans que son intelligence y soit pour rien. Pour s'en rendre compte, il suffit d'examiner les pontes des Clythres ou de leurs cousins aux mœurs analogues, les Cryptocéphales, pontes qui sont une des plus jolies que l'on puisse voir. Voici d'abord celle de la Clythre taxicorne : les œufs d'un brun café et lisse ressemblent à des dés à coudre suspendus à plusieurs sur une branche à l'aide d'un assez long fil diaphane. Du bord de la margelle pend un onglet membraneux, blanchâtre et dont le rôle n'est pas connu. Quant à la masse ovulaire proprement dite, elle se compose de deux parties : au milieu, l'œuf proprement dit ; autour, une sorte de coquille surajoutée. Les œufs de la Clythre à longs pieds sont d'un brun très foncé et rappellent encore un dé à coudre, d'un millimètre de longueur, comparaison d'autant plus juste qu'ils sont criblés de fossettes quadrangulaires, rangées en séries spirales se croisant avec une rare précision. Ceux de la Clythre à quatre points ont une teinte pâle. Ils sont couverts d'écailles convexes, imbriquées en séries obliques, terminées en pointe à leur extrémité inférieure, qui est libre ou plus ou moins divergente : on dirait un cône de houblon minuscule. Les ornements des œufs des Cryptocéphales consistent en huit côtes lamelleuses, tournant en tire-bouchon pour ceux du Cryptocéphale doré et en séries spirales de fossettes pour ceux du Cryptocéphale à deux points. Tous ceux répandus par la mère un peu n'importe où ne sont pas aussi parfaits : il en est parfois de tout nus, sans enveloppe extérieure. Il s'en trouve dont la base est enchâssée dans une cupule brune comme un œuf dans son coquetier. Ces productions incomplètes nous donnent la clé de leur organisation : la partie médiane, l'œuf, provient des ovaires ; la partie externe est un produit ajouté, que l'aspect indique comme étant des déjections : le cloaque moule celles-ci au fur et à mesure des besoins de la ponte et leur donne leur forme spécifique.

Quand l'œuf éclôt, le ver se trouve, de la sorte, tout de suite dans un dé à coudre qui lui sert de demeure : c'est un petit chapeau qui le couvre tout entier et qu'il emporte toujours avec lui. « Deux semaines ne se sont pas encore écoulées qu'un liseré, dressé sur la margelle, double déjà la coquille de la Clythre à longs pieds, afin de maintenir la capacité de la poterie en rapport avec la taille du ver, de jour en jour grandi. La partie récente, ouvrage de la larve, très nettement se distingue de la coque initiale, produit de la pondeuse : elle est lisse dans toute son étendue, tandis que le reste est orné de fossettes en rangées spirales. Rabotée à l'intérieur à mesure qu'elle devient trop étroite, la jarre à la fois s'amplifie et s'allonge. La poussière extraite, de nouveau pétrie en mortier, est reportée à l'extérieur, un peu de partout, et forme un crépi sous lequel disparaissent à la longue les élégances du début. Ce chef-d'œuvre à fossettes est noyé sous une couche de badigeon ; non toujours en plein cependant, même lorsque l'ouvrage arrive à ses finales dimensions. En promenant une loupe attentive entre les deux bosselures du fond, il n'est pas rare d'y voir, incrustés dans la masse terreuse, les restes de la coque de l'œuf. C'est la marque de fabrique du potier. L'arrangement des crêtes hélicoïdales, le nombre et la forme des fossettes, permettent d'y lire à peu près le nom du fabricant, Clythre ou Cryptocéphale. » Ces intéressants coléoptères ont donc, dès leur naissance, une layette qu'ils n'ont plus qu'à augmenter jusqu'au jour où ils pourront devenir adultes et vivre en pleine liberté, sans avoir besoin de se cacher.

CHAPITRE XXIII

Les Filateurs

Les Fabricants de Filets

L'industrie des Araignées (*fig.* 150) est remarquablement développée. Il est vrai que la nature les a pourvues d'une bobine de fil de longueur presque indéfinie, mais le parti qu'elles en tirent est vraiment merveilleux.

Ce n'est pas ici le lieu d'étudier le mode de production de la soie des Araignées, que nous n'avons à examiner qu'au moment où les bestioles l'utilisent et dont la sécrétion est automatique, indépendante de l'intelligence de l'animal. Disons seulement que le fil. sort par des filières placées à la partie postérieure du corps. L'Araignée, à l'aide de ses pattes garnies de griffes (*fig.* 151), le fait passer sous son ventre et le prend dans ses mandibules, soit pour le couper. soit pour le pelotonner, soit pour le fixer à un substratum. Grâce à lui, et sans presque jamais utiliser de corps étrangers, elle

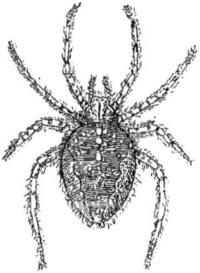

Fig. 150.— Araignée (Épeire-femelle).

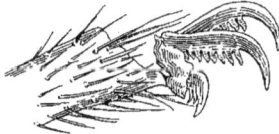

Fig. 151. — Extrémité très grossie d'une patte d'Araignée.

construit des pièges pour capturer des insectes, des demeures pour se retirer, des cocons pour envelopper ses œufs, voire même une cloche à plongeur pour vivre dans l'eau (Argyronète), ou un aérostat pour s'élever dans l'air (fils de la Vierge).

Pour descendre d'un lieu élevé, les Araignées fixent leur fil à un support et s'élancent dans le vide la tête en bas. Comme en même temps le fil sort des filières, elles arrivent au bas sans secousse. Quand elles veulent passer d'un point à un autre inaccessible, elles projettent dans l'air un long fil qui flotte librement quoique toujours fixé au corps de l'animal par une de ses extrémités. Soutenu par l'agitation de l'air, il arrive un moment où il rencontre un support et s'y colle. L'Araignée, douée d'un tact exquis, reconnaît au tiraillement que le fil est fixé ; elle le pelotonne jusqu'à ce qu'il soit bien tendu et, alors, le fixe solidement. Ainsi est établi un pont sur lequel l'animal peut marcher suspendu par les pattes. C'est par le même procédé que la plupart des Araignées établissent les premiers fils devant servir de charpente à leur toile.

« Le choix du lieu où elle doit établir sa résidence semble préoccuper quelque temps l'Araignée ; car on la voit errer longtemps sur divers objets avant de se mettre à l'ouvrage ; en réalité la chose mérite réflexion, car le travail varie, suivant l'endroit adopté, tant que le cadre de la toile et les fils extérieurs ne sont pas encore tendus en forme de carré ou de triangle. Le fil transversal supérieur joue un rôle important ; c'est à lui que l'Araignée doit suspendre tout son tissu. Tantôt c'est un cordage tendu entre deux branches qui peuvent être à une distance de 50 cent. l'une de l'autre et même de plusieurs mètres, tantôt c'est un câble suspendu dans l'angle d'une porte condamnée ; dans chacun de ces deux cas, l'Araignée doit employer un procédé différent pour atteindre son but. Dans le second cas, elle peut aisément marcher d'un point de suspension à l'autre sans lâcher pied ; dans le premier cas elle pourrait agir de même sans doute, mais le fil serait alors beaucoup trop long à cause du détour énorme qu'elle serait obligée de suivre.

F. Turby a fait une expérience intéressante qui lui a permis d'acquérir la certitude que les epeirides ont la faculté de projeter leur fil assez loin et savent attendre qu'il se fixe par son extrémité libre à quelque objet éloigné. Il déposa une Epeire sur un bâton long de 4 pieds environ qu'il fixa au milieu d'un vase plein d'eau. L'Araignée descendit le long du bois en étirant un fil derrière elle ; mais lorsqu'elle sentit l'eau avec ses pattes antérieures, elle fit volte-face et remonta en grimpant le long du fil. Elle répéta ce manège chaque fois, et lassa ainsi la patience de l'observateur, qui l'abandonna pendant plusieurs heures. A son retour, il ne la trouva plus sur le bâton, mais il aperçut un fil qui partait de son extrémité pour aller se fixer sur une armoire à 21 cent. de distance environ et qui avait servi de pont à l'Araignée évadée. F. Turby trouva l'Araignée elle-même, et l'obligea à exécuter de nouveau sous ses yeux ce tour d'adresse.

Après avoir brisé le premier fil, il la posa de nouveau sur le bâton. Elle recommença d'abord ses allées et venues le long du bâton, mais elle finit par descendre le long de deux fils qu'elle retint avec ses pattes postérieures ; arrivée en bas, elle brisa l'un d'eux et le laissa flotter. Turby ne voulant pas attendre que le hasard seul permit au fil libre de trouver quelque objet où se fixer, l'accrocha à l'extrémité d'un pinceau autour duquel il l'enroula plusieurs fois de façon à ce qu'il fût tendu. L'Araignée, qui pendant ce temps avait regrimpé à l'extrémité du bâton, éprouva le fil à l'aide de ses pattes, et, trouvant le cordage assez sûr, s'avança sur lui et parvint ainsi à bon port jusqu'au pinceau, après avoir renforcé le fil précédent par de nouveaux fils qu'elle y agglutinait.

L'Araignée possède encore un autre moyen d'atteindre quelque objet éloigné. Elle se suspend au bout d'un fil et se met à se balancer jusqu'à ce qu'elle atteigne l'objet en question avec ses pattes.

Mais revenons à la construction de la toile. Lorsque l'Araignée s'est assurée que le câble horizontal est solidement amarré, elle le tend, et s'il ne présente pas le degré de tension voulu, elle le soutient par des fils latéraux plus courts.

Il s'agit maintenant de trouver un troisième point d'appui : pour cela elle s'inspire de la disposition des lieux. A l'endroit qu'elle a choisi, soit sur un câble, soit ailleurs, elle fixe un fil en appuyant son abdomen, puis elle se laisse descendre par son propre poids le long du fil qu'elle sécrète et que les balancements de son corps écartent de la verticale. Elle fixe ensuite son fil, en le tendant, à l'objet qu'elle choisit alors et qui se trouve naturellement plus bas que le point de départ. Il ne lui reste plus qu'à établir le fil qui doit être l'hypoténuse du triangle dont le câble horizontal et le second fil sont les deux autres côtés ; pour cela elle remonte le long du fil vertical en dévidant un fil qu'elle va fixer en un point dans lequel elle inscrira sa toile.

Supposons que l'Araignée ait terminé son cadre d'une façon ou de l'autre, elle tend alors un fil diamétralement : elle se place en son milieu et, à partir de ce point, elle fixe des fils rayonnant de tous côtés ; elle a soin de se servir du dernier fil pour regagner le centre. Il ne reste plus qu'à les relier entre eux par des fils circulaires, ce qui est le travail le plus facile.

En partant toujours du centre, l'Araignée suit un trajet spiral en étirant son fil au moyen des peignes de ses tarses postérieurs ; elle l'agglutine successivement à chaque rayon, et continue ainsi jusqu'au cercle le plus excentrique. Dans un espace capable de contenir l'Araignée avec ses pattes étendues, l'aire médiane renferme des fils soyeux secs disposés comme les précédents ; mais au delà, ces fils prennent un autre caractère : ils présentent un grand nombre de gouttelettes extrêmement fines suspendues au-dessous d'eux, et dans lesquelles les pattes et les ailes des insectes viennent s'agglutiner pendant le vol ; ce piège est comparable aux gluaux qui servent à prendre les oiseaux. Une toile de 36 à 39 cent. de diamètre renferme, d'après des calculs approximatifs, 120.000 de ces nœuds. Ces fils qui entrent dans la construction de la toile ne sont pas tous de même nature. Les fils qui constituent la grande corde transversale, la corde verticale et les rayons sont d'une soie qui est sèche dès qu'elle sort de la filière de l'Araignée. Au contraire ceux qui constituent les cercles sont d'une soie qui reste assez longtemps agglutinante, propriété précieuse, car elle permet au fil de contracter une adhérence complète avec les rayons.

La toile est terminée, et bien que les rayons ne soient pas tracés au compas et que les cercles concentriques ne soient pas d'une précision mathématique, cette construction n'est pas moins digne d'admiration ; elle témoigne d'une habileté peu commune chez l'animal qui l'a fabriquée ; l'architecte peut être d'ailleurs aussi bien une femelle qu'un mâle. Au centre de sa toile, qu'elle confectionne généralement en un jour ou en une nuit, entre les mois de mai et de septembre, et de préférence après une pluie tiède, l'Araignée s'installe la tête en bas. Dans certains cas elle s'installe plus volontiers à l'extrémité de sa toile, sous une feuille ou dans quelque autre endroit abrité ; sa résidence est toujours reliée au centre de la toile par quelques fils fortement tendus, semblables aux fils télégraphiques et dont l'ébranlement l'avertit de la présence d'une proie. Voici ces fils qui palpitent : c'est une Mouche qui a eu le malheur de se jeter dans le filet où elle s'entortille de plus en plus pendant les efforts convulsifs qu'elle fait pour reconquérir sa liberté. » (Brehm.)

Les toiles confectionnées par les Araignées peuvent être régulières ou irrégulières. Parmi les toiles régulières, l'une des plus jolies est celle de l'Épeire diadème (*fig.* 152), que tout le monde a vue dans les jardins C'est une sorte de roue plate

Fig. 152. — Toile régulière de l'Épeire diadème.

dont les rayons sont réunis par de nombreuses jantes concentriques ; l'animal s'y tient au milieu ou sur les côtés. Souvent on le voit exécuter des mouvements dont l'utilité n'est pas encore connue et qui consiste à agiter la toile tellement vite que l'Araignée devient presque invisible. Le même fait se rencontre d'ailleurs chez certaines autres espèces. On assure que l'Épeire répare sa toile quand elle est endommagée, mais le fait n'est pas certain.

Des toiles rayonnées se rencontrent aussi chez les Tétragnathes, qui les établissent au-dessus des étangs, chez les Théridides, qui les disposent horizontalement en se plaçant au-dessous, le dos tourné vers le bas, etc.

Plusieurs Araignées adjoignent à leurs toiles rayonnées un tube cylindrique ouvert aux deux bouts et dans lequel elles se tiennent à l'affût. C'est le cas de l'Agélène à labyrinthe qui, en outre, recouvre son nid de feuilles sèches pour l'abriter contre la pluie et l'ardeur du soleil. Quand sa toile est endommagée, elle la répare avec soin et très rapidement. Quant aux œufs, ils sont disposés dans une sorte de bouteille dont l'extérieur est recouvert de grumeaux de terre et de débris végétaux.

Le type des toiles irrégulières se rencontre chez la Tégénaire, Araignée de nos maisons. « Lorsqu'elle veut installer son nid, dit Brehm, la Tégénaire applique ses filières contre la paroi, à quelques pouces de l'angle qu'elle compte occuper; elle marche le long de cette paroi jusqu'à l'angle où elle va rejoindre l'autre paroi pour y fixer son fil à la même distance de l'angle, après l'avoir tendu. Ce fil, qui doit être le plus externe et le plus résistant, est doublé et même triplé par l'Araignée, qui, dans son va-et-vient continuel, assujettit de même, aux deux parois, des fils parallèles, de plus en plus courts jusqu'au voisinage de l'angle. A cette première trame, l'animal ajoute des fils transversaux, et termine ainsi le piège qui constitue le milieu de la toile; mais l'édifice n'est pas encore complet. Elle tisse, pour elle-même, un tube, ouvert aux deux bouts et appliqué dans l'angle, formant une sorte de pédicule court au réseau primitivement construit. Comme elle adopte de préférence les coins où les murs présentent des trous et des lézardes, son tube aboutit généralement à quelque crevasse de ce genre, où la bête se réfugie en cas de danger. Dans la partie antérieure de ce tube, elle se tient à l'affût de sa proie; elle saisit en un clin d'œil le Moustique ou la Mouche qui se jettent dans son réseau, et les entraîne au fond de son antre pour les dévorer tout à l'aise.

Lorsqu'elle veut pondre, cette Tégénaire file près de sa toile un flocon de soie blanche qu'elle carde avec ses pattes puis entoure d'un sac en fils bruns, qu'elle leste avec des graviers et des débris d'insectes. Cela fait, elle pond et entoure ses œufs d'un cocon de soie blanche; puis elle va déposer précieusement ce cocon sur le flocon blanc; elle ferme alors l'ouverture du sac, s'installe au-dessus, et, mère vigilante, veille nuit et jour. »

Quand une proie est prise, l'Araignée l'immobilise fréquemment en l'enveloppant de fils légers. Si elle est petite, cependant, l'Araignée se contente de la tuer et de la sucer sur place, ou encore de l'entraîner dans un coin pour la sucer tout à son aise.

Il existe à Madagascar une Araignée qui a longtemps intrigué les naturalistes. Sa toile est assez semblable à celle de l'Épeire diadème, mais on remarque, au centre, un gros fil d'un blanc d'argent, un véritable câble plié en zigzag. Quelle peut bien être l'utilité de ce dernier? On peut examiner la toile pendant longtemps sans voir l'animal s'en servir; quand une proie vient se prendre, il se contente de l'envelopper de quelques fils légers. Et cependant ledit câble est sans doute utile à l'Araignée, car, si on vient à l'enlever, elle se hâte d'en faire un nouveau. Le docteur Vinson finit, après de longues observations, à élucider la question. Un jour qu'il examinait pour la centième fois les faits et gestes de l'Araignée, il vit une grosse Sauterelle se précipiter au milieu de la toile. Aussitôt, l'Araignée, s'élançant sur son câble, se mit à enrouler la Sauterelle avec la plus grande rapidité. La proie était trop volumineuse pour être immobilisée par de simples fils ; le câble était là pour la garrotter solidement.

Les fils des Araignées sont d'une résistance remarquable ; on a même proposé d'utiliser pour faire des vêtements les fils d'une espèce de Madagascar, et les résultats obtenus ont été fort bons. L'avenir dira si cette industrie est rénumératrice.

* * *

Toutes les Araignées, même celles — très nombreuses — qui ne fabriquent pas de toiles, enveloppent leurs œufs dans un cocon plus ou moins grossier, fait avec des fils spéciaux, généralement de couleur jaune d'or.

« Quand une mère sent approcher le moment où elle doit déposer ses œufs, elle confectionne, à l'aide de ses fils, un nid hémisphérique, qui tantôt repose à l'air libre, comme chez les Araignées coureuses, tantôt se trouve fixé au tissu ou à quelque autre objet approprié, puis elle y place sa grappe d'œufs. L'Araignée demeure alors immobile et comme épuisée, au-dessus des œufs, puis elle ferme le nid complètement à l'aide d'un tissu. L'enveloppe protectrice est simple, mais très épaisse, chez les Araignées coureuses ; elle est formée de deux hémisphères rattachés lâchement au milieu ; elle est fixée par quelques fils à la partie inférieure du corps de la mère qui l'emporte ainsi avec elle. Quelques rares espèces creusent une excavation dans laquelle les mères déposent leurs œufs jusqu'à l'éclosion des petits. Plusieurs espèces d'Araignées nidifiantes fabriquent pour leurs œufs de petits nids sphériques ou hémisphériques qu'elles suspendent en lieu sûr et sur lesquels elles veillent avec sollicitude. Les œufs sont pondus de préférence en plein été, et l'éclosion a lieu au bout de trois ou quatre semaines, lorsqu'elle est favorisée par la chaleur et l'humidité de l'atmosphère. (Brehm.) Beaucoup d'entre eux, cependant sont déposés à la fin de l'été dans des coques où ils passent l'hiver à l'état léthargique ; par exception, quelques Araignées ne remplissent le but de leur existence qu'après l'hiver.

* * *

L'Araignée est le type de l'animal solitaire, ne partageant jamais ses victuailles avec ses camarades et ne demandant jamais aide et assistance à l'une d'elles. Cette horreur de la sociabilité se montre même au moment où elle pense à s'assurer une progéniture, époque où il n'est pas rare de voir les femelles dévorer les mâles, lorsque ceux-ci ne peuvent se sauver à toutes pattes après avoir fait leur cour.

Cependant, comme dans les sciences — en histoire naturelle plus qu'ailleurs — il n'y a pas de règles sans exception, on peut citer quelques exemples où ces instincts sanguinaires sont en partie abolis. Des rudiments de sociabilité se montrent, en effet, chez quelques espèces. C'est ainsi que les Clubiones établissent leurs coques côte à côte sous la même écorce et que chez les Théridions, qui vivent en masse sous le vitrage des serres, les toiles s'enchevêtrent, et plusieurs individus s'avancent parfois simultanément sur une proie qui reste au premier arrivant sans que les autres lui cherchent noise.

Chez d'autres espèces, la sociabilité est beaucoup plus marquée. On les rencontre surtout dans les pays chauds. C'est ainsi qu'Azara raconte qu'au Paraguay, il y a une espèce d'Araignée noirâtre l'*Epeira socialis*, de la grosseur d'un pois chiche, dont les individus vivent en société de plus de cent, et qui construisent en commun un nid plus grand qu'un chapeau qu'elles suspendent par le haut de la calotte à un grand arbre ou au faîtage de quelque toit, de manière qu'il soit abrité par le haut ; de là partent tout à l'entour un grand nombre de fils gros et blancs qui ont 50 à 60 pieds de long.

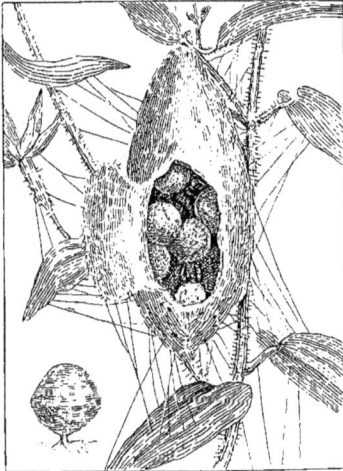

Fig. 153. — Cocons réunis en commun de l'*Épeira Bandelieri*.
L'enveloppe extérieure a été entr'ouverte pour montrer l'intérieur.
En bas : Cocon représenté isolé.

Fig. 154. — Toile de l'*Anelosimus socialis*.
En bas : Cocon représenté isolé.

Maintenant que l'attention est attirée sur ce point, il est probable que les exemples se multiplieront. M. Eugène Simon a observé au Venezuela divers cas de sociabilité chez quelques espèces très éloignées les unes des autres. Cette sociabilité, d'ailleurs, présente plusieurs degrés : elle est tantôt temporaire et limitée à l'époque de la reproduction, tantôt permanente ; dans certains cas, le travail exécuté est absolument commun et semblable pour tous les individus de la république ; dans d'autres, le travail commun n'exclut pas une certaine dose de travail individuel.

Le premier exemple à citer est celui d'une Araignée à laquelle M. Eugène Simon a donné le nom d'*Epeira Bandelieri* (fig. 153). En temps ordinaire, elle ne paraît pas différer par ses mœurs des Épeires ordinaires ; sa toile est normale et individuelle. Mais, au moment de la ponte, plusieurs femelles se réunissent pour construire en commun, sur un buisson, une grande coque de tissu jaunâtre et laineux, dans laquelle elles s'enferment pour pondre et fabriquer leurs cocons. Le cocon, de tissu très épais, est bombé sur l'une de ses faces, presque plan sur l'autre et attaché aux parois de la chambre incubatrice par un très court pédicule. A l'intérieur on rencontre jusqu'à dix cocons et cinq ou six femelles partageant les soins de la maternité.

La sociabilité est beaucoup plus complète chez l'*Anelosimus socialis* (*fig.* 154) : plusieurs centaines, souvent plusieurs milliers d'individus de cette espèce se réunissent pour filer une toile légère et transparente, mais de tissu serré et analogue

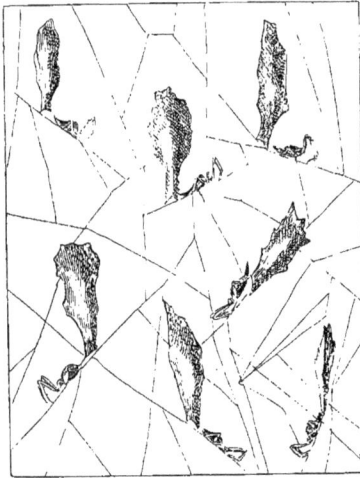

Fig. 155. — Femelles de l'*Uloborus republicanus* veillant sur leurs cocons.

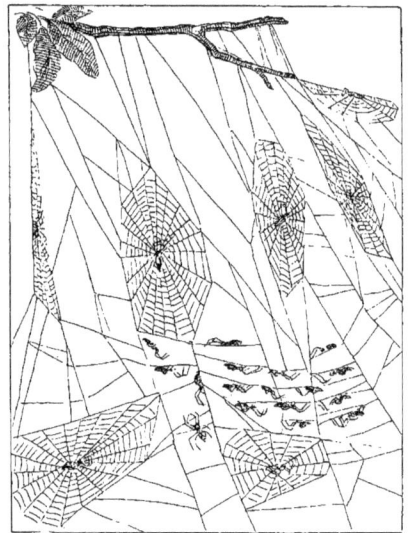

Fig. 156. — Toiles de l'*Uloborus republicanus*.

à celui d'Agélènes ; cette toile est de forme indéterminée, elle atteint parfois de grandes dimensions et peut envelopper un caféier tout entier. Au premier abord, cette immense toile rappelle plutôt le travail des chenilles sociales que celui d'une Araignée ; quand on a déchiré l'enveloppe extérieure, on voit que l'intérieur est divisé, par des cloisons de même tissu, en loges très irrégulières. Les Araignées s'y promènent librement, se rencontrent en se palpant comme feraient des Fourmis avec leurs antennes, et se mettent quelquefois à plusieurs pour dévorer une proie un peu volumineuse. Les cocons sont arrondis, formés d'une bourse floconneuse gris de fer ; ils ne sont pas pédiculés, mais fixés à la toile commune par quelques fils formant un réseau lâche.

Le troisième type d'association, que M. Eugène Simon a observé chez l'*Uloborus republicanus* (*fig.* 155 et 156), est de beaucoup le plus parfait, car il offre sur la même toile un travail commun auquel contribuent tous les associés, en même temps qu'un travail individuel propre à chacun d'eux.

Plusieurs centaines d'*Uloborus* vivent ensemble ; ils filent entre les arbres une toile immense, formée d'un réseau central assez serré sur lequel se tiennent côte à côte beaucoup d'individus des deux sexes, mais principalement des mâles ; ce réseau est suspendu par de longs fils, divergeant dans toutes les directions et prenant attache sur les objets environnants. Dans les intervalles des mailles, formées par ces grands fils, d'autres *Uloborus* tissent des toiles orbiculaires, à rayons et à cercles, qui ne sont alors habitées que par un seul individu. On peut voir de temps en temps une Araignée se détacher du groupe central pour chercher dans les câbles supérieurs un endroit propice à la fabrication de sa toile orbiculaire.

Les mâles sont surtout nombreux dans le réseau central ; c'est là que s'effectue la ponte. Celle-ci paraît être presque simultanée pour toutes les femelles d'une même colonie ; à ce moment les mâles ont disparu ; les femelles ont cessé de filer des toiles régulières, elles se tiennent sur le réseau central, à quelques centimètres les unes des autres, gardant chacune son cocon dans une immobilité complète. Le cocon est lui-même des plus singuliers et ressemble plus à un débri végétal accidentellement tombé qu'au travail d'une Araignée.

Si les Araignées n'étaient pas si répugnantes à la vue, combien leurs mœurs seraient intéressantes à observer !

CHAPITRE XXIV

Les Filateurs

La Cloche à plongeur de l'Argyronète

Les Araignées paraissent avoir un profond dédain pour l'eau ; on n'en trouve qu'une seule espèce aquatique, mais celle-ci est si intéressante et si curieuse, qu'elle rachète largement par ses singularités l'absence de ses sœurs dans nos eaux douces.

C'est l'Argyronète (*fig.* 157). Examinée en elle-même, elle ne présente rien de bien spécial que nous ne rencontrions chez les Araignées terrestres. Son corps est divisé en deux parties : l'une antérieure, le céphalothorax, l'autre postérieure, l'abdomen. La première porte quatre paires de pattes. La couleur générale est terne, elle varie du brun au noir. Sur la tête, il y a huit yeux très petits. Enfin tout le corps est revêtu d'un velouté de poils très fins et très serrés. L'Argyronète se rencontre dans l'Europe centrale ; en France, on la trouve surtout dans le Nord ; elle est rare aux environs de Paris. Ses mœurs ont été étudiées avec soin par l'abbé de Lignac et par M. Félix Plateau, l'ingénieux naturaliste de Gand.

Les Argyronètes semblent préférer les eaux stagnantes ou à faible courant, contenant surtout des plantes aquatiques. Dans ces endroits, elles habitent une demeure des plus curieuses et que l'on ne peut se lasser d'admirer : c'est une véritable cloche à plongeur. Sa forme est absolument comparable à celle d'un dé à coudre, mais d'une délicatesse sans égale. Elle est tout entière tissée avec des fils de soie qui s'entrecroisent dans tous les sens en formant un feutrage épais très résistant. La cloche, plongée entièrement dans l'eau, l'orifice tourné vers le bas, est remplie d'air. Elle est d'ailleurs fixée dans cette position par de nombreux fils qui la relient aux plantes voisines. C'est dans la cavité pleine d'air que vit l'Argyronète en temps de repos. Quand la faim se fait sentir, elle sort de son repaire et se met à nager dans l'eau avec une grande prestesse : elle offre alors un aspect très curieux : celui d'une boule d'argent. Cela est dû à ce que le corps est recouvert, comme nous l'avons dit, de poils très fins qui retiennent une couche d'air assez épaisse. L'Argyronète nage donc ou vient à la surface ; dès qu'elle a aperçu une proie à sa convenance, elle s'en empare et va la dévorer tout à son aise, soit à l'air, soit en l'entraînant dans sa cloche. Quelquefois même, elle la fixe à l'inté-

rieur de cette dernière pour ne la dévorer que plus tard, quand la disette se fera
sentir.

Comment l'Argyronète a-t-elle construit sa singulière demeure, comment
a-t-elle pu édifier une cloche à plongeur dans l'eau, alors que sa confection dans

Fig. 157. — Argyronète aquatique et sa cloche à plongeur.

l'air semblerait déjà bien difficile ? Dans un aquarium nous pouvons en suivre pas
à pas la formation en ayant soin de placer à côté de l'Argyronète diverses plantes
aquatiques. M. Félix Plateau a fort bien décrit les diverses phases de la construction de la cloche. Voici de son côté ce que nous dit Brehm :

« Lorsque cette Araignée veut bâtir le nid qu'elle habite ordinairement et qui
est situé à une certaine distance au-dessous de la surface de l'eau, elle rapproche
et maintient à l'aide de fils un certain nombre de feuilles ou de tiges délicates de
plantes aquatiques, puis tisse un réseau d'une ténuité infinie disposé de façon que
tous les fils se croisent en un même point.

Cela fait, elle s'élève à la surface de l'eau, relève son abdomen dont la pointe émerge à l'air, écarte ses filières et replonge rapidement. De cette façon elle entraîne, indépendamment du revêtement argenté de son abdomen, une vésicule plus ou moins grosse, remplie d'air, et fixée à l'extrémité de son corps. Elle nage, ainsi accoutrée, jusqu'à l'endroit qu'elle a choisi préalablement pour y établir sa résidence, et là, à l'aide de ses tarses postérieurs, elle détache une bulle d'air qui va se loger sous sa toile et la soulever légèrement. Elle recommence son manège, lâche une deuxième bulle qui se réunit à la première, et ainsi peu à peu se constitue une sorte de cloche à plongeur, de la grosseur d'une noisette et dont l'orifice est situé en bas.

Les fils qui maintiennent ce nid pendant qu'il s'accroît sont habilement disposés de façon à empêcher l'eau de pénétrer dans les vésicules dont l'air s'échapperait sans cela sous forme de perles qui viendraient éclater à la surface ; d'ailleurs lorsqu'il a atteint 1 cent. et demi de diamètre, l'Araignée le couvre de fils de plus en plus serrés. Cette cloche en miniature adhère aux herbes voisines par un nombre considérable de fils, comme les liens multiples qui retiennent un aérostat, jusqu'au moment où on lui permet de s'élancer dans les nuages ; eux aussi, ils empêchent que l'air amassé n'enlève leur demeure. »

En captivité, les Argyronètes font souvent leur nid dans un des coins de l'aquarium. Contrairement à ce qui a lieu chez les autres arachnides, le mâle est plus fort que la femelle. Au moment de la reproduction, le mâle vient tisser une cloche à côté de celle de la femelle et relie les deux par un tunnel creux.

« La femelle, dit Brehm, pond deux fois par an : au printemps, dans les mois de mai et de juin ; en été, dans le mois d'août. Elle construit alors, pour abriter ses œufs, une nouvelle demeure, le nid proprement dit, dont le sommet fait toujours saillie au-dessus de la surface de l'eau. C'est une sorte de cloche, très solidement construite, à tissu très résistant, divisée en deux chambres : la supérieure contient les œufs, l'inférieure tient lieu d'habitation temporaire à la mère qui veille avec une vigilance admirable, prête à défendre ses œufs et ses jeunes.

De Troisvilles observa que les jeunes Araignées commencèrent à éclore le 3 juin et s'élevèrent jusqu'à l'air qu'elles aspirèrent. Plusieurs d'entre elles se préparèrent de petites cloches le long d'une plante qui se trouvait dans leur bassin ; mais elles n'en continuèrent pas moins à aller et venir dans leur nid originel. Quelques-unes se jetèrent sur la dépouille d'une larve de Libellule qu'elles mirent en pièces comme des Chiens affamés déchirent un morceau de viande. Le cinquième jour, elles effectuèrent leur mue et l'eau fut recouverte de leurs dépouilles. »

En hiver, l'Argyronète ferme l'ouverture de la cloche et reste ainsi sans bouger pour passer la mauvaise saison. D'autres fois, elle s'installe dans la coquille vide d'un gastéropode dont elle bouche l'ouverture avec de la soie.

CHAPITRE XXV

Les Filateurs

Les Araignées aéronautes

Au nombre des productions industrielles des Araignées, il faut encore compter les *fils de la Vierge*, qui ont si longtemps intrigué les naturalistes, et dont tout le monde a admiré la blancheur argentée. Ce sont de véritables aérostats (*fig.* 158). « Les aérostats dont il s'agit, dit M. H. de Varigny, sont bien connus de chacun : ce sont ces *fils de la Vierge* qui, vers l'automne, emplissent l'air ; dans les villes même on en peut voir des quantités qui flottent, tantôt tombant avec lenteur, tantôt montant dans les bouffées d'air échauffé et, avec le vent, courant à des hauteurs souvent très considérables. Ces fils sont fabriqués par certaines espèces d'Araignées, comme le savent sans doute nos lecteurs : nous dirons tout à l'heure comment.

Quelques chiffres seront utiles pour indiquer à quel point ces aérostats sont efficaces, dans quelle mesure ils peuvent favoriser la dispersion et le transport des Araignées. Darwin dit, dans son *Voyage d'un Naturaliste*, qu'à 96 kilom. de terre, à l'embouchure de la Plata, le navire se trouva entouré d'une quantité de ces fils de la Vierge, et ces fils venaient de terre, naturellement. Le vent était très léger en ce moment, et il est évident qu'avec une brise plus forte, les mêmes Araignées auraient pu être transportées à une distance double. Cent ou deux cents kilom. c'est beaucoup pour une petite Araignée, et quand elle peut franchir cette distance en quelques heures, elle doit se dire qu'en somme elle réussit assez bien dans l'aéronautique. Il est vrai que parfois elle va à la mer, mais elle y a une supériorité sur l'homme ; elle marche sur les flots, à son aise, grâce à la structure de ses pattes, ce à quoi l'homme n'est pas apte. De nombreux observateurs, sur divers points du globe, en Europe et en Amérique par exemple, ont étudié le phénomène dont il s'agit, et ont vu l'air se remplir de cette sorte de pluie d'Araignées, et de fils de la Vierge. M. Blackwal, il y a presque près de 60 ans déjà, a fait sur ce sujet d'intéressantes observations. Se promenant un jour d'automne aux environs de Manchester, dans le milieu de la journée, il remarqua que les haies et les champs étaient remplis d'Araignées et de fils brillants et nombreux : il ne pouvait marcher dans l'herbe sans que ses chaussures fussent en peu de temps recouvertes d'abondantes toiles entrecroisées. C'est durant la matinée de ce jour que toiles et Araignées avaient fait leur apparition ; la veille elles ne s'y trouvaient point, non plus qu'au matin. S'arrêtant à considérer ce phénomène, Blackwal s'aperçut que les fils ne restaient point à terre : du sol s'élevaient des quantités de longs filaments blancs, formant par leur enchevêtrement des sortes de lambeaux légers, ayant 1ᵐ,50 de long et plus encore, et larges à leur base de plusieurs centimètres : ils diminuaient de largeur à mesure qu'ils s'allongeaient dans l'air. A mesure que le sol et l'air s'échauffaient sous l'action du soleil, parmi ces lambeaux de toile de toutes dimen-

sions, — ceux dont il vient d'être parlé étaient des plus grands — beaucoup se détachaient du sol et s'élevaient avec l'air chaud, perpendiculairement, de façon à monter à plusieurs centaines de pieds de hauteur.

Plus tard, dans l'après-midi, à mesure que l'échauffement de l'air diminuait, les toiles commençaient à redescendre vers terre. Après avoir regardé les toiles, Blackwal dirigea son attention sur les Araignées. Celles-ci couraient à terre par milliers, par multitudes innombrables, et il ne lui fut point difficile de voir à quoi elles étaient occupées.

Elles grimpaient sur tous les objets en saillie, tels que les brins d'herbe, les tiges des buissons, les portes, les murs, les palissades, et une fois arrivées aux points les plus élevés, elles se raidissaient

Fig. 158. — Araignée aéronaute :
à droite, Araignée lançant un fil ; à gauche, Araignée suspendue en l'air par son aérostat ; en haut, fils de la Vierge abandonnés.

sur leurs pattes étendues toutes droites, elles baissaient la tête en relevant l'abdomen qu'elles dirigeaient, dans une attitude bizarre vers le ciel, et ainsi posées, elles sécrétaient par leurs filières du fil en abondance. A peine formé, ce fil était dressé verticalement par l'action de la colonne d'air chaud ascendante.

Quand ceci n'avait pas lieu, l'Araignée, avec ses pattes de derrière, coupait le fil qui restait allongé à terre, reposant sur l'herbe, et y formant des sortes de toiles irrégulières, les fils qui adhéraient aux objets voisins étant inutiles et même nuisibles au but que se proposait l'animal. Quand celui-ci se trouvait avoir sécrété une quantité suffisante de fils, et que ceux-ci demeuraient droits, sans s'accrocher aux brins d'herbe, — et c'est pour éviter ceci qu'il grimpe aux objets élevés, — il lâchait pied et partait pour son voyage aérien, entraîné par les fils qui étaient emportés par l'air chaud ascendant (fig. 158).

C'est donc dans un but bien déterminé, celui d'être transportée au loin par l'air, que l'Araignée dont il s'agit sécrète ses fils, et elle fait tout ce qui est en son pouvoir pour assurer la réussite de l'opération.

Il suffit de quelques secondes pour que le fil atteigne la longueur d'un mètre; avec une telle rapidité de production, on conçoit qu'il faille peu de temps pour la sécrétion d'un fil assez long pour entraîner l'insecte. Blackwal a suivi toutes les phases du phénomène, depuis l'ascension sur les objets en saillie jusqu'au départ de l'insecte, jusqu'au « lâchez tout » qui en donne le signal, et nul doute ne peut être élevé sur l'exactitude de ses observations, qui ont d'ailleurs été confirmées par différents auteurs cités par J.-H. Emerton à qui j'emprunte ces détails.

D'après M. Murray, qui, à son tour, en 1829 (les observations de Blackwal sont de 1826), a étudié ce fait, l'électricité jouerait un rôle considérable dans le phénomène. La colonne ascendante d'air chaud ne serait pas nécessaire à la réussite de l'opération : l'absence, la présence et le sens du vent ou de la brise seraient indifférents, car l'Araignée aurait même le pouvoir de faire flotter son fil contre le vent : celui-ci posséderait une force inhérente particulière qui pourrait le diriger en sens inverse du vent, et ce serait de l'électricité. Murray a remarqué à cet égard certains faits curieux. Dans l'atmosphère la plus calme, les fils sécrétés par l'animal s'élèvent verticalement, en divergeant, sans se mêler ni s'enchevêtrer, ou bien encore ils se dirigent horizontalement, sans s'agiter (ce qui prouve l'absence d'un mouvement aérien), et cette divergence s'expliquerait par le fait qu'ils seraient chargés d'une même sorte d'électricité. Quand on approche un morceau de cire à cacheter d'un fil, celui-ci est repoussé : il serait donc chargé d'électricité négative, et si l'on pose une Araignée sur de la cire à cacheter qui a été frottée pour développer de l'électricité, l'Araignée rebondit avec énergie.

Deux fils se repoussent mutuellement, cela est aisé à voir par l'expérience ; d'après Murray, un morceau de verre, frotté, les attire. Ces expériences de Murray mériteraient d'être reprises assurément.

Plus récemment, M. Lincécum, le naturaliste américain, mort maintenant, et qui a fait de si curieuses observations sur certaines Fourmis du Texas, a recueilli quelques observations au sujet des Araignées aéronautes. Dans leur ensemble, elles confirment celles de Blackwal et de Murray. Il a vu arriver à terre nombre de faisceaux de fils, et dans chacun d'eux il a trouvé une Araignée avec une demi-douzaine de petits. C'est généralement à la tombée du jour, quand l'air en contact avec le sol s'y échauffe moins que durant la journée, que l'on voit arriver les filaments : aussitôt qu'ils ont touché terre ou heurté un buisson ou une branche, tous les petits aéronautes se hâtent de s'en écarter ; ils se jettent dans l'espace en filant chacun un fil pour ne point tomber, et dès qu'il a touché terre, ils coupent celui-ci.

Lincécum dit avoir vu de ces filaments à une hauteur d'un à deux milles pieds, soit 300 et 600 mètres, et il estime qu'avec un bon vent, ils peuvent franchir 225 à 275 kilom. de distance en un seul voyage. Pour lui, ce voyage n'a d'autre but que de favoriser la dispersion de l'espèce, et de permettre aux Araignées de colo-

niser des régions où il leur sera plus aisé de trouver à se nourrir que si elles restaient toutes ensemble. Lui aussi, il a vu des Araignées préparer leur départ, et a
assisté à la scène qu'a décrite Blackwal : il a vu filer les fils par la mère qui portait
sur son thorax ses petits nouveau-nés, et a été témoin de l'enlèvement. Il
décrit l'appareil de navigation aérienne comme une sorte de toile allongée et irrégulière, en enchevêtrement de fils lâchement tissés ensemble. Il est un point que
Darwin a noté et qui n'a pas été signalé par les autres observateurs ; c'est la soif
ardente que semblent avoir les voyageuses à l'arrivée à terre. Strack a cependant
vu ce fait, et il a remarqué qu'elles boivent avidement les gouttes d'eau qu'elles
rencontrent. Le voyage les a altérées, sans doute, l'air étant sec et chaud. »

Les fils de la Vierge sont surtout produits chez nous par les Thomises et certaines Lycoses. Au printemps, au moment où les Araignées abandonnent leurs
quartiers d'hiver, il y a parfois aussi émission de fils de la Vierge : c'est ce qu'en
Allemagne on appelle « l'été des jeunes filles ».

CHAPITRE XXVI

Les Filateurs

Les Fabricants de Bonbonnières

Au moment où les chenilles vont se transformer en chrysalides, la plupart d'entre elles se fabriquent avec de la soie une demeure absolument close, une véritable bonbonnière qui porte le nom de cocon (*fig.* 159). La soie est sécrétée par des glandes internes qui viennent aboutir à la base de leur bouche : le fil sort donc *en avant*, et non en *arrière* comme chez les Araignées.

L'architecture de ces cocons est assez variée ; nous allons la faire connaître d'après les renseignements donnés par Maurice Girard.

Un grand nombre d'espèces s'entourent de cocons soyeux, formés de fils de soie continus et entrelacés, réunis par une matière gommeuse qui les incruste plus ou moins et qui peut être enlevée ou par l'eau chaude (Ver à soie du mûrier, *fig.* 160) ou par des lessives alcalines, ce qui constitue un *décreusage* (Ver à soie de l'Ailante). Le rôle du cocon est de s'opposer en partie à la

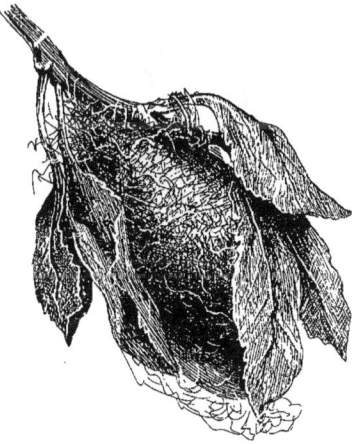

Fig. 159. — Cocon de Saturnia cecropia.

trop rapide évaporation de la chrysalide, pouvant amener sa mort soit par dessiccation, soit par refroidissement. Ces cocons sont fermés aux deux bouts et dévidables en soie grège. Les chrysalides, contenues dans les cocons épais et résistants, ont à la tête une petite vésicule sécrétant un liquide qui détruit la gomme d'incrustation du cocon à l'un de ses pôles, par où sortira le papillon en perçant le cocon. Les fils sont décollés et écartés par les efforts de l'insecte, qui se fraye une issue à travers leur entrecroisement, absolument comme un enfant qui passe dans une haie.

Chez d'autres espèces, les cocons, très soyeux aussi parfois, sont trop incrustés pour que le papillon puisse les percer à un pôle pour sortir ; aussi la chenille fait elle-même préalablement une ouverture. Les fils se contournent en masse à l'orifice, en une sorte d'entonnoir disposé de façon que les brins s'opposent à l'introduction par le dehors de corps étrangers ou d'insectes ennemis, mais s'affais-

Fig. 160. — Bombyx : papillon, Ver à soie,   Fig. 161. — Chenille de la Saturnie du chêne
cocon et chrysalide.   et son cocon.

sent au contraire contre la paroi, quand la tête du papillon les pousse de dedans en dehors. C'est l'inverse de la nasse à poissons. On voit très bien les chenilles qui filent cette sorte de cocon, se retournant constamment d'un bout à l'autre, quand elles replient le fil en nasse, toujours sans le casser (*Attacus Piri*). A citer les cocons de *Bombyx rubi* qui ont une soie continue, mais assez claire pour qu'on aperçoive la chrysalide à travers.

Un assez grand nombre de chenilles velues fortifient leurs cocons très légers avec des poils qu'elles arrachent ou qu'elles coupent avec leurs mandibules (*Chelonia*). Il y a des cocons dont la soie est tellement incrustée, que l'enveloppe d'un gris jaunâtre ressemble à un papier ou au carton des nids de certains Vespiens (*Bombyx quercus.*)

Beaucoup de chenilles, n'ayant pas assez de matière soyeuse pour s'envelopper de cocons, même en y mêlant leurs poils, ajoutent à leur entourage des matières étrangères (*fig.* 161 et 162), par exemple des feuilles. Le funeste Cossus devient chrysalide dans un cocon de soie d'un gris noirâtre, entremêlé de nombreuses parcelles de fragments de bois coupés par les mandibules de la chenille. Les chenilles de la Gallérie de la cire entassent au milieu des gâteaux des ruches leurs cocons oblongs et accolés entre eux, formés d'une soie blanche fortifiée par des parcelles de cire et par les crottins noirs des chenilles.

Fig. 162. — Saturnie cynthia : chenille, cocon entouré d'une feuille, papillon.

La chenille du *Gonoptera libatrix* lie ensemble les feuilles de la plante sur laquelle elle a vécu et se change en chrysalide à l'intérieur de cet abri. Beaucoup de Tortriciens deviennent chrysalides dans le cornet de feuille, enroulée et maintenue par de la soie, dans lequel vivait la chenille, et les Yponomeutes se chrysalident suspendues sous la tente soyeuse d'abri de leurs chenilles sociales. Les Cléophanes fortifient leurs légers cocons avec de petits fragments de feuilles ajustées avec symétrie les uns à côté des autres ; des chenilles vivant sur les murs tapissent les légers fils de leurs cocons avec des grains de sable et des débris de lichens, de façon qu'elles ne paraissent, lors de la nymphose, que comme une faible saillie de la surface de la pierre. Les chenilles mangeuses de lichens des Bryophiles se retirent dans des cavités de ces plantes et les bouchent avec des lichens liés par de la soie. Certaines chenilles arboricoles descendent le long du tronc pour se chrysalider, et enveloppent très artistement leurs coques de petits fragments d'écorce et de lichens, par protection imitative : ainsi pour les Dicranures. La chenille de l'*Harpya Milhauseri* façonne sur le tronc des hêtres, avec des râclures d'écorces agglutinées par une salive qui est une vraie colle forte, des coques très dures qui ressemblent tout à fait à des loupes ligneuses de l'écorce et qui sont attachées si solidement, qu'il faut couper l'écorce au-dessous et emporter la coque avec le lambeau d'écorce, si l'on veut obtenir une chrysalide intacte.

Fig. 163. — Paon de nuit : cocon et papillon.

La forme des cocons est aussi diversifiée que la nature de leur tissu. Il en est d'ovoïdes, d'ellipsoïdes, de cylindroïdes, appointés à un bout (*fig.* 163) ou aux deux bouts, de cylindroïdes avec les deux bouts hémisphériques ; il en est de recourbés. Ceux de beaucoup de Zygènes sont en fuseau allongé et accolés aux tiges des graminées dans toute leur longueur. Dans beaucoup de races du Ver à soie du mûrier, les cocons des chrysalides femelles sont plus gros que ceux des mâles, et ces derniers sont souvent étranglés au milieu ; mais ce caractère n'est pas général.

Beaucoup de cocons pris dans les plus soyeux ont, extérieurement au cocon principal, une première enveloppe d'attache de fils lâches et confus : telle est la *bave* des cocons des Vers à soie, dont les premières couches floconneuses sont la *bourre*, qu'on enlève à la main avant d'opérer la filature.

Il y a des cocons qui ont deux robes ou deux couches de soie bien distinctes par la finesse et parfois de teinte un peu différente (*Attacus cecropia*).

Enfin les cocons offrent parfois des moyens supplémentaires d'attache. Dans les Indes, le cocon de l'*Attacus Myletta* est suspendu aux branches des jujubiers ou des chênes dans les régions montagneuses, au moyen d'un long pédicule à demi résineux et terminé par une forte boucle cornée qui entoure la branche ; aussi ces cocons se balancent aux branches et souvent on les gaule car leur soie, dite *tussah* ou *tussor*. donne des étoffes très solides et s'emploie beaucoup mêlée au coton ou à la soie ordinaire.

D'autres cocons fermés ont également un pédicule d'attache, constitué par un simple ruban de soie aplati, collé à un pétiole de feuille

CHAPITRE XXVII

Les Filateurs

Les Fabricants de Ceintures

Un assez grand nombre de chrysalides ne sont pas enveloppées dans des cocons, mais sont attachées à un support par l'extrémité du corps et, en outre, par un lien de soie, qui, comme une ceinture, embrasse le dos, au voisinage de l'endroit où il est le plus renflé. Ce lien, composé de plusieurs fils, n'adhère pas du tout à la chrysalide, mais est attaché solidement par ses deux extrémités au support.

Réaumur s'est assuré que les chenilles avaient trois moyens différents pour établir ce lien. Il les a décrits dans un style un peu filandreux, mais exact, parfois aussi un peu naïf.... Pour les bien comprendre, il faut se rappeler que le fil est *liquide* à la sortie de la filière, et ne se solidifie qu'aussitôt après son contact avec l'air. Pour *coller* un fil, la chenille n'a donc qu'à en appliquer le bout sur un corps dur avec sa filière, juste au moment où il en sort.

Premier moyen. — Le premier moyen se rencontre chez des chenilles en forme de Cloportes qui vivent sur les chênes et les ormes. « Supposons qu'une de nos chenilles ait déjà fait une partie de son lien; qu'il ne s'agisse que d'ajouter des fils à ceux qui embrassent déjà son dos et qui y sont si près les uns des autres qu'ils se touchent. Pour y en ajouter un nouveau, elle raccourcit la partie de son corps qui est depuis la tête jusqu'au lien commencé ; mais elle la raccourcit plus d'un côté que de l'autre ; la filière, l'ouverture par où le fil sort, appuie et colle le bout d'un fil sur l'endroit sur lequel elle s'applique ; voilà le commencement de l'opération. Pour la continuer, la chenille retire sa tête, elle la ramène insensiblement à être sur une même ligne droite avec le reste du corps. Si on l'observe avec une loupe pendant qu'elle est en route, on découvre un fil délié, qui devient de plus en plus long, à mesure que la tête de l'insecte s'éloigne de l'endroit où le bout de ce fil a été collé ; de nouvelle liqueur est tirée continuellement hors de la filière, par la partie du fil déjà formée ; elle en sort, elle se dessèche à mesure et devient en état de tirer d'autre liqueur. Ceci est commun à la formation de tous les fils ; ce qui est particulier à ceux-ci, c'est que leur usage demande qu'ils aient une longueur déterminée ; s'ils étaient longs au delà d'un certain point, ils feraient un lien trop lâche qui soutiendrait mal le corps de la chenille et aussi mal ensuite celui de la chrysalide ; qui ainsi serait flottante. Lors donc que la chenille éloigne sa tête de l'origine du lien, elle tient la partie antérieure de son corps raccourcie ; si elle l'allongeait autant qu'elle le peut allonger, le fil deviendrait la corde d'un arc plus considérable. La partie antérieure est donc toujours raccourcie, et même se raccourcit de plus en plus, à mesure que la tête est plus proche du milieu de sa route, l'arc qu'elle décrit en devient plus petit. Quand elle y est arrivée, c'est vers l'autre bout du lien qu'elle s'incline et cela de plus en plus, jusqu'à ce qu'ayant posé la filière sur le point où les deux bouts des fils sont attachés, elle y colle le dernier bout du fil qu'elle a fini, qui est en même temps le bout du nouveau fil quelle va commencer. Un fil doublé plusieurs fois et qui a été attaché chaque fois qu'il a été doublé constitue en somme plusieurs fils.

Ce que la manœuvre de la chenille a ici de plus délicat, semble être de conduire ce fil en place, de le faire passer sur son dos jusqu'où il doit aller. Pour y réussir, elle prend ses mesures avant qu'il soit filé en entier à beaucoup près, et lors même que la moitié de la longueur est à peine filée, il sort d'au-dessous de sa tête, là est l'ouverture de la filière. Lorsque la tête est proche du milieu de sa route, la chenille l'incline en bas, et la courbe de façon qu'elle la fait passer sous ce fil ; de sorte que le nouveau fil qui se dévide va toujours se trouver sur le bout écailleux de la tête. Pour nous faire une image de sa route, prenons un peloton de fil entre le pouce et l'index, et que l'index soit en dessus ; un bout du fil du peloton aura été dévidé et attaché fixement quelque part, mais le fil, qui du point fixe vient se rendre au peloton, passera sur l'ongle de l'index ; si on dévide de nouveau fil en tenant toujours tendu celui qui est dévidé, ou, ce qui revient au même, en éloignant le peloton du point fixe ; celui qui se dévidera de nouveau viendra successivement se rendre sur l'ongle de l'index. La filière de la chenille est ici le peloton du fil qui se dévide et qui se recourbe pour monter sur la partie supérieure de la pointe de la tête, pour s'y appliquer et glisser dessus, comme le fil du peloton monte et glisse sur l'ongle. Ce fil ne doit pas rester là, mais le voilà à portée d'être poussé plus loin ; la chenille n'y songe pourtant que lorsqu'il est entièrement fini, que lorsqu'il est attaché par les deux bouts. Pendant qu'elle retourne par sa route précédente pour former un second fil, elle se donne les mouvements propres à faire passer le premier jusqu'au lien commencé ; ils conduisent tous à faire glisser le fil sur un plan incliné. Elle élève d'abord le bout de la tête et comprime l'anneau qui la suit : voilà donc une pente le long de laquelle le fil peut descendre sur le premier anneau. La tête s'abaisse ensuite un peu, elle se relève ensuite, elle se meut un peu à droite et après un peu à gauche. Toutes ces agitations tendent à déterminer le fil à glisser ; aussi glisse-t-il, il arrive sur le premier anneau et jusque vers son milieu. Y est-il arrivé, c'est cet anneau que la chenille élève, et qu'elle gonfle en même temps, pendant qu'elle s'abaisse et aplatit l'anneau qui le suit. Des mouvements pareils à ceux que nous venons de décrire forcent ce fil à couler sur le second anneau. Ainsi d'anneau en anneau il est conduit à la place pour laquelle il est destiné, il est conduit à s'appliquer contre les autres. »

Deuxième moyen. — Le second procédé, remarquable par sa simplicité, peut être facilement observé chez la chenille du chou (*fig.* 164). « Pour comprendre son procédé, il suffit presque de savoir qu'après avoir allongé son corps jusqu'à un certain point, elle peut renverser sa tête sur son dos, la porter même presque sur le cinquième anneau, ayant les trois pattes écailleuses en l'air ; c'est-à-dire que son corps est si flexible qu'elle peut le plier en deux, en renversant en dessus sa partie antérieure, qu'elle la peut conduire jusqu'à s'appliquer et à se coucher sur la partie qui suit le pli ; alors deux parties du dos peuvent être l'une sur l'autre et se toucher. Ne mettons pourtant pas encore notre chenille dans cette position si forcée, prenons-la d'abord dans une autre plus ordinaire à ces insectes et moins incommode, c'est-à-dire dans une position où elle est simplement recourbée sur le côté, et de façon que sa tête, ou, ce qui est la même chose, que la filière qui est dessous, puisse s'appliquer vis-à-vis, et assez proche d'une des jambes de la première paire des membraneuses. La filière colle là le bout d'un fil, qui va être le premier de ceux dont le lien sera composé. Ce fil doit passer sur le corps de la chenille, et être attaché par son autre bout auprès de la jambe correspondante à celle près de laquelle le premier bout a été collé. Pour filer le fil de longueur convenable et le mettre en même temps en place, la chenille n'a donc qu'à conduire circulairement sa tête autour de son cinquième anneau. Le fil sera tiré de la filière à mesure que la tête avancera sur la demi-circonférence du cercle qu'elle a à décrire, et quand elle l'aura décrite, il ne lui restera qu'à coller fixement contre le plan immobile le second bout du fil. Ainsi la tête, que nous avons d'abord posée contre une des jambes, avance peu à peu sur le contour du cinquième anneau jusques à son milieu.

C'est la facilité que la chenille a de renverser son corps, qui lui permet de faire faire cette route à sa tête ; à mesure qu'elle la conduit sur la circonférence de l'anneau elle contourne son corps ; et enfin lorsqu'elle l'a portée sur la sommité de l'anneau, son corps est précisément plié en deux : alors ses jambes écailleuses et la partie antérieure sont entièrement renversées. Elle la tire peu à peu de cette situation, en contournant son corps vers l'autre côté, et en faisant parcourir doucement à sa tête le dernier quart de cercle. Enfin la chenille se trouve pliée vers le second côté, comme elle l'était au commencement de sa marche vers le premier ; la tête rencontre le plan tapissé de toile, elle y colle le second bout du fil. La Chenille n'a qu'à faire retourner sa tête par la même route, par laquelle elle vient de la conduire, pour

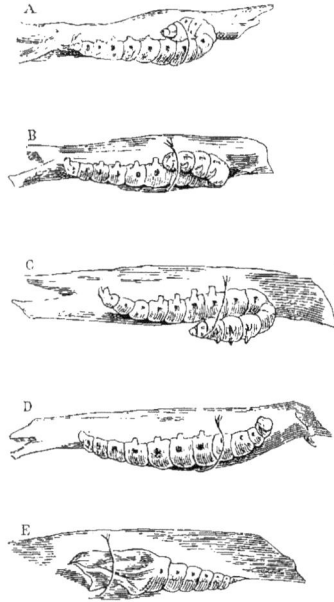

Fig. 164. — A, B, C, D : Procédé par lequel la chenille du Chou s'enveloppe de sa ceinture ; E, chrysalide enveloppée de sa ceinture.

filer et attacher en place un second fil ; et elle n'a par conséquent qu'à répéter la même manœuvre autant de fois qu'il faut de fils pour composer un lien assez solide. De la position dans laquelle elle est pendant ce travail, il suit que chaque fil embrasse la tête par dessous ; à mesure qu'elle en a filé un nouveau, elle se donne un petit mouvement de tête qui le fait glisser dans le pli du col ; la distance du col à la filière n'est pas grande. C'est donc dans ce pli du col que s'accumulent les fils destinés à composer le lien complet ; alors ils passent tous un peu au-dessous de la tête ; ainsi lorsqu'elle se trouve sur le milieu de l'anneau, la tête de la chenille se trouve entre l'anneau et le paquet de fils.

Le nombre des fils étant devenu complet, il ne reste donc à la chenille qu'à dégager sa tête de dessous le lien, ce ne lui est pas chose difficile ; après qu'elle a attaché le second bout du dernier fil, elle la retire tout doucement en avant, elle la fait glisser le long des fils près d'un des endroits où ils sont tous fixés, et où par conséquent il n'y a pas à craindre que les frottements les écartent les uns des autres, ce qui pourrait arriver si elle tentait de la retirer pendant qu'elle est sur le milieu de l'anneau. Le lien alors n'entoure plus précisément que le corps de la chenille, et il est dans sa véritable place. Il pourrait sembler qu'il serait beaucoup plus lâche, car ci-devant il embrassait le corps en double. Mais les mouvements que la chenille, et même ceux que la chrysalide aura à se donner par la suite, demandent que ce lien soutienne le corps sans trop le serrer, qu'il lui permette un peu de jeu en différents sens. Il n'est pourtant pas aussi lâche qu'on pourrait se l'imaginer ; quand il entourait le corps en double, le corps était allongé, et en avait moins de diamètre. Dès que la tête est sortie de dessous le lien, la chenille se redresse et se raccourcit, elle devient même alors plus grosse et plus courte qu'elle ne l'était avant que de songer à se lier.

Le lien est composé d'environ cinquante fils, je ne les ai jamais comptés exactement, mais j'en ai compté trente-huit que fila devant moi une chenille qui en avait peut-être déjà filé une douzaine lorsque je commençai à compter. Le milieu du lien est à peu près sur le milieu du cinquième anneau, et de là il se rend de chaque côté dans l'espèce de filon qui est entre ce même anneau et le sixième.

Les manœuvres des chenilles de cette espèce demandent qu'elles allongent extrêmement la tête, et c'est pendant qu'elles l'allongeaient que j'ai vu qu'elles ont avant le premier anneau un col qui, dans les autres temps, se replie si fort que le premier anneau semble joint immédiatement à la tête. »

Troisième moyen. — Le troisième moyen se montre chez une chenille vivant sur le fenouil (*fig.* 165 *et* 166). « Considérons-en une qui est à la renverse, ayant ses deux derniers pieds cramponnés dans le monticule de soie et qui a encore accroché, mais plus légèrement, les pieds de ses jambes intermédiaires dans la toile qui couvre le plan vers lequel le ventre est tourné. Le lien complet peut être regardé comme un écheveau plié en deux, et dont les deux bouts seraient fixement attachés à quelque distance l'un de l'autre. Notre chenille va aussi travailler en quelque sorte comme nous ferions pour faire passer le fil d'un peloton ou d'une bobine sur un dévidoir ou sur un rouet.

Sa filière peut être regardée, et nous l'avons déjà regardée ailleurs, comme le peloton de fil de soie; ses premières jambes écailleuses et les côtés de son corps font le dévidoir sur lequel elle conduira celui qui en sera tiré; elle ne l'y disposera pourtant qu'en demi-écheveau, qu'en écheveau plié. Pour commencer à travailler, elle recourbe vers un côté la partie antérieure de son corps, comme nous l'avons vu faire à d'autres chenilles; elle porte de même sa tête assez proche d'une des jambes de la première paire des membraneuses et elle applique sa filière sur la

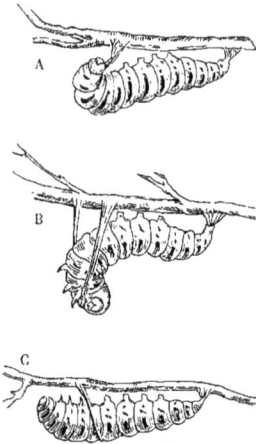

surface du corps contre laquelle ses jambes sont arrêtées, elle y colle le bout ou le commencement du fil. Elle redresse ensuite peu à peu sa partie antérieure, peu à peu elle ramène sa tête en avant; à mesure qu'elle l'éloigne de l'endroit où elle a collé le bout du fil, de nouveaux fils sortent de la filière. Mais le mouvement de la tête en avant n'est pas le seul que nous devions faire remarquer; pendant sa route elle s'en donne d'autres, qui consistent en diverses inflexions, lesquelles tendent toutes à conduire le fil, à mesure qu'il se forme, sur la partie extérieure de son corps, qui est un peu au-dessus des deux dernières paires de jambes écailleuses, et de là sur la première paire de ces mêmes jambes; c'est la moitié du dévidoir que le fil doit entourer. La tête parvenue à être en ligne droite avec la longueur du dos, s'incline ensuite peu à peu vers le côté opposé à celui d'où nous l'avons fait partir. Le fil qui sort alors de la filière est par ses mouvements conduit dessus la seconde jambe de la première paire des écailleuses, ensuite un peu au-dessus de l'origine de la seconde jambe de la seconde paire, et de là au-dessus de l'origine de la seconde jambe de la troisième paire. Enfin la tête de la chenille avance plus loin, et va coller l'autre bout du fil tout auprès de la seconde jambe de la première paire des membraneuses. Alors un fil ou un des tours du fil est fini; en faisant retourner sa tête par la même route par laquelle elle l'a amenée, et la conduisant de la même manière, la chenille filera un second fil, ou un second tour de fil qui, de même, passera successivement sur ses côtés et sur ses deux premières jambes écailleuses. Ainsi elle multipliera à son gré le nombre des fils, ou des tours de fil, et grossira l'écheveau que ses deux premières jambes écailleuses sont chargées de soutenir. Cet ouvrage, auquel la chenille n'est nullement exercée, puisqu'elle ne le fait qu'une fois dans sa vie, demande cependant dans ses pre-

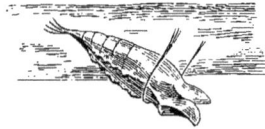

Fig. 166. — Chrysalide de la chenille du fenouil.

Fig. 165. — Procédé par lequel la chenille du fenouil fabrique sa ceinture.

A, Début du travail.
B, La ceinture presque achevée.
C, Chenille en train de se transformer en chrysalide.

mières jambes une sorte de dextérité qui nous semblerait ne pouvoir être acquise que par l'exercice. Lorsque le nombre des fils est devenu grand, lorsque l'écheveau est bien fourni, les premières jambes ont à se donner des mouvements très adroits pour retenir tous les fils, pour empêcher qu'il ne s'en échappe pendant que la chenille est obligée de donner une infinité d'inflexions et de contorsions différentes à la partie antérieure de son corps pour filer un tour de fil complet. Plusieurs de ces mouvements tendent à faire glisser les fils hors de dessus les jambes. Aussi voit-on les jambes antérieures s'allonger, se raccourcir, se recourber, s'incliner plus ou moins vers la tête, selon qu'il est nécessaire, par rapport aux différents mouvements du corps pour retenir tous les fils du paquet.

Malgré l'adresse de ses jambes, quoique la chenille fasse tout ce qui lui est possible pour qu'elle ne laisse pas échapper les fils, il arrive quelquefois que l'écheveau s'échappe en entier ou en partie; peut-être même que cet accident n'est pas rare, puisque dans le petit nombre de chenilles de cette espèce que j'ai pu suivre dans ce travail, il y en eut une de dessus les jambes de laquelle l'écheveau glissa tout entier sous mes yeux lorsqu'il était près d'être complet. C'est un grand accident pour une chenille; aussitôt tous les fils s'écartent les uns des autres ; de les reprendre, de les réunir, de les remettre dans leur première place, est un sérieux ouvrage.

La chenille fit devant moi cent et cent tentatives pour en venir à bout; elle inclinait vers les dernières ses deux premières jambes, elle les allongeait et les redressait autant qu'il lui était possible pour les faire passer sous cet écheveau devenu trop large, parce que les fils s'étaient éparpillés. Son adresse et ses efforts ne purent la faire réussir à les reprendre tous; à peine en put-elle faire passer la quatrième partie sur ses jambes, le reste se mêla. Elle n'entreprit pas de filer de nouveaux fils, pour remplacer ceux qui lui avaient échappé; peut-être que sa provision de liqueur soyeuse était épuisée, ou que, trop fatiguée des travaux précédents et découragée par leur mauvais succès, elle ne put ou ne voulut plus se remettre à filer. Elle se contenta d'un lien composé des fils qu'elle avait pu rattraper; mais il se trouva trop faible, il laissa tomber la chrysalide lorsqu'elle se donna les derniers mouvements qu'elle se donne pour se tirer de sa dépouille.

Lorsqu'il n'arrive pas que la chenille ait le malheur de laisser échapper le paquet de fils destiné à lui servir de lien, ou lorsqu'elle a réparé ce malheur en les reprenant tous ou en grande partie, il lui est facile d'achever le reste de l'ouvrage; il ne s'agit plus que de faire glisser tous ces fils ensemble sur son dos, jusqu'à la place qui leur est le plus convenable. Pour y parvenir, elle incline la tête, et elle la conduit entre ses deux jambes antérieures; pour peu qu'elle porte la tête alors en avant et qu'el e la relève, c'est sur elle que posera le lien qui pesait sur les deux premières jambes, qui peuvent ensuite se retirer et l'en laisser chargée, sans qu'il y ait à craindre que les fils deviennent lâches et puissent se mêler. Qu'alors la chenille relève encore davantage sa tête, et elle ne manque pas de le faire, elle déterminera le paquet à glisser vers le premier anneau. Enfin elle le conduira en place par des élévations et des gonflements, des contractions et des abaissements successifs de ses anneaux, que nous avons assez expliqués en rapportant les procédés qu'emploient les chenilles des Cloportes pour se lier. Ces dernières chenilles ne font marcher sur leur dos qu'un fil à la fois : hérissées de poils comme elles le sont, il ne leur serait pas apparemment possible de faire glisser ensemble tous ceux d'un même paquet, comme le font nos chenilles du fenouil, dont la peau est lisse. Il ne serait pas possible non plus à nos chenilles du fenouil de se lier en suivant les procédés employés par les belles chenilles du chou, le corps de ces dernières ayant une mollesse et une souplesse que celui des autres n'a pas. »

CHAPITRE XXVIII

Les Filateurs

Les Fabricants d'appareils de Gymnastique

Les Chenilles en général, et particulièrement les chenilles dites Arpenteuses, se servent de leurs fils pour descendre d'une branche élevée et pour y remonter ; elles en font donc des appareils de gymnastique et notamment des cordes lisses (*fig. 167*).

« La plupart des Arpenteuses qui sont sur les feuilles, dit Réaumur, se laissent tomber lorsque la main qui veut les prendre agite les feuilles sur lesquelles elles

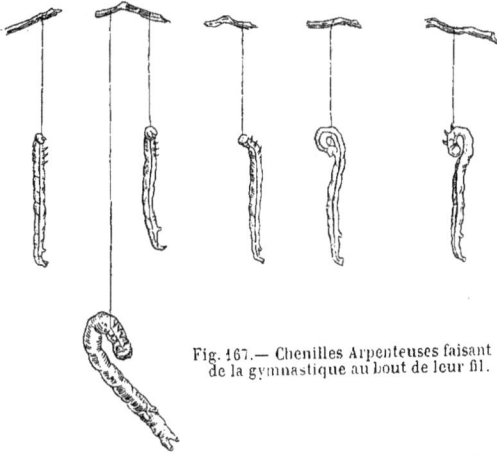

Fig. 167.— Chenilles Arpenteuses faisant de la gymnastique au bout de leur fil.

sont ; qu'elles y soient en repos, qu'elles y soient en mouvement, ou qu'elles y soient occupées à manger, elles se jettent à bas de la feuille pour se sauver. Néanmoins elles ne tombent pas ordinairement à terre ; il y a une corde prête à les soutenir en l'air, et une corde qu'elles peuvent allonger à leur gré. Cette corde n'est qu'un fil très fin, mais qui a de la force de reste pour porter une chenille.

Les Arpenteuses doivent leur nom à la façon dont elles marchent; elles semblent mesurer avec leur corps le chemin qu'elles parcourent comme un arpenteur toise le terrain avec une chaîne. Plusieurs de ces Arpenteuses que j'ai fait marcher sur ma main ou sur des plans où il m'était très aisé de les observer m'ont fait voir de plus qu'elles laissent sur un fil la mesure du chemin qu'elles ont parcouru : je veux dire qu'en chaque endroit où la tête s'arrête, elles m'ont paru attacher un fil.

La tête se porte-t-elle aussi loin en avant qu'il est nécessaire pour faire un pas, pendant qu'elle avance, de la filière se dévide une longueur de fil égale à celle dont la tête a avancé. La tête se fixe-t-elle pour finir son pas, elle attache le bout de ce fil dans l'endroit où elle s'arrête une seconde fois, et de la sorte la trace du chemin de la chenille est marquée par un fil. Si elle agit ainsi, ce n'est pas pour marquer son chemin, ni pour le mesurer, ni pour le retrouver ; les chenilles de ces espèces ne retournent pas aux endroits qu'elles ont quittés comme font nos chenilles sociales ; mais ce fil qui se trouve toujours attaché assez près de l'endroit où est la chenille, et qui par son autre bout tient à la filière, a un autre usage aisé à reconnaître. Toutes les fois que la chenille tombe de dessus une feuille, soit volontairement, soit involontairement, une petite corde est toujours prête et disposée pour la soutenir en l'air; la chenille ne court point risque de tomber jusqu'à terre.

Nos Arpenteuses ne se servent pas seulement d'une semblable corde pour se suspendre un peu au-dessous d'une feuille, elles s'en servent pour descendre des plus hauts arbres, et pour remonter jusqu'à la cime de ces mêmes arbres. Les chenilles savent descendre du plus haut chêne, de l'orme le plus élevé jusqu'à terre, et elles savent remonter par une voie plus courte et plus commode que celle qu'elles seraient obligées de suivre en marchant. Les petites manœuvres auxquelles elles ont recours pour aller ainsi de haut en bas ou de bas en haut au moyen d'une espèce de corde, méritent assurément que nous nous arrêtions à les examiner, d'autant plus que ces faits, quoique connus, exigent des procédés qui n'ont pas été expliqués. Plusieurs autres chenilles que les Arpenteuses les savent mettre en pratique, mais les Arpenteuses sont celles qui y ont plus souvent recours, et qu'il est plus aisé de déterminer à ces sortes d'actions.

Dès que la chenille est suspendue par un fil qui tient par un bout à une feuille, à une tige d'arbre, et par l'autre à la filière, c'est-à-dire à la liqueur vis-queuse contenue dans la filière et dans les réservoirs à soie, il n'est pas étonnant que ce fil s'allonge, que de nouvelle liqueur soit continuellement tirée hors des réservoirs et de la filière ; le poids de la chenille est une force plus que suffisante pour cela. Tout ce qui semblerait être à craindre, c'est que le fil ne s'allongeât trop vite, et que la chenille ne tombât à terre plutôt qu'elle n'y descendit, c'est-à-dire qu'elle ne vînt frapper la terre avec tout le poids de son corps et la vitesse acquise. Mais ce que nous venons de remarquer d'abord, et même d'admirer, c'est que la chenille est maîtresse de ne pas descendre trop vite ; elle descend à plusieurs reprises ; elle s'arrête en l'air quand il lui plaît. Ordinairement elle ne descend de suite que d'un pied de haut au plus, et quelquefois d'un demi-pied ou de quel-ques pouces, après quoi elle fait une pause plus ou moins longue à sa volonté. Ainsi elle arrive à terre sans jamais la frapper rudement, parce que jamais elle n'y tombe de bien haut.

Il semblerait que dès qu'un poids tire sur le fil de soie auquel il est attaché, et que l'autre bout de fil tient à la filière, une nouvelle portion de fil devrait sortir à chaque instant de la filière : la manœuvre que nous examinons nous apprend néanmoins que tant que le poids n'est que celui du corps de la chenille, elle est maîtresse d'empêcher de nouvelle matière visqueuse de passer par la filière, d'où il paraît que cette filière est musculeuse, que son bec, du moins, a un sphincter qui peut presser la partie du fil qui est dans son ouverture, et l'y arrêter.

Ceci nous apprend encore un autre fait, c'est que la matière visqueuse qui forme le fil de soie, est devenue fil de soie, a pris de la consistance avant que d'être sortie de la filière, puisque la partie qui vient d'arriver dans l'ouverture de la filière est en état de soutenir le corps de la chenille en l'air. La liqueur s'est donc desséchée en partie en faisant un si court trajet, elle a acquis le degré de consistance nécessaire pour soutenir le poids de la chenille. Je dis le degré de consistance nécessaire pour soutenir le poids de la chenille parce que, si par une force plus grande, comme celle des doigts, on tire la chenille en bas, alors on contraint une nouvelle portion de fil à sortir de la filière ; le sphincter de son ouverture n'a de force, et n'a besoin d'en avoir que pour tenir contre le poids de la chenille.

Le même fil qui a servi à notre chenille pour descendre du haut d'un arbre, lui sert aussi pour y remonter. Une corde qui a des nœuds d'espace en espace, ou même une corde sans nœuds devient une espèce d'échelle pour des hommes exercés à la manœuvre de grimper. Le fil de notre chenille est aussi pour elle une échelle, mais la mécanique par laquelle elle se remonte le long de son fil est tout à fait différente de celle de l'homme qui grimpe le long d'une corde. Plusieurs espèces de chenilles peuvent nous faire voir cette mécanique ; mais les Arpenteuses un peu grosses sont celles qu'il est le plus aisé d'obliger d'y avoir recours, et celles que j'ai le plus observées pendant qu'elles le pratiquaient.

Quand on prend une de ces Arpenteuses, on peut apercevoir le fil qui tient à la filière ; qu'on saisisse ce fil entre deux doigts et qu'on fasse tomber la chenille de dessus le corps où elle était posée, elle se trouve en l'air pendue au fil. Si alors on secoue le fil, c'est-à-dire si on élève et abaisse brusquement la main à diverses reprises, le fil s'allonge, la chenille descend plus bas ; si on la tirait en bas avec l'autre main on produirait le même effet, mais on courrait plus de risque de rompre le fil. Qu'ensuite on laisse la chenille tranquille, ordinairement on la voit sur le champ travailler à se remonter le long du fil, et elle y remonte vite. C'est une manœuvre qu'on lui fait recommencer plusieurs fois pour voir comment elle l'exécute, et pour s'assurer qu'on a bien vu, parce que tous ses mouvements sont plus prompts qu'on ne les voudrait. Si pourtant on fatigue une chenille à force de l'obliger de se remonter un grand nombre de fois, on ralentit son activité.

Pour se remonter elle saisit le fil entre ses deux dents, le plus haut qu'elle peut le prendre, aussitôt sa tête se contourne, se courbe d'un côté, et cela de plus en plus ; elle semble descendre au-dessous de la dernière des jambes écailleuses qui est du même côté. Le vrai est pourtant que ce n'est pas la tête qui descend : l'endroit du fil qu'elle tient saisi est un point fixe pour elle et pour tout le reste du corps ; c'est la partie du dos qui répond aux jambes écailleuses que la chenille recourbe en haut, par conséquent ce sont les jambes écailleuses et la partie à laquelle elles tiennent qui remontent alors. Quand celles de la dernière paire se trouvent au-dessus des dents de la chenille, une de ses jambes, celle qui est du côté vers lequel la tête est inclinée, saisit le fil et l'amène à la jambe correspondante qui s'avance pour prendre ce même fil. Il n'est pas aisé de voir laquelle des deux pattes le retient ; mais dès qu'on suppose la partie du fil qui était auprès de la tête, saisie par les dernières jambes écailleuses, il est clair que cela constitue un nouveau point fixe. Si la tête alors se redresse, ce qu'elle ne manque pas de faire dans l'instant, elle est en état d'aller saisir le fil entre ses dents, dans un endroit plus élevé que celui où elle l'avait pris d'abord, ou ce qui est la même chose, la tête et par conséquent tout le corps de la chenille se trouve remonté d'une hauteur égale à la longueur du fil qui est entre l'endroit où les dents l'avaient saisi la première fois et celui où elles le saisissent la seconde fois. Voilà, pour ainsi dire, le premier pas fait en haut. A peine est-il achevé que la chenille en fait un second ; elle se recourbe du côté opposé à celui où elle s'était recourbée la première fois ; la dernière des jambes écailleuses de ce même côté vient accrocher le fil, quand elle s'en trouve à portée ; la jambe correspondante se présente pour l'aider à le prendre ou à le tenir ; la tête se redresse ensuite, et ainsi la même manœuvre se répète, la tête s'inclinant alternativement de l'un et de l'autre côté, et se redressant lorsque le fil a été saisi par les dernières jambes, et cela jusqu'à ce que la chenille soit arrivée assez près des doigts par lesquels nous avons fait tenir le bout du fil, pour pouvoir monter dessus ces doigts et y marcher.

J'ai cru voir les chenilles dont la tête devenait inclinée toujours vers le même côté, et paraissait se remonter par le côté opposé, c'est-à-dire des chenilles qui semblaient dévider le fil en écheveau autour de leurs six jambes écailleuses, mais je n'ai jamais été bien sûr d'avoir vu cette manœuvre. Il arrive souvent à la chenille de pirouetter sur le fil qui la tient suspendue ; ces pirouettements peuvent faire qu'on se méprenne sur le côté vers lequel la tête se trouve au-dessous des jambes, ils peuvent faire croire qu'elle s'est courbée toujours vers le même côté, quoiqu'elle se soit courbée vers un autre côté.

Si on saisit la chenille qui est arrivée à son terme, au plan sur lequel elle peut marcher, on lui voit un paquet de fils mêlés entre les quatre dernières jambes écailleuses. Ce paquet est plus ou moins gros selon qu'elle s'est plus ou moins remontée ; tous les tours du fil qui le composent sont mêlés. Aussi la chenille n'en tient-elle aucun compte ; dès qu'elle peut marcher, elle s'en défait, elle en débarrasse ses jambes, et elle le laisse avant que de faire un premier ou au plus un second pas. Chaque fois donc qu'elle se remonte il lui en coûte la corde dont elle s'est servie pour se remonter, mais c'est une dépense à laquelle elle fournit tant qu'elle veut ; elle a en elle-même la source de la matière nécessaire à la composition du fil, et c'est une source où ce qui en a été tiré se répare continuellement.

D'ailleurs la façon du fil lui coûte peu ; aussi avons-nous vu que les Arpenteuses sont si peu ménagères de ce fil que la plupart en laissent sur tous les chemins qu'elles parcourent. »

CHAPITRE XXIX

Les Filateurs

Les Fabricants de Tentes

Plusieurs chenilles emploient leur fil pour se permettre de dévorer les feuilles tranquillement. C'est ce qui se voit notamment chez les chenilles sociales, qui enveloppent tout un rameau d'une tente en fils de soie et qui ne dévorent les feuilles intérieures que quand cette toile est suffisamment épaisse pour les isoler en quelque sorte du monde extérieur. Les mêmes tentes leur servent aussi de manteaux protecteurs pendant l'hibernation.

Fig. 168. — Liparis et sa « bourse » enveloppant plusieurs feuilles.

Donnons quelques exemples de l'industrie de ces chenilles sociales :

Le papillon appelé *Liparis chrysorrhœa (fig. 168)* est extrêmement commun ; il pond à la face supérieure des feuilles des paquets d'œufs entourés de poils. Dès le début de leur entrée dans le monde, les jeunes chenilles manifestent un penchant à la sociabilité ; on les voit toutes réunies en bataillons serrés, en files parallèles très régulières, dévorer le parenchyme supérieur des feuilles et passer ensuite à des feuilles à moitié dévorées. Elles fabriquent une tente de soie au-dessous de laquelle elles se réfugient momentanément, soit pour se reposer, soit pour digérer tout à leur aise ; mais ce sont là des abris provisoires. Bientôt elles fabriquent de vastes nids où elles viennent se grouper en nombre considérable. Pour former ce nouvel édifice, dit Réaumur, elles tapissent d'une toile de soie blanche une assez longue partie de la tige où il doit être. Elles enveloppent aussi d'une toile de soie une ou deux feuilles des plus proches du bout de cette tige ; ensuite elles font des toiles plus grandes, dans lesquelles ces deux ou trois feuilles et la tige se trouvent

20

en'ermées, et qui, en embrassant les feuilles, les obligent à s'approcher de la tige, à se courber vers elle. Elles sont presque toutes occupées en même temps à ce travail, et toutes au moins y ont part successivement.

Ces nids sont fort communs et se montrent toujours à l'extrémité des branches. Tantôt aplatis, tantôt arrondis, ils présentent des angles plus ou moins irréguliers. Les cavités intérieures, limitées par les feuilles et les toiles, forment un véritable labyrinthe ; les cloisons en sont cependant percées de place en place, de telle sorte que toutes les loges communiquent les unes avec les autres.

Les chenilles habitent ces nids pendant huit ou neuf mois de l'année, et particulièrement en hiver où elles y vivent engourdies. Elles ont soin de ronger les bourgeons de la tige où elles ont bâti leur édifice, pour que les branches, en poussant, ne viennent pas les démolir. Certaines années, par leur nombre et leur voracité, les chenilles du Liparis deviennent un véritable fléau, tant pour les bois que pour les vergers.

Au moyen âge, on n'avait rien trouvé de mieux pour s'en débarrasser que de les menacer des foudres de l'excommunication, ce qui, d'ailleurs, était très peu efficace.

De nos jours, on opère la destruction des chenilles d'une manière plus sûre, en enlevant les nids en hiver et en les brûlant : c'est même à ce propos que les pouvoirs publics ont décrété la loi de l'échenillage, qui oblige tous les cultivateurs à se débarrasser bon gré mal gré de cette engeance et par conséquent à ne pas infester les voisins. Ces mesures sont très importantes, car le moyen habituel de destruction des chenilles, je veux parler des oiseaux insectivores, fait ici défaut ; en effet les chenilles du Liparis sont couvertes de poils irritants auxquels le palais des petits oiseaux ne peut pas s'habituer. Le Coucou seul peut s'y risquer, mais il est probable qu'il lui en cuit et que ses repas sont peu copieux.

Les chenilles du Liparis se chrysalident dans la dernière semaine de juin. Les papillons se laissent facilement attirer par la lumière ; on les détruit en grand nombre en allumant dans les vergers des tas de feuilles où ils viennent se brûler les ailes.

La Teigne du prunier à grappes pond ses œufs sur les sommités des branches les plus faibles. Les œufs, en nombre de trente à quatre-vingts, sont immergés dans une matière visqueuse grisâtre. Au mois d'août, les jeunes chenilles naissent, mais restent dans leur réduit, qui ne dépasse pas la grosseur d'une tête d'épingle ; elles restent ainsi tout l'hiver, c'est-à-dire près de sept mois, sans bouger. Au printemps, ces petites chenilles perforent le toit qui naguère les protégeait et vont se promener au dehors. Sans jamais se quitter, en bataillons serrés, elles dévorent les jeunes pousses, ne respectant que les jeunes nervures. Les bourgeons ainsi attaqués se reconnaissent à ce qu'ils sont arrondis, maculés, souvent roux. Les chenilles vont ensuite dévorer de jeunes feuilles non encore ouvertes, en circonscrivant cette région d'un réseau soyeux blanc du volume d'une pomme. Ce n'est que de temps à autre, et surtout quand il pleut, que le peloton se désunit. Quand elles arrivent à l'extrémité de la tige, les jeunes chenilles se réunissent en compagnies plus ou moins considérables au-dessous des feuilles, où, au début, on ne se doute pas de leur existence ; mais bientôt la face supérieure des feuilles se macule de roux, ce qui indique la présence d'un parasite au-dessous.

Pendant tout le printemps, la chenille de la Teigne du prunier continue à dévorer les feuilles et à construire des nids de soie, plus ou moins souillés de leurs déjections.

Quand on vient à donner une chiquenaude à la branche qui les porte, on les voit toutes se laisser tomber verticalement, soutenues seulement par un fil.

Vers la fin de mai, toutes les feuilles ayant disparu, les chenilles se promènent d'un air désespéré sur les branches et sur le tronc, laissant toujours sur leur parcours des amas de fils blancs. On les voit aussi se suspendre les unes aux autres en guirlandes qui descendent des branches jusqu'à terre.

Au commencement de juin, les chenilles qui ne sont pas mortes de faim filent une toile plus forte et plus blanche que les précédentes, qu'elles déposent soit dans la fourche de deux branches, soit au bout d'une branche. C'est dans ces cocons blancs que se fait la nymphose.

* *

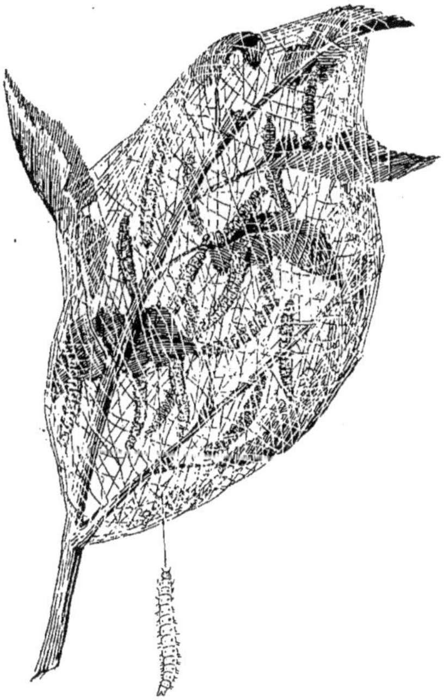

L'Yponomeute du pommier (fig. 169) vit sur le pommier et a des mœurs analogues à celles de la Teigne du prunier. La chenille se fait remarquer par le voile léger dont elle enveloppe les feuilles qu'elle choisit pour sa nourriture et qu'elle étend au fur et à mesure de ses besoins. Comme les œufs sont pondus par groupes, les chenilles se trouvent en colonies, et plusieurs de ces colonies

Fig. 169. — Une colonie d'Yponomeutes du pommier.

se fondent assez fréquemment ; aussi, une branche entière de pommier peut être enveloppée d'une toile, et sous ce nid à réseau, la verdure disparaît peu à peu, à mesure que les feuilles passent à l'état de squelette. Les chenilles, qui déploient beaucoup d'activité à l'intérieur de ces nids, ont l'habitude de se reposer après chaque repas et après chaque mue. En cas d'attaque, chacune descend le long d'un fil pour s'enfuir sur le sol aussi rapidement que possible.

CHAPITRE XXX

Les Architectes de Maisons de Plaisance

Tous les animaux dont il est question dans cet ouvrage ne se livrent qu'à des industries pouvant être utiles soit à eux-mêmes, soit à leurs petits. On ne voit jamais chez eux, pour ainsi dire, d'industrie de luxe. Exception doit être faite pour les curieux oiseaux dont nous allons parler, qui, en outre de leurs nids ordinaires, construisent des édifices que l'on ne saurait mieux comparer qu'à des villas, à des maisons de plaisance, où les voisins viennent se réunir pour « potiner » et causer de choses et d'autres. Plusieurs d'entre eux poussent même le sybaritisme jusqu'à orner l'entrée de leurs villas d'ornements divers qui doivent les faire considérer comme de vrais collectionneurs, amoureux d'objets brillants. Ces faits, quelque bizarres qu'ils paraissent, sont rigoureusement exacts, comme tous ceux, d'ailleurs, que nous avançons.

Les Ptilonorhynques sont de jolis oiseaux d'un bleu-noir foncé, qui les fait désigner sous le nom de Satinés. En outre des nids ordinaires, ils confectionnent des berceaux qui peuvent être considérés comme de simples demeures de plaisance : ce seraient des lieux de rendez-vous où un grand nombre viendraient jouer et sans doute aussi se réunir par couples. Gould, qui a observé ces singulières constructions, donne sur elles d'intéressants détails. « Dans les forêts de cèdres du gouvernement de Liverpool (Australie), je vis plusieurs de ces habitations de plaisance. Elles étaient toujours construites sur le sol, couvertes, d'ordinaire, par des branches épaisses qui les surplombaient, et dans les endroits les plus déserts de la forêt.

La base de l'édifice consiste en une large plate-forme un peu convexe, faite de bâtons solidement entrelacés. Au centre s'élève le berceau, construit également en petites branches, enlacées à celles de la plate-forme, mais plus flexibles. Ces baguettes, recouvertes à leur extrémité, sont disposées de manière à se réunir en voûte. La charpente du berceau est placée de telle sorte que les fourches présentées par les baguettes sont toutes tournées au dehors, de manière à n'opposer à l'intérieur aucune espèce d'obstacle au passage des oiseaux. L'élégance de ce curieux berceau est encore rehaussée par des décorations qui en tapissent l'intérieur et l'entrée. L'oiseau y entasse tous les objets de couleur éclatante qu'il peut ramasser, tels que les plumes de la queue de divers Perroquets, des coquilles de Moules, de petites pierres, de coquilles d'Escargots, des os blanchis, etc. Il y a certaines plumes qui sont entrelacées dans la charpente du berceau ; d'autres, avec les os et les coquilles, en jonchent les entrées. Le penchant naturel de ces oiseaux à ramasser tout ce qu'ils trouvent à leur convenance et à l'emporter est si bien connu des naturels que, s'il leur manque quelques petits objets, par exemple une pipe ou autre chose semblable qu'ils peuvent avoir perdu dans les broussailles, ils se mettent à la recherche des berceaux, sûrs de l'y retrouver. Moi-même j'ai rencontré, à l'entrée d'un berceau, une jolie pierre de tomahawk, d'un pouce et demi de hauteur, très finement travaillée, mêlée à des chiffons de coton bleu, objets que les oiseaux avaient bien certainement ramassés dans un ancien campement d'indigènes.

La grandeur de ces habitations de plaisance varie beaucoup.

Les berceaux que je rencontrai, ajoute Gould, avaient subi de fréquentes réparations ; cependant, il était facile de reconnaitre, à l'inspection des objets qui y étaient accumulés, que le même endroit avait déjà dû servir plusieurs années. Charles Coxen m'a dit qu'après avoir détruit un de ces berceaux, il avait eu la satisfaction, caché dans une cabane qu'il s'était ménagée, de le voir reconstruire presque en entier. Les oiseaux qui firent ce travail, étaient, m'a-t-il dit, des femelles. »

Les Ptilonorhynques élèvent leurs maisons de plaisance même en captivité, ainsi que l'a observé M. Stranje. « Je possède maintenant, raconte-t-il, une paire de Satinés ; j'espérais qu'ils allaient nicher, car dans les deux derniers mois, ils étaient occupés à construire leurs nids de plaisance. Tous deux y travaillaient, mais le mâle surtout. Souvent il pourchassait la femelle dans toute la volière, puis il allait à son nid, y appendait une plume, une feuille, poussait un cri singulier, hérissait ses plumes, et courait tout autour du berceau où la femelle entrait finalement.

* * *

Le Chlamydère tacheté (fig. 170), voisin, au point de vue anatomique, de l'espèce précédente, lui ressemble aussi au point de vue des mœurs. En outre des nids en forme de coupe assez profonde où il pond ses œufs, il se construit des berceaux de plaisance, dont il orne l'entrée d'une manière fort singulière, et dont les dimensions peuvent atteindre un mètre de longueur. « L'intelligence inventive et réfléchie de cette espèce, dit Gould, se manifeste dans l'édifice tout entier et dans la décoration, et surtout dans la manière dont les pierres sont disposées dans la construction, probablement pour que les herbes qui en relient la charpente ne puissent se désunir. Des rangées de pierres, partant de l'entrée du berceau, s'en vont en divergeant de chaque côté, de manière à former un petit sentier qui est le même aux deux bouts de la tonnelle. Au centre de l'avenue, à l'entrée du portique, s'élève une immense collection de matériaux de toute espèce, servant à décorer la place ; ce sont des coquillages, des plumes, des crânes, des os de petits mammifères, etc., arrangement qui se répète à l'autre entrée. Dans quelques-uns des plus grands berceaux que j'aie vus, œuvre évidemment de plusieurs années, il y avait à chaque entrée plus d'un demi-boisseau de ces ornements. Dans quelques circonstances, j'ai rencontré de petits berceaux presque entièrement fabriqués d'herbages. J'ai cru voir là le commencement d'un nouveau lieu de rendez-vous. J'ai souvent trouvé de ces constructions à une distance considérable des rivières. Ce n'est cependant que sur les bords des courants que les petits architectes peuvent se procurer les coquillages et les petits cailloux ronds qu'ils emploient; jugez par conséquent des efforts

Fig. 170. — Maison de plaisance du Chlamydère tacheté.

et du travail qu'exigent leurs collections. Comme ces oiseaux se nourrissent presque exclusivement de graines et de fruits, les coquillages et les os ne peuvent avoir été ramassés que pour servir à la décoration de leurs édifices; d'ailleurs ils ne prennent que ceux que le soleil a parfaitement blanchis ou que les naturels ont fait cuire, et qui, par suite, sont devenus blancs. Je me suis convaincu que ces berceaux, comme ceux du Ptilonorhynque satiné, forment le lieu de rendez-vous de plusieurs individus, car, où j'étais en observation, j'ai tué deux mâles que j'avais vus auparavant passer sous les arceaux de la petite avenue. »

* *
*

Encore plus remarquable est l'Amblyornis de la Nouvelle-Guinée, qui vit dans les forêts vierges des monts Arfak. « En traversant une magnifique forêt située à 1600 mètres environ d'altitude, M. Beccari se trouva tout à coup en présence d'une petite cabane précédée d'une sorte de pelouse parsemée de fleurs (*fig.* 171); aussitôt il se rappela ces huttes bâties par des oiseaux dont les chasseurs de M. Bruijn avaient donné la description à leur maître et il ne douta pas qu'il n'eût sous les yeux quelque édifice de ce genre. Il recommanda en conséquence à ses hommes de respecter cette petite construction qu'il revint observer à loisir et dont il prit un croquis très exact. Malheureusement, il ne parvint pas à savoir si la cabane était commune à plusieurs ménages, si elle était l'œuvre d'un seul individu, ou du mâle et de la femelle travaillant ensemble ; mais il recueillit de précieux renseignements sur la

Fig. 171. — Cabane de l'Amblyornis (*Oiseau-jardinier*) de la Nouvelle-Guinée.
Devant la porte, l'oiseau établit une pelouse de mousse émaillée de fleurs.

méthode que suit l'Amblyornis dans sa construction. D'après ce que M. Beccari a vu de ses propres yeux, comme d'après ce que lui ont rapporté les indigènes, l'Amblyornis choisit une petite clairière, au sol parfaitement uni, au centre de laquelle se dresse un arbrisseau de 1ᵐ,20 de hauteur environ. Autour de cet arbrisseau qui servira d'axe à l'édifice et de manière à en cacher la base, l'oiseau entasse une certaine quantité de mousse ; puis il enfonce dans le sol, en les inclinant, des rameaux empruntés à une plante épiphyte, c'est-à-dire à une plante vivant en parasite sur les branches à la manière des orchidées. Ces rameaux, qui continuent à végéter et qui gardent leur verdure pendant assez longtemps, sont assez rapprochés l'un de l'autre pour former les parois d'une hutte conique dont les dimensions peuvent être évaluées à $0^m,50$ de haut sur 1 mètre de diamètre. Sur un côté ils s'écartent légèrement pour laisser une ouverture donnant accès dans la cabane et, en avant de cette porte, s'étend une belle pelouse faite de mousse soigneusement rapportée. Les éléments de cette pelouse, l'oiseau va les chercher touffe par touffe à une certaine distance, et il les débarrasse avec son bec de toute pierre, de tout morceau de bois, de toute herbe étrangère qui en altérerait la netteté. Puis, sur ce tapis de verdure, l'Amblyornis sème des fruits violets de *Garcinia* et des fleurs de *Vaccinium* qu'il va cueillir aux environs et qu'il renouvelle aussitôt qu'ils sont flétris. En un mot, il dessine devant sa cabane un véritable parterre et l'entretient avec un zèle qui justifie pleinement le nom de Tukanbokan (oiseau jardinier) que donnent à l'Amblyornis les chasseurs malais. » (Oustalet.)

CHAPITRE XXXI

Les Charpentiers

Les animaux qui travaillent le bois sont en nombre considérable. Les uns, comme les oiseaux, n'y cherchent qu'un logement. Les autres, comme les insectes, y trouvent à la fois abri et nourriture. Mais il est à remarquer que presque tous n'attaquent pas les arbres sains, mais préfèrent les troncs déjà vermoulus et dont la perforation est rendue par suite plus facile. On rencontre aussi des charpentiers chez les mollusques.

I

Chez les Oiseaux.

Tous les oiseaux de la famille des Pics creusent leurs nids dans les troncs des arbres. Les trois espèces de nos pays fabriquent des chambrettes de trois grandeurs différentes en proportion avec la leur (*fig.* 173), ainsi que le montrent les chiffres ci-dessous, recueillis par Lescuyer :

Pic épeichette.

Ouverture.	3,5 sur 3,3 cm
Profondeur du trou de A à B.	27
Largeur de C à D.	4
— de E à F.	7
— de G à H.	5

Pic épeiche.

Ouverture	5,7 sur 4,8 cm
Profondeur du trou de A à B.	33
Largeur de C à D.	5,7 sur 4,8
— de E à F.	9
— de G à H.	7,5

Pic vert (fig. 172).

Ouverture	8,5 sur 6,5 cm
Profondeur du trou de A à B.	38
Largeur de C à D.	8,5 sur 6,5
— de E à F.	11,5
— de G à H.	9

Les Pics creusent leurs nids eux-mêmes, mais pour cela s'adressent surtout à des arbres commençant à pourrir (*fig.* 174). Ils n'hésitent pas non plus à s'emparer

Fig. 173. — Coupes de nids de Pic épeichette Pic épeiche, Pic vert (dans l'ordre).

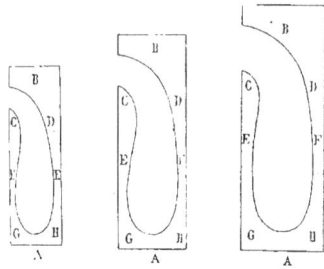

Fig. 172. — Pic vert commun.

d'une cavité à leur convenance ou d'un nid abandonné. Le nid a la forme d'une longue bouteille dont l'ouverture serait en haut. L'intérieur en est parfaitement lisse et bien raboté. Le fond, arrondi avec soin, est recouvert de fins

Fig. 174. — Nid du Pic major.

Fig. 175. — Perroquet.

copeaux sur lesquels la femelle dépose ses œufs. L'ouverture est juste suffisante pour permettre à l'oiseau d'y entrer.

* *

Les Perroquets (*fig.* 175) et les Perruches font surtout leur nid dans le creux des arbres. Ils le creusent quelquefois eux-mêmes, mais, bien plus souvent, nichent dans des creux tout faits, et alors peu leur importe que la cavité soit dans un arbre, un rocher ou une maison. Lorsqu'ils vivent en bandes, comme c'est le cas le plus général, ils nichent les uns à côté des autres dans des rochers. « Ce spectacle, dit Pœppig, surprend à coup sûr celui qui le voit pour la première fois. On s'avance péniblement, au milieu du jour, auprès d'une paroi verticale de rocher ; on se croit complètement isolé ; tout alentour ne règne que ce silence qui, dans les zones tropicales de l'Amérique, indique l'heure de midi.

De tous côtés cependant, arrive une sorte de murmure ; mais on regarde en vain, on ne voit d'où il vient. Tout à coup retentit le cri d'alarme d'un Perroquet ; il se répète, et, en un instant, on est entouré de nuées de ces oiseaux, qui volent en cercles serrés autour du voyageur, et semblent vouloir fondre sur lui. De toutes les crevasses du rocher sortent des têtes de Perroquets, et ceux qui ne s'envolent point indiquent au moins, par leurs cris, qu'ils prennent part à l'émotion générale. Chaque ouverture est celle d'un nid que son propriétaire a creusé dans les couches de marne qui séparent les assises rocheuses, et souvent on en compte plusieurs centaines. Mais toujours ces colonies sont situées à l'abri des incursions de tout carnassier. » Dans les forêts, ces associations sont naturellement plus rares, par suite de la difficulté qu'ils ont de trouver côte à côte des troncs vermoulus. Leur bec, crochu et fort, leur sert puissamment pour augmenter les trous des arbres en même temps que leurs griffes leur permettent de s'accrocher à l'écorce pendant l'opération du creusement.

*

Le Torchepot niche normalement dans les troncs d'arbres et, très souvent, s'empare des nids du Pic. Quel que soit le trou où il élit domicile, il tient à ce que l'orifice soit juste assez grand pour lui livrer passage. Si l'entrée naturelle est trop grande, il la diminue en déposant sur le bord de l'argile ou de la terre qu'il a au préalable malaxée avec sa salive. Quand cette muraille est achevée, elle est si dure qu'il faut un ciseau pour l'entamer.

L'intérieur du nid est rempli de substances très sèches, de feuilles de divers arbres, et en si grande quantité qu'il y a à peine la place nécessaire pour la femelle et les œufs.

*

Les oiseaux du groupe des bucerotidés, les Calaos, présentent des mœurs très curieuses. Ils établissent leur nid dans les troncs des arbres, mais, quand la femelle commence à couver, le mâle en mure l'entrée en partie avec de la terre, de manière à ne laisser qu'un orifice par où la femelle ne puisse sortir (*fig.* 176). Celle-ci est donc obligée de couver tout le temps, mais le mâle doit venir la nourrir ainsi que les petits. Ce travail est si fatigant qu'au moment où les jeunes sont assez grands pour prendre l'essor, le malheureux mâle est si maigre qu'il n'a plus que la peau et les os.

*

La reproduction du Dichocère bicorne a été observée par Mason. « Dès que la femelle a pondu cinq ou six œufs, dit Mason, le mâle mure avec de l'argile l'entrée du nid, ne laissant qu'une petite ouverture par où la captive peut passer le bec.

Elle reste ainsi enfermée tout le temps de l'incubation, et le mâle est occupé activement à lui apporter des fruits. Tickell confirme cette assertion : « Le 16 février 1858, j'appris des habitants du village de Karen qu'un Dichocère s'était établi dans le creux d'un arbre voisin, à un endroit où ces oiseaux avaient coutume de nicher depuis des années. M'y étant rendu, je trouvai le nid dans le creux d'un tronc

Fig. 176. — Nid d'un Calao.
La femelle, murée dans son nid par le mâle, ne peut passer que la tête, ce qui l'oblige à couver sans cesse.

presque droit, dépourvu de branches, à cinquante pieds au-dessus du sol. L'entrée en était presque complètement obstruée avec une épaisse couche d'argile ; une seule petite ouverture, par laquelle la femelle passait le bec pour recevoir la nourriture que le mâle lui apportait, y était ménagée. Un des indigènes grimpa, avec beaucoup de peine, jusqu'au trou et se mit à enlever l'argile. Pendant ce temps, le mâle poussait de forts grognements ; il volait de côté et d'autre et passait tout près de nous. Les indigènes semblaient redouter ses attaques et j'eus de la peine à les empêcher de le tuer.

Lorsque l'ouverture fut agrandie, l'homme qui avait grimpé à l'arbre fourra le bras dans le trou ; mais il reçut un coup de bec si violent, qu'il le retira précipitamment, et risqua de tomber par terre. Enfin, après s'être entouré la main d'un linge, il parvint à s'emparer de la captive : elle était dans un état affreux, sale et misérable. Il la descendit et la mit à terre ; elle sauta de côté et d'autre en menaçant les assistants de son bec ; mais elle ne put voler. A la fin, elle grimpa sur un petit arbre, et y demeura. Ses ailes, par suite de l'immobilité prolongée à laquelle elle avait été condamnée, semblaient avoir contracté trop de raideur pour qu'elle pût s'envoler et rejoindre son compagnon. Dans le fond du trou, à une profondeur d'environ trois pieds, et reposant sur une couche de bois, des monceaux d'écorce et de plumes, était un seul œuf d'un brun clair un peu sale. Le trou renfermait encore une grande quantité de fruits pourris. Tout le plumage de la femelle était teint en jaune par la graisse de sa glande coccygienne. »

*
* *

Le mode de reproduction du Rhyticère à bec lisse a été décrit par Bernstein. « Il niche, dit-il, dans un tronc d'arbre creux, à une assez grande hauteur, et dans les parties les plus impénétrables de la forêt. Ces nids sont donc difficiles à trouver et presque inabordables. Les flancs des montagnes où il les établit ne présentent que des arêtes étroites, escarpées, séparées par des ravins profonds ; le pied des arbres qui les recouvrent est caché par un fourré impénétrable de fougères, de lianes, de bananiers sauvages, et l'on ne peut s'y frayer un chemin qu'à coups de hache. Soupçonne-t-on l'existence d'un nid dans une partie de la forêt, il faut d'abord pouvoir y arriver, puis il faut examiner soigneusement tout le tronc de chaque arbre pour découvrir une ouverture qui donne accès à un nid. Parfois, le mâle en trahit la place par ses allées et ses venues ; c'est ce qui arriva pour le seul nid que j'ai eu occasion d'observer. Il était sur un arbre, à environ 20 mètres au-dessus du sol. Je trouvai là la confirmation de ce qu'avait avancé Horsfield.

Lorsque la cavité du tronc d'arbre est convenablement disposée pour recevoir les œufs et que la femelle se met à couver, le mâle ferme l'ouverture du trou avec de la terre, du bois pourri, cimentés sans doute avec de la salive, et ne laisse qu'une petite ouverture, par laquelle la couveuse peut passer le bec. Pendant tout le temps de l'incubation, le mâle apporte à sa compagne des fruits en abondance, et il est souvent obligé, pour en trouver suffisamment, d'arriver jusque dans les pays habités et cultivés. Ainsi, un de ces oiseaux a été tué dans un jardin voisin de ma demeure. Mais pourquoi murer ainsi la femelle ? Est-ce pour la protéger contre les Singes, comme le veut Horsfield ? Cela me paraît peu vraisemblable, et je crois que les Singes de Java se garderaient bien, sans cette précaution, d'approcher à portée d'une arme aussi terrible que le bec du Rhyticère. A mon avis, les grands Écureuils seraient plus à craindre ; il est à ma connaissance qu'un Écureuil volant captif s'est précipité sur un faucon qu'on venait de mettre dans la même chambre ; qu'il l'a saisi, l'a tué et l'a dévoré. Il est un autre fait sur lequel je crois devoir attirer l'attention ; la femelle que j'ai observée avait perdu presque toutes ses pennes ; il ne lui restait que les deux premières rémiges primaires, et à une aile six, à l'autre quatre rémiges secondaires ; les autres rémiges n'avaient que le quart ou la moitié de leur longueur primitive.

Rien n'indiquait que ce pût être là le résultat de morsures ; sur le tronc, il n'y avait cependant ni jeunes, ni plumes, ni rudiments de plumes ; dans cet état l'oiseau ne pouvait s'élever à un pied au-dessus du sol ; une fois tombé de son nid, il n'aurait pu y rentrer. C'est là ce que j'ai vu par moi-même. L'indigène qui avait trouvé le nid m'assura que la femelle est toujours ainsi enfermée par le mâle ; que, pendant la période d'incubation, ses plumes tombent, qu'elle devient complètement incapable de voler, et que cette impuissance se prolonge jusqu'au moment où les petits prennent leur essor. J'incline donc à croire que le mâle n'enferme ainsi sa femelle que par mesure de précaution, c'est-à-dire pour l'empêcher de tomber en bas de son nid.

Il est réservé à de nouveaux observateurs de trancher la question. »

II

Chez les Insectes.

Tout au commencement du printemps, il est fréquent de voir voler dans les jardins une sorte de gros Bourdon du plus beau violet, dont l'aspect est terrifiant, bien qu'il soit en réalité très inoffensif. C'est la Xylocope violacée (*fig.* 177), qui, malgré son riche habit et son air noble, est un simple charpentier. « La femelle, chargée des soins de la couvée, voltige avec un bourdonnement puissant, autour des perches, des palissades, des poteaux, et recherche l'exposition la plus ensoleillée. Ses allées et venues ont pour but de choisir un lieu convenable pour y déposer sa postérité, à laquelle elle consacre sa courte existence. Du vieux bois, un poteau vermoulu, un tronc d'arbre friable déjà dépourvu d'écorce, lui conviennent à merveille, et rendent possible son travail. En rongeant avec zèle, elle fore perpendiculairement à l'axe ou un peu obliquement un trou du diamètre de son corps, pénètre

Fig. 177. — Xylocope violacée.

de quelques millimètres dans l'intérieur, puis se dirige parallèlement à l'axe en se dirigeant vers le bas. En guise de ciseau, elle emploie chacune de ses mandibules séparément; ensemble, elles lui servent de tenailles. Elle rejette les copeaux ou la sciure au dehors, et creuse de plus en plus bas, jusqu'à ce qu'elle ait foré un tube régulier qui peut avoir 31 cent. de long, et qui à la fin, se recourbe vers l'extérieur. Cette mère laborieuse ne prend de repos que le temps de cueillir sur les fleurs le miel nécessaire pour réparer ses forces. Dans la partie inférieure de son logement, elle introduit une mesure bien déterminée de miel et de pollen mélangés, puis elle y place un œuf. Un peu au-dessus, à une hauteur égale au diamètre du tube, elle construit un couvercle avec des anneaux concentriques faits de sciure de bois mâchonnée. La cloison ainsi formée fournit un plancher pour la seconde, qui sera située au-dessus et qui recevra une ration égale et un œuf. Le travail continue ainsi sans interruption, quand le temps ne s'y oppose point, jusqu'à ce que l'espace creusé se trouve rempli de cellules. Mais alors, la femelle a fourni tout ce qu'elle pouvait et ses forces sont à bout. Au bout de peu de jours, la larve sort de sa coque ; elle gît, légèrement courbée, et remplit à peu près, au bout de trois semaines de croissance environ, toute sa cellule ; autour d'elle, on trouve alors des grains noirs qui ne sont autres que ses déjections. Puis elle se tisse une coque et opère sa nymphose.

L'inférieure étant la plus âgée, termine son évolution la première ; la seconde vient ensuite, la supérieure en dernier. L'inférieure va-t-elle attendre que sa dernière sœur soit prête, pour se frayer une route hors de sa prison ? Pour la seconde portée, oui ; car elle redoute l'hiver pour faire son apparition. Pour la première portée, qui a terminé son évolution en août, c'est différent. La jeune Xylocope choisit le plus court chemin pour conquérir sa liberté. Elle prend un point d'appui sur sa tête, et n'a besoin que d'une certaine mobilité pour exercer une pression en avant et constater ainsi que la cellule est extensible. Elle atteint ainsi l'extrémité du tube, qui n'est rempli que de copeaux ; l'instinct lui apprend à se servir de ses mandibules qui constituent d'excellentes pinces, qu'elle essaie pour la première fois en rongeant la mince couche qui la sépare de la chaude atmosphère de l'été. C'est là, du moins, l'opinion de Le Peletier. Mais Réaumur admet que la mère a foré un second trou à l'extrémité du tube et parfois même un troisième à mi-hauteur. La seconde Xylocope qui éclôt suit la première, et ainsi de suite, jusqu'à ce qu'enfin toute la nichée soit envolée, et que l'habitation se trouve dépeuplée. Dans les pays où ces Xylocopes ont pris droit de cité, elles utilisent sans doute les anciens nids, et gagnent ainsi, dans les saisons favorables, du temps pour mettre au jour une plus nombreuse postérité que dans les cas où leurs mâchoires et leur patience sont astreintes sans cesse à renouveler les dures épreuves que nous avons signalées. » (Brehm). On cite une Xylocope qui avait construit ses loges superposées dans le tuyau de laiton d'un appareil de chirurgie abandonné sur le rebord d'un toit, au Muséum de Paris, s'épargnant ainsi le pénible travail de tarauder une poutre. Kunckel rapporte aussi un cas de paresse des Xylocopes ; pour s'éviter un long travail, les hyménoptères utilisaient les trous qu'on avait forés dans les poteaux des appareils de gymnastique pour y fixer différents engins.

**

Beaucoup de larves se promènent à l'intérieur du bois, en rongeant celui-ci au fur et à mesure qu'elles avancent, mais cela sans grande régularité. Il n'y a qu'au moment de la nymphose que chaque larve s'établit en un point déterminé de manière à faciliter la sortie de l'adulte. Un cas très net se manifeste chez la larve du Capricorne (*fig.* 178), qui a été étudiée à ce point de vue par J.-H. Fabre.

« En dépit de ses robustes apparences, le Capricorne est impuissant à sortir par lui-même du tronc d'arbre. C'est donc au Ver que revient le soin de préparer les voies. Sous l'impulsion d'un pressentiment, pour nous insondable mystère, la larve quitte donc l'intérieur du chêne, sa paisible retraite, son château-fort inex-

pugnable, pour s'acheminer vers l'extérieur, séjour de l'ennemi, le Pic, qui fera
régal de la succulente andouillette. Au péril de la vie, tenacement elle creuse, elle
ronge jusqu'à l'écorce, dont elle ne laisse intacte qu'une épaisseur de rien, un faible
rideau. Parfois même la téméraire ouvre en plein la fenêtre. Voici l'orifice de
sortie du Capricorne ; l'insecte n'aura qu'à limer un peu le rideau du bout des
mandibules, à le cogner du front, pour l'abattre ; il n'aura même rien à faire
quand la fenêtre est libre, cas fréquent. L'inha-
bile charpentier, encombré de son extravagant
panache, émergera des ténèbres par ce pertuis
quand viendront les chaleurs. Après les soins
de l'avenir, les soins du présent. La larve qui
vient d'ouvrir la fenêtre libératrice fait recul
dans sa galerie à médiocre profondeur, et sur le
côté de la voie de sortie se creuse un appartement à nymphose comme je n'en ai pas encore
vu d'aussi somptueusement meublé et barri-
cadé. C'est une spacieuse niche en ellipsoïde
aplati, dont la longueur atteint de quatre-vingts à

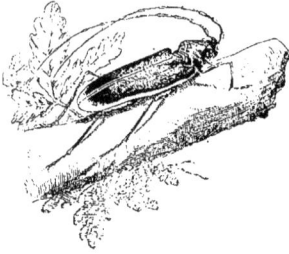

Fig. 178. — Capricorne.

cent millimètres. Les deux axes de la section en travers diffèrent. L'horizontal
mesure de vingt-cinq à trente millimètres ; le vertical se réduit à quinze. Cette
plus grande dimension de la loge, dans le sens transversal, laisse à l'insecte
parfait quelque liberté d'action des pattes lorsque vient le moment de forcer la
barricade dont je vais parler. Celle-ci, sorte de clôture opposée par la larve aux
périls du dehors, est double et même triple. C'est, à l'extérieur, un monceau de
débris ligneux, de parcelles de bois haché ; à l'intérieur, un opercule minéral,
ménisque concave, d'une seule pièce et d'un blanc crétacé. Assez souvent, mais
non toujours, s'adjoint à ces deux assises, tout en dedans, une couche de copeaux.
Derrière la multiple clôture, la larve prend ses dispositifs pour la nymphose. La
paroi de la chambre est râpée, ce qui fournit une sorte de duvet formé de fibres
ligneuses effilochées, rompues en menus brins. A mesure qu'elle est obtenue, la
matière à velours est appliquée contre l'enceinte en un feutre continu d'un millimètre au moins d'épaisseur. La chambre est ainsi capitonnée d'un fin molleton
dans la totalité de ses parois, délicate précaution du rustique Ver en faveur de la
tendre nymphe. » Pour se transformer en cette dernière, la larve tourne la
tête vers l'orifice de sortie.

* * *

La femelle du *Corœbus bifasciatus* dépose un œuf à l'extrémité de chaque
rameau ; la larve, qui éclôt sans retard, y creuse, d'abord au voisinage de l'écorce,
puis en plein aubier, une galerie descendante qui atteint souvent plus d'un mètre.
Arrivée au terme de sa croissance, c'est-à-dire au bout de deux ans, elle change
brusquement la direction de sa mine et creuse une galerie annulaire complète,
déterminant une incision profonde, destinée à arrêter la circulation de la sève dont
l'affluence viendrait gêner sa transformation en nymphe ; cela fait, elle creuse

sous l'écorce une galerie remontante de 5 à 15 centimètres et se pratique en plein bois une loge en forme de boucle aboutissant à l'écorce où elle va accomplir tranquillement ses métamorphoses. Toutes les branches où les *Corœbus* ont établi leur domicile ne tardent pas à se flétrir et sont vouées à une mort certaine ; fréquemment, lorsque le vent vient à souffler avec violence, elles se brisent à la hauteur de l'incision annulaire qui a affaibli leur résistance, et larves et nymphes sont précipitées sur le sol, où elles ne tardent pas à périr. (Brehm.) Le *Corœbus* raisonne donc assez mal quand il établit sa galerie circulaire.

*
* *

Les coléoptères du groupe des scolytiens (*fig.* 179), creusent les arbres en formant des dessins qui ont de tout temps frappé les observateurs ; leurs galeries sont creusées d'abord par la femelle, puis par les larves qui naissent des œufs déposés par elle. « La femelle a espacé dans la galerie de ponte, qui a la largeur de son corps, les œufs, un à un en général, chacun dans une petite entaille, à droite et à gauche. De chaque œuf sort une larve creusant une galerie à peu près perpendiculaire à celle de la mère et s'élargissant à mesure que la larve s'accroît ; si la larve meurt, la galerie inachevée reste courte. Au fond de sa galerie, dans une sorte d'ampoule terminale formant la région la plus large, la larve parvenue à tout son développement s'entoure de poudre de bois agglutinée et devient nymphe. Au bout de peu de temps, l'adulte sort en perçant l'écorce d'un trou circulaire. Chaque larve a

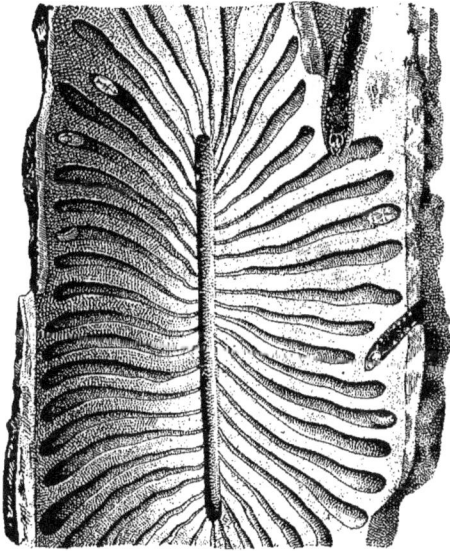

Fig. 179. — Galeries de Scolytes.
Au milieu : Galerie de la mère ; de cette galerie rayonnent celles des larves.

creusé toujours droit devant elle, de sorte que les galeries des diverses larves ne viennent pas se couper. Ces précautions instinctives amènent dans les galeries de la mère et des larves une régularité qui leur donnent souvent la forme d'élégantes arborisations, dont les dimensions, en rapport avec la taille des espèces et les dessins constants pour chaque espèce, constituent d'importants caractères de celles-ci. Il faut remarquer que certaines espèces, principalement les Tomiques, pénètrent dans les bois, d'autres ne s'adressent qu'aux vieilles écorces, d'autres aux écorces minces, et enfin d'autres à celles seulement des plus jeunes pousses ; de sorte qu'un même arbre peut cantonner quatre espèces différentes. Ce sont surtout les écorces dans leur liber qui sont attaquées par le plus grand nombre de scolytiens, et c'est ce qui explique la gravité de leurs ravages, puisqu'ils se produisent dans une région essentielle à la vie des arbres. On observe que ceux qui se logent dans les écorces épaisses creusent toutes leurs galeries dans sa partie profonde, mais que les espèces qui s'en prennent aux écorces minces établissent, tant adultes que larves, les galeries avec deux segments de leur circonférence, l'un à l'intérieur de l'écorce, l'autre à l'extérieur de l'aubier ; de sorte qu'en détachant l'écorce, on observe deux épreuves en creux des mêmes dessins, l'une sur l'écorce, l'autre sur le bois. C'est afin, sans doute, de ne pas compromettre, en approchant trop de la surface, le fragile abri qu'offre une mince écorce. M. E. Perris a divisé les espèces de scolytiens en catégories importantes pour les forestiers, d'après la forme des galeries et la partie de l'arbre qu'elles affectent. Les plus nombreuses espèces font des galeries subcorticales. Tantôt la galerie de ponte est longitudinale, et alors les galeries des larves sont transversales ou selon des arcs de circonférence, mais peuvent devenir longitudinales avec flexion, si le diamètre de l'arbre ne se prête pas à tout leur développement transversal ; tantôt la galerie de ponte est transversale, ordinairement en accolade à partir du trou d'entrée, et les galeries des larves, longitudinales ; enfin, il peut y avoir plusieurs galeries de ponte rayonnantes ou étoilées à partir du trou d'entrée, et alors les galeries des larves sont perpendiculaires aux rayons. Un petit nombre d'espèces font des galeries qui pénètrent dans le bois, soit perpendiculaires à l'axe de l'arbre, soit formant avec sa circonférence comme la corde d'un arc. Les galeries des larves se détachent comme d'habitude à angle droit de part et d'autre de la galerie de ponte, et, tantôt chaque larve fait sa galerie séparée, tantôt une galerie sert à plusieurs. » (M. Girard.)

*

Les Sirex méritent une mention spéciale. Ce sont de grosses Mouches dont le corps est pourvu d'une tarière dentée en scie. Grâce à cette dernière, la Mouche peut percer les troncs d'arbres sur une épaisseur de quelques millimètres et déposer un œuf dans le fond de la fissure. Les larves qui naissent de ces œufs ressemblent à des chenilles et creusent le bois pour s'en nourrir. Il arrive souvent qu'on les emporte dans les planches sans s'en douter. Quand le bois est façonné, il leur arrive souvent de percer les objets qu'elles rencontrent au-dessus, jusqu'à des lames de plomb. Bien mieux, à plusieurs reprises, pendant l'expédition de Crimée, on a vu des Sirex percer des balles de plomb. Une puissance de perforation analogue a été constatée chez deux coléoptères : les Apates et les Cétoines.

*

La Fourmi brune, la noir-cendrée, la fauve, la mineuse, la sanguine, la fuligineuse, la jaune, creusent leurs nids dans les vieux troncs d'arbres déjà morts (*fig.* 180). La mieux connue à cet égard est la Fourmi fuligineuse. « Qu'on se représente, dit Huber, l'intérieur d'un arbre entièrement sculpté, des étages sans nombre, plus ou moins horizontaux, dont les planchers et les plafonds, à cinq ou six lignes de distance les uns des autres, aussi minces qu'une carte à jouer, sont supportés tantôt par des cloisons verticales, qui forment une infinité de cases, tantôt par une multitude de petites colonnes assez légères qui laissent voir entre elles la profondeur d'un étage presque entier, le tout d'un bois noirâtre et enfumé, et l'on aura une idée assez juste des cités de ces Fourmis. La plupart des cloisons verticales qui divisent chaque étage en compartiments sont parallèles ; elles suivent le sens des couches ligneuses, toujours concentriques, ce qui donne un air de régularité à l'ouvrage. Les planchers, pris dans leur ensemble, sont horizontaux ; les petites colonnes sont d'une à deux lignes d'épaisseur, plus ou moins arrondies, d'une hauteur égale à l'élévation de l'étage qu'elles supportent, plus larges en bas et en haut que dans le milieu, un peu aplaties à leurs extrémités, et rangées en lignes, parce qu'elles ont été taillées dans des cloisons parallèles. Quels nombreux

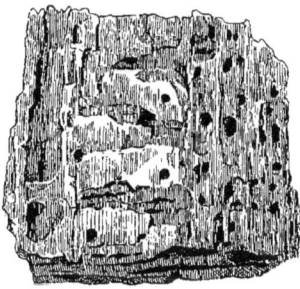

Fig. 180. — Trous creusés dans un tronc d'arbre par des Fourmis.

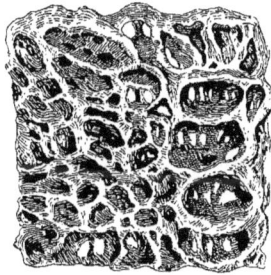

Fig. 181. — Fragment d'un nid de Fourmis fuligineuses.

appartements, quelles multitudes de loges, de salles, de corridors ces insectes ne se procurent-ils pas par leur seule industrie ; et quel travail une si grande entreprise n'a-t-elle pas dû leur coûter !

Le bois dans lequel les Fourmis de cette espèce sculptent ces labyrinthes prend une couleur noirâtre. Est-elle due aux sucs des vaisseaux de l'arbre, qui étant extravasés se seraient combinés avec les principes de l'air, ou avec les émanations des Fourmis elles-mêmes, dont l'odeur très forte peut n'être pas sans influence sur ces fluides? Ou les couches du bois étant mises à découvert par ces insectes, auraient-elles subi quelque décomposition par l'effet de l'acide formique? C'est ce que je ne déciderai point ; mais ce que je puis assurer, c'est que le bois travaillé par ces Fourmis est toujours noirâtre à l'extérieur, de même couleur au dedans, s'il est très mince, et de couleur naturelle intérieurement lorsqu'il a quelque épaisseur ; que le bois de chêne, de saule et celui de tous les autres arbres où j'ai vu ces Fourmis établies, prend également ces couleurs.

J'ai observé aussi plusieurs autres espèces de Fourmis logées dans l'intérieur des arbres, et celles-ci ne lui donnaient jamais cette apparence. J'ai très souvent vu, au pied de ceux qui étaient habités par les Fourmis fuligineuses, un suc noir et liquide très abondant : à quoi doit-il être attribué ? La végétation de ces arbres ne paraissait point altérée par les travaux de ces insectes.

Il eût été fort curieux d'observer les Fourmis occupées à sculpter le bois dans lequel elles établissent leur habitation ; on eût peut-être appris l'origine de cette teinture noire dont il est recouvert ; mais les ouvrières de cette espèce, travaillant toujours dans l'intérieur des arbres, et voulant être dans l'obscurité, nous ôtaient l'espérance de pouvoir suivre leurs procédés : je n'ai point épargné les essais de tous genres pour surmonter les difficultés que présentaient ces recherches. J'ai vainement espéré d'accoutumer ces Fourmis à vivre et à travailler sous mes yeux, elles n'ont pu se faire à la dépendance ; elles abandonnaient même les portions les plus considérables de leur nid, pour chercher quelque nouvel asile, et dédaignaient le miel et le sucre que je leur donnais pour les nourrir.

Il fallait donc se borner à l'inspection de ces édifices, et essayer, en les décomposant avec soin, de concevoir l'ordre des travaux qu'ils avaient exigés. Je tâcherai donc d'en donner une idée, en décrivant le fragments dont j'ai étudié la distribution.

Ici sont des galeries horizontales, cachées en grande partie par leurs parois qui suivent les couches ligneuses dans leur forme circulaire. Ces galeries parallèles, séparées par des cloisons très minces, n'ont de communication que par quelques trous ovales, pratiqués de distance en distance : telle est l'ébauche de ces ouvrages si délicats et si légers. Ailleurs, ces avenues ouvertes latéralement conservent encore entre elles des fragments de parois qui n'ont pas été abattues, et l'on remarque que les Fourmis ont aussi ménagé, çà et là, des cloisons transversales dans l'intérieur même des galeries, pour y former des cases par leur rencontre avec d'autres. Quand le travail est plus avancé, on voit toujours des trous ronds, encadrés par deux piliers pris dans la même paroi. Avec le temps, ces trous deviendront carrés, et les piliers, d'abord arqués à leurs extrémités, seront changés en colonnes assez droites par le ciseau de nos sculpteurs. C'est le second degré de l'art : peut-être une partie de l'édifice doit-elle rester dans cet état (*fig.* 181). Mais voici des fragments tout autrement ouvragés, dans lesquels ces mêmes parois, percées maintenant de toutes parts, et taillées artistement, sont transformées en colonnades qui soutiennent les étages et laissent une communication parfaitement libre dans toute leur étendue. On conçoit aisément que des galeries parallèles, creusées sur le même plan, et dont on abat les parois en ne laissant, de distance en distance, que ce qu'il faut pour soutenir leur plafond, doivent former ensemble un seul étage ; mais comme chacune a été percée séparément, leur parquet ne doit pas être très bien nivelé ; il est, au contraire, creusé fort inégalement dans toute son étendue, et c'est encore un avantage précieux pour les Fourmis, puisque ces sillons le rendent plus propre à retenir les larves qu'elles y déposent.

Les étages creusés dans de grosses racines offrent plus d'irrégularités que ceux qui ont été pris dans le tronc même de l'arbre, soit que la dureté et l'entrelacement des fibres rendent le travail plus difficile et obligent les ouvrières à se départir de leur ordre accoutumé, soit qu'elles tiennent moins à cet arrangement aux extrémités de l'édifice que dans le centre même.

Quoi qu'il en soit, on y trouve encore des étages horizontaux et des cloisons en grand nombre ; si l'ouvrage est moins régulier, il gagne du côté de la délicatesse ; car les Fourmis profitent alors de la dureté et de la solidité de la matière pour donner à leur bâtiment une extrême légèreté. J'ai vu des fragments de huit à dix pouces de profondeur et d'une hauteur égale, fabriqués d'un bois aussi mince que du papier ; ils contenaient une infinité de cases, et présentaient l'aspect le plus singulier. Enfin, à l'entrée de ces appartements, travaillés avec tant de soin, se trouvaient des ouvertures beaucoup plus spacieuses ; ce n'étaient plus des cases, ni des galeries prolongées ; les couches du bois, percées en arcades, laissaient aux Fourmis un libre passage dans tous les sens ; c'étaient les portes ou les vestibules des logements auxquels ils conduisaient.

La Fourmi rouge, un peu plus grande que la précédente, sait sculpter dans les arbres des logements analogues, mais ils sont sur une petite échelle. Ce sont encore des étages où l'on remarque différents degrés de développement ; les uns sont divisés en petites cases ou loges, dont les parois sont excessivement minces, les autres sont soutenus par une infinité de petites colonnes, ressemblant, à la grandeur et à la couleur près, à celles dont nous avons déjà parlé ; mais ici le bois n'est point noirci comme celui qui a été creusé par les Fourmis fuligineuses, il conserve sa couleur naturelle ; il est ordinairement moins dur et de la consistance du liège.

Mais ce qu'il y a peut-être de plus singulier dans l'histoire des Fourmis rouges, c'est qu'elles ne sont pas seulement d'adroits sculpteurs, mais encore d'habiles maçonnes, et qu'elles établissent le plus souvent leur demeure dans la terre : elles possèdent donc deux genres d'industrie fort différents. Ce n'est d'ailleurs pas la seule espèce qui puisse, au besoin, déployer le plus de talent en ce genre. On connaît encore en effet deux sortes de Fourmis qui jouissent du même privilège : la Fourmi éthiopienne et la Fourmi jaune, toutes deux des plus habiles. »

Mac Cook a étudié aussi avec grand soin une Fourmi qui creuse dans le bois : c'est la Fourmi charpentière de Pensylvanie.

« Pendant l'été de 1874, mon attention fut attirée par une colonie de *Formica pensylvanica* qui avait établi son nid dans une poutre d'un moulin. Dans une visite suivante, j'obtins une section de la poutre contenant la fourmilière. C'était un bloc de pin blanc, large de 10 à 12 pouces. Avec l'aide des ouvriers du moulin, la poutre fut préalablement coupée dans le sens vertical au moyen de ciseaux et de tarières : ce qui permit de voir l'intérieur du nid. Le gros bloc, ainsi obtenu, fut scié en plusieurs petits morceaux afin de permettre l'observation et l'étude de la structure intérieure de la fourmilière.

En examinant de près le labyrinthe des cellules et leur structure systématique, on aperçoit nettement la disposition des étages et des demi-étages. Le sol des galeries, bien que n'étant pas uni, est disposé sur le même niveau général.

Plusieurs de ces étages sont formés par des galeries tubulaires qui deviennent de plus en plus larges et finalement s'entrecroisent. On y aperçoit des salles ou des corridors, d'une forme parfaitement accusée, disposés parallèlement en séries de deux, de trois et plus. Ils sont séparés par des colonnes et des arches ou bien par des cloisons très minces, en plusieurs endroits complètement interrompues. Dans un endroit, la section d'une de ces salles est entièrement fermée, et forme une chambre triangulaire d'un quart de pouce de hauteur et d'un pouce et demi à sa base. Dans l'échantillon que nous avons, elle ressemble à une sorte de fenêtre en saillie élevée au-dessus de la galerie. Le plafond de cette chambre sert de plancher à la chambre supérieure, et son fond est évidemment le plafond de la grande salle de dessous. Le mur de cette chambre est usé et très mince, il présente une petite ouverture semblable à une fenêtre; en plongeant la sonde dans cette dernière, j'ai pu constater que la chambre en question est une cavité. Son entrée est par derrière.

Les séries de galeries ci-dessus décrites sont terminées et surmontées d'un dôme irrégulier, qui, par ses colonnes penchées, ressemble à la voûte d'une grotte calcaire avec ses stalactites. C'est le vrai plafond de la fourmilière principale. Il peut être considéré comme la première des nouvelles séries de la construction. L'architecture de cette seconde série, caractérisée par un dôme ou une voûte, est tout à fait différente de celle de la première série, le caractère principal de cette dernière étant un système de galeries et de salles. La première peut être appelée *colonnades*, tandis que la seconde se nomme *cavernes*. Le dôme a une hauteur de presque 1 pouce et demi. Au-dessus de celui-ci se trouve une voûte irrégulière ou une série de voûtes dont les hauteurs varient entre 1 et 3 pouces, et qui communiquent avec deux escaliers. Le sol, les murs et les voûtes de ces cavités sont assez lisses et noirâtres, comme s'ils étaient tachés avec de l'acide formique. L'une de ces cavités est séparée du système central et n'est reliée avec celui-ci qu'à l'aide d'une galerie circulaire de 5 pouces de longueur. Le sol de cette caverne est d'une forme irrégulière; la surface en est inégale comme celle des galeries et des salles, mais présente en outre, dans quelques endroits, des coupures et des rainures semblables à celles faites avec un couteau. Elle ne porte pas les taches que l'on observe dans les autres séries.

La voûte est taillée en forme de dôme, et par deux de ses angles communique en haut et latéralement sur la distance de plusieurs pouces, comme cela a été prouvé par le sondage, avec des galeries et de vastes salles. Les cavités semblables à celles que nous avons décrites plus haut sont creusées dans la principale fourmilière et en forment la partie inférieure, mais de dimensions réduites.

Il serait important de déterminer rigoureusement l'économie de ces différentes cavités, mais nous sommes forcés de nous borner à l'étude générale de leur destination.

M. Huber jeune a essayé d'accoutumer la Fourmi fuligineuse, espèce de Fourmi charpentière de l'Europe, à vivre et à travailler sous ses yeux. Mais l'instinct de réclusion de ces créatures n'a pu être surmonté par les efforts ingénieux de l'éminent naturaliste. Si j'avais su aussi bien, avant la division du bloc, les faits détaillés que je viens d'exposer, j'aurais pu observer avec plus de soin la distribution des larves et des nymphes, dont un très grand nombre a été trouvé dans les cavités. Je puis dire que, lorsque le bloc a été scié en pièces, nous en avons trouvé dans toutes les parties de la fourmilière. Elles étaient rangées sur le sol des galeries, et je crois qu'elles se trouvaient en masse au fond des cavernes.

Quant à la chambre fermée et à la caverne isolée, on ne saurait définir positivement leur destination ; toutefois je me permets de poser la question suivante : ne seraient-ce pas les pièces royales, l'appartement de la Fourmi-reine, ou bien les nourriceries servant à élever les futures souveraines de la colonie ? Ou bien encore — et ce serait peut-être une question plus importante, — ne seraient-ce pas les chambres où les ouvrières déposent les œufs pondus par la reine féconde ?

Le volume de la poutre occupé par la fourmilière était de 2 pieds de longueur sur 7 pouces de largeur et 7 de hauteur. La fourmilière s'élevait au-dessus du sol de 24 pieds ; les cellules inférieures dépassaient de quatre pieds le plancher du second étage du moulin que les Fourmis avaient choisi pour leur habitation. Les Fourmis étaient ainsi préservées de l'humidité et de la température extérieures dont souffrent leurs congénères des champs ; toutefois il est difficile de comprendre comment elles parvenaient à obtenir par les différentes altitudes des salles et des cavernes la température nécessaire à la bonne santé des larves et des nymphes, comme c'est le cas, par exemple, dans les constructions des *Formica rufa*.

Les portes oblongues ou rondes servaient d'entrée à la fourmilière : elles étaient percées irrégulièrement sur tout le pourtour de la poutre. Ces trous donnaient généralement dans les galeries tubulaires ou circulaires qui communiquaient avec l'intérieur. Quelques-unes néanmoins conduisaient directement dans les vestibules spacieux qui servent probablement de séjour aux larves et aux nymphes, lorsqu'on veut les exposer à l'air. La disposition des portes ainsi que de l'ensemble des galeries permettait une ventilation parfaite. La fissure verticale dans la poutre présentait d'après mes observations la principale voie de communication avec l'intérieur. Les ouvrières en sortaient continuellement, portant dans leurs mandibules des fibres de bois. Ces dernières étaient déposées sur une traverse, disposée à 18 pouces plus bas, et y formaient un petit tas. Des ouvrières se rassemblaient en grand nombre sur ce tas ; elles étaient toutes occupées à transporter avec soin les fibres de bois au bord de la traverse et à les jeter de là sur les marches de l'escalier. Le meunier m'apprit que les Fourmis travaillaient aussi sur les marches ; mais apercevant qu'il les balayait chaque jour, elles abandonnèrent définitivement cette partie de leurs travaux comme étant complètement superflue et se bornèrent dans leur entreprise à la fente de la traverse. Les Fourmis témoignèrent ainsi un trait caractéristique vraiment humain, en évitant tout travail inutile.

L'habitude de jeter dehors les rognures de bois est un instinct très prononcé chez ces créatures. A Fairmount-Park on a pu observer comment les Fourmis éloignaient les rognures de bois du pied du cèdre qui leur servait d'habitation. J'ai eu l'occasion d'observer plusieurs fois le même fait dans certaines colonies habitant les arbres qui se trouvaient à proximité de l'Académie des sciences naturelles à Logan Square (Philadelphie). Dans Race street, près de la dix-huitième rue, un petit érable de 8 pouces de diamètre attirait surtout l'attention. Une escouade de Fourmis travaillait sur le côté nord de cet arbre, dans un creux de 8 à 9 pouces de longueur et de 3 à 4 pouces de largeur, disposé à un pied au-dessus du trottoir. Au fond de ce creux se trouvaient entassés des petits morceaux de bois. Vers ce point arrivaient constamment des ouvrières apportant la nourriture, qui consistait en petits Vers et en une sorte de grains brunâtres que j'ai pris pour des Cochenilles, sans toutefois en avoir la pleine certitude. J'ai suivi l'une de ces ouvrières à partir du creux jusqu'à l'arbre voisin sur lequel elle monta et où je la perdis de vue. Probablement se rendait-elle à la recherche des provisions dans les branches supérieures de l'arbre. Pour déterminer si les ouvrières qui portent le bois s'occupent aussi du transport des provisions, j'ai enlevé des porteuses de Cochenilles que j'ai placées ensuite dans la cavité de l'arbre. Une des porteuses, en lâchant son petit bout de bois, reprit la Cochenille et l'emporta avec elle. Il n'existe probablement pas de division de travail dans la fourmilière, mais toutes les ouvrières percent des galeries ou bien s'occupent de l'approvisionnement, suivant le besoin ou le goût.

Sur le côté Est de l'arbre, à quelques pouces du sol, se trouvait une petite ouverture tubulaire, dissimulée derrière une saillie de l'écorce. Les Fourmis jetaient dehors par cette ouverture des rognures qui s'entassaient à la base du tronc. Deux ouvrières travaillaient sur ce tas, en emportant les rognures et les jetant dans le ruisseau. C'était vraiment intéressant et en même temps amusant à voir les manières de ces créatures dans leurs occupations. Après avoir atteint le bord du ruisseau, elles s'asseyaient sur leurs pattes de derrière, restaient un moment dans cette position; ensuite, se penchant en avant, elles laissaient tomber de leurs mandibules le petit bout de bois. Ensuite elles se mettaient à faire des mouvements rapides avec les pattes de devant, comme pour enlever de leurs mandibules les sciures qui y adhéraient. Un vent léger remuait les rognures rejetées et les transportait le long du ruisseau à une distance de plusieurs pieds. D'après mes nombreuses observations, la Fourmi ouvrière se penche invariablement en avant en se débarrassant de sa charge de rognures. L'instinct de transport est probablement quelque chose de plus qu'une simple habitude de propreté. Il doit être envisagé comme ayant une très grande importance pour la sûreté de l'insecte, qui éloigne ainsi du voisinage de son habitation toute trace de sa présence.

La quantité de bois creusé durant une journée est relativement très grande. Les mandibules sont l'instrument au moyen duquel ce travail est effectué ; ce sont des organes triangulaires, très rigides, disposés à l'extrémité de la tête. Elles sont noires, dentelées, convexes en dehors et concaves en dedans comme les paumes de la main. Les dents, au nombre de cinq, sont très fortes, l'extérieure est la plus longue et pointue ; elle est située un peu en dehors de la face, tandis que celle de

l'intérieur, plutôt émoussée, est située en' dedans. Les muscles qui font mouvoir
ces organes doivent être nécessairement très forts pour arriver à de pareils résultats. Je suppose qu'ils peuvent se contracter verticalement et latéralement, de sorte
que les mandibules fonctionnent tantôt comme une scie, tantôt comme un
râcloir. Toutefois il est plus que probable que le bois est généralement râclé par
les mandibules. L'aspect général de l'architecture, l'organisation des mandibules
et les observations sur les insectes renfermés dans des boîtes conduisent à cette
conclusion. La vue extérieure des mandibules présente plus qu'une simple ressemblance avec la main ou la patte des animaux vertébrés. L'analyse anatomique
sous le microscope, faite par des personnes compétentes, a démontré des analo-
gies frappantes de structure. La forme dentelée des mandibules n'appartient
qu'aux femelles et aux ouvrières ; les mandibules des mâles sont en massue et
lisses, et les rendent ainsi impropres au travail et à la défense. C'est un fait
remarquable, que ce qu'on peut appeler les « facultés morales » de l'insecte est
l'apanage exclusif de la femelle.

La période d'activité ou peut-être de la plus grande activité dans les travaux
d'architecture dure du 15 juin à la moitié du mois de juillet. Mes propres
observations conduisent du moins à cette conclusion. Cela indique probablement
l'époque à laquelle les besoins d'élever les nourrissons ou la perspective de
l'accroissement de famille demandent l'agrandissement de l'habitation.

Les dommages que causent à l'homme ces travaux ont été l'objet de plusieurs
recherches. Je ne suis pas arrivé à résoudre la question par mes propres observations et inductions, mais je m'en suis beaucoup informé chez les forestiers, les
mécaniciens et gens pratiques. Le menuisier et le charpentier du moulin
dont il est question plus haut m'ont donné plusieurs renseignements à ce sujet.
Ainsi, le charpentier ne croit pas très sérieux les dommages que peuvent
produire les Fourmis par leurs travaux ; selon lui, ils n'ont pour effet qu'une
putréfaction partielle du bois. Il a trouvé des Fourmis dans le pin blanc, et
suivant lui, elles établissent ordinairement leur entrée dans les trous des
nœuds *(swyer hole)*, ou dans les autres points brisés ou endommagés.
Leurs nids se trouvent sur toutes les hauteurs, mais, d'après lui, l'arbre est
ordinairement sain lorsque les Fourmis habitent le sommet. Il se souvient d'un
pin blanc qui était presque rongé par les Fourmis à la hauteur de 75 pieds jusqu'au
sommet ; l'arbre est tombé à cause de l'épuisement produit. Le nid dans la poutre
du moulin avait à peu près les mêmes dimensions que celui qu'il a vu sur l'arbre
tombé.

Le menuisier a vu souvent travailler les Fourmis sur l'érable, le chêne rouge,
mais plus fréquemment sur le pin. Il a trouvé des nids à la hauteur de 20, de 30
pieds et même plus ; mais généralement ils étaient à la hauteur de 10, 12 et 15
pieds. Souvent il tombait sur des nids de Fourmis en sciant les troncs des arbres
pour le moulin. Quelque temps avant, il a travaillé dans les montagnes à faire des
douves et trouvait souvent dans le bois des dégâts causés par les Fourmis. Il a vu
dans les troncs des fourmilières de 6 pieds de longueur. Selon lui, les Fourmis

occupent ordinairement les parties de l'arbre en train de dépérir, mais aussi les a-t-il vues souvent dans le bois parfaitement sain. Tous les témoins qui m'ont fourni des renseignements sur ce sujet se sont exprimés à peu près dans le même sens. Je dois ajouter encore un fait dont je n'ai pu vérifier l'exactitude, mais qui m'a été rapporté avec une évidente sincérité. Un jeune fermier de la côte ouest de Brush-Mountain m'a dit que les Fourmis avaient complètement détruit un bois de chênes de construction de 10 ares de superficie, appartenant à son père.

Les dommages causés par les Fourmis dont il a été question ci-dessus ne peuvent certainement pas être sérieux et ne présentent parfois que quelques inconvénients Mais une question se pose : les excavations semblables à celles dont nous avons parlé ne pourront-elles devenir parfois très sérieuses, comme par exemple pour les ponts de chemins de fer ? Nous n'avons qu'à supposer qu'une colonie de Fourmis charpentières soit logée et travaille dans l'intérieur d'une poutre de pont, de la dimension de notre échantillon, et la question d'un grand danger se présente de soi-même, la supposition en est très probable. Un coup d'œil sur ce bloc percé de trous dans toutes les directions montre à quiconque ne connaît même pas les données spéciales sur la résistance du bois, que la solidité de la poutre de 10 à 12 pouces dont faisait partie notre bloc, devait être considérablement diminuée par ces exca-vations. Il est possible que les dommages causés dans les parties en bois des ponts et d'autres constructions publiques par les insectes, tels que la Fourmi charpentière et la Fourmi fauve n'aient pas été l'objet d'une attention suffisante de la part de nos agents voyers.

Cependant, pour que ces constatations ne conduisent pas à des conclusions exa-gérées et ne donnent point lieu à des alarmes inutiles, je veux présenter les mêmes faits sous une autre forme, moins vive, en donnant le calcul approximatif du temps qui est nécessaire pour le développement de la fourmilière jusqu'aux dimensions de notre échantillon. Le meunier constate que la colonie a travaillé au moins cinq ans sur la poutre. D'après l'assertion d'un des propriétaires prédécesseurs, l'exis-tence de la colonie a été connue, très certainement trois ans, peut-être cinq ans avant l'époque indiquée par le meunier. Ces huit ou dix ans ont été employés à creuser les galeries et les cavités. Sans doute une autre colonie, dans des conditions plus favorables, aurait pu travailler avec plus de succès. Mais toutefois le fait d'un progrès aussi modéré modifie considérablement les chances du danger. Cependant les symptômes les plus faibles d'un péril de ce genre méritent une attention et des précautions les plus minutieuses. Les arbres dans lesquels, d'après les observations et les rapports dignes de foi, on n'a trouvé que ces espèces de Fourmis sont les suivants : l'érable, le chêne rouge, le noyer américain et le pin. »

*
* *

Les Termites habitent presque tous les pays chauds. Dans le Sud-Ouest de la France, on en rencontre cependant une espèce, le Termite lucifuge (*fig.* 182), qui, ainsi que son nom le rappelle, craint beaucoup la lumière, comme tous les autres

Termites d'ailleurs. Ce sont des animaux très nuisibles. « Quand la termitière est placée dans une maison, elle est installée en général dans le voisinage d'un four, d'une forge, ou d'une cheminée, c'est-à-dire dans les endroits où règne constamment une douce chaleur. Les Termites n'en sortent jamais à découvert pour travailler. En général, toutes les fois qu'ils veulent se rendre d'un point à un autre, ils construisent avec des matériaux agglutinés par leur abondante salive des tubes cylindriques très friables, d'un brun grisâtre, larges de 4 millimètres environ,

Fig. 182. — Termites lucifuges et leur travail dans le bois.

de façon à former une galerie couverte, réunissant les deux points opposés. De la termitière partent de semblables galeries, qui se ramifient tantôt dans les planches, les solives, les lambris, tantôt dans les murs ou sur les murs, tantôt enfin dans la terre.

Elles s'étendent en toutes directions, à des distances de 30 à 40 mètres, de sorte que souvent la maison voisine est plus infestée que celle où se trouve la termitière. On voit de ces tubes verticaux allant le long du mur, du plancher supérieur au plancher inférieur d'une pièce, et sans cesse remplis de Termites voyageant : le tube en construction s'allonge, dit-on, de près d'un décimètre par jour. Les tuyaux de cheminement sont formés de parcelles de bois mêlées aux excréments, ce qui explique pourquoi on ne trouve presque pas de crottins dans des bois, pleins d'insectes et entièrement rongés, sauf aux surfaces exposées à la lumière. Il est fort curieux de voir avec quelle précision les Termites construisent leurs galeries pour pénétrer dans les objets à ronger par les points obscurs. C'est toujours immédiatement sous le pied d'un meuble qu'ils entrent pour exercer leurs ravages. Ils ne se trompent jamais sur la largeur, même très petite, de ce pied, en sortant de la planche sur laquelle il repose, car jamais, on ne voit ailleurs de faux trous. Des marrons séparés les uns des autres sur les étagères d'un fruitier, se sont trouvés dévorés, et il n'y avait qu'un très petit trou sous chacun d'eux. Un sac d'avoine, debout dans un grenier sur un plancher neuf, à 3 mètres des murs, contenait à sa base, quand on le déplaça, plus de 100.000 Termites, qui, pour arriver immédiatement au-dessous, avaient dû perforer l'intérieur d'une planche, d'un mur au sac...

A la Rochelle, les deux lieux attaqués sont l'arsenal et la préfecture. On a dû renouveler à la préfecture toutes les solives, poutres et planchers de l'hôtel, qui étaient creusés de milliers de galeries. Aujourd'hui on les a remplacés par des solives de fer, et les archives, autrefois très maltraitées, sont renfermées dans des boîtes de zinc. On surveille les Termites dans cette ville avec grand soin, remplaçant aussitôt tout ce qu'ils endommagent, et, dans les actes de vente des maisons, leur présence ou leur absence sont mentionnées et influent beaucoup sur le prix. Les dégâts sont analogues dans maintes autres localités du Sud-Ouest. Dans une ferme du département de Tarn-et-Garonne, dépendant de la commune de Verdun, on a dû changer deux fois en cinq ans les poutres de l'étable à bœufs, et une fois celles du logement des colons. C'est en vain que les poutres nouvelles, en bois de peuplier parfaitement sain, furent goudronnées dans toutes les parties enfoncées dans les murs. Il ne resta rien au bout de douze ans de tout ce qui était enveloppé dans le mur, quoique les poutres d'un mur à l'autre parussent extérieurement parfaitement bonnes. Les insectes commencent leur travail dans la frise, et ils creusent dans la poutre des galeries horizontales, longues et irrégulières. Le bois est réduit en une sorte de matière terreuse, et les filaments qui persistent ressemblent à ceux du bois mort sur pied depuis longtemps. Quand des fentes de la surface extérieure viennent à donner du jour aux travailleurs lucifuges, elles sont fermées par les insectes au moyen d'un mastic de poussière ligneuse agglutinée par leur salive. » (M. Girard.)

De Quatrefages, qui avait été chargé d'étudier les dégâts causés par les Termites, a pu observer comment ils se comportent au début de la formation de leurs termitières. Il tenait les Termites dans un bocal à moitié plein de terre ; ses prisonniers ne pouvaient ainsi escalader les parois de verre, et en les garantissant de la lumière, en les observant le soir ou les surprenant à l'improviste, il a pu suivre en détail les travaux qui leur firent transformer en une petite termitière l'amas confus de terreau et de débris au milieu desquels ils étaient ensevelis d'abord. A peine le bocal était-il installé depuis quelques instants, que chacun chercha à se réunir à ses compagnons. Quelques-uns essayèrent de grimper le long des parois lisses de leur prison ; mais après quelques tentatives inutiles, ils s'enfoncèrent sous le terreau. La troupe entière fut bientôt dégagée, et on la vit partagée en petites bandes dans le fond du bocal, du côté le plus obscur. Au bout de quelques heures, ces groupes étaient réunis en un seul. A partir de ce moment les travaux commencèrent et marchèrent avec ensemble.

« Le premier soin des Termites, raconte de Quatrefages, fut d'établir autour du bocal une espèce de grande route, et comme les matériaux étaient très inégalement répartis, ils eurent à faire pour cela des déblais et des remblais. Les premiers étaient faciles ; les seconds donnèrent plus de peine. Les ouvriers transportèrent d'abord une certaine quantité de terre destinée à élever suffisamment le sol, puis au-dessus ils installèrent une voûte. Je les voyais arriver à la suite les uns des autres, chacun portant entre ses mâchoires une petite masse de terre qu'il appliquait, sans presque s'arrêter, au bord saillant de l'ouvrage ; puis il descendait par une espèce de rampe ménagée exprès, et rentrait sous terre par une galerie spéciale. Quelques-uns me semblèrent dégorger sur les matériaux déjà en place un liquide destiné sans doute à les consolider. Pendant tous ces travaux, les soldats [1] me parurent jouer bien évidemment le rôle de chefs et de surveillants. Je les voyais en petit nombre mêlés aux ouvriers, toujours isolés et ne travaillant jamais eux-mêmes. Par moments, ils faisaient avec le corps entier une sorte de trémoussement et frappaient le sol de leurs pinces ; aussitôt tous les ouvriers voisins exécutaient le même mouvement et redoublaient d'activité. En vingt heures, la galerie circulaire se trouva en état de servir ; il est vrai que les parois du bocal en formaient presque la moitié. En même temps, le terrain avait été consolidé, sa surface aplanie, et un bouchon que j'y avais déposé était à moitié enterré. Je leur en donnai alors trois autres ; j'y ajoutai successivement une boule de papier très serrée et une grosse boule de mie de pain. Ces divers matériaux restèrent exactement dans la position résultant du hasard de leur chute, et je crus d'abord qu'ils étaient dédaignés par les Termites ; mais ayant renversé le bocal sens dessus dessous au bout de quelques jours, ils restèrent tous en place malgré leur poids. Ils avaient été soudés l'un à l'autre, et je pus reconnaître plus tard, en les ouvrant, que les insectes y avaient percé plus d'une galerie, bien que ce travail de soudure et d'érosion fût parfaitement inappréciable à l'extérieur. Le travail de mes prisonniers me parut marcher d'abord sans discontinuité ; il se ralentit lorsque les gros ouvrages furent terminés. Au reste, peu de jours leur suffirent pour achever la termitière. A cette époque, mon grand bouchon était presque entièrement enterré, et le terrain avait été élevé au niveau des deux autres. Toute la surface du sol était unie, sans ouverture apparente, et le terreau, qui au commencement de l'expérience était aussi mobile que du sable fin, avait été si bien consolidé qu'il s'en détachait à peine quelques parcelles lorsqu'on renversait le bocal. Sous cette espèce de croûte, et tout à fait dans le bas, régnait tout autour du bocal une galerie large de 1 centimètre et haute de 1 centimètre et demi, en forme de demi-voûte, appuyée contre les parois transparentes du verre. Plusieurs ouvertures partaient de ce chemin de ronde et donnaient accès dans les chambres à voûtes, surbaissées, assez spacieuses pour contenir trente à quarante ouvriers. Celles-ci communiquaient avec d'autres appartements intérieurs par des portes très basses, où cinq ou six ouvriers pouvaient passer de front. » Les Termites se tinrent ensuite tranquilles.

*

Citons encore comme mineurs du bois les Vrillettes *(Anobium)*, qui se creusent des galeries dans les vieux meubles et dont les trous de sortie donnent à ceux-ci en quelque sorte leur cachet d'ancienneté ; la larve du Cerf-volant *(fig.* 183), le Grand Charançon du sapin *(Hylobius abietis),* qui cause tant de dégâts dans les sapinières ; la larve de l'Anomie musquée, qui creuse les saules ; les *Callidium variabile,* que

Fig. 183 — Larve et nymphe du Cerf-volant *(Cerambyx heros).*

l'on trouve si souvent en hiver dans les bûches servant à faire du feu ; les larves du *Cassus ligniperda,* et une multitude d'autres qu'il serait trop fastidieux d'énumérer : il suffit d'examiner un tronc d'arbre dans la forêt pour voir combien leur nombre est grand.

*

Pour avoir terminé ce qui a trait aux particularités intéressantes des insectes qui travaillent le bois, il ne nous reste plus qu'à parler d'insectes qui sont obligés de le percer pour atteindre les larves qu'il contient. Ce sont des hyménoptères très curieux *(Ichneumon, Ephialtes, Ryssa,* etc.) dont le corps se termine, à l'extrémité postérieure, par des filaments très ténus, de véritables soies dont on ne soupçonnerait

Fig. 184. — Ichneumon déposant ses œufs sur une larve enfermée dans un tronc d'arbre.

jamais la puissance : dès que l'hyménoptère, par un instinct qui nous échappe absolument, a deviné la présence d'une larve à l'intérieur du tronc d'arbre, il fait pénétrer lentement sa tarière dans le bois, parfois à cinq ou six centimètres de profondeur (*fig.* 184). Arrivée au contact de la larve, la tarière y fait pénétrer un œuf. Puis l'insecte va répéter son manège un peu plus loin, ce qui représente un travail considérable de perforation.

III

Chez les Mollusques.

Des mollusques, les Tarets (*fig.* 185), percent les bois submergés, les pilotis et les navires notamment, et les creusent de galeries (*fig.* 186) qui finissent par les laisser se casser sous l'action des vagues. Leurs dégâts sont parfois très considérables. Les Tarets ressemblent d'ailleurs plus à des Vers qu'à des mollusques, leur coquille étant très petite et à peine visible, tandis que leur corps, démesurément long, semble passé à la filière. De Quatrefages a fort bien décrit leurs mœurs. « On sait que ces mollusques perforent les bois les plus durs,

Fig. 185. — Taret.   Fig. 186. — Canaux percés dans les bois par les Tarets.

quelle que soit d'ailleurs leur essence ; on sait que leurs galeries sont tapissées d'un tube sécrété par l'animal, auquel il n'adhère que par les points correspondant à ses palettes ; c'est à tort qu'on a cru que les Tarets cheminaient toujours dans le sens des fibres du bois, ils le perforent en tous sens et souvent même le tube produit les inflexions les plus variées. Ces inflexions ne manquent jamais de se manifester lorsqu'un Taret rencontre sur son chemin soit le tube d'un de ses voisins, soit quelque vieille galerie abandonnée et ayant même perdu son revêtement calcaire. Il résulte de cette sorte d'instinct que quelque multipliés que soient les tubes dans le même morceau de bois, ils n'adhèrent jamais entre eux.

Comment le Taret perce-t-il les bois dans lesquels il se loge ?

On regardait la coquille comme l'instrument térébrant employé par l'animal pour creuser son habitation. Plusieurs théories ont depuis été proposées et se ramènent à celle-ci : pour les uns, la perforation est due à une action physique, pour les autres, à une action chimique.

Deshayes a embrassé cette dernière opinion, il explique le creusement des galeries par une sécrétion ayant le pouvoir de dissoudre la partie ligneuse; il peut y avoir quelque chose de vrai dans cette explication, mais elle n'est pas suffisante. Quel que soit le tronc attaqué, dans quelque direction que marche la galerie, la tranchée est toujours d'une netteté aussi parfaite que si la tarière la mieux affilée eût servi à creuser cette cavité; or il nous semble difficile d'admettre qu'un dissolvant quelconque pût agir avec cette régularité.

Tout dans le travail des Tarets me semble présenter le caractère d'une action mécanique directe.

L'intérieur de la galerie est constamment rempli d'eau et les points de ses parois non protégés par le tube sont soumis à une macération constante. une action mécanique faible suffit pour enlever la couche qui a été ainsi ramollie; or les replis cutanés supérieurs, surtout le capuchon céphalique, pouvant se gonfler à volonté par l'afflux du sang, recouvert d'un épiderme épais et non par des muscles puissants, me semble très propre à jouer le rôle dont il s'agit et il me paraît probable que c'est lui qui est chargé d'user le bois rendu moins résistant par la macération. »

CHAPITRE XXXII

Les Fabricants de Huttes

Certains mammifères bâtissent des huttes qui, parfois, sont aussi bien construites que celles de quelques peuplades sauvages.

De ce nombre sont les Ondatras musqués, plus connus sous le nom de Rats musqués du Canada (*fig.* 187). Ils établissent habituellement leurs huttes sur les bords en pente douce d'une rivière au cours lent. Ces habitations ne sont pas placées tout à fait sur le bord de l'eau, mais à une certaine distance que l'on a reconnue être le point extrême qu'atteignent les plus grandes crues. De cette façon, les huttes ne sont jamais noyées. Elles sont construites avec des joncs enfouis en terre et enchevêtrés étroitement, quoique sans grande régularité, les uns dans les autres. Ce feutrage est recouvert d'une épaisse couche de terre glaise que l'animal apporte et applique avec ses pattes de devant ; on assure qu'il aplanit cette couche avec sa queue, faisant office de truelle. La couche de terre est elle-même recouverte d'une couverture de joncs.

Fig. 187. — Rat musqué.

Chaque hutte, qui, extérieurement, a la forme d'un dôme, sert de demeure à plusieurs individus, en nombre variable. Quand ceux-ci sont sept ou huit, le diamètre intérieur est de 66 centimètres environ. Fait curieux et incompréhensible au premier abord, ces huttes n'ont pas de portes : c'est qu'en effet, du fond de chacune d'elles part un long couloir allant déboucher en plein dans l'eau ; c'est par ce chemin que les Ondatras sortent pour aller chasser. En outre, de chaque couloir de sortie partent d'autres canaux terminés en culs-de-sac ; les uns représentent les chemins parcourus par les Ondatras pour chercher des racines ; les autres, remplis d'ordures, semblent leur servir de water-closets.

Les habitations des Ondatras leur servent surtout pendant la saison froide. A ce moment ils les tapissent de nénuphars, de feuilles et de diverses herbes aquatiques.

*

Les Castors, que nous étudierons au chapitre suivant, construisent aussi des huttes fort bien faites.

*

Les Orycteropus du Cap creusent dans le sol de vastes galeries (*fig.* 188), mais au lieu de rejeter au loin la terre enlevée, ils la disposent en un dôme au-dessus de l'orifice d'entrée de leur terrier. Ces sortes de huttes paraissent destinées à

Fig. 188. — Orycteropus du Cap.

empêcher la pluie de pénétrer dans les cavités souterraines. Telle est du moins, la description que l'on en donnait autrefois. Aujourd'hui, on croit savoir que ces huttes ne sont, en réalité, que la partie externe de fourmilières et de termitières débarrassées de leur contenu par les Orycteropus, grands amateurs d'insectes.

Un oiseau, l'Ombrette, construit aussi des sortes de huttes (*fig.* 189).

C'est un échassier de moyenne taille, très remarquable sous le rapport de son nid. Il habite Madagascar et toute l'Afrique australe. « Dans cette der-

Fig. 189. — L'Ombrette et son nid.

nière région, l'espèce est connue sous le nom de *Hammer-Kopf* (tête en marteau), à cause de son bec volumineux et de son crâne couvert de plumes touffues. L'Ombrette ne fréquente pas les marécages, à la manière de beaucoup d'échassiers, et recherche surtout les torrents et les ruisseaux limpides. Pendant des heures entières, cet oiseau à la physionomie étrange se promène le long de la rive, comme un philosophe péripatéticien. Il semble plongé dans de profondes méditations et s'en va le dos voûté, en penchant sa tête chenue qu'il secoue de temps en temps, comme pour chasser quelque pensée importune. A quoi peut-il songer ? Il cherche tout bonnement sur le sol de petits mollusques dont il fait sa nourriture. Tout à coup il voit une ombre se projeter devant lui, il lève brusquement la tête et se trouve nez à nez avec un autre individu de son espèce ; aussitôt il quitte son air absorbé et se met à exécuter une pyrrhique grotesque ; son compagnon lui fait vis-à-vis pendant quelques instants ; puis tous deux reprennent en sens inverse leur promenade méthodique.

Dans la construction de son nid, l'Ombrette déploie un talent extraordinaire, et l'anecdote suivante, rapportée par le docteur Holub, montre que cet oiseau intelligent sait aussi tirer parti des conditions particulières créées par l'industrie humaine. Sur une pente abrupte des roches qui dominent le gouffre de *Kuilfontein*, dans l'Afrique australe, nichait, déjà depuis plusieurs années, un couple d'Ombrettes, quand un propriétaire du voisinage, grand éleveur d'Autruches, M. H.-W. Murray, résolut de chercher de l'eau vive pour arroser sa propriété. Dans ce but, il fit pratiquer dans le rocher une large tranchée de 30 mètres de long sur 5 mètres de profondeur et 1 mètre de largeur, et il eut le bonheur de trouver une source abondante qui fut captée et conduite dans un réservoir. Peu de temps après, les Ombrettes vinrent faire de fréquentes visites à la source récemment découverte, et, un beau jour, un pâtre, en se baissant au-dessus du fossé, aperçut avec stupéfaction sur une saillie du rocher, dans la tranchée même, le nid de ces oiseaux confortablement installé.

Fig. 190. — Lion.

Mais d'ordinaire, c'est, soit à l'enfourchure d'un arbre surplombant un précipice où roule un torrent écumeux, soit dans la fente d'un rocher abrupt, que l'Ombrette va jucher le berceau de ses petits. L'édifice ne mesure pas moins de 2 à 3 mètres de circonférence à la partie supérieure, sur 0 m. 50 à 0 m. 90 de haut, et pèse jusqu'à 200 livres ! Il est en forme de cône renversé et consiste en une masse énorme de branches, de ramilles et même de débris d'ossements cimentés avec de la terre, et disposés de manière à former une vaste chambre dans laquelle donne accès un couloir de 0 m. 15 à 0 m. 25 d'ouverture. Cette chambre est parfaitement close en dessus et met la femelle qui couve à l'abri des intempéries. Souvent on trouve, dans le voisinage immédiat l'un de l'autre, cinq ou six nids d'Ombrettes constituant une petite colonie. » (E. Oustalet.)

*

Beaucoup de mammifères sont amateurs de huttes, mais au lieu de les construire, se contentent de celles qu'ils trouvent naturellement. C'est ainsi que les Lions (*fig.* 190) et la plupart des autres félins vivent dans des grottes auxquelles ils ne font subir pour ainsi dire aucun changement.

*

Il est curieux de rencontrer chez un mollusque marin, le Poulpe (*fig.* 191), des mœurs analogues. Il recherche les cavités creusées dans les rochers submergés. A l'entrée de son repaire, on trouve toujours plusieurs galets amoncelés qui la

Fig. 191. — Poulpe dans son repaire.

défendent plus ou moins; on croit qu'il les apporte lui-même et y ajoute les débris de ses repas, consistant surtout en coquilles et carapaces de crustacés.

CHAPITRE XXXIII

Les Constructeurs de Digues

Le Castor construit aussi des huttes, qui ne le cèdent en rien à celles des Ondatras, décrites au chapitre précédent. Il élève en outre des digues destinées à rehausser le niveau de l'eau des rivières. C'est là un instinct merveilleux, unique dans le règne animal. Pour faire ses huttes, il emploie des branches d'arbres qu'il a dépouillées au préalable de leurs écorces pour les manger. Ces branches sont entassées, enchevêtrées en forme de dôme et plus ou moins bien agglutinées avec de la vase. Au centre se trouve une cavité dont le fond est jonché de débris de bois. Près de l'ouverture se trouve un espace destiné à recevoir les provisions et où l'on trouve souvent plusieurs charretées de racines de nénuphars. Des huttes part un couloir creusé dans le sol et qui aboutit dans la rivière voisine à 1 m. 20 au moins au-dessous de la surface de l'eau, c'est-à-dire en un point qui n'est jamais pris par les glaces. Achevées, les cabanes forment des dômes de 3 à 4 mètres de diamètre à la base et de 2 à 3 mètres de hauteur ; elles servent souvent pendant plusieurs années au même animal.

Les Castors édifient leurs cabanes chacun de leur côté ; il ne se réunissent en commun que pour la construction des digues. Quand le niveau de l'eau où ils vivent commence à baisser, on les voit se répandre dans les forêts du voisinage et se mettre à ronger la base des arbres avec leurs dents (voir l'aquarelle de la couverture de ce livre). Ces arbres de vingt à trente centimètres de diamètre finissent par ne plus être solides sur leur base ; les Castors achèvent leur chute en les poussant dans la direction du fleuve. « Les matériaux étant ainsi préparés, lés animaux se mettent en devoir d'établir leur digue. Ils plantent sur le fond de la rivière des pieux d'environ 1 m. 50 à 2 m. de hauteur, et les alignent les uns contre les autres. Puis, ils entrelacent entre eux des branches flexibles et bouchent tous les trous avec de la vase. Le barrage a une épaisseur de 3 à 4 mètres à la base et de 0 m. 60 à la partie supérieure. La paroi d'amont est inclinée, celle d'aval est verticale ; c'est la meilleure disposition pour supporter la pression de la masse d'eau, qui s'exerce alors sur une surface déclive. Dans certains cas, les Castors poussent même plus loin la science hydraulique. Si le cours d'eau est peu rapide, ils font en général une digue rectiligne, perpendiculaire aux deux rives ; dans ce cas, cela suffit ; mais, si le courant est violent, ils l'incurvent de façon que sa convexité soit tournée en amont. De la sorte elle peut bien plus efficacement résister. En un mot, ils ne font pas toujours de même ; et ils s'ingénient pour mettre leur manière d'agir en rapport, de la façon la plus favorable possible, avec les conditions du milieu. » (F. Houssay.)

Les Castors préfèrent les peupliers, les saules, les bouleaux et les frênes aux chênes et aux ormes, dont le bois est plus dur. « Il n'est pas rare, dit Crespon, qu'une paire de Castors, dans une seule nuit, renverse une cinquantaine de jeunes saules de la grosseur du bras ou de la jambe. Lorsqu'ils en ont jonché le sol, ces animaux choisissent les morceaux qui sont le plus de leur goût. Un jour du mois de mai 1843, sur la rive gauche du Rhône, nous nous amusâmes mon frère et moi, à compter les arbres victimes de leurs ravages, et nous pûmes nous convaincre que, dans deux saussaies voisines, il y avait de onze à douze cents jeunes saules coupés par les Castors. Ils rongent l'arbre à environ 1 mètre de hauteur, selon leur taille ; ils se posent sur leur train de derrière, et sans changer de place taillent l'arbre en sifflet et le renversent toujours du côté qui leur est opposé, en le poussant avec une de leurs pattes de devant qu'ils tiennent appuyée au-dessus de l'endroit qu'ils ont entamé. Dès la première aurore, ils ont soin de charrier avec leur gueule un certain nombre de branches dans leur terrier, pour les ronger tout à leur aise, à l'abri de tout danger, pendant le jour. » Le temps est loin où l'on pouvait faire sur les bords du Rhône impétueux ces intéressantes observations !

A propos du Castor, nous ne pouvons faire autrement que de citer les remarques suivantes que Romanes lui consacre dans son ouvrage classique sur l'*Intelligence des animaux*, ([1]) et au cours desquelles on trouvera l'analyse du remarquable mémoire de Morgan sur le même sujet.

« De tous les rongeurs, le plus remarquable par l'instinct et l'intelligence est indubitablement le Castor. De fait il n'existe pas d'animal, sans même excepter les Fourmis et les Abeilles, chez lequel l'instinct ait atteint un degré plus élevé de puissance adaptative dans un milieu soumis à des conditions constantes, et chez lequel des facultés manifestement instinctives s'enchevêtrent d'une manière plus embarrassante avec d'autres tout aussi manifestement intellectuelles. Cela est si vrai que, comme nous le verrons bientôt, l'étude la plus minutieuse de la psychologie de cet animal est impuissante à distinguer entre la chaîne de l'instinct et la trame de l'intelligence ; les deux principes se trouvent ici si intimement mariés, que dans les actes qui procèdent de cette alliance on ne sait quelle part faire à l'impulsion machinale ou à la direction rationnelle.

Les Castors vivent en société ; chaque mâle avec sa femelle et sa progéniture habitent un terrier ou logent à part. D'habitude un certain nombre de ces loges s'élèvent côte à côte et forment une colonie. Les jeunes Castors quittent le toit paternel au commencement de l'été de leur troisième année, choisissent leurs compagnes et s'établissent dans une loge pour leur propre compte. Comme chaque portée comprend annuellement trois ou quatre petits, il s'ensuit qu'une loge

---

([1]) De la *Bibliothèque scientifique internationale*, publiée par la Librairie F. Alcan

de Castors contient rarement plus de douze sujets ; le nombre habituel varie de quatre à huit. Chaque saison, surtout dans les districts où il y a un excès de population, une partie de la colonie émigre.

Les Indiens affirment que, dans ce cas, les vieux Castors remontent le cours d'eau, tandis que les jeunes le descendent, parce que, disent-ils, dans la région qui avoisine la source, les anciens trouvent à se suffire plus facilement que dans les parties éloignées. Les loges qu'ils abandonnent ainsi passent à d'autres couples, et grâce à ce système de transfert continu de génération en génération, ne cessent pendant des siècles d'être occupées.

Construites au bord de l'eau ou dans l'eau, elles se classent en loges insulaires, riveraines et lacustres.

Les loges insulaires sont celles qui se trouvent sur les petites îles des étangs que déterminent les barrages des Castors ; le plancher en est à quelques pouces du niveau de l'eau, et deux vestibules ou parfois davantage y donnent accès :

« Ces vestibules sont de véritables œuvres d'art. L'un deux, dont le plancher forme une sorte de plan incliné, s'élève graduellement du fond de l'étang jusqu'à la loge, sans déviation sensible ; l'autre est presque à pic et souvent contourné. J'appellerai le premier « le chemin au bois », parce qu'il a évidemment pour but de faciliter le transport des morceaux de bois, à la fois volumineux et longs, dont les Castors se nourrissent pendant la saison d'hiver. L'autre peut s'appeler « l'allée aux Castors », puisqu'il sert d'ordinaire à leurs allées et venues. Dans le cas qui occupe, l'allée au bois. de la plate-forme extérieure de l'entrée de la loge au fond de l'étang, descendait d'environ dix pieds en pente ; l'autre partait de côté, et s'en allait à pic jusqu'au fond de l'espèce de fossé qui conduit en pleine eau. Les deux allées étaient recouvertes d'une voûte grossière de morceaux de bois entrelacés et cimentés de boue et de plantes flexibles, et adhéraient respectivement au fond de l'étang ou du fossé. Les extrémités aboutissant au niveau de la loge étaient d'un fini remarquable, le haut et les côtés formant une arche plus ou moins régulière, avec un seuil en terre battue et consolidée à l'aide de morceaux de bois. Leur vue seule pourrait donner une idée de l'aspect artistique de quelques-unes de ces entrées. »

Sur le plancher de la loge s'élève une sorte de cabane construite avec un mélange de boue et de débris de bois, de forme circulaire ou ovale, et dont la grandeur varie avec l'âge ; car au cours des réparations successives qu'elle subit et qui consistent à retirer de l'intérieur les morceaux de bois pourris et les autres détritus, et à les appliquer ensuite sur l'extérieur à l'aide de nouveaux matériaux, la loge entière augmente peu à peu de taille et la cabane intérieure peut ainsi atteindre jusqu'à sept ou huit pieds de diamètre.

Il y a deux espèces de loges riveraines : « les unes sont situées sur la berge d'un cours d'eau ou d'un étang, à quelques pieds du bord, et communiquent avec le fond de l'eau par un tunnel souterrain. Les autres sont construites tout au bord de l'eau qu'elles surplombent en partie ; si bien que le plancher repose sur la berge, tandis que le mur extérieur, du côté de l'étang, est dans l'eau, et descend jusqu'au fond. »

Enfin les loges lacustres, construites sur un sol dur et en pente comme l'est généralement le rivage des lacs, présentent certaines particularités qui les rendent intéressantes comme exemples du génie d'adaptation des Castors. La moitié, et même les deux tiers de la loge sont construits sur pilotis, de manière à en masquer l'entrée et à permettre de l'étendre sous l'eau, en eau profonde.

Ces différentes espèces de loges ne sont, au point de vue historique, que des terriers modifiés.

« Le Castor est un animal fouisseur. Poussé par son instinct, il creuse sous terre des galeries, et à la surface il construit des loges, éléments nécessaires à sa sécurité et à son bonheur. Ces loges ne sont que des terriers extérieurs recouverts d'un toit et spécialement adaptés à l'élevage des jeunes. Il y a lieu de croire que le terrier est la demeure normale du Castor, et que la loge n'en est que le développement naturel, suggéré par l'expérience. Du reste il lui adjoint des terriers dans la berge de l'étang. Jamais il ne s'en fie entièrement à sa loge pour sa sûreté personnelle ; il sait trop bien qu'étant en vue, elle attire les attaques. Comme les entrées sont toujours au-dessous du niveau de la surface de l'étang, aucun indice extérieur ne révèle la position du terrier, si ce n'est parfois un petit tas de branches coupées, d'un pied de haut ou davantage. »

D'après les trappeurs, ces branches auraient pour objet d'empêcher la neige de boucher hermétiquement l'ouverture du terrier en s'y tassant.

M. Morgan ajoute avec vraisemblance que cette habitude d'amonceler des morceaux de bois pour pourvoir à la ventilation peut fort bien être le germe d'où est sortie la loge.

« D'une pile extérieure de branches à la loge, avec compartiment au-dessus du sol et accès à l'étang par le terrier précurseur, il n'y a qu'un pas. Un terrier défoncé à son extrémité supérieure par quelque coup de hasard, puis réparé à l'aide d'une couche de terre et de brins de bois, a pu facilement servir de début à la loge extérieure. »

Fait important à consigner, à titre de modification locale d'instinct, dans les *Cascades mountain's*, les Castors habitent principalement des terriers creusés dans les berges des cours d'eau et ne construisent que rarement des loges ou des digues.

Dans son compte rendu de la zoologie de l'Orégon et de la Californie, le docteur Newbury raconte qu'il a vu des Castors en nombre étonnant, mais pas une seule « cabane » et fort peu de digues. Qu'il y ait là un retour à l'instinct primitif ou un arrêt dans le développement de l'instinct plus récent, peu importe ; mais il est probable, vu l'antiquité de l'instinct de construction, et ses manifestations partielles chez les Castors de Californie, que l'on se trouve en présence d'une rétrogradation.

Dans le choix qu'ils font d'un endroit pour y établir leurs loges, les Castors déploient beaucoup de sagacité et de prévoyance : « Eu égard au climat rigoureux de ces pays, il est nécessaire que les entrées de leurs loges se trouvent dans une eau suffisamment profonde et abritée pour ne pas geler au fond (¹) ; sans quoi ils périraient de faim dans leurs habitations changées en prisons. Pour parer à ce danger, il importe aussi que la digue soit solidement établie, sans quoi le niveau de l'eau pourrait baisser pendant l'hiver ; d'autre part ce niveau doit être déterminé par rapport au plancher de la loge, de manière à permettre aux Castors de rentrer en tout temps leurs coupes de bois pour pourvoir à leur consommation. Ayant délaissé leurs conditions normales d'existence sur les berges des rivières, pour vivre dans des étangs artificiels qu'ils forment eux-mêmes, ils ont à subir les conséquences de leur choix et à parer à celles qui leur seraient fatales. »

Sur le Missouri supérieur, dans les régions où les bords de la rivière se dressent verticalement de trois à huit pieds de hauteur pendant des milles et des milles, les Castors ont recours à des espèces de tranchées ou plans inclinés à un angle de 45° à 60°, qui partent à quelques pieds en arrière du bord, et descendent graduellement jusqu'au niveau de l'eau. Comme le fait remarquer M. Morgan, voilà encore une preuve que les Castors sont doués d'une grande liberté d'intelligence qui leur permet de s'adapter aux conditions dans lesquelles ils se trouvent.

Passons maintenant à la manière dont ces animaux se procurent et emmagasinent leurs aliments. Tout d'abord, il est bon d'observer que l'écorce des troncs de grands arbres, ou d'arbres de taille moyenne est trop épaisse pour leur convenir ; celle qu'ils recherchent comme tendre et nourrissante, provient des branches. Pour se la procurer, ils abattent les arbres (*fig.* 192) en rongeant le tronc tout autour de la base. En deux ou trois nuits de travail, un couple de Castors peut ainsi venir à bout d'un arbre qui a atteint la moitié de sa croissance et chaque famille jouit en paix du fruit de ses efforts. Lorsque l'arbre commence à casser, nos bûcherons s'arrêtent, puis reprennent leurs opérations avec circonspection jusqu'au moment où la chute s'accuse ; aussitôt ils plongent dans l'étang et restent cachés pendant quelque temps, comme s'ils craignaient que le bruit fait par l'arbre en tombant n'attirât quelque ennemi. Point à noter : les Castors savent déterminer la direction de la chute ; ils s'attaquent surtout au côté opposé à celui de l'eau, ce qui fait tomber l'arbre vers ce dernier, et leur épargne par la suite beaucoup de peine dans le transport. Aussitôt l'arbre à bas, ils s'occupent d'en détacher les branches, du moins celles qui ont de deux à six pouces de diamètre : ils les dépouillent de leur bois et puis les coupent en morceaux d'une longueur qui leur permet de les porter dans leurs loges. Ce découpage s'opère au moyen d'incisions qu'ils pratiquent à des distances plus ou moins égales le long du côté supérieur de la branche, alors qu'elle repose sur le sol, et qu'ils complètent en la retournant avec bien moins de peine que s'ils continuaient à couper du même côté. Plus la branche est épaisse, plus les sections sont nombreuses et par conséquent plus les morceaux sont courts, pour la simple raison que l'animal n'aurait pas la force de transporter un gros morceau de la même longueur qu'un morceau

---

(¹) Dans ce but, ils choisissent souvent l'endroit où une source s'échappe du fond du lac ou de l'étang.

de diamètre moindre dont il peut juste se charger. « Ils montrent beaucoup
d'adresse à manier ces pièces. Avec l'aide de leurs hanches ils les poussent et les
font rouler, se servant de leurs jambes et de leur queue comme de leviers, tandis
qu'ils avancent de côté. Par ce moyen, ils font traverser aux gros morceaux le

Fig. 192. — Castors abattant des arbres.

terrain inégal mais généralement en pente qui sépare les arbres de l'étang ; quand
une pièce a été ainsi transportée au bord de l'eau, un Castor s'en empare, en ajuste
une extrémité sous son cou et la pousse devant lui jusqu'au point où elle doit être
submergée. »

C'est sans doute en laissant tremper leurs morceaux de bois que les Castors les
font aller au fond ; mais certains indices semblent prouver qu'ils connaissent également un moyen de les amarrer sous l'eau. En effet, on en a vu remorquer des
broussailles vers leurs loges, en prendre le gros bout dans leur gueule, et plonger
comme pour les planter dans la vase. Une fois un amas de broussailles établi au
fond, les morceaux de branches d'arbre y sont fourrés et se trouvent ainsi à l'abri
du courant qui, sans cela, pourrait les emporter peut-être au moment même où
l'existence des Castors dépend de leurs provisions.

Enfin, dans certaines circonstances, découpage, transport et amarrage, tout cela
serait peine superflue ; et en pareil cas, les Castors ne manquent pas de s'en dispenser. C'est quand l'arbre pousse si près du bord, que ses branches seront sûrement submergées quand il sera abattu ; les Castors savent alors que leurs provisions seront en sûreté sans plus d'embarras. Mais naturellement le nombre d'arbres
situés ainsi est limité et ne saurait leur suffire.

Si nous considérons maintenant les digues et les canaux que construisent ces créatures, nous nous trouvons en présence d'œuvres merveilleuses, et selon moi les plus troublantes au point de vue psychologique que nous présente le règne animal.

Les digues (*fig.* 193) sont destinées à former les étangs artificiels qui doivent servir de refuge aux Castors, et relier les différentes loges entre elles. Le niveau de l'eau doit par conséquent s'élever dans tous les cas au-dessus des entrées des loges et des terriers, et de fait il en est généralement à deux ou trois pieds de distance.

« Comme la digue n'est pas de première nécessité dans l'existence du Castor

Fig. 193. — Digue construite par les Castors.

dont le gîte normal se trouve plutôt dans les rivières et étangs naturels, dans les berges desquels il trouve à se terrer, on a lieu de trouver singulier qu'il ait de son propre mouvement quitté le milieu qui lui est naturel, pour se créer un genre de vie artificielle au moyen de digues et d'étangs spéciaux. »

Le mode de construction est le même pour toutes les digues, mais comme forme extérieure, on en distingue deux espèces. La plus répandue est celle qu'on appelle « la digue à claie » parce qu'elle consiste en perches et fagots entrelacés et surmontés d'un mélange de terre et de morceaux de bois en forme de banc.

La digue dite « en môle plein » diffère de la précédente en ce qu'il entre beaucoup plus de boue et de broussailles dans sa construction, surtout à sa surface, de sorte qu'elle présente l'apparence d'un véritable mur de terre.

Par ci par là, pour donner du poids et de la solidité à leurs constructions, les Castors y incorporent des pierres pesant de une à six livres qu'ils transportent de la même manière que la boue, c'est-à-dire en les serrant contre leur poitrine avec leurs pattes de devant tout en marchant sur celles de derrière. Les digues à môle plein sont beaucoup plus solides que celles à claie ; un cheval pourrait y passer sans danger, mais les autres ne porteraient pas le poids d'un homme.

Du reste, chaque sorte est adaptée au site qu'elle occupe. Dans les endroits où la force du courant, agissant sur des terres d'alluvion, y creuse un lit à bords verticaux, la forme des berges ne se prête pas à l'établissement d'une digue à claie et d'ailleurs elle ne pourrait résister au volume et à l'impétuosité de l'eau. Aussi en pareil cas les Castors ont-ils recours à leurs digues à môle plein, réservant les autres pour les endroits où le courant est faible et l'eau peu profonde.

Voici d'après M. Morgan les proportions d'une digue :

Hauteur à partir de la base	de 2 à 6 pieds.
Différence de profondeur de l'eau en aval et en amont de la digue.	4 à 5 —
Épaisseur à la base	6 à 18 —
Arête de section en aval.	6 à 13 —
Arête de section en amont.	4 à 18 —

Quant à la longueur, elle dépend naturellement de la distance d'un bord à l'autre. Quand cette distance est considérable, la longueur de la digue prend parfois des proportions étonnantes, comme l'atteste M. Morgan.

« La longueur de certaines digues, dans cette région, tient du prodige, et il faut presque l'avoir mesurée soi-même pour y croire. Elle atteint 400 et même 500 pieds de long.

Sur un affluent de la rivière Esconauba, à environ un mille et demi du « Washington-Main », il existe une digue composée de deux sections, dont l'une mesure 110 et l'autre 420 pieds de long. Entre les deux se trouve un banc naturel de 1000 pieds de long que les Castors ont façonné par endroits.

A l'origine ils avaient construit d'un bord à l'autre du cours d'eau une digue à remblai longue de 90 pieds et munie d'un conduit de 5 pieds de large en guise de trop-plein. L'eau ayant monté et inondé la rive gauche, la digue fut prolongée de 90 pieds, jusqu'à contact avec une élévation de terrain suffisante. Cette élévation formait une sorte de remblai, parallèle au courant, qu'il remontait sur une distance de 1000 pieds, jusqu'en un point, où un abaissement permettait à l'eau de l'étang d'échapper et de rejoindre par un détour le lit du cours d'eau au-dessous de la digue. C'est pour remédier à cet état de choses que la section de 420 pieds fut construite. Assez basse sur la moyenne partie de sa longueur, elle atteint dans certains endroits une hauteur de 2 pieds et demi à 3 pieds C'est une digue à claie, avec un remblai en terre sur sa face extérieure. Voilà donc un total de 1530 pieds, dont 530 sont dus entièrement au travail des Castors, et dont le reste a été façonné par eux, dans les endroits où l'abaissement du terrain réclamait un remblai artificiel. »

C'est véritablement merveille que des animaux se livrent à des travaux de construction aussi vastes, avec l'intention nettement caractérisée de se procurer certains avantages par l'exercice de leur talent comme ingénieurs. Le fait est même si étonnant, qu'en interprètes de sens rassis nous n'en chercherions pas volontiers l'explication ailleurs que dans une conception intelligente, tant des conséquences avantageuses de l'entreprise que des principes hydrostatiques dont l'application s'y trouve indiquée.

Et cependant nous avons beau scruter, rien de simple ne se présente comme solution.

Donc il n'y a pas de moyen de conclure autrement : les Castors savent parfaitement, en réalité, que leurs digues servent à maintenir l'eau à un niveau constant. Car il est avéré que les digues à remblai sont munies d'un trop-plein, et de plus, que les dimensions de ce tuyau d'écoulement subissent des modifications suivant le volume du cours d'eau à différentes époques. De même, les Castors facilitent ou restreignent le passage de l'eau à travers les digues à claie selon qu'elle abonde ou non, sans quoi leurs loges seraient inondées ou bien leurs vestibules sous-marins seraient mis à sec (¹). D'ailleurs, on comprend facilement que les digues à claie, par suite de l'infiltration de l'eau ou de la pourriture et de l'affaissement des matériaux, soient sujettes à des fuites qui demandent une surveillance continuelle. Aussi paraît-il qu'à l'automne la partie inférieure de ces digues reçoit une nouvelle couche de matériaux pour compenser les pertes.

Or, il y a là évidemment un changement continuel de conditions résultant d'une variation continuelle dans le volume d'eau ; et il est à remarquer que les Castors ont recours au seul remède possible en réglant la décharge par les digues. Nous nous trouvons donc en présence d'un fait qui diffère essentiellement des opérations purement instinctives, quelque merveilleuses que soient certaines d'entre elles. Car les adaptations de l'instinct proprement dit n'ont rapport qu'à des conditions qui ne changent pas; de sorte que nous ne saurions attribuer le cas qui nous occupe à un effet de l'instinct pur et simple, sans modifier grandement l'idée que nous nous faisons de ce dernier.

Il nous faut, par exemple, supposer que les Castors, s'apercevant d'une hausse ou d'une baisse du niveau de leurs étangs, agissent sous le coup du malaise qu'ils en ressentent et, sans motif raisonné, se mettent, suivant le cas, à élargir ou à rétrécir les orifices d'écoulement· De plus, il faut qu'il y ait dans les conditions d'incitation et de réaction un accord parfait, de manière à ce que les animaux mesurent l'élargissement ou le rétrécissement nécessaire d'après le degré de malaise qu'ils éprouvent ou qu'ils prévoient. En voilà assez, il me semble, pour montrer combien il est difficile d'imaginer un raffinement d'instinct proprement dit qui puisse satisfaire à des conditions d'adaptation aussi complexes, mais nous allons

---

(¹) Pendant les grandes crues, cela arrive quelquefois, les Castors ne peuvent établir un écoulement suffisant et leurs digues finissent par être submergées. Quand la baisse a lieu, ils s'appliquent à réparer les dégâts.

voir que la difficulté ne fait que croître quand l'on considère certaines autres
particularités que présente l'ouvrage des Castors.

Il arrive quelquefois que la pression de l'eau sur les digues de grande étendue
est telle qu'elle compromet leur stabilité. M. Morgan a observé qu'en pareil cas les
Castors établissent une autre digue moins élevée à quelque distance au-dessous de
la première de manière à former, entre les deux, un étang de peu de profondeur : « Cet étang ne joue aucun rôle apparent dans l'installation des Castors,
mais il n'en rend pas moins de grands services en produisant une couche d'eau
en aval de douze à quinze pouces de profondeur, et la digue secondaire, par cela
même qu'elle retient un pied d'eau au-dessous de la première, réduit d'autant la
différence des niveaux et la pression de l'eau de l'étang supérieur contre l'ouvrage
principal. »

La digue secondaire est-elle réellement construite en vue de pareils résultats,
ou bien faut-il chercher la raison de son existence dans une autre hypothèse?

C'est là un point sur lequel M. Morgan préfère ne pas se prononcer, mais comme
il affirme ailleurs avoir renouvelé en tous points son observation dans le cas de
plusieurs grandes digues, on est amené à en conclure qu'il y a là au moins plus
qu'une combinaison fortuite ; et comme, après tout, elle est nettement caractérisée, on ne voit guère qu'une seule hypothèse à faire, à savoir que les animaux
ont pour objectif la stabilité de la digue principale. Et s'il en est ainsi, nous ne
pouvons plus, à mon avis, nous réclamer ici de l'instinct pur et simple.

M. Morgan découvrit également une digue qui était précédée d'une autre,
longue de 93 pieds et haute de 2 pieds et demi au centre. Elle lui inspire les
réflexions suivantes :

« Une digue en amont n'a aucun avantage visible pour les Castors, en ce qui
concerne l'aménagement de l'étang. Celle-ci se distingue d'ailleurs par une élévation qui n'appartient qu'aux digues des embouchures du lac, c'est-à-dire par une
élévation d'environ 2 pieds au-dessus du niveau normal de l'eau sur toute sa longueur, tandis que les autres digues sont presque au ras de l'eau. On est tenté de
croire qu'elle fut construite en vue de hausses soudaines en temps de crues, dans
le but de contenir l'excédent d'eau et de donner à la digue inférieure le temps de
l'écouler graduellement, but qu'elle remplirait certainement à l'occasion, quelque
risquée que soit l'hypothèse. Sans doute qu'en attribuant l'origine de l'expédient
à un motif aussi raisonné, nous ferions une part excessive à la sagacité de l'animal ; encore convient-il de faire remarquer dans quel rapport les deux digues se
trouvent vis-à-vis l'une de l'autre, que le rapport soit l'effet du hasard ou d'un acte
intentionnel. »

Voilà qui est s'exprimer avec prudence ; mais, puisque nulle part ailleurs on
ne trouve de digues sans objet, on est clairement en droit de conclure que celle
dont il s'agit, vu sa position et sa hauteur, doit son origine à la nécessité de parer
à l'inconvénient auquel elle remédie incontestablement. Si nous rejetons cette
explication il ne s'en présente pas d'autres, et bien que dans le cas d'une pareille
manifestation d'intelligence de la part d'un animal, se produisant d'habitude ou

par occasion, je n'hésiterais pas à voir l'action du hasard, il y a chez les Castors une telle multitude de faits se répétant sans cesse et ne pouvant, les uns et les autres, se rattacher qu'à une connaissance pratique et non moins merveilleuse des principes de l'hydrostatique, que l'hypothèse du hasard me paraît devoir être abandonnée ici. Voici, du reste, à l'appui de mon opinion des preuves que fournit le détail des canaux de Castors. M. Morgan, qui fut le premier à découvrir et à décrire ces étonnants monuments d'ingéniosité, dit à ce sujet :

« Quelque remarquable que soit une digue tant par sa construction que par le but qu'elle remplit, elle ne l'est pas davantage, si même elle l'est autant, que ces chemins d'eau, qu'on appelle ici canaux, et qui sont creusés dans les terres basses qui bordent l'étang, de manière à atteindre le bois dur, et à en faciliter le transport jusqu'aux loges. Il y a là tout un plan, dont le devis et l'exécution impliquent un fonctionnement rationnel, plus complexe et plus étendu que la construction d'une digue; une fois l'idée conçue et mûrie, elle aboutit à un travail beaucoup plus simple, sans doute, mais auquel on se serait bien moins attendu de la part d'un animal. »

Les circonstances qui donnent naissance à ces canaux sont les suivantes : le barrage d'un petit cours d'eau par une digue sert principalement à inonder les terres basses jusqu'à la hauteur la plus proche sur laquelle se trouvent des arbres de bois dur; la communication par eau étant commode ou même nécessaire au point de vue du transport. Or, parfois, l'étang ne remplit pas complètement ce but, et parfois aussi, les bords, par leur configuration nette, en déterminent les limites; c'est alors que les canaux sont mis en réquisition :

« Sur les terrains en pente, comme nous l'avons déjà vu, les Castors font rouler ou traînent jusqu'à l'étang les morceaux de bois qu'ils ont détaillés. Mais, lorsque le terrain est bas, la surface en est généralement inégale et accidentée, ce qui rend le transport difficile, sinon impossible; d'où l'idée d'un canal à travers cette région pénible. Le besoin en est si apparent, qu'on se sent moins porté à s'étonner de son existence; et, cependant, que les Castors s'avisent de construire un canal pour parer à ce besoin est chose des plus remarquables. »

Les canaux sont des excavations à section et extrémités rectangulaires, de 3 à 5 pieds de largeur sur 3 pieds de profondeur; leur longueur se compte quelquefois par centaines de pieds, et dépend naturellement de la distance qui sépare les loges du bois à couper. Racines, broussailles, etc., tout est enlevé avec soin, de manière à laisser un passage libre. Ces tranchées existent en si grand nombre que l'on ne saurait les attribuer à un effet du hasard; elles sont évidemment le résultat d'efforts laborieux, entrepris de propos délibéré, pour s'assurer certains avantages calculés d'avance. Dans l'exécution du plan conçu, la nature des localités conduit parfois à des détails de construction qui révèlent une profondeur de prévoyance technique, plus étonnante encore que la mise en œuvre de l'idée générale. Ainsi, il arrive assez fréquemment qu'à une certaine distance de l'étang, un exhaussement du sol forme un obstacle qui ne permettrait de continuer le canal qu'au prix d'une tranchée profonde et pénible à creuser. En pareil cas, les Castors ont recours à divers expédients, suivant la nature du terrain.

M. Morgan a fait un croquis (*fig.* 194) qui se rapporte à un cas de ce genre. Il s'agit d'un canal qui rencontre trois exhaussements successifs du sol; le premier à 430 pieds de l'étang, le second 25 pieds plus loin, et le troisième 47 pieds au delà du second. A chaque exhaussement, il y a une digue, et le canal se trouve partagé en sections, qui s'étagent d'un pied au-dessus l'une de l'autre. La première partie est alimentée par l'eau de l'étang, et les trois autres par l'eau qui découle des terres élevées et que rassemblent les digues qui vont en s'allongeant.

La digue inférieure dépasse le canal de chaque côté de quelques pieds; celle du milieu est longue de 27 pieds d'un côté et de 75 de l'autre. Enfin, la digue supé-

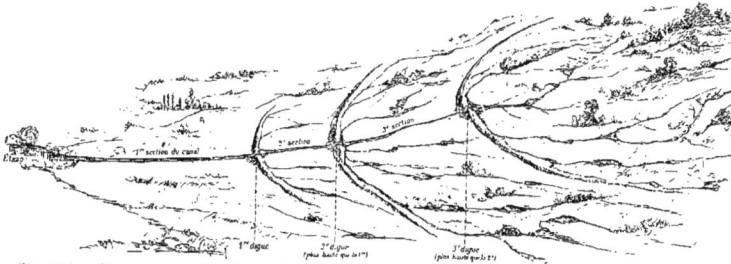

Fig. 194.— Barrages construits par des Castors le long d'un canal qui rencontre trois exhaussements successifs du sol.

rieure ne mesure pas moins de 142 pieds. Toutes les trois sont en forme de croissant dont la concavité fait face aux hauteurs.

Nous voilà donc en présence, non seulement d'une application rigoureuse du système d'écluses que l'homme emploie dans les canaux de sa construction, mais de tout un système pour recueillir les eaux d'écoulement au moyen de remblais collecteurs d'une longueur considérable et de la forme la mieux appropriée; combinaison de principes techniques, qui, par cela même qu'elle n'a qu'un seul objectif, ne nous permet pas d'en attribuer le détail au hasard. M. Morgan nous apprend « qu'au point où les digues traversent le canal, leur crête est déprimée au centre, par suite du passage continuel des Castors qui vont et viennent avec leurs fardeaux. Somme toute, il y a là un ouvrage des plus remarquables, qui, comme marque d'intelligence, dépasse de beaucoup l'idée que l'on se fait communément de la capacité du Castor. Grâce à lui, les habitants de l'étang se trouvent en communication par voie d'eau avec les arbres qui leur fournissent leur nourriture, et dispensés de traîner leurs pièces de bois à travers 500 pieds de terrain inégal et sans pente; tâche des plus rudes, sinon impossible. »

Dans un autre cas, que M. Morgan représente également par un croquis, un autre genre de difficulté a imposé aux Castors un expédient différent et le plus conforme aux exigences de la situation qu'ils pussent adopter. Ici, le canal, au bout des 150 pieds qui séparent l'étang de la région boisée, rencontre un talus couvert d'arbres à bois dur, au pied duquel il se bifurque en deux branches, de directions opposées, longues, l'une de 100 pieds et l'autre de 115 et terminées abruptement par une paroi verticale. La raison de cette bifurcation est facile à comprendre : « Au moyen de ses deux bras, le canal se trouve avoir 215 pieds de contact avec les terres boisées, ce qui permet aux Castors de jouir des avantages du transport par eau sur toute cette longueur. »

Une dernière preuve, et je crois que j'aurai suffisamment démontré que, dans le cas de leurs canaux comme dans celui de leurs digues, les Castors conçoivent à l'avance une idée très nette du rapport entre certains artifices et certains résultats à produire dans des circonstances aussi spéciales que variées. M. Morgan eut une ou deux fois l'occasion de constater l'existence d'un canal de Castors à travers la partie la plus étroite d'une langue de terre, décidé en raison d'une sinuosité dans le cours d'une rivière, et destiné apparemment à raccourcir le chemin dans un sens comme dans l'autre. A en juger par les croquis à l'échelle qu'il nous présente, il est certain que ce devait être là le but des Castors ; et, comme il y allait pour eux d'une tranchée de 100 à 200 pieds de long, c'est-à-dire de quelque 1500 pieds cubes de terre à remuer, il faut bien qu'ils conçoivent nettement l'avantage qui doit résulter pour eux, dans l'avenir, de la substitution d'un trajet artificiel en ligne droite au circuit naturel du cours de la rivière.

Pris dans leur ensemble, les faits qui se rapportent à la psychologie du Castor constituent, comme on le voit et comme je l'ai dit en commençant, un problème des plus ardus, peut-être même le plus difficile que l'on puisse rencontrer dans le domaine de l'intelligence animale. D'une part, il ne semble pas croyable que le Castor puisse atteindre au degré de raisonnement abstrait qu'indiqueraient ses différents travaux s'il s'y livrait dans le dessein mûrement réfléchi d'obtenir les résultats qui en découlent actuellement. D'autre part, ainsi que nous l'avons vu, il ne paraît guère plus probable qu'il doive son inspiration à l'instinct. Et pourtant il faut bien admettre l'une ou l'autre hypothèse, ou une combinaison de toutes les deux. C'est qu'en effet le cas se distingue des manifestations les plus remarquables de l'instinct, comme on en observe chez les Fourmis et les Abeilles, par la variété et la complexité de l'exécution, aussi bien que par la plus grande profondeur des principes physiques qui s'y trouvent impliqués.

Je ne saurais terminer cet aperçu sans mentionner le rapport aussi succinct qu'intéressant du professeur Alexandre Agassiz, dont le témoignage est le seul après celui de M. Morgan qui ait une réelle valeur scientifique. Il raconte que la digue la plus longue qu'il ait vue, de ses propres yeux, avait 650 pieds, sur 3 pieds 1/2 de haut ; l'étang comptait un petit nombre de loges et l'auteur remarque que la longueur des digues est toujours hors de proportion avec le nombre des loges. Il n'a jamais compté plus de cinq de ces dernières, dans un même étang. Il est donc évident d'après cela que les Castors ne sont pas des animaux d'une espèce sociale proprement dite ; leurs digues et leurs canaux sont l'ouvrage d'une troupe restreinte, continué pendant des siècles par les générations qui se succèdent dans un même étang, ce qui explique leurs vastes proportions dans certaines localités.

M. Morgan s'était déjà exprimé dans ce sens ; selon lui l'ouvrage des Castors peut représenter des centaines sinon des milliers d'années d'un travail continu.

Le professeur Agassiz eut la preuve géologique de l'exactitude de cette opinion, et voici comment. Pour assurer les fondations du barrage d'un moulin établi en amont d'une digue de Castors, il avait été nécessaire de déblayer le fond de leur étang, on reconnut alors qu'on avait affaire à une tourbière dans laquelle on put creuser une tranchée de 1 200 pieds de long sur 12 de large et 9 de profondeur. Sur tout le parcours on rencontra à différentes profondeurs de vieux troncs d'arbres dont quelques-uns portaient encore la marque de dents de Castor. Selon Agassiz, la tourbière avait dû se développer à raison d'un pied par siècle ; de sorte que la digue devait avoir quelque mille ans d'existence.

L'extension graduelle de ces énormes digues modifie grandement la configuration du pays aux alentours. En prenant une série de niveaux entre les digues et la source des cours d'eau qu'elles traversent, Agassiz put se faire une idée du paysage tel qu'il existait avant le développement des digues et il constata que les espaces découverts qui touchent aux étangs, et qu'on appelle prairie des Castors, où les arbres sont rares et de petite taille, avaient dû être complètement boisés à une époque déjà reculée. Commençant par la partie de la forêt voisine de leurs digues, les Castors avaient peu à peu étendu le cercle de leurs opérations, d'abord le long du cours d'eau aussi loin que possible, puis à droite et à gauche au moyen de canaux, tant que le niveau du terrain le leur permettait ; l'étendue du débordement correspondait à la durée de leur séjour dans le voisinage. De cette manière, les Castors peuvent changer complètement l'aspect de toute une région ; ce qui était une forêt épaisse disparaît sous l'eau de leurs étangs. »

CHAPITRE XXXIV

Les Taraudeurs de Pierres

Percer une pierre très dure n'est pas chose très facile, et plus d'une personne, même munie de bons outils, serait en peine de le faire. D'autre part, le travail exige une grande dépense de force. On serait donc tenté de croire que les taraudeurs de pierres se rencontrent chez les animaux les plus intelligents, les mieux armés et les plus forts. Il n'en est rien : les taraudeurs en question ne sont que des mollusques, c'est-à-dire des êtres à intelligence des plus étroites et dont le corps mou est renfermé, pour la plupart, dans une coquille qui ne lui laisse pour ainsi dire pas la place nécessaire pour remuer. Comment donc ces animaux inertes arrivent-ils à produire un travail si fin ?

Parmi les mollusques perforants les plus connus sont les Pholades (*fig.* 195), gros mollusques à deux coquilles, dont le corps se prolonge au-delà de celles-ci, en un long siphon. Les animaux sont enfouis dans des creux de rochers constitués par les roches les plus dures, telles que le calcaire, le gneiss, le granite. La cavité qui a la même forme que la Pholade est en forme de bouteille, c'est-à-dire qu'il est impossible d'en retirer l'animal par l'orifice. On voit bien que l'animal creusait son trou à mesure qu'il grossissait. On a même cru pendant longtemps que le mollusque le creusait en sécrétant un acide. Or cette hypothèse, à la rigueur admissible pour le calcaire, serait incapable d'expliquer les trous dans le granite ou dans les roches siliceuses.

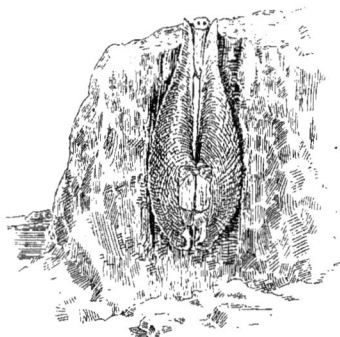

Fig. 195. — Pholade dans son rocher.

D'autres auteurs attribuent la perforation du trou à une action mécanique de la coquille. Le bord épais de la coquille agirait à la façon d'une lime par le va-et-vient de l'animal. Ainsi, en examinant des Pholades en train de creuser, on les voit contracter leurs siphons, écarter leurs valves, se fixer par le pied, puis faire marcher la coquille soit à droite, soit à gauche, ce qui a pour effet de faire frotter les épines des valves contre les parois. Il est possible que cette explication soit valable pour les Pholades, mais elle ne peut l'être pour d'autres mollusques perforants, tels que les Lithodomes, dont la coquille est absolument lisse et ne peut faire par suite l'office d'une râpe.

D'ailleurs, chez tous les mollusques perforants, l'agent principal sinon exclusif

Fig. 496. — Temple de Sérapis miné par les Pholades.

de la perforation est le pied, dont, au premier abord, on ne soupçonnerait pas la puissance. C'est une masse musculaire, molle, que l'on ne saurait mieux comparer qu'à une langue. La surface en paraît absolument lisse, mais au microscope on y décèle de très fins cristaux qui en font du véritable papier de verre. C'est ce pied très musculeux qui lime lentement le rocher et finit par le percer : le temps supplée à la puissance.

A propos des Pholades, rappelons que leurs trous ont été parfois utilisés pour

reconnaître les mouvements dont le sol avait été le siège. « Sur la côte de Pouz-
zoles, dit Contejean, s'élève une falaise presque verticale où l'on remarque, à une
hauteur de 6 mètres au-dessus du niveau de la mer, une bande rongée par les
vagues et remplie de perforations de coquilles lithophages. Dans la petite plaine
qui sépare cette falaise de la mer existent les ruines du temple de Sérapis
(*fig.* 196). Trois colonnes monolithes de marbre blanc, qui restent debout et dont
la hauteur est de 13 mètres, sont criblées de trous de Pholades sur toute la surface
d'une zone qui commence à 2 m. 70 du sol et dont la largeur est de 3 m. 60. Ce
temple ayant été certainement construit au-des-
sus des eaux, on en conclut à un affaissement du
sol qui a plongé dans la mer toute la plaine et la
falaise jusqu'à la bande rongée de celle-ci. Cette
bande correspond aux perforations des colonnes.
A cet affaissement, qu'on rapporte avec doute à
la fin du IVe siècle, a succédé, probablement en
1538, à la suite de la formation du Monte-Nuovo,
un exhaussement qui a porté le sol à son niveau
actuel. »

Fig. 197. — Oursin commun.
Une partie de sa surface a été, à dessein,
dépossédée de ses piquants.

Parmi les autres mollusques perforants, il
faut citer les *Saxicava*, les *Lithodoma*, les *Peri-
cola*. Les Patelles se contentent de produire
dans la roche de légères excavations où le bord de leur coquille se moule exactement. Remarquons que tous ces mollusques, comme le Pholade, sont marins.

Au nombre des animaux perforants, il faut encore citer les Oursins (*fig.* 197),
qui se creusent de légères cavités à la surface des rochers. Chez eux, ce sont les
piquants qui paraissent agir pour effectuer cette perforation.

CHAPITRE XXXV

Les Phalanstériens

Nous avons déjà rencontré de nombreux phalanstériens, c'est-à-dire des animaux édifiant en commun, et nous nous sommes longuement appesantis sur les républiques des Fourmis, des Termites, des Guêpes, des Abeilles, de certaines chenilles. Mais on peut rencontrer un instinct analogue chez des êtres plus élevés en organisation chez les oiseaux.

Les *Républicains* sont de petits oiseaux de 13 centimètres de long avec une queue de 6 centimètres ; ils ont la partie supérieure de la tête et de la poitrine d'un

Fig. 198. — Nids des Républicains.

gris de terre, la nuque et le dos gris, ondulés de noir, les ailes et la queue brun foncé, bordées gris clair à chaque plume. Ils habitent le sud de l'Afrique.

Leurs nids (*fig.* 198) sont de véritables merveilles, et les voyageurs qui les ont observés ne tarissent pas d'admiration à leur propos. « Au pays des Namaques, dit

W. Paterson, il y a des forêts de mimosas qui fournissent beaucoup de gomme, et dont les branches offrent une nourriture abondante aux Girafes. Leurs branches très étendues et leurs troncs aplatis abritent une espèce d'oiseaux qui vivent en communauté pour se défendre contre les Serpents qui détruisent leurs œufs. La structure de leurs nids est très remarquable. A huit cents ou à mille, ils habitent sous un toit commun qui, comme un toit de chaume, recouvre une grande branche et ses rameaux, et déborde les nids qui pendent au-dessous, de telle façon qu'aucun Serpent, aucun carnassier n'y peut arriver. Ces oiseaux rivalisent d'industrie avec les Abeilles. Ils sont tout le jour occupés à rechercher l'herbe qui forme la partie essentielle de leurs constructions, à les agrandir et à les parfaire. Chaque année, ils bâtissent de nouveaux nids, de telle façon que les arbres ploient sous le faix de cette cité aérienne. Au-dessous du toit se trouvent une masse d'ouvertures, conduisant chacune à un couloir sur les côtés duquel sont disposés les nids, à 6 centimètres environ l'un de l'autre. »

« Le jour de mon arrivée au camp, raconte de son côté Le Vaillant, j'avais aperçu sur ma route un arbre qui portait un énorme nid de ces oiseaux à qui j'avais donné le nom de Républicains, et je m'étais proposé de le faire abattre pour ouvrir la ruche et en examiner la structure dans ses moindres détails. J'envoyai quelques hommes avec un chariot, chargés de me l'apporter au camp. Lorsqu'il fut arrivé, je le dépeçai à coups de hache, et je vis que la pièce principale et fondamentale du nid était un massif composé, sans aucun autre mélange, de l'herbe de Boschjesman, mais ce nid était si serré et si bien tissé qu'il était impénétrable à l'eau des pluies. C'est par ce noyau que commence la bâtisse, et c'est là que chaque oiseau construit et applique son nid particulier. Mais on ne bâtit de cellules qu'en dessous et autour du massif. La surface supérieure reste vide sans être néanmoins inutile. Comme elle a des rebords saillants et qu'elle est un peu inclinée, elle sert à l'écoulement des eaux et préserve chaque habitation de la pluie. Qu'on se représente un énorme massif irrégulier, dont le sommet forme une espèce de toit et dont toutes les autres surfaces sont entièrement couvertes d'alvéoles pressés les uns contre les autres, et l'on aura une idée assez précise de ces constructions vraiment singulières.

Chaque cellule a 3 ou 4 pouces (8 à 11 cent.) de diamètre, ce qui suffit pour l'oiseau ; mais toutes se touchent par une très grande partie de leur surface, elles paraissent à l'œil ne former qu'un seul corps, et ne se distinguent entre elles que par un petit orifice extérieur qui sert d'entrée au nid, et qui, quelquefois, est commun à trois nids différents, dont l'un est placé dans le fond et les deux autres sur les côtés.

A mesure que la république se multiplie, les logements doivent se multiplier aussi ; mais il est aisé de concevoir que l'accroissement ne pouvant avoir lieu qu'à la surface, les constructions nouvelles masquent nécessairement les anciennes qui peu à peu sont abandonnées. Quand même celles-ci, contre toute possibilité, pourraient subsister, on conçoit encore que dans l'enfoncement où elles se trouveraient placées, la chaleur énorme qu'elles éprouveraient par le défaut de renouvellement et de circulation d'air, les rendrait inhabitables ; mais en devenant ainsi inutiles, elles restent ce qu'elles étaient auparavant, c'est-à-dire de vrais nids.

Le gros nid que je visitai et qui était un des plus considérables que j'aie vus dans mon voyage, contenait trois cent vingt cellules habitées, ce qui, en supposant dans chacune un ménage composé du mâle et de la femelle, annoncerait une société de six cent quarante individus. Néanmoins, ce calcul ne serait point exact. J'ai parlé d'oiseaux chez lesquels un mâle est commun à plusieurs femelles, parce que les femelles sont beaucoup plus nombreuses que les mâles : la même particularité a lieu pour plusieurs autres espèces, mais elle existe particulièrement chez les Républicains. Toutes les fois que j'ai tiré dans une volée de ces oiseaux, j'ai toujours tué trois fois plus de femelles que de mâles.

Quand ils s'établissent dans les plaines, et qu'ils construisent leurs énormes nids sur des aloès, arbres qui, dans les tempêtes, sont sujets à être renversés par les vents, c'est au défaut d'un asile meilleur. Aussi choisissent-ils de préférence les revers des montagnes, les gorges, détours et autres lieux de cette nature, bien abrités. Là, ils se multiplient à l'infini, et l'on rencontre à chaque instant de ces nids. Mais partout où ils viennent s'établir, les petits Perroquets les suivent pour s'emparer de leurs constructions. Ils les en chassent à force ouverte, et l'expulsion se fait même si lestement que plusieurs fois j'ai vu en moins de deux heures l'habitation changer de propriétaires et se remplir de nouveaux hôtes.

D'après les observations de A. Schmidt, les nids ne servent pas à deux couvées ; les oiseaux en construisent de nouveaux, au-dessous des premiers, de telle sorte qu'ils soient recouverts par le toit et par les anciens nids. Ainsi, la construction augmente chaque année d'étendue jusqu'à ce que son poids amène la chute de la branche.

*

Un rudiment de nids agrégés se rencontre aussi chez les Alectos, dont nous nous occupons au sujet des oiseaux tisserands.

*

Certaines espèces d'oiseaux, rares il est vrai, construisent à plusieurs un seul nid qui sert à la communauté et où les femelles déposent leurs œufs pêle-mêle. Ce cas de collectivisme à outrance se rencontre chez l'Ani des savanes (*fig.* 199).

Chez cet oiseau, une demi-douzaine environ d'individus se réunissent pour construire un seul nid en rassemblant une grande quantité de branches entrelacées et recouvertes de feuilles. La cavité en est assez grande pour pouvoir loger à la fois les parents, qui y pondent pêle-mêle, et leurs œufs de la grosseur de ceux des Pigeons. Ils couvent avec ardeur et, tant que dure l'incubation, ils ne quittent jamais leurs œufs sans les recouvrir au préalable de feuilles. Il semble cependant, d'après les dires contradictoires de divers observateurs, que les Anis des savanes n'agissent ainsi que dans les lieux tout à fait sauvages. Dans les lieux habités, ils édifient leur nid chacun séparément, pour ne pas attirer l'attention par le grand volume de leur demeure.

« Au mois de juin, écrit Newton, je trouvai un nid d'Ani des savanes dans lequel je vis deux oiseaux l'un à côté de l'autre. Ce nid était appuyé contre le tronc de l'arbre, soutenu par plusieurs petites branches, et à une hauteur d'environ cinq pieds. C'était une grossière construction de branches et de ramilles, recouvertes en partie de feuilles sèches, au milieu desquelles se trouvaient quatorze œufs. Ce nid semblait être une propriété commune. D'ordinaire, deux ou trois oiseaux y sont l'un à côté de l'autre ; quatre ou cinq sont souvent plus haut, dans les branches. Les possesseurs du nid crièrent tant que je restai au voisinage. »

Fig. 199. — Un oiseau qui édifie son nid en commun : l'Ani des Savanes.

D'après Schomburgk, les jeunes quittent le nid avant de pouvoir voler ; ils sautillent au milieu des branches, en compagnie de leurs parents, et montrent autant d'agilité que ceux-ci. Dès qu'un danger approche, les vieux s'envolent en poussant des cris sauvages et les jeunes s'élancent à terre pour se cacher au milieu des herbes.

CHAPITRE XXXVI

Les Bousiers

Me promenant un jour dans un pré avec un jeune entomologiste qui m'avait demandé de l'initier aux mystères de la chasse aux insectes, je lui exprimai ces deux principes, 1° qu'on trouve des coléoptères partout, et 2° lorsqu'on sait s'y prendre, il n'y a pas besoin d'appareils spéciaux pour capturer la plupart d'entre eux. Voyant mon partenaire des plus sceptiques, je lui dis :

— Eh bien, voulez-vous que dans ce pré, avec une simple pince ou même sans cela, je vous fasse faire une récolte aussi abondante que vous n'en ferez jamais une, même lorsque vous serez passé maître ès-captures d'insectes ?

— Ma foi, dit-il, je vous en serais bien obligé.

Son sourire était malicieux et je crois bien qu'il pensa me prendre en flagrant délit de gasconnade, — nous étions dans le Midi.

— Voyez-vous, lui dis-je, cette grosse bouse de Vache dont le dépôt remonte environ à un jour ; c'est là que nous allons faire une chasse sans pareille.

— Eh quoi, me dit-il, c'est là-dedans qu'il faut fouiller ; c'est trop répugnant et jamais je n'oserai y toucher, même avec une pince ; au reste, je vais vous laisser faire.

Qu'à cela ne tienne, repris-je ; et ce disant, j'enlevai d'un coup de la pince un lambeau de la croûte extérieure de la bouse. A peine ceci fut-il fait, que nous vîmes grouiller tout un monde de bestioles qui couraient effarées et cherchaient à rentrer dans l'intérieur de la fiente. Les saisir rapidement avec la pince et les jeter dans la bouteille de chasse fut l'affaire d'un instant.

Tenez, dis-je à mon jeune sceptique, regardez ce joli petit coléoptère aux élytres rougeâtres, c'est l'*Aphodius fœtens* ; il est d'un luisant très remarquable. Celui-ci tout noir comme du jais est l'*Aphodius fossor*, ainsi nommé parce que souvent il creuse la terre. Cet autre est l'*Onthophagus taurus ;* vous remarquez sur sa tête deux grandes cornes d'un aspect singulier. Quant à ce gros coléoptère massif, le *Geotrupes stercorarius*, son ventre est du plus beau violet métallique, couleur qu'on ne s'attendrait guère à rencontrer ici.

Tout en causant je continuais ma récolte et le flacon s'emplissait rapidement. Mon compagnon était d'abord resté debout, les deux mains dans les poches. Mais quand il vit toutes les richesses entomologiques que je lui montrais, il s'accroupit pour mieux observer. Quand un coléoptère tentait de s'échapper, il me l'indiquait rapidement du doigt. Bientôt, à son insu, il s'enhardit et rattrappa lui-même les fuyards avec les pinces que j'avais en double et que je lui avais prêtées. Puis, petit à petit il en vint à chercher des insectes lui-même dans la bouse, fourrageant dans tous les sens et poussant de petits cris de joie à chaque trouvaille nouvelle.

Quand le « placer » fut complètement mis à sac, il s'arrêta tout essoufflé, et ce fut à mon tour de le regarder avec air goguenard : « Eh bien ! lui dis-je, qu'est devenue votre répugnance de tout à l'heure ? Je pensais bien que vous arriveriez facilement à la surmonter ; votre ardeur me prouve que vous êtes un vrai naturaliste, et, par devant maître Aphodius et maître Onthophague, je vous sacre entomologiste ! »

Je cite cette petite anecdote dans l'espoir qu'elle engagera les débutants à vaincre leur répugnance à fouiller dans les bouses de Vaches et le crottin de Cheval. Ce n'est que le premier pas qui coûte. Quand ils auront chassé *une seule fois*, qu'ils auront récolté une quantité prodigieuse d'insectes tous plus intéressants les uns que les autres, ils seront, j'en suis sûr, tout de suite enthousiasmés et, quand ils apercevront une « belle bouse », ils se précipiteront de suite avec un entrain sans pareil.

Parmi les bousiers, comme on les appelle, il n'en est certainement pas de plus curieux que les Ateuchus, désignés souvent sous le nom vulgaire de Scarabées. Prenons par exemple l'*Ateuchus sacer* ou Scarabée sacré (*fig.* 200), ainsi nommé

Fig. 200.— Scarabée sacré poussant sa boule à reculons.
En arrière, on voit un autre Scarabée cherchant à s'en emparer.

parce qu'il était autrefois adoré par les Égyptiens, comme nous aurons l'occasion de le dire plus loin. Abondant en Afrique, on ne le rencontre en France que dans le Midi, au-dessous de la latitude de Bordeaux. Sur les bords de la Méditerranée, et surtout aux environs de Marseille, c'est une espèce commune. Tout de noir habillé, son corps est large, aplati, avec des élytres cannelées en longueur. Deux points sont particulièrement à noter. La tête est fort large, aplatie, crénelée sur les bords : c'est, par sa forme et par ses fonctions, une pelle et un râteau. Les deux paires de pattes postérieures, comme celles de tous les insectes, sont terminées par une file de quelques petits articles, minces et délicats, dont l'ensemble s'appelle le *tarse*. Or, chose curieuse, les deux pattes antérieures sont dépourvues de tarses. Le Scarabée serait-il donc construit sur un type différent de celui des autres insectes ? Il est bien probable que non. Mais alors comment expliquer l'absence des tarses ? Des discussions nombreuses se sont élevées à ce sujet entre les naturalistes. Les uns, — les anciens, — soutenaient que l'animal se servant constamment de ses pattes pour creuser le sol, il n'était pas étonnant que les tarses, organes fragiles avant tout, se fussent cassés ; si donc on ne les trouvait pas chez l'adulte, c'est que les animaux récoltés étaient trop vieux. Les autres, — les nouveaux, — soutiennent une théorie bien plus vraisemblable : les Ateuchus, disent-ils, selon toute probabilité, creusent la terre et les bouses depuis fort longtemps ; leurs tarses originels, organes inutiles et même gênants, ont subi la régression habituelle des appareils tombés en désuétude ; de génération en génération, et sans doute par voie de sélection, ils ont disparu pour le plus grand bien de la gent Scarabée.

Mais ce sont là des théories ; arrivons aux faits.

Une bouse est déposée sur le sol ; le vent en emporte le fumet à des distances énormes. Un Scarabée est là sur un monticule, se demandant comment il va satisfaire la faim qui le dévore. Mais voilà que la bonne nouvelle arrive par ce qu'on pourrait appeler le télégraphe aérien. Il dresse ses antennes, flaire et part. Oh ! n'allez pas croire qu'il va se tromper de chemin ! Le voilà qui s'en va cahin-caha, marchant d'un air gauche, ayant l'air de boiter. Mais bast ! il s'agit bien de se dandiner. Mon Dieu, pense-t-il, pourvu que j'arrive à temps et qu'il reste encore une bonne pitance ! Et il marche, et il trotte, et il culbute. Enfin, après maints efforts, le voilà arrivé à l'objet de ses désirs. Évidemment, la première idée qui vient à l'esprit, c'est qu'il va tout de suite se mettre à table, manger comme un glouton ; oh ! que vous connaissez mal l'esprit pratique du Scarabée ! Manger ! oh que non. De la bouse, dans quelques heures, il ne restera bientôt plus rien ; ils sont là des milliers d'insectes qui, moins avisés que lui, dévorent le gâteau à belles dents ; dans une heure, sans avoir eu le temps de déguster, ils vont se retrouver l'estomac bien garni, mais en somme « gros Jean comme devant ». S'il n'y a plus de bouses dans les environs, ils vont donc rester des jours et peut-être des semaines dans la noire abstinence, si même ils ne meurent pas d'une indigestion. L'Ateuchus est bien plus malin. A l'aide de sa tête, pelle et râteau nous l'avons dit, il fait un triage rapide des meilleurs matériaux. Les jambes antérieures, très dentées également, jouent le même rôle ; elles rejettent au loin « le menu fretin » et ne gardent que les mets de choix. Ceci fait, les mêmes pattes ramassent les futurs aliments par brassées et les communiquent aux deux paires de pattes postérieures.

Fabre a étudié avec une grande sagacité les mœurs des Scarabées. Voici comment il décrit la fin de l'opération en question. « Les jambes postérieures sont conformées pour le métier de tourneur. Leurs jambes, surtout celles de la dernière paire, sont longues et fluettes, légèrement courbées en arc et terminées par une griffe très aiguë. Il suffit de les voir pour reconnaître en elles un compas sphérique, qui, dans ses branches courbes, enlace un corps globuleux pour en vérifier, en corriger la forme. Leur rôle est en effet de façonner la boule. Brassée par brassée, la matière s'amasse sous le ventre, entre les quatre jambes, qui, par une simple pression, lui communiquent leur propre courbure, et lui donnent une première façon. Puis, par moments, la pilule dégrossie est mise en branle entre les quatre branches du double compas sphérique ; elle tourne

sous le ventre du bousier et se perfectionne par la rotation. Si la couche superfi-
cielle manque de plasticité et menace de s'écailler, si quelque point trop filandreux
n'obéit pas à l'action du tour, les pattes antérieures retouchent les endroits défec-
tueux ; à petits coups de leurs larges battoirs, elles tapent la pilule pour faire prendre corps à la couche nouvelle et emplâtrer dans la masse les brins récalcitrants.
Par un soleil vif, quand l'ouvrage presse, on est émerveillé de la fébrile prestesse
du tourneur. Aussi la besogne marche-t-elle vite : c'était tantôt une maigre pilule,
c'est maintenant une bille de la grosseur d'une noix, ce sera tout à l'heure une
boule de la grosseur d'une pomme. J'ai vu des goulus en confectionner de la
grosseur du poing. »

Mais ce n'est pas tout que d'approvisionner, il faut mettre en lieu sûr. Comment
le Scarabée va-t-il s'y prendre pour empêcher les autres bousiers de venir manger
sa boule de concert avec lui ? Oh ! d'une façon bien curieuse. Quand la boule de
fiente est achevée, relevant son abdomen et se plaçant la tête en bas, l'insecte
l'embrasse de ses longues pattes postérieures, qui s'y implantent en deux points
seulement. De cette façon la pilule peut tourner autour de cet axe virtuel, comme
le fait la roue d'une brouette autour de son pivot. S'arc-boutant alors sur ses pattes
intermédiaires, il fait mouvoir ses pattes antérieures de manière à marcher *à reculons*, c'est-à-dire à pousser la boule en arrière de lui. D'abord râteau, puis pelle,
voilà notre Ateuchus devenu brouette ! Il s'en va ainsi par monts et par vaux,
toujours poussant sa boule. De temps à autre, il change ses griffes postérieures de
place, de manière à déplacer l'axe de rotation. Sans cette intelligente précaution,
la boule deviendrait bientôt un cylindre. Un fait également curieux, c'est que le
Scarabée, pour des raisons à lui seul connues, aime à grimper le long des talus, au
lieu de suivre, ce qui serait bien plus simple, les régions basses. Aussi, nombreuses
sont les culbutes qui s'effectuent pendant le voyage. La boule vient-elle à rencontrer un petit caillou, un fragment de racine, l'insecte s'incline-t-il légèrement,
patatras ! tout dégringole, boule et Scarabée. Celui-ci ne se décourage pas pour si
peu ; il se remet en position et remonte le talus dangereux. Souvent le même accident se reproduit dix, quinze, vingt fois même, et presque toujours l'insecte s'en-
tête dans son entreprise jusqu'à ce qu'il ait vaincu la difficulté.

Quand on se promène dans un pré, dans le Midi, bien entendu, il n'est pas rare
de rencontrer attelés à une même boule deux Scarabées. Est-ce le mâle et la femelle
qui reviennent ainsi du marché? « toi devant et moi derrière, nous pousserons e
tonneau », comme dit la chanson. Une pareille hypothèse est bien tentante à faire !
Eh bien, non. Fabre a disséqué maintes fois les deux partenaires, et presque toujours il les a trouvés du même sexe. Est-ce alors deux coassociés qui emportent le
« magot » commun, pour le dévorer ensuite tout à leur aise? Jamais on n'observe
de travail en commun autour de la bouse.

On a cru longtemps que lorsqu'un Scarabée trouve le fardeau trop fort pour
lui, il va chercher un collègue qui, de bonne grâce d'ailleurs, lui donnerait un
coup d'épaule. Ce n'est pas l'avis de Fabre. « C'est tout simplement, dit-il, tenta-
tive de rapt. L'empressé confrère, sous le fallacieux prétexte de lui donner un

coup de main, nourrit le projet de détourner la boule à la première occasion. Faire sa pilule au tas demande fatigue et patience ; la piller quand elle est faite, ou du moins s'imposer comme convive est bien plus commode. Si la vigilance du propriétaire fait défaut, on prendra la fuite avec le trésor ; si l'on est surveillé de trop près, on s'attable à deux, alléguant les services rendus. Tout est profit en pareille tactique, aussi le pillage est-il exercé comme une industrie des plus fructueuses. Les uns s'y prennent sournoisement, comme je viens de le dire ; ils accourent en aide à un confrère qui n'a nullement besoin d'eux, et sous les apparences d'un charitable concours, dissimulent de très indélicates convoitises. D'autres, plus hardis peut-être, plus confiants dans leur force, vont droit au but et détroussent brutalement. Dans ce cas le voleur arrive, culbute le légitime propriétaire et se campe sur le haut de la boule. Remis de son émoi, l'exproprié fait alors le siège de son propre bien ; il culbute l'assaillant, tous deux se prennent corps à corps, jusqu'à ce que l'un d'eux se sentant plus faible abandonne la place. D'autres fois l'intrus arrive tranquillement et s'attèle à la boule dans la position inverse du propriétaire, c'est-à-dire que la tête en haut, les bras dentés sur la boule, les pattes postérieures sur le sol, il attire le fardeau à lui. Il semble donc animé des meilleures intentions. Mais bientôt, sa bonne volonté semble l'abandonner ; il ramène ses jambes sous le ventre, s'incruste autant qu'il le peut dans la boule et ne bouge plus. Et toujours le malheureux propriétaire pousse, roulant ainsi non seulement la pilule, mais encore le voleur qui demeure coi. De temps à autre cependant, l'acolyte se réveille : quand la pente est trop raide à gravir, il sort de sa léthargie et se met à tirer la pelote en avant tandis que l'autre la pousse de toutes ses forces en arrière. Puis quand l'obstacle est franchi, il reprend sa posture de paresseux et se fait carrosser. Tout ceci prouve, on le voit, que l'Ateuchus qui survient n'est qu'un voleur, et non comme on le croyait, un aide.

Pour élucider la question d'une manière encore plus frappante, Fabre a soumis les Scarabées à des expériences variées, pour voir si, lorsqu'ils sont embarrassés, ils vont réclamer aide et assistance à un camarade. Pendant qu'un Ateuchus voyage, avec un intrus incrusté dans sa boule, on fixe celle-ci en terre par une épingle, de telle façon que la tête en soit complètement cachée. La pilule s'arrête, le Scarabée n'y comprenant rien quitte son attelage, en fait le tour, grimpe dessus, redescend, inspecte les environs d'un air très perplexe. Ce serait là certainement pour lui le moment de dire à son camarade de venir l'aider à trouver le nœud de la question. Mais non, il ne lui fait aucun signe et le laisse bien tranquille.

Ce n'est qu'au bout d'un certain temps que l'acolyte étonné par l'immobilité de la voiture, se réveille et se met à son tour à inspecter les environs. A force de chercher, l'un d'eux essaye de se glisser sous la boule et rencontre l'épingle. L'obstacle est maintenant connu, il s'agit de le surmonter. Mais comment faire ? Oh, bien simplement. Le ou les Scarabées s'insinuent sous la pilule, et, s'élevant peu à peu sur leurs pattes, ils la soulèvent lentement. Il arrive cependant qu'à force de « faire le gros dos » la plus grande hauteur qu'ils peuvent atteindre est atteinte. Dès lors, ils soulèvent la boule soit en s'élevant sur leurs pattes postérieures, soit en s'arc-boutant sur leurs pattes antérieures à la manière des clowns. Enfin la boule tombe à terre et la promenade recommence. Au lieu d'employer une épingle courte, prenons-en une plus longue dépassant de beaucoup la boule. Dans ce cas, malgré tous les efforts des Ateuchus la boule ne peut pas être débrochée ; ils y arrivent cependant si on a soin de leur fournir, au fur et à mesure qu'ils s'élèvent, de petites pierres plates, servant de piédestaux sur lesquels ils s'exhaussent. Mais si on ne leur vient pas en aide de cette façon, voyant finalement que leurs efforts ne servent à rien, ils s'envolent et ne reviennent plus ; jamais ils ne vont chercher des camarades pour leur faire « la courte échelle ».

Nous avons maintenant assez tracassé ces pauvres insectes qui n'en peuvent mais ; laissons-les un peu tranquilles et voyons ce qu'ils vont faire. L'Ateuchus, après avoir parcouru un certain espace de terrain, trouve enfin un lieu à sa convenance. Il s'arrête, se dételle ; n'oublions pas que souvent il y a sur la boule un acolyte qui fait le mort au moins pendant quelque temps ; nous le verrons reparaître sur la scène tout à l'heure. Le Scarabée, donc, cherche dans le sable voisin un endroit bien propice, et là se met à creuser le sol à l'aide de ses deux pattes antérieures et de sa tête, qui reprennent leurs fonctions de pelle et de râteau. Le creux grandit rapidement ; de temps à autre, le bousier en sort pour rejeter les déblais et voir si sa boule est toujours en place. « Cependant, raconte Fabre, la salle souterraine s'élargit et s'approfondit ; le fouisseur fait de plus rares apparitions, retenu qu'il est par l'ampleur des travaux. Le moment est bon. L'endormi se réveille, l'astucieux acolyte décampe chassant derrière lui la boule avec la prestesse d'un larron qui ne veut pas être pris sur le fait. Le voleur est déjà à quelques mètres de distance. Le volé sort du terrier, regarde et ne trouve plus rien. Coutumier du fait lui-même, sans doute, il sait ce que cela veut dire. Du flair et du regard la piste est bientôt trouvée. A la hâte, le bousier rejoint le ravisseur ; mais celui-ci, roué compère, dès qu'il se sent talonné de près, change de mode d'attelage, se met sur les jambes postérieures et enlace la boule avec ses bras dentés, comme il le fait en ses fonctions d'aide. » Le propriétaire légitime qui décidément est tout ce qu'il y a de plus « bon enfant » ramène débonnairement la boule près du trou et recommence à creuser. Quand la cavité intérieure est suffisamment spacieuse, il y amène la boule (si le voleur ne s'est pas décidément enfui avec) et la laisse tomber au fond, toujours avec son compagnon bien entendu. Ceci fait, il bouche la porte d'entrée et disparaît aux regards. Si on ouvre la chambre quelques jours plus tard, on trouve le ou les Scarabées, le dos à la paroi et le ventre à table, mangeant, dégustant la boule sans trêve ni repos. Pendant dix, quinze jours, il mange sa provision si péniblement amassée. Quand elle est épuisée, il sort de son repaire, va faire une nouvelle boule et la même histoire recommence.

Tout ce que nous venons de dire s'observe surtout au printemps et au commencement de l'été. Pendant les fortes chaleurs du mois d'août et de celui de juillet, les Scarabées restent dans leurs trous et n'en sortent qu'aux premiers jours de l'automne, où la même existence reprend mais avec beaucoup moins d'entrain.

Seulement ici, une nouvelle question se pose : comment le Scarabée se reproduit-il ? Les Anciens pensaient que l'insecte dépose son œuf dans la boule de fiente et que c'est pour cela qu'il la voiture au loin avec tant de soin. Nous venons de voir qu'il n'en est pas ainsi : Fabre a ouvert des centaines de pelotes cueillies sur la route ou déjà enfoncées en terre et jamais il n'a rencontré ni œuf, ni jeune larve. Nous reviendrons plus loin sur cette question de l'œuf des Ateuchus et des autres bousiers.

* * *

En France, nous possédons trois espèces de Scarabées. D'abord l'*Ateuchus sacer*, dont nous venons de parler et que l'on ne trouve guère qu'en Provence. Ensuite l'*Ateuchus semipunctatus*, plus petit, à élytres lisses et à corselet marqué de gros points, qui s'éloigne peu des bords méditerranéens. Enfin l'*Ateuchus laticollis*, à élytres marqués de six sillons et à corselet faiblement ponctué, qui a une aire de répartition beaucoup plus étendue que les espèces précédentes, puisqu'on le rencontre jusqu'aux environs de Lyon.

Les Scarabées n'intéressent pas seulement le naturaliste, mais encore l'historien et l'archéologue. Au temps des Pharaons, en effet, les bousiers sacrés étaient adorés comme des dieux. Dans nombre de monuments égyptiens, on trouve des dessins asez exacts d'Ateuchus. Parfois même on les représentait seuls, sur un socle, avec des dimensions gigantesques. Prévenons toutefois que, lorsqu'on va en Égypte, des marchands vendent comme souvenirs, aux voyageurs, des Scarabées en pierre, soi-disant authentiques ; quatre-vingt-dix-neuf fois sur cent, nous dirions presque cent fois sur cent, ces objets vénérables sont faux et de fabrication toute récente... peut-être même parisienne. Souvent le Scarabée est gravé au bas des statues des héros pour exprimer la vertu guerrière. A quoi pouvait bien tenir cette adoration mystique des Égyptiens ? « Messagers du printemps, dit Latreille, annonçant par leur reproduction le renouvellement de la nature ; singuliers par cet instinct qui leur apprend à réunir des molécules excrémentielles en manière de corps sphériques ; occupés sans cesse, comme le Sisyphe de la fable, à faire rouler ces corps ; distingués des autres insectes par quelques formes particulières, ces Scarabées parurent aux prêtres égyptiens offrir l'emblème des travaux d'Osiris ou du Soleil. » Les Égyptiens croyaient aussi que les Ateuchus naissaient spontanément, et par leurs boules, ils étaient l'image du monde. On retrouve souvent sur les monuments Égyptiens des Scarabées dont chacune des pattes est terminée par cinq doigts : cela fait en tout trente doigts, c'est-à-dire autant de jours que le soleil en met à parcourir chaque signe du zodiaque. A la même époque, les mages et les empiriques, qui employaient la magie comme moyen de thérapeutique, ordonnaient les Scarabées contre les fièvres intermittentes.

La plupart des sculptures égyptiennes représentent le Scarabée sacré. Quelquefois cependant on rencontre l'image du Scarabée à large cou. « Enfin, dit Maurice Girard, il est bien probable qu'une troisième espèce recevait les hommages des Égyptiens, et se rattache d'une façon curieuse à leur antique histoire. Hor-Apollon, dans ses récits confus et erronés, dit que le Scarabée sacré lance des rayons analogues à ceux du soleil. Latreille avait d'abord supposé que les six dentelures du chaperon représentaient les rayons de l'astre ; mais une intéressante découverte amena une hypothèse plus vraisemblable, et qui nous fait comprendre pourquoi les images de cet insecte nous présentent souvent des traces d'une ancienne dorure :

En 1819, M. Caillaud, de Nantes, dans un voyage au Senaar, découvrit à Méroé, sur le Nil-Blanc, un autre rouleur de boules retrouvé depuis dans les mêmes pays par M. Botta, ressemblant beaucoup par la forme aux précédents, mais orné, au lieu de leur robe obscure, d'une éclatante couleur verte prenant sur cer·taines parties une teinte dorée, analogue en conséquence par ses reflets aux rayons de l'astre du jour. » Comme on le voit, les Scarabées avaient de nombreuses raisons pour être adorés.

Comme aspect, les Gymnopleures s'éloignent notablement des Scarabées, mais par leurs mœurs ils s'en rapprochent beaucoup. Il y en a quatre espèces en France ; la plus commune est le *Gymnopleurus pilularius*. Cet insecte dont la taille atteint à peine un centimètre, se reconnait facilement à ses longues pattes. Très abondants dans le centre de la France notamment, on rencontre souvent en grand nombre les Gymnopleures à la surface des bouses de Vaches ou de Chevaux. Pour les cap·turer, il faut une certaine habileté et surtout une grande rapidité de mouvements, car aussitôt que l'on approche de la bouse, ils s'envolent à tire d'ailes. Comme les Ateuchus, les Gymnopleures, pendant l'été, fabriquent de grossières petites bou·lettes de fiente et les dévorent tout à l'aise au sein de la terre. Mais chez eux, on a pu étudier avec soin la manière dont la subsistance de la progéniture est assurée. Le Gymnopleure donc, sentant un beau jour le besoin de procréer, creuse en terre une chambre spacieuse ne communiquant avec le dehors que par un étroit goulot. Il se rend à la bouse la plus voisine, rassemble grossièrement des matériaux en une boulette qu'il rapporte dare-dare au nid. Il va en chercher une seconde, puis une troisième jusqu'à ce que la chambre en soit complètement remplie. Dès lors, il bou·che l'ouverture extérieure et se met au travail. « Ce ne sont encore là, dit Fabre, que des matériaux bruts, amalgamés au hasard. Un triage minutieux est tout d'abord à faire : ceci, le plus fin, pour les couches internes dont la larve doit se nourrir; cela, le plus grossier, pour les couches externes non destinées à l'alimentation et faisant seulement office de coque protectrice. Puis autour d'une niche centrale qui reçoit l'œuf, il faut disposer les matériaux assise par assise d'après l'ordre décroissant de leur finesse et de leur valeur nutritive ; il faut donner consistance aux couches, les faire adhérer l'une à l'autre, enfin feutrer les brins filamenteux des dernières, qui doivent protéger le tout. » La couche la plus interne, celle qui tapisse la niche ovalaire où se trouve l'œuf est même très probablement mastiquée au préalable par le coléoptère. De ce travail véritablement intelligent résulte une grosse boule ayant l'œuf au centre. Celui-ci éclôt et donne naissance à une petite larve frêle, délicate, qui, à peine mise au monde, trouve à côté d'elle des matériaux de nutrition bien fins, très délicats, réconfortants, faciles à digérer. Puis, déjà plus forte, elle mange la bouillie pâteuse qui fait suite à cette espèce de lait. Et ainsi de suite, à mesure qu'elle grandit, elle dévore les couches successives de plus en plus denses pour arriver enfin à la coque extérieure desséchée, qu'elle respecte. Alors, arrivée à son maximum de croissance, la larve devient nymphe, puis insecte parfait, et sort de terre pour s'envoler.

* * *

Les Sisyphes, ainsi nommés par analogie avec le fils d'Éole qui fut condamné, après sa mort, à rouler dans les enfers une grosse pierre au sommet d'une montagne, d'où elle retombait sans cesse, les Sisyphes, dis-je, se reconnaissent facilement à leur corps très bombé, ovoïde, un peu pointu en arrière. Leurs pattes sont d'une longueur remarquable, ce qui les faisait désigner par Geoffroy sous le nom de Bousiers-araignées. Toute sa vie, le Sisyphe fabrique des boules et les roule sans cesse : ce paraît être pour lui un grand plaisir. Parfois, pour ne pas se donner la peine de fabriquer des pilules, il prend tout simplement des excréments de chèvres, dont la forme en boule est bien connue. Mulsant, un de nos entomologistes les plus distingués, raconte à propos de notre coléoptère une histoire bien curieuse : « J'avais placé des Sisyphes dans un vase recouvert d'une cloche de toile métallique ; je leur avais fourni les matériaux nécessaires pour leur travail, mais ils avaient beau façonner des pilules, ils ne pouvaient les conduire bien loin. L'un d'eux finit par grimper sur le treillis, emportant, avec ses pieds postérieurs, et son globule et la femelle qui l'aidait précédemment à le faire rouler. Il parvint ainsi avec plus ou moins de peine jusqu'au dôme de cette espèce de voûte : là sa petite boule lui échappa ; il se laissa tomber aussitôt pour la rejoindre. Plusieurs fois le même fait s'est renouvelé sous mes yeux avec les mêmes circonstances. » Comme on le voit, le nom de Sisyphe lui a été bien donné. En France, il n'y a qu'une seule espèce, le *Sisyphus Schœfferi* ; elle se rencontre dans le Centre et le Midi.

* * *

Les coléoptères que nous avons examinés jusqu'ici avaient une couleur terne ; il n'en est pas de même des Copris qui, quoique complètement noirs, brillent comme du jais. Ce sont de beaux insectes, abondants surtout dans le Midi. Ils vivent dans les bouses de vaches et creusent au-dessous d'elles, dans la terre, de longs trous cylindriques de la grosseur du doigt. Quand on chasse dans la bouse, ils s'y enfoncent ; aussi pour les capturer faut-il creuser la terre avec un piochon solide. Pour ne pas perdre la piste ni écraser les insectes d'un coup de pioche maladroit, il est bon d'introduire dans chaque trou une tige de plante, un fétu de paille particulièrement, qui sert de fil conducteur. Contrairement à ce qui a lieu pour les genres précédents, le mâle se reconnaît aisément de la femelle. Le premier possède sur la tête une longue corne, qui dans l'autre sexe fait défaut. Les Copris fabriquent des boules de fiente, mais ils ne les emportent pas au loin ; ils se contentent de les enfoncer dans leurs trous sous la bouse. Les pilules destinées aux larves présentent la même composition nutritive que celle des Gymnopleures.

* * *

Les Onthophagues comprennent de nombreuses espèces. On les trouve toujours abondamment, se promenant dans la bouse ou creusant de petits trous dans la terre sous-jacente. Leur couleur est assez sombre, les élytres quelquefois fauves, le corselet parfois verdâtre. Certaines espèces, du moins chez les mâles, présentent des cornes paires, l'une à droite, l'autre à gauche, qui les font ressembler à des taureaux (*Onthophagus taurus* par exemple). L'*O. Schreberi* se fait remarquer par son aspect brillant et les deux taches rouges de ses élytres. Tous déposent des sortes de petites boules de fiente au fond de leur terrier. Une exception bien curieuse à signaler est celle de l'*O. Maki*, qui s'introduit furtivement dans les boules des Ateuchus, se fait voiturer tranquillement et plus tard dévore la pilule par l'intérieur, tandis que le Scarabée la dévore par l'extérieur. Tout de même, je voudrais bien voir la figure des deux coléoptères quand ils se rencontrent nez à nez !

Les *Oniticellus* ressemblent beaucoup aux Onthophagues, mais leur corps est un peu plus étroit, surtout en arrière, et à élytres plus molles et plus fauves.

Les *Aphodius* sont certainement les coléoptères les plus abondants dans les bouses : c'est par centaines d'individus qu'on peut les récolter. On les reconnaît facilement à leur corps un peu allongé, à élytres bombées, souvent striées. Quand on veut les saisir, ils simulent la mort. La couleur des élytres varie beaucoup d'une espèce à l'autre ; elle est brun rougeâtre (*A. Fimetarius*), livide ou jaunâtre (*A. merdarius*) ou noire (*A. fossor*).

*

Les *Geotrupes* se rencontrent partout en France. Ce sont les plus gros de nos bousiers après les Ateuchus. Il creusent des trous sous la bouse. Les espèces, fort nombreuses sont difficiles à reconnaître les unes des autres. La partie dorsale du corps est sombre ; au contraire, le ventre est métallique avec des reflets violets, rouges, bleus, fort jolis. Les pattes sont aussi très brillantes. Latreille raconte que de son temps les femmes mettaient dans leurs cheveux des cuisses de Geotrupes en guise d'ornements. Presque toujours ils sont envahis par de gros parasites brunâtres qui pullulent entre leurs poils. Pendant la journée ou le soir, les Geotrupes volent fréquemment. Parmi les espèces les plus communes, citons le *G. stercorarius* des bouses de Vaches et le *G. typhœus* des bouses de Moutons ou de Cerfs, remarquable par les trois épines de son corselet.

*

Les *Sphœridium* se reconnaissent de suite à leur corps hémisphérique comme celui d'une Coccinelle. C'est un hydrophilien qui ne vit pas, comme ses frères, dans l'eau ; il est vrai qu'il « nage » réellement dans les bouses à consistance molle.

Par ce rapide aperçu, nous voyons combien est variée et intéressante la faune des bouses. Mais elle le devient encore plus si l'on remarque leur rôle utilitaire au premier chef. Si les bousiers n'existaient pas, les excréments des animaux resteraient sur le sol, souilleraient l'air et deviendraient une source de maladies. Par leurs mœurs, leur intelligence, leur activité et leurs services, les bousiers ont droit à notre respect, ou tout au moins à notre bienveillante attention.

Mais revenons à la question de l'œuf des Ateuchus et consorts, qui nous réserve plus d'une surprise; elle a été fort longue à mettre en lumière, mais elle est aujourd'hui élucidée grâce à J.-H. Fabre.

C'est presque le hasard qui devait la dévoiler. Je dis *presque* parce que, ici, comme partout ailleurs, le hasard n'est favorable qu'à ceux qui le provoquent.

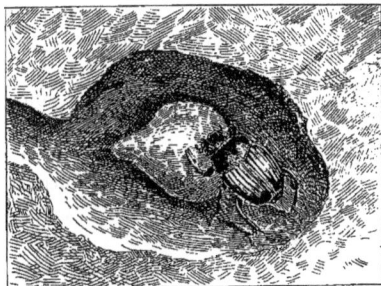

Fabre, en effet, avait fait la connaissance d'un jeune berger qu'il avait reconnu intelligent et qu'il avait chargé de noter les faits et gestes des Scarabées. Or, un jour, le berger surprit l'insecte sortant de terre et, ayant fouillé au point d'émersion, trouva une mignonne poire, immédiatement portée à Fabre. Cet objet curieux semblait sorti d'un atelier de tourneur; il était ferme sous les doigts et de courbure très artistique. D'autres furent trouvés bientôt après; c'était là l'œuvre maternelle

Fig. 201. — Scarabée sacré femelle achevant de confectionner la poire où elle a pondu un œuf.

du Scarabée; plusieurs fois la mère fut trouvée en sa compagnie *(fig. 201)*.

Le nid du Scarabée se trahit au dehors par une petite taupinée, au-dessous de laquelle s'ouvre un puits d'un décimètre se continuant par une galerie horizontale sinueuse, qui à son tour se termine dans une vaste salle où l'on pourrait loger le poing.

C'est sur le plancher de cet atelier qu'est couchée la poire, son grand axe étant horizontal. Les plus fortes dimensions sont 45 millimètres de longueur sur 35 millimètres de largeur; les moindres mesurent 35 et 28 millimètres. La surface est soigneusement lissée sous une mince couche de terre rouge. Molle au début, elle ne tarde pas à se durcir par dessiccation de manière à ne plus céder sous la pression des doigts.

En se rendant compte de la matière qui constitue les poires, on a tout de suite l'explication des insuccès obtenus par Fabre dans ses essais en volière. Elles sont, en effet, constituées exclusivement par des déjections de Moutons. Pour l'insecte, la substance grossière des crottins du Cheval et du Mulet était suffisante; mais pour sa progéniture, il choisit une pâte plus molle, plus fine, plus nourrissante, plus plastique. Si on ne la lui fournit pas, le Scarabée refuse de nidifier, et c'est ce qui était arrivé à Fabre dans ses élevages. On voit que la réussite des expériences d'histoire naturelle tient souvent à peu de chose.

L'œuf est placé dans la partie rétrécie de la poire, dans le col, creusé à l'intérieur d'une niche à parois luisantes et polies. Il mesure 10 millimètres de long sur

5 millimètres de large et n'adhère que par son extrémité postérieure au sommet de la niche (*fig*. 202, n° 2). Pourquoi l'œuf est-il placé là et non au centre de la poire, où, semble-t-il, il serait mieux protégé contre les intempéries ? Sans doute pour permettre à l'oxygène de l'air extérieur de venir plus facilement en contact avec l'œuf et la larve naissante. Quant à la forme arrondie du nid, elle s'explique par la nécessité reconnue par le Scarabée de diminuer l'évaporation, qui aurait pour effet de rassir par trop le pain donné au Ver. Or, la sphère est la forme qui englobe le plus de matière avec une surface minimum, c'est-à-dire très apte à diminuer l'évaporation; la loge incubatrice, qui allonge cette sphère en poire, est en quelque sorte surajoutée au magasin de vivres.

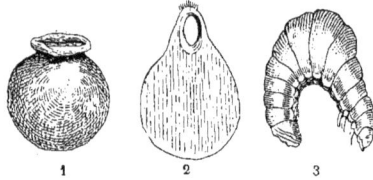

Fig. 202. — Scarabée sacré.

1 : Boule avec le cratère destiné à recevoir l'œuf.
2 : Coupe longitudinale d'une poire ; on voit au sommet l'œuf dans une petite cavité.
3 : Larve du Scarabée sacré.

La confection de la poire s'obtient de plusieurs manières. Souvent la boule est confectionnée sur place, puis véhiculée au loin jusqu'en un point facile à creuser. Là, la boule est emmagasinée telle quelle, ou bien d'abord déchiquetée au dehors, puis refaite à nouveau une fois introduite dans le nid. D'autres fois, enfin, les déjections des Moutons sont récoltées et introduites telles quelles dans le nid où elles sont modelées en boule. Il est fort difficile de suivre la confection de cette dernière, car l'animal ne peut travailler que dans l'obscurité. Dès qu'il aperçoit de la lumière, il se sauve et abandonne son ouvrage. Cependant, en l'élevant dans un bocal placé dans l'obscurité et en faisant de rapides visites, Fabre a pu en suivre les différentes phases. La pilule est construite sur place avec sa forme arrondie, et cela sans qu'il y ait rotation sur le sol, ainsi qu'on serait tenté de le croire. Quand elle est achevée, le Scarabée confectionne sur le côté un fort bourrelet circulaire circonscrivant une sorte de cratère peu profond : à cet état, l'ouvrage ressemble à certains pots préhistoriques à panse ronde, à grosses lèvres autour de l'embouchure. C'est dans ce cratère que sera pondu l'œuf; les bords rapprochés par-dessus constitueront la partie amincie de la poire (*fig*. 202, n° 1).

L'incubation dure peu ; sous l'influence de la chaleur du soleil l'œuf éclôt en cinq, six ou douze jours. Tout de suite, l'insecte se met à dévorer la manne mise à sa portée. Petit à petit, toute la nourriture disparaît, mais il ne touche pas à la croûte extérieure qui lui est si utile contre la chaleur desséchante du dehors. Ici se place un fait digne de remarque et certainement très étrange. Si l'on vient à ouvrir une brèche dans la croûte extérieure, on voit tout de suite la tête du Ver apparaître, puis disparaître. Immédiatement après, la fenêtre se clot d'une pâte brune, molle, faisant prise rapidement. A *priori*, on pourrait penser que la larve prélève une partie de sa nourriture pour boucher l'orifice. Ce serait du gaspillage; mais la larve est bien plus avisée. Le mastic n'est autre que sa propre fiente, que l'animal étale avec la partie postérieure de son corps tronqué en biseau et semblant fait tout exprès pour agir comme une truelle (*fig.* 202, n° 3). La larve, d'ailleurs, contient toujours en réserve une masse énorme de ce mastic ; elle peut boucher cinq ou six fois de suite la brèche que l'on s'obstine à ouvrir. Toujours avec la même matière, le Ver réunit les morceaux de sa poire quand elle vient à être écrasée. C'est là une propriété qui lui est précieuse, car les poires sont souvent attaquées par des moisissures qui tendent à la faire craqueler. Grâce à son mastic injecté dans les fentes, la larve met un frein à l'ardeur dévastatrice du champignon.

En quatre ou cinq semaines le complet développement est acquis. Avant de se transformer en nymphe, le Ver double et triple l'épaisseur de la paroi de ce qui reste de la poire, toujours à l'aide de son ciment dont il a gardé large provision en réserve.

C'est en août, généralement, que l'insecte est mûr pour la délivrance, grave moment pour le Scarabée. Si le temps reste sec, en effet, il lui est impossible de sortir de sa prison. Pour se libérer, il est nécessaire qu'il pleuve. Alors, l'insecte, jouant des pattes et poussant du dos, rejette la terre devenue malléable et sort. C'est peut-être là l'origine de la fable égyptienne qui représente la mère Scarabée comme devant jeter sa pilule dans le Nil pour libérer sa progéniture. En tout cas, la coïncidence est vraiment curieuse.

Les autres Scarabées se comportent à peu près de même que le Scarabée sacré, avec quelques différences à noter. C'est ainsi que le Scarabée à large cou emmagasine deux petites poires au lieu d'une dans son terrier. Dans chacune d'elles, bien entendu, est pondu un œuf.

· Les Copris nous présentent des faits encore plus intéressants : Eux, en effet, ne font jamais de pilules en dehors de la reproduction. Ainsi que nous l'avons déjà dit, quand ils ont découvert une belle bouse, chacun d'eux creuse au-dessous d'elle une longue galerie terminée par une chambre de la grosseur du poing. Là, le Copris emmagasine, d'une manière quelconque, un énorme amas de nourriture qu'il dévorera ensuite tranquillement. Au moment de la ponte, en mai-juin, le Copris délaisse la manne des Chevaux et des Bœufs et s'adresse au produit mollet du Mouton. Il creuse au-dessous de l'amas et l'enfouit tout entier sur place, lambeau par lambeau. Chose curieuse, les deux sexes prennent part, généralement, au travail du terrier. Mais une fois le logis bien pourvu, le mâle s'en va et laisse la femelle continuer toute seule le travail.

La pièce somptueuse emmagasinée affecte toutes les formes. On en voit d'ovoïdes, comme des œufs de Dinde, dont elles ont le volume, de rondes comme des fromages de Hollande, de circulaires et légèrement renflées à la face supérieure, etc. Mais toujours la surface en est lisse et régulièrement courbe (*fig.* 203). On peut d'ailleurs surprendre souvent le Copris se promenant à la surface de sa miche, pour la raffermir et l'égaliser, et cela pendant plus d'une semaine. On se demande à quoi peut servir ce travail, puisque la masse est destinée à être morcelée. Peut-être ces soins et ces intervalles de temps permettent-ils à la masse de fermenter et de se bonifier ? Quoi qu'il en soit, la subdivision en blocs ne va pas tarder ; le Copris se met au travail. « Au moyen d'une entaille circulaire pratiquée par le couperet du chaperon de l'insecte et la scie des pattes antérieures, décrit Fabre, il détache de la pièce un lambeau ayant le volume réglementaire. Pour ce coup de tranchoir, pas d'hésitation, pas de retouches qui augmentent ou retranchent. D'emblée et d'une coupure nette, le

Fig. 203. — Copris arrondissant un amas de fiente dans son terrier.

páton est obtenu avec la longueur requise. Il s'agit maintenant de le façonner. L'enlaçant de son mieux de ses courtes pattes, si peu compatibles, ce semble, avec pareil travail, l'insecte arrondit le lambeau par le seul moyen de la pression. Gravement il se déplace sur la pilule informe encore, il monte et il descend, il tourne à droite et à gauche, en dessus et en dessous ; il presse méthodiquement un peu plus ci, un peu moins là ; il retouche avec une inaltérable patience ; et voici qu'au bout de vingt-quatre heures, le morceau anguleux est

devenu sphère parfaite de la grosseur d'une prune. Dans un coin de son atelier encombré, l'artiste courtaud, ayant à peine de quoi se mouvoir, a terminé son

Fig. 204. — Copris veillant sur les quatre poires qui contiennent ses œufs.

œuvre sans l'ébranler une fois sur sa base ; avec longueur de temps et patience, il a obtenu le globe géométrique que sembleraient devoir lui refuser son gauche outillage et son étroit espace. Longtemps encore l'insecte perfectionne, polit amoureusement sa sphère, passant et repassant avec douceur la patte jusqu'à ce que la moindre saillie ait disparu. Ses méticuleuses retouches semblent ne devoir jamais finir. Vers la fin du second jour cependant le globe est jugé convenable.

La mère monte sur le dôme de son édifice ; elle y creuse, toujours par la simple pression, un cratère de peu de profondeur ; dans cette cuvette, l'œuf est pondu. Puis, avec une circonspection extrême, une délicatesse surprenante avec des outils si rudes, les lèvres du cratère sont rapprochées pour faire voûte au-dessus de l'œuf. La mère lentement tourne, ratisse un peu, ramène la matière vers le haut, achève de clôturer. C'est ici travail délicat entre tous. Une pression non ménagée, un refoulement mal calculé pourrait compromettre le germe sous son mince plafond. De temps en temps, le travail de clôture est suspendu. Immobile, le front baissé, la mère semble ausculter la cavité sous-jacente, écouter ce qui se passe là-dedans. Tout va bien, paraît-il ; et la patiente manœuvre recommence : fin ratissage des flancs en faveur du sommet qui s'effile un peu, s'allonge. Un ovoïde dont le petit bout est en haut remplace de la sorte la sphère primitive. Sous le mamelon, tantôt plus, tantôt moins saillant, est la loge d'éclosion avec l'œuf. Vingt-quatre heures se dépensent encore à ce minutieux travail. »

La mère revient ensuite à la miche et y découpe deux et même trois nouveaux ovoïdes (*fig.* 204). Chose digne d'être signalée, pendant tout ce temps et même après, la mère ne mange pas, elle qui cependant est si vorace en temps ordinaire.

La ponte achevée, la mère, au lieu de s'en aller comme la femelle du Scarabée, reste dans son terrier et veille sur sa progéniture. C'est là un fait unique dans l'ordre des coléoptères. Les mères ne remontent qu'en septembre, c'est-à-dire en même temps que les enfants devenus adultes.

Dans le terrier, la femelle va constamment d'une pilule à une autre, les palpant, les ratissant, les retouchant. Aussi sont-elles toujours d'une propreté absolue. Jamais on ne les voit fendillées ou couvertes de moisissures comme celles des Scarabées. Une expérience montre bien l'efficacité de ces soins. On laisse deux pilules au Copris et on en met deux à part. Ces dernières ne tardent pas à se couvrir de divers champignons microscopiques et sont destinées à être détruites. Prenons une de ces pelotes moisies et restituons-la à la mère. Quelques heures après, toute trace de végétation a disparu. Vient-on à éventrer la surface de la pilule ? la mère intervient, soulève les lambeaux, les rapproche et les réunit avec des raclures cueillies sur les flancs. En une courte séance tout est remis en place. Lorsque le Ver est éclos, il essaye aussi, comme le fait le Scarabée, de réparer les avaries avec son ciment, mais celui-ci ne « prend » pas facilement et, en général, les efforts de la larve restent infructueux. Ainsi s'explique la nécessité des soins de la mère Copris.

CHAPITRE XXXVII

Les Approvisionneurs

Les Constructeurs de Greniers.

Les oiseaux déploient tout leur talent à faire des nids ; mais c'est presque exclusivement la seule industrie à laquelle ils s'adonnent. Il n'y a que quelques rares cas où on les voit faire des provisions et être par suite obligés de créer un dispositif spécial pour les contenir.

Le plus curieux d'entre eux est le Colapte du Mexique ou Pic cuivré, qui vit au Mexique, dans les montagnes rocheuses de la Colombie et dans tout le bassin du Missouri. Son mode de vie a été étudié avec grand soin par Henri de Saussure.

« Après être descendu du Coffre de Pérote, dit ce voyageur, je visitai l'ancien volcan qu'on nomme le Pizarro. Cette singulière montagne en pain de sucre, qui s'élance de la plaine de Pérote comme une île qui s'élève du sein de la mer, frappe tous les voyageurs par la régularité et la grâce de ses contours. Mais lorsqu'on approche et qu'on commence à gravir les pans ardus de cette pyramide de lave, on éprouve une surprise inattendue à l'aspect de la curieuse végétation qui tapisse son sol scoriacé. Cette verdure pâle, qu'on prenait de loin pour celle des forêts, n'est due qu'à une étonnante quantité de petites agaves dont l'étoile verte n'atteint que 2 ou 3 pieds et les hampes 2 ou 3 pouces de diamètre. Puis, entre ces espèces d'artichauts dont les sables blanchâtres sont émaillés, un grand yucca projette sur les trachytes azurés de la montagne son ombre insuffisante, et tient lieu d'arbres dans un pays où cette production de la nature est passée à l'état de phénomène. Cette solitude sèche et aride qu'aucun être vivant ne semblait animer commençait à m'impressionner par son aspect morne et silencieux lorsque, pénétrant plus avant dans ce désert hérissé d'épines, mon attention fut subitement attirée sur une grande quantité de Pics, seuls habitants de ces lieux désolés. Ce n'est jamais sans un certain plaisir qu'on retrouve la vie après avoir parcouru des déserts inanimés, et depuis longtemps je ne m'étais vu à pareille fête.

Je m'aperçus bientôt que le *Colaptes rubricatus*, si remarquable par l'éclat rougeâtre de ses ailes, était le roi des lieux, et quoique d'autres espèces s'y fussent donné rendez-vous, il conservait incontestablement la palme, et par sa taille de beaucoup la plus grande, et par le nombre de ses représentants. Tous ces oiseaux, grands ou petits, se livraient à des ébats extraordinaires ; il régnait dans toute la forêt d'aloès une grande agitation peu naturelle, une activité inusitée ; d'ailleurs la réunion d'un grand nombre de Pics dans un même lieu avait déjà en elle-même quelque chose d'insolite, parce que la nature assigne à ces oiseaux des mœurs plutôt solitaires et un genre de vie qui leur interdit, sous peine de disette, d'habiter en société. Aussi, loin de troubler les habitants ailés de la savane par un coup de fusil intempestif, je me blottis sous l'ombre peu hospitalière d'un yucca, et, en curieux indiscret, j'observai sans mot dire ce qui devait se passer au milieu de cette république volatile.

Je ne fus pas longtemps sans en pénétrer le mystère. Les Pics allaient et venaient, se portant un instant contre chaque plante, puis s'envolant presque aussitôt. Ils venaient surtout se fixer contre les hampes des aloès; ils y travaillaient un instant, frappant le bois des coups redoublés de leurs becs aigus, puis ils s'envolaient contre des yuccas, où ils renouvelaient leur travail et revenaient aussitôt à l'aloès, pour recommencer encore. Je m'approchai alors des agaves et j'examinai leurs tiges, que je trouvai toutes criblées de trous, placés irrégulièrement les uns au-dessus des autres. Ces trous

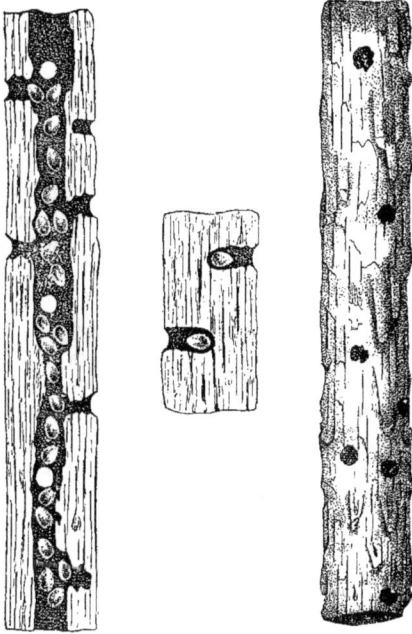

Fig. 205. — Greniers des Colaptes dans les hampes des agaves.

A gauche : Hampe coupée en long.
A droite : Hampe vue par sa surface.
Au milieu : Glands incrustés dans des trous.

correspondaient évidemment à un vide intérieur ; je m'empressai donc de couper une hampe et de l'ouvrir, afin d'en examiner le centre. Quelle ne fut pas ma surprise en y découvrant un véritable magasin de nourriture (fig. 205).

La sagacité que déploie l'industrieux oiseau dans le choix de ce magasin et l'art qu'il met à le remplir méritent l'un et l'autre d'être décrits. Après avoir fleuri, la plante de l'agave périt et se dessèche, mais elle reste longtemps encore fixée en terre, et sa hampe forme une perche verticale dont la couche extérieure se durcit en séchant, tandis que la moelle intérieure se détruit graduellement et laisse ainsi dans le centre de cette tige un canal qui en occupe toute la longueur. C'est ce canal que les Pics choisissent pour y loger leurs provisions. Mais ces provisions sont elles-mêmes étonnantes par la bizarrerie de leur choix : ce ne sont ni des insectes, ni des larves ou autres aliments animaux semblables à ceux que les

oiseaux grimpeurs affectionnent et cherchent sous les écorces ; non, elles appartiennent exclusivement au domaine végétal. Ce sont des glands, que nos oiseaux
amassent pour l'hiver dans ces greniers naturels.

Le canal central de la hampe des agaves offre un diamètre juste suffisant pour
laisser passer un de ces fruits selon son plus petit diamètre, en sorte que ces derniers s'y logent les uns à la suite des autres, à la manière des graines d'un chapelet, et lorsqu'on fend ce tube selon le sens de sa longueur, on trouve tout le canal
central occupé par une série de glands. Cependant l'ordre n'est pas toujours
parfait ; dans les agaves de grandes dimensions, le canal central est plus large, et
les glands s'y entassent plus irrégulièrement.

Mais comment l'oiseau s'y prend-il pour remplir son magasin, qui se trouve
naturellement clos de toutes parts ? C'est dans la solution de ce problème que son
instinct paraît surtout étonnant. Il perce à coups de bec dans la partie la plus inférieure de la hampe, et dans son bois périphérique, un petit trou rond qui
s'ouvre dans la cavité centrale. Il profite de cette ouverture pour y introduire des
glands jusqu'à remplir la partie du canal située au-dessous du trou. Le Pic pratique alors un second trou sur un point plus élevé de la hampe, par lequel il
remplit l'espace du canal situé entre les deux orifices. Il percera ensuite un troisième trou, plus élevé encore, il continuera ainsi à remplir son magasin de proche
en proche, jusqu'à ce qu'en s'élevant il atteigne le point de la hampe où le
canal en se rétrécissant finit par devenir trop étroit pour laisser passer les glands.
Il faut noter toutefois que ce canal de la hampe n'est ni assez large, ni assez net
pour permettre aux glands de le parcourir en tombant sous la seule influence de
leur poids. L'oiseau est obligé de les y pousser, et, malgré sa grande dextérité, il
ne parvient guère à remplir qu'une portion d'un ou deux pouces du vide central,
ce qui l'oblige de rapprocher ses trous considérablement s'il veut opérer le remplissage complet de la hampe depuis le bas jusqu'au sommet.

Mais cet ouvrage ne se fait pas toujours avec une égale régularité. Il est bien
des hampes dont la moelle presque intacte offre à peine un vide central, et d'ailleurs la portion supérieure de ces tiges est presque toujours dans ce cas. Il faut
alors aux Pics d'autant plus d'industrie pour réussir à loger leurs provisions de
glands, car ne trouvant pas de cavités suffisantes où ils puissent les entasser, ils en
sont réduits à les créer eux-mêmes. Dans ce but, ils percent un trou pour chaque
gland qu'ils ont à cacher, et, après l'avoir percé, ils logent le gland au centre
même de la moelle, dans laquelle ils ont pratiqué une cavité suffisante pour le
recevoir. C'est ainsi qu'on trouve nombre de tiges où les glands ne sont pas
entassés dans un vide central, mais logés chacun au fond d'un de ces trous dont
la surface de la hampe est criblée.

Ce travail est rude, et occasionne à l'oiseau beaucoup de sueurs ; il lui faut une
grande industrie pour faire de telles provisions, mais il est vrai de dire que l'exploitation des magasins est ensuite d'autant plus facile. Le Pic n'a plus à rechercher sa nourriture sous des couches de bois qu'il faut laborieusement briser ; il
lui suffit de plonger son bec effilé dans un des orifices tout pratiqués pour en

extraire son dîner. Il semble, dans ce cas, que la nature ait pourvu notre oiseau de son bec solide, non plus pour aller chercher sa nourriture à travers le bois, mais pour l'y cacher.

Les mœurs du *Colaptes rubricatus*, quoique bien différentes de celles des autres Pics, exigent cependant un bec identique au leur, parce que le bois périphérique des hampes d'aloès est d'une grande dureté, et ne se laisse entamer qu'avec un instrument solide. Mais la patience que nos oiseaux déploient à remplir leurs magasins n'est pas seule à remarquer. La persévérance qu'il leur faut pour se procurer les glands est peut-être plus étonnante encore. En effet, le Pizarro s'élève au milieu d'un désert de sable et de coulées de laves qui ne nourissent aucun chêne.

Je ne puis comprendre de quel endroit nos oiseaux avaient apporté leurs provisions ; il faut qu'ils aient été les chercher à plusieurs lieues de distance, peut-être sur le versant de la Cordillère ! Tel est l'ingénieux procédé qu'emploie la nature pour mettre les Pics à l'abri des horreurs de la famine, dans un pays aride pendant les six mois d'hiver, et qu'un ciel toujours serein dessèche à outrance. La sécheresse amène alors la mort de la vie végétale, comme chez nous le froid, et les plantes coriaces des savanes, qui sont la sécheresse même, ne nourrissent plus les insectes nécessaires à la subsistance des Pics. Sans cette ressource, nos oiseaux n'auraient plus qu'à émigrer ou à mourir de faim.

Nous étions alors en avril, c'est-à-dire dans le cinquième ou le sixième mois de la saison morte, et les Pics s'occupaient à retirer les glands de leurs greniers. Tout me porte à croire que ce sont bien les glands mêmes qui leur servent de nourriture, et non les larves chétives que ceux-ci peuvent renfermer ; la manière dont ils s'y prennent est aussi digne de remarque que ce qui précède. Le gland lisse et arrondi ne peut être saisi facilement par les pattes trop grandes du Pic. Alors afin de le fixer suffisamment pour que le bec puisse l'entamer, l'oiseau a recours à un procédé des plus ingénieux. Il pratique dans l'espèce d'écorce qui entoure les troncs desséchés des yuccas un trou juste assez grand pour y engager le gland par son petit bout, mais pas assez pour lui permettre de le traverser. Il l'engage dans ce trou et l'y enfonce avec son bec comme un coin dans une mortaise. Le fruit ainsi fixé, notre oiseau l'attaque à coups de bec et le met en morceaux avec la plus grande facilité, car chaque coup de bec tend à l'enfoncer de plus en plus, et à le fixer davantage (*fig.* 205, au milieu).

Les troncs de bien des yuccas se trouvaient pour cette raison criblés de trous, comme les hampes des agaves. Lorsque ces arbres périssent, l'écorce qui les recouvre se détache du tronc, et son écartement laisse entre elles et le bois de l'arbre un interstice très étendu, qui peut servir lui-même de magasin, comme le vide central des hampes d'agaves. Nos oiseaux, habiles à profiter de cette circonstance, criblent de trous les écorces mortes, et introduisent aussi des glands entre elles et le bois. Mais cette ressource ne paraît pas leur convenir beaucoup, ce qui se comprend facilement, parce que le magasin étant trop vaste, les glands tombent au fond de cette poche naturelle, et les Pics ne savent plus ensuite comment les en retirer. Aussi, en soulevant les écorces trouées, je n'y ai, en général, rencontré que des débris de glands tombés le long du bois, lorsque les Pics les mettaient en pièces dans les trous pratiqués à l'extérieur. Les glands intacts y étaient très rares.

Les procédés qui viennent d'être décrits sont remarquables. Voilà donc un oiseau qui fait des provisions d'hiver. Il va chercher au loin une nourriture qui ne semble pas appropriée à sa race, et il la transporte dans d'autres régions où croît la plante qui lui sert de magasin. Il ne la recèle ni dans le creux des arbres, ni dans les fentes des rochers, ni dans des cavités pratiquées en terre, ni dans aucun lieu qui semble s'offrir tout naturellement à ses recherches. Un instinct puissant lui révèle l'existence d'une cavité exiguë et cachée au centre de la tige d'une plante ; il y pénètre en rompant le bois qui l'enferme de toutes parts, il y accumule ses provisions avec un ordre parfait, et il les loge ainsi à l'abri de l'humidité, dans les conditions les plus favorables pour leur conservation, à l'abri des Rats et des oiseaux frugivores, dont les moyens mécaniques ne suffisent pas pour entamer le bois qui les protège.

Je ne doute pas que ces faits ne soient jugés dignes d'attirer l'attention des ornithologistes, et je recommande aux voyageurs de les vérifier et d'en compléter l'observation. Il faudrait se rendre compte de la localité où les Pics vont récolter les glands. Il ne croit guère de chênes que sur le versant de la Cordillière. Or, il y a près de dix lieues de ce versant au Pizarro, et j'ai peine à croire que nos oiseaux aillent faire leurs provisions à une distance aussi prodigieuse. Il faudrait assister au remplissage du magasin, il faudrait ensuite suivre l'oiseau, et tâcher de se rendre compte si chaque Pic conserve la propriété des aloès qu'il a préparés, ou si des larcins mutuels amènent des rixes entre leurs propriétaires respectifs.

Plusieurs Pics appartenant à des espèces plus faibles habitent aussi la savane de Pizarro, mais je n'ai pu vérifier s'ils usaient du même procédé. Dans une partie de la montagne, les innombrables hampes d'agaves sèches étaient toutes transformées en magasins. C'est à ce dépôt général qu'était due l'affluence des Pics dans cette localité. Il est probable que pendant la saison sèche ces oiseaux se rassemblent dans les lieux très fournis d'agaves, où leur nourriture est toute préparée, et qu'à l'entrée des pluies de l'été, ils se dispersent dans les campagnes pour y chercher les insectes que la nature leur offre alors en abondance. »

*
* *

Le second exemple à citer ne manque pas non plus d'intérêt. C'est celui du Mélanerpes fourmilier, dit aussi Collectionneur. « Le Mélanerpes fourmilier, dit Hermann, est le plus bruyant et le plus commun de tous les picidés que l'on trouve en Californie. On le voit tranquillement perché sur une des plus hautes branches d'un arbre, lorsque tout à coup il s'élance, poursuit un insecte, le saisit, puis revient à la place qu'il occupait, pour recommencer un instant après le même manège. En automne, il emploie une grande partie de son temps à percer des trous dans l'écorce des pins et des chênes ; dans chacun de ces trous, il enfonce un gland, et tellement bien qu'il faut un certain effort pour le retirer. Souvent, à la suite de ce travail, le tronc entier d'un vigoureux conifère paraît comme couvert de clous de bronze. Ces glands servent à nourrir, pendant l'hiver, non seulement le Mélanerpes, mais encore les Écureuils, les Souris, les Geais, qui découvrent ces cachettes. »

Kelly confirme pleinement cette relation : « En enlevant l'écorce d'un arbre, dit-il, je remarquai qu'elle était toute criblée de trous, dont le diamètre dépassait celui que produit une balle de carabine; ils étaient aussi réguliers que si on les avait faits avec un compas. Plusieurs étaient remplis de glands. J'avais déjà observé plusieurs fois la même chose sur d'autres arbres, mais, croyant que c'était l'ouvrage de quelque insecte, je ne m'en étais guère occupé. Cette fois la présence de glands que le vent ne pouvait y avoir amenés, me décida à en rechercher l'origine. Un de mes amis me rendit attentif à un vol de Mélanerpes occupés à ramasser leurs provisions d'hiver. Je les vis alors passer leur été à se pourvoir de nourriture pour la mauvaise saison. Je les observai souvent, moitié volant, moitié grimpant, tourner autour d'un arbre; j'admirai plus d'une fois comment ils essayaient d'enfoncer un gland. Ils s'y prenaient à diverses reprises, jusqu'à ce qu'ils eussent trouvé un trou de dimension convenable. Ils faisaient pénétrer le gland par son extrémité aiguë et l'enfonçaient ensuite à coups de bec; puis ils s'envolaient pour aller en chercher un autre. Dans ce travail, ils font preuve d'un tact étonnant; ils ne choisissent que des glands sains et de bonne qualité. Celui qui ramasse des glands pour les rôtir en prend toujours un certain nombre de creux ou de gâtés. Très souvent, les plus beaux en apparence sont rongés par un Ver. L'Indien lui-même, dont les sens sont le plus exercés, y est souvent trompé; mais dans tous ceux que j'ai trouvés enfoncés ainsi dans les arbres, je n'en ai pas rencontré un seul qui renfermât le moindre germe de destruction.

Quand les Mélanerpes fourmiliers sont très occupés à amasser des glands, on peut prédire de la neige pour un temps prochain. Tant qu'il n'a pas neigé, ils ne touchent pas à leurs provisions; ils ne le font que quand le sol est couvert de neige. Ils mangent alors les glands qu'ils ont amassés, en se contentant d'en ouvrir l'écorce sans les retirer du trou où ils les ont enfoncés. »

Le *Melanerpes formicivorus* s'installe parfois dans les poteaux télégraphiques, ainsi que cela a été noté dans la *Revue des sciences naturelles*. « On a constaté à différentes reprises que, par leur instinct industrieux, certains oiseaux pouvaient apporter quelques entraves dans les communications télégraphiques. Le représentant américain de nos Pics européens, par exemple le Pic vert de Californie, *Melanerpes formicivorus*, prend maintenant l'habitude d'installer sa demeure et ses innombrables magasins d'approvisionnement à l'intérieur des poteaux en bois de cèdre rouge supportant les fils conducteurs des lignes de l'Ouest des États-Unis.

Originaire des montagnes de l'Amérique centrale, ce bel oiseau aux parties supérieures d'un vert noirâtre et à la gorge cerclée de blanc, s'est étendu depuis longtemps dans la région occidentale des États-Unis, sans jamais dépasser vers l'Est le territoire de l'Arizona. Au cours d'une inspection qu'il fit l'an dernier dans le Far-West, le colonel Clowry, haut fonctionnaire de la *Western Union Telegraph Com-*

pʰny, constata que le sommet d'un grand nombre de poteaux était profondément déchiqueté par des Mélanerpes qui y avaient élu domicile. Exécutant son travail sur une hauteur de 2 mètres environ, chaque couple de ces oiseaux creuse deux cavités principales superposées à 60 cent. d'intervalle, pénétrant jusqu'au cœur du poteau et communiquant avec l'intérieur par des orifices de 7 à 8 cent. de diamètre. Le mâle, qui habite le trou le plus élevé, fait le guet au moyen de petites fenêtres percées dans différentes directions. La femelle et sa couvée logent à l'étage inférieur, dont la capacité est plus grande en raison du nombre des habitants. D'autres trous, de dimensions variables, s'évasant vers l'intérieur, sont creusés en lignes verticales ou obliques tout autour du sommet du poteau. Ce sont les magasins où la famille de Pics tient diverses espèces de graines en réserve, la capacité de la cavité étant proportionnée aux dimensions des provisions qu'elle doit contenir. Ces trous, dont l'orifice mesure de 2 à 3 cent. de diamètre, existent au nombre de plus de sept cents sur chaque poteau attaqué, et on comprend facilement dans quelle mesure ils doivent réduire sa durée, qui, d'ordinaire, atteint quinze à dix-huit ans. Les magasins sont plus hauts que larges, mais leur ouverture, au contraire, est plus large que haute, disposition ayant sans doute pour but d'empêcher la chute des graines qu'ils contiennent.

On connaît depuis longtemps, en Amérique, cette particularité présentée par les Mélanerpes, oiseaux insectivores, d'accumuler des graines dans les troncs d'arbres ; aussi, de Saussure, Sumichrast et plusieurs autres naturalistes les avaient-ils, en raison de ce fait, considérés comme des granivores. D'après le colonel Clowry, les graines ne seraient pas mangées par les Pics, mais elles renfermeraient de petites larves dont ces oiseaux feraient leur nourriture. »

*

Rappelons en terminant l'existence des greniers que nous avons déjà signalés chez le Hamster, l'Écureuil, etc., et il ne nous restera plus qu'à étudier les Fourmis, au point de vue de leur prévoyance.

II

Les Moissonneurs

Les Fourmis, a dit je ne sais quel auteur, sont aux insectes ce que l'homme est aux autres animaux. Voilà, certes, un compliment qui n'est pas de mince importance, et les Fourmis le justifient pleinement. C'est un spectacle bien curieux en effet que celui de ces infimes bestioles, qui semblent pouvoir rivaliser sous le rapport de l'intelligence avec celui qui a pris l'habitude de s'appeler le roi de la Création ! Nous ne parlerons dans ce chapitre que d'un de leurs traits de mœurs et l'un des plus intéressants, celui de la prévoyance, qualité considérée souvent comme l'apanage des peuples civilisés. La fable de la Cigale et de la Fourmi est connue de tout le monde ; mais ce qui l'est moins, c'est la multiplicité des moyens que les Fourmis mettent en œuvre pour amasser et préserver des provisions en vue des périodes de disette.

Les Anciens avaient souvent observé que les Fourmis transportaient dans leurs nids des fragments de feuilles, des morceaux de racines et surtout des graines. L'explication de ce fait venait tout de suite à l'esprit : si les Fourmis accumulent des graines en été, c'est pour les manger pendant l'hiver : « Va-t'en, disait Salomon, ô paresseux ! vers la Fourmi, considère sa conduite, et apprends la sagesse. N'ayant point de chef, ni de souverain, elle fait sa provision pendant l'été, et, quand le temps de la moisson est venu, elle amasse de quoi se nourrir. » Et dans les hiéroglyphes égyptiens, les Fourmis étaient le symbole de la prévoyance. Montaigne, en 1580, en parle encore avec admiration dans ses *Essais*. Cependant, au XVIIIe siècle, des observateurs et, parmi ceux-ci, Buffon et Huber, nièrent le fait. Leur raisonnement était très simple et paraissait péremptoire : en effet, pendant l'hiver les Fourmis s'endorment d'un profond sommeil pour ne s'éveiller qu'au printemps ; donc si ces bestioles accumulent des vivres, ce n'est pas par prévoyance, puisqu'elles n'en auront pas besoin.

L'explication de toutes ces contradictions ne devait venir que plus tard. Elle est due à un auteur anglais, très remarquable observateur, Moggridge. Ce savant, atteint d'une maladie qui l'obligea à quitter l'Angleterre, alla s'établir pendant l'hiver dans une localité chaude, à Menton. Là, pour oublier son état de santé, il se mit à étudier avec grand soin les mœurs des Fourmis, et vit que tout ce qu'on avait dit sur leur prévoyance était vrai. Mais tandis que les Fourmis du nord de l'Europe, c'est-à-dire celles qu'Huber et d'autres avaient étudiées, hibernent pendant la saison froide, celles du midi de l'Europe restent actives pendant l'hiver et dévorent les provisions qu'elles ont accumulées.

Les Fourmis moissonneuses, étudiées avec tant de soin par Moggridge, vivent en société comprenant un grand nombre d'individus qui tout autour de la fourmilière vont explorer les plantes, y recherchent les graines mûres et les rapportent au nid. Lorsqu'elles ont rencontré un amas de plantes favorables, elles les exploitent méthodiquement, et on peut voir alors toute une file de Fourmis se rendant de ce point au nid ou en revenant. Lorsque le fruit n'est pas assez mûr pour laisser échapper ses graines, elles l'arrachent tout entier et le traînent péniblement jusqu'au nid. Ces Fourmis peuvent également récolter divers objets, tels que des morceaux de bois, des fragments de feuilles, etc., mais ce sont surtout les graines qui dominent.

Une partie seulement de la fourmilière recueille les matériaux. Les autres Fourmis sont chargées du soin de trier les provisions ; elles ne prennent que les meilleures et enlèvent l'écorce des graines. Ces écorces sont ensuite portées au dehors et réunies en petits tas.

Mais le fait le plus curieux est celui-ci : comment se fait-il que des graines placées au sein de la terre, dans un milieu chaud et humide, ne se mettent pas à germer ? C'est là une question qui n'est pas encore résolue. On pense que les Fourmis y déversent certains liquides qui, sans les tuer, les empêchent de germer pendant un certain temps. Mais il est essentiel que ce liquide y soit déposé constamment, car si l'on écarte les Fourmis du nid, les graines se mettent à pousser. Ce qui est encore plus curieux, c'est que la germination est arrêtée volontairement par les Fourmis et seulement pendant le temps où elles ne pensent qu'à approvisionner le nid. Au moment où les Fourmis veulent profiter des biens qu'elles ont si longuement amassés, elles ne déposent plus le liquide anti-germinatif. Aussi les graines abandonnées à elles-mêmes se mettent-elles à pousser une jeune racine et une jeune tige.

On se demande quelle peut être l'utilité de la germination pour la Fourmi. Le fait est facile à comprendre : la majorité des graines, celles des céréales particulièrement, renferment de l'amidon ; au moment de la germination, cet amidon est transformé en sucre, en même temps que toute la graine se ramollit ; donc, la jeune plante a une saveur sucrée qui doit être fort goûtée des Fourmis. Mais nous ne sommes pas encore au bout des merveilles que nous présentent les Fourmis moissonneuses. En effet, si la germination continuait, la matière sucrée disparaîtrait et la plantule donnerait une plante qui, sans doute, ne serait d'aucune utilité pour les Fourmis. Aussi celles-ci ont-elles trouvé le moyen d'arrêter le phénomène en question ; en effet, à l'aide de leurs mandibules, elles coupent l'extrémité de la racine. Or, c'est par cette extrémité que la racine s'accroît et c'est par sa racine que la plante peut se nourrir et grandir. Couper le sommet, c'est donc du même coup empêcher la plante de se développer : l'homme n'aurait pas trouvé mieux. Les jeunes plantules une fois sectionnées sont transportées au dehors par les Fourmis, qui les étalent au soleil pour les faire sécher. Ceci fait, elles les ramènent sous la terre où elles ont ainsi à leur disposition un aliment sucré très nourrissant et sans doute très agréable au goût : cela rappelle beaucoup l'obtention du malt (orge germé) pour la fabrication de la bière.

Si les Fourmis moissonneuses ont des qualités, elles ont aussi leurs défauts. Il en est parmi elles qui trouvent plus commode de voler à d'autres le butin que celles-ci sont allées péniblement chercher au loin. Ces voleuses s'embusquent et quand leurs congénères reviennent avec leurs provisions, elles se jettent dessus et s'emparent de la graine convoitée. Le mauvais exemple se répand quelquefois à tel point que tout un nid devient un repaire de voleurs : toutes en bandes, les Fourmis vont attaquer un nid voisin, s'emparent de leurs provisions et les ramènent à leur propre fourmilière... La nature n'est pas parfaite.

III

Les Cultivateurs et les Champignonnistes.

D'autres Fourmis ne se contentent pas de récolter ; elles cultivent. Au Brésil et dans l'Amérique centrale, on rencontre parfois en abondance une Fourmi connue dans ces régions sous le nom de *Sauba* ou de *Sauva*; on la désigne aussi sous la dénomination de Fourmi coupeuse de feuilles ou de Fourmi parasol, (*Œcodoma céphalotes*).

Pour approvisionner leur nid, ces bestioles se rendent en grand nombre dans les plantations de café et grimpent le long des branches pour atteindre les feuilles. Munies de mandibules puissantes et très acérées, elles découpent un large lambeau dans ces feuilles, et quand le fragment est presque entièrement détaché, elles l'enlèvent par une brusque secousse. Cela fait, elles redescendent de l'arbre en portant le lambeau vert au-dessus de leur tête, comme un étendard. Elles reviennent ainsi au nid. « Quand du haut d'une éminence, dit Bates, on embrasse d'un regard la grande route sur laquelle s'avancent ces millions de petites bêtes en masse compacte, avec leurs étendards verts sur la tête, on croirait voir un énorme serpent vert rampant lentement sur le sol ; et ce tableau se découpant sur un fond d'un risg jaunâtre est d'autant plus vivant que tous ces drapeaux sont agités par de légères ondulations. » C'est l'aspect si curieux que leur donne les feuilles transportées qui leur ont valu le nom de Fourmis parasols.

Que font celles-ci de leur butin ? La chose est encore discutée. Cependant lorsqu'on regarde ce qu'il y a à l'intérieur d'une fourmilière, on voit dans les loges, non pas des fragments de feuilles, mais une sorte de terreau, parcouru en tous sens par des filaments blanchâtres, le tout étant occupé par des fourmis beaucoup plus petites que celles qui sont chargées de la récolte. Au microscope, il est facile de se rendre compte que le prétendu terreau n'est autre que des feuilles très découpées, macérées, pilées, et que les filaments blanchâtres sont des champignons. Aussi Bell a-t-il pensé que les choses se passaient de la façon suivante : les Fourmis parasols de grande taille n'ont d'autre rôle que d'aller faire la cueillette qu'elles rapportent au nid et qu'elles confient aux fourmis de petite taille. Ces dernières, à l'aide de leurs mandibules et de leurs mâchoires, pétrissent les feuilles, les mélangent peut-être à de la terre et en font une sorte de terreau. Celui-ci, mis à part, permet au « blanc de champignon » de se développer (*fig.* 206) et ce seraient ces champignons qui serviraient à l'alimentation de toute la fourmilière. Il est à remarquer, si le fait est absolument exact,

Fig. 206. — Industrie des Fourmis Champignonnistes.

En haut : Terreau préparé par les Fourmis et entremêlé de « blanc » de champignon.
En bas : Champignons apparaissant sur le terreau mis à l'air.

que les Fourmis parasols cultivent les champignons tout à fait comme le font les maraîchers dans les environs de Paris, dans les carrières de Montmartre par exemple.

Un botaniste allemand, M. Mœller, a récemment repris la question et observé des faits intéressants. Tout d'abord, quand on vient à bouleverser une fourmilière, on voit les fourmis s'empresser de mettre en sûreté non des débris de feuilles mais les filaments du champignon. C'est donc à ceux-ci qu'elles tiennent le plus. De même, si en gardant les Fourmis dans une boîte, on leur donne à manger les débris de feuilles qu'elles ont l'habitude de récolter, elles n'y touchent pas et meurent de faim à côté d'eux. Au contraire, on les élève facilement avec les champignons des fourmilières. Donc, les Fourmis récoltent des feuilles non pour elles mais pour les champignons qui poussent plus tard dessus. On ne sait pas malheureusement si l'ensemencement est spontané ou s'il est produit par les Fourmis elles-mêmes, par exemple en pétrissant les débris avec de vieilles cultures. Quoi qu'il en soit, il est certain que les champignonnières ne contiennent jamais qu'une seule espèce de champignons et que celle-ci reste toujours à l'état de filaments tant qu'elle est dans la fourmilière. Mais si l'on vient à retirer ces derniers et à les cultiver à l'air, on obtient un grand champignon à chapeau (*fig*. 206).

Fig. 207. — Nid de la Fourmi agricole entouré de son champ de céréales.

***

Bien plus remarquable encore est la Fourmi, appelée *Pogomyrmex*, ou Fourmi agricole, que la singularité de ses mœurs a fait étudier pendant dix ans par le docteur Lincécum et sa fille. Ces intéressantes petites bêtes construisent un nid (*fig*. 207) et tout autour, aplatissent un peu plus d'un mètre carré de terrain qui devient d'une régularité parfaite. Elles coupent toutes les plantes qui y poussent, à l'exception d'une seule, une graminée, l'*Aristida stricta*. Lorsque cette plante n'est pas assez abondante, elles vont récolter ses graines dans les champs voisins pour les semer tout autour de leur fourmilière qui ne tarde pas à être entourée par tout un champ de la plante en question. Les Fourmis soignent les *Aristida* avec la plus grande sollicitude et dès qu'une autre plante commence à pousser dans ce champ, elles la font disparaître : c'est une pratique analogue au « sarclage » des jardiniers.

« La graminée ensemencée, dit Darwin, d'après Lincécum, s'épanouit toute luxuriante et donne une riche moisson de petites semences blanches, dures comme le caillou, et qui, au microscope, ressemblent beaucoup à du riz ordinaire. On la récolte soigneusement, quand elle est mûre, et les ouvrières l'emportent en bottes dans les greniers, où on la sépare de la balle et où on l'emmagasine. Quant à la balle, elle est rejetée au-delà des limites de la cour pavée. Si, par hasard, la saison des pluies arrive plus tôt que d'ordinaire, les provisions mouillées courent le risque de germer et d'être gâtées. Dans ce cas, aux premiers beaux jours les Fourmis transportent le grain humide et avarié et le font sécher au soleil ; après quoi, elles emportent les grains intacts, les emmagasinent de nouveau et abandonnent les avariés. » L'affection particulière de ces Fourmis pour la semence de l'Aristida fait donner à celle-ci le nom de *Riz de Fourmis*.

IV

Les Fourmis à miel.

Dans le Texas et le Nouveau Mexique, on rencontre une espèce de Fourmi qui ne fait pas provision de graines, mais de miel ; et ce qu'il y a surtout de curieux, c'est le réceptacle qui leur sert à conserver celui-ci. A la tombée de la nuit, la fourmilière, naguère silencieuse, commence à s'agiter; on voit toutes les Fourmis sortir à la queue leu leu et se diriger en files serrées vers les bois. Lorsqu'elles ont trouvé l'arbre, qui fait l'objet de leur désir, elles grimpent sur les branches pour aller récolter le miel. L'arbre qu'il leur faut est un chêne couvert de galles; celles-ci en effet jouissent de la propriété de laisser exsuder un liquide clair, sucré, agréable au goût, qui perle à leur surface sous forme de fines gouttelettes. Les Fourmis lèchent ce liquide et, leur récolte une fois terminée, elles retournent au nid.

Donnons un coup de pioche dans la fourmilière; nous y verrons un certain nombre de chambres au plafond desquelles sont suspendus des animaux bien singuliers : ce sont de grosses vessies arrondies, pourvues chacune d'une tête et de pattes qui leur servent à se cramponner aux aspérités des parois.

Voyons ce que vont faire les Fourmis revenant avec leur butin : elles vont rentrer dans les chambres en question et s'approchent comme pour embrasser les autres qui restent immobiles. Mais il faut savoir qu'au début ces dernières sont des Fourmis semblables à celles qui sont allées faire la récolte; au lieu de se charger du soin de rapporter des victuailles, elles se sont contentées du rôle singulier de les conserver pures et intactes. Elles se sont cramponnées au mur et ont attendu patiemment le retour de leurs sœurs. Celles-ci, dès leur arrivée, vont dégorger dans la bouche des Fourmis sédentaires le miel, qui va se loger dans l'abdomen servant de réceptacle : celui-ci gonfle petit à petit et, enfin, atteint une taille gigantesque par rapport à l'animal : ce n'est plus qu'une grosse outre remplie de miel. Mais que vont devenir ces provisions? L'hiver, lorsque la disette régnera au dehors, les Fourmis qui auront si bien travaillé pendant l'été auront là une réserve des plus abondantes; on les voit en effet se rapprocher de leurs grosses sœurs, et les implorer de leurs antennes. Les Fourmis-réservoirs ne peuvent résister à une prière si tendre, elles dégurgitent une goutte de miel que les autres s'empressent d'absorber. En somme les Fourmis du Texas font des réserves de miel, mais au lieu de les accumuler dans des cellules, elles en emplissent certaines des leurs qui sont vraiment bien aimables de jouer ce rôle secondaire

V

Les Esclavagistes.

Les Fourmis amazones sont des êtres essentiellement organisés pour le combat et cependant elles ne peuvent manger seules, ni même se construire un nid ou élever leurs larves. Aussi, pour subsister, ont-elles imaginé de réduire en esclavage d'autres Fourmis dont elles exigent les services qu'il leur est impossible de se rendre à elles-mêmes. Ces faits furent découverts par le grand naturaliste de Genève, Huber, et étudiés plus tard avec soin par Auguste Forel.

Ces Fourmis amazones, les *Polyergus rufescens* des naturalistes, vivent dans toute l'Europe centrale et méridionale ; on en trouve en France, en Allemagne, en Suisse, etc. Elles sont d'une couleur rouge, tirant sur le brun ou le jaune assez mat ; leur taille ne dépasse guère 6 à 7 millimètres.

On sait que chez toutes les Fourmis, on trouve trois sortes d'individus, les *mâles* et les *femelles* pourvus d'ailes, et les *ouvrières* qui n'en possèdent pas. Les deux premières catégories servent à produire des œufs tandis que les ouvrières sont chargées des soins du ménage, de la construction du nid, de l'entretien des chambres, des soins à donner aux larves, etc. ; ce sont elles qui sont de beaucoup les plus nombreuses.

Mais dans l'espèce que nous considérons, les ouvrières sont des paresseuses qui ne veulent pas travailler et qui, d'ailleurs, ne le peuvent pas à cause de la mauvaise constitution de leurs mandibules : celles-ci ne sont plus ces armes solides et résistantes que l'on rencontre d'habitude chez les Fourmis; ce sont de faibles pinces arquées pouvant tout au plus mordre dans des corps mous, mais non transporter les lourds matériaux indispensables pour élever une fourmilière. Aussi vont-elles attaquer une autre espèce de Fourmis, rapporter dans leurs mandibules chez elles les ouvrières de ces dernières et les réduire en esclavage : elles s'adressent pour cela de préférence à la Fourmi brune, ainsi qu'à la Fourmi barberousse.

VI

Les Éleveurs.

L'esclavage est déjà un indice très manifeste d'une civilisation au moins à ses débuts. L'élevage de bestiaux indique un progrès très marqué dans le degré de civilisation des êtres qui le pratiquent. Les Fourmis en fournissent plusieurs exemples.

Tout le monde connaît les Pucerons, ces petites bestioles à l'aspect massif, qui envahissent très souvent les plantes de nos jardins, au grand désespoir des horticulteurs, qui ne savent comment s'en débarrasser. Examinons un instant, je suppose, une branche de rosier attaqué par ces vilaines petites bêtes. Nous ne tarderons pas à voir arriver des Fourmis (*fig.* 208) agitant fébrilement leurs antennes. Lorsqu'une Fourmi vient à rencontrer un Puceron, on la voit caresser la petite bête de ses antennes, comme si elle sollicitait quelque chose. Ce quelque chose ne va pas tarder à apparaître. Si vivement sollicité par les caresses de la Fourmi, le Puceron laisse suinter de la partie postérieure de l'abdomen une gouttelette de liquide sucré, que la Fourmi se hâte de happer, car elle en est extrêmement friande. La Fourmi va de nouveau « traire » un autre Puceron et ainsi de suite.

Fig. 208. — Fourmi occupée à traire un Puceron.

Il y a fort longtemps que l'on connaît les rapports si curieux des Fourmis et des Pucerons : Linné, pour cette raison, avait même donné à ces derniers le nom bien significatif de « Vaches des Fourmis ». Mais ce qu'il y a de plus intéressant encore, c'est que les Fourmis jaunes *(Lasius flavus)*, trouvant peu pratique de courir constamment après leur bétail, ont imaginé d'emporter les Pucerons dans leurs retraites et là de les traire quand bon leur semble. Elles vont les chercher sur les plantes, les rapportent délicatement à la fourmilière, les emprisonnent dans des chambres, comme les paysans mettent des Vaches dans une étable, les soignent, les nourrissent, les dorlottent avec un soin jaloux : en échange de ces bons procédés, les Pucerons ne semblent pas faire de difficulté pour céder à leurs maîtres la goutte sucrée qu'ils sollicitent.

Certaines espèces se comportent autrement. « Huber, dit Brehm, a découvert aussi que les Fourmis sont tellement avides de cette liqueur sucrée, que pour s'en procurer plus commodément elles pratiquent des chemins couverts (*fig.* 209) qui, de la demeure de la tribu, s'étendent jusqu'aux plantes qu'habitent ces Vaches en miniature. Parfois on les voit pousser la prévoyance jusqu'à un point encore plus extraordinaire. Afin d'obtenir plus de produits des Pucerons, elles les laissent sur les végétaux qu'ils sucent habituellement et, avec de la terre finement gâchée, leur bâtissent là des espèces de petites étables dans lesquelles elles les emprisonnent. Le savant que nous venons de citer a découvert plusieurs de ces étonnantes constructions ; c'est donc un fait irrécusable. » Nous avons d'ailleurs déjà parlé de ce fait au chapitre des « Ingénieurs des ponts et chaussées. »

Ajoutons qu'une fois domestiqués, les Pucerons sécrètent beaucoup plus de liqueur sucrée que lorsqu'ils vivent à l'état sauvage ; cela devient même chez eux une gêne, car si on les abandonne à eux-mêmes, ils se délivrent brusquement de leur excès de liqueur; mais cela parait leur être pénible. Les Fourmis, en venant les traire, leur rendent donc un véritable service.

Fig. 209. — Pavillons suspendus construits par les Fourmis pour loger leurs Pucerons.
L'un de ces pavillons est pourvu d'un canal de communication le reliant à la fourmilière.

Les Fourmis enfin peuvent utiliser un certain nombre de petits animaux qui vivent naturellement dans leur fourmilière. De ce nombre sont les Clavigères. « On savait, raconte Emile Blanchard, que divers insectes cohabitent avec les Fourmis sans être ni inquiétés, ni maltraités par ces dernières; mais le genre de relations qui pouvait exister entre les maîtres du logis et les hôtes restait ignoré. Lespès dévoila le mystère. Souvent dans les fourmilières vivent de très petits coléoptères d'un aspect étrange, tout luisants. Les Clavigères, ainsi qu'on les appelle, ont d'énormes antennes, des élytres courtes, des pinceaux de poils sur les côtés.

Fig. 210. — Relations des Fourmis avec un Clavigère.
L'une d'elles le lèche ; l'autre lui donne la becquée.

Triste semble la condition de ces êtres ; aveugles, ils sont condamnés à une existence sédentaire ; ayant la bouche singulièrement conformée, ils sont dans l'impossibilité de manger seuls. Nulle part, on ne voit l'exercice de la liberté plus entravé; par bonheur, ces malheureux insectes n'en ont sans doute pas conscience. Les Fourmis sont pleines de soins et d'attentions po .. les Clavigères (*fig.* 210).

« A ces pauvres créatures elles donnent la becquée. L'œuvre, il est vrai, n'est pas désintéressée. Les poils des petits coléoptères s'imprègnent d'un liquide vis-

queux et sucré fourni par des glandes ; avides de cette matière, les Fourmis se
délectent à lécher les poils qui en sont enduits. Elles trouvent avantage à nourrir
et à soigner de véritables animaux domestiques. »

Il n'y a pas que les Clavigères qui rendent des services aux Fourmis. « Des
coléoptères agiles, ajoute le même auteur, de la famille des staphylins, dont les
élytres laissent à découvert l'extrémité postérieure du corps, habitent les fourmilières : ce sont les Loméchuses. Mieux partagés que les Clavigères, ils sont d'humeur vagabonde. Clairvoyants, pourvus d'ailes, ils sortent des nids, mais ils sont
bien forcés d'y revenir ; lorsque la faim les presse, ils n'ont pas d'autre ressource.
Incapables de prendre eux-mêmes leur nourriture, ainsi que Lespès l'a constaté,
ils la demandent aux Fourmis. Celles-ci ne refusent pas de rendre un bon office à
des créatures qui ont quelque chose à donner. Les Loméchuses sécrètent une
matière sirupeuse, que retiennent les bouquets de poils placés sur les côtés de l'abdomen. Les poils se trouvant cachés par les organes du vol, le coléoptère écarte
ses ailes pour que la Fourmi puisse lécher la liqueur. Pareille entente de la part
de deux êtres n'ayant aucune parenté est vraiment un des traits les plus curieux
de la vie des animaux. » On trouve encore dans les fourmilières d'autres insectes,
Myrmecophila, *Platyarthrus*, etc., mais leurs relations avec les Fourmis ne sont pas
encore très nettement établies.

CHAPITRE XXXVIII

Les Paresseux.

La paresse se manifeste de différentes façons chez les animaux, et se rencontre pour ainsi dire dans tous les groupes. Chez les mammifères, les cas sont particulièrement nombreux : le plus connu, à cet égard, est le Paresseux (*fig.* 211) qui passe presque toute son existence, immobile accroché par les quatre pattes à une branche d'arbre.

Il arrive quelquefois que des oiseaux, par trop paresseux pour construire eux-

Fig. 211. — Paresseux.

Fig. 212. — Martinet à moustaches.

mêmes, s'emparent, pour nicher, du nid de leurs congénères ou de celui d'autres espèces.

Ce cas n'est pas régulier, mais, quoique accidentel, il se rencontre fréquemment. C'est ainsi que nous avons eu à citer au cours de cette étude, les Moineaux qui volent les nids des Hirondelles, et les Casse-noix qui nichent dans les nids d'Écureuils, après en avoir chassé les légitimes propriétaires.

A signaler encore un rapace, le Kobez vespéral qui s'empare souvent des nids de Pie et le Milan royal qui vole quand il le peut un nid de Corneille ou une aire de Faucon abandonnée.

Un des oiseaux les plus voleurs de nids est le Martinet (*fig.* 212), qui malgré son aspect n'a pas du tout les mêmes mœurs que les Hirondelles. Il niche dans les crevasses des murs et des clochers. Le plus souvent il chasse les Moineaux et les Étourneaux de leurs nids pour s'en emparer : s'il ne peut obtenir la demeure en suite, il tourmente tellement la couveuse que finalement elle est obligée de lui céder la place. Il vole aussi les nids des Crécerelles, des Soulcies, des Rouges-queues, des Pigeons, des Gobe-mouches, etc. Même quand il est obligé de construire son nid lui-même, le Martinet en emprunte les matériaux à un autre nid, de Moineau par exemple, ou bien les saisit au vol. Il les réunit ensuite grossièrement en les agglomérant avec sa salive visqueuse.

D'autres oiseaux montrent leur paresse en ne faisant que des nids informes ou mal établis.

Parmi les nids informes, il faut compter ceux de l'Étourneau qui ne consistent qu'en brins de paille et d'herbe déposés pêle-mêle dans le creux d'un arbre.

De même pour l'Acridothè: triste, dont le nid est un simple amas grossier et mal coordonné de branches, d'herbes sèches, de chiffons, de plumes, etc. Souvent, comme l'a remarqué le major Norgate, ce nid est placé dans des endroits très mal choisis, dans la gouttière d'un toit par exemple ; aussi, à la première pluie, l'établissement et les petits qui s'y trouvent sont-ils emportés.

Les Podagres huméral forment leurs nids, très plats, à l'aide de petites bûchettes posées dans l'enfourchure d'une branche horizontale à cinq ou six pieds du sol. « Ils recouvrent ce nid de graminées et de quelques plumes. Ce nid est du reste si mal construit, qu'on peut voir le jour à travers toutes les substances qui le composent ; il a d'ordinaire huit à dix pouces de diamètre... Lorsque le nid se trouve trop exposé au soleil, et que les petits sont trop gros pour que la mère puisse les abriter, le couple les transporte dans une des cavités si nombreuses dans les arbres. De cette façon, il sauve une partie de sa nichée d'une mort presque certaine, le nid devenant insuffisant à mesure qu'ils grossissent. J'ai vérifié ce fait à diverses reprises, surtout sur des nids abandonnés qui restaient dans les casuarinas ; ces nids se trouvaient à l'extrémité des branches, sans que le feuillage donnât l'ombre nécessaire, et certes les petits auraient péri s'ils n'eussent été placés dans ces arbres par l'instinct paternel. » (J. Verreaux.) L'oiseau a donc conscience de l'insuffisance de son nid.

Fig. 243. — Rapace nocturne (*Scops zorca*) nichant dans un tronc d'arbre.

Les Pyranguas de l'Amérique comptent parmi les oiseaux dont le nid est mal établi à la branche qui le supporte : il suffit d'une secousse pour le faire tomber. Ce nid est formé en dehors de chaumes et de racines, en dedans d'herbes tendres.

Certains oiseaux même ne font pas de nids du tout.

La Chevêche commune et autres espèces voisines ne construisent pas de nids, elles se bornent à choisir une cavité convenable sous des pierres, dans un rocher, un vieux mur, le tronc d'un arbre vermoulu et à y déposer leurs œufs sans y mettre le moindre objet étranger.

De même le Scops (*fig.* 213) se contente de déposer ses œufs dans les trous des murs, les creux des vieux arbres, ou encore sous le toit des maisons.

L'Effraye ne se donne pas non plus la peine de construire un nid : elle pond ses œufs dans un coin, sur un tas de plâtras.

Les Engoulevents (*fig.* 214), de même que les oiseaux de la même famille, pon-

Fig. 214. — Engoulevent femelle sur ses œufs.

dent leurs œufs sur le sol, dans un endroit caché, mais sans creuser le sol pour le recevoir, ni approprier un peu la couche sur laquelle ils reposent.

L'Eurystome paisible dépose ses œufs dans le creux d'un tronc d'arbre sans lui faire subir aucun travail d'appropriation.

Les Lummes pondent leurs œufs sur la pierre nue, au milieu des cailloux, qu'ils ne se donnent même pas la peine d'enlever.

**
*

Certains oiseaux pondent même leurs œufs dans les nids d'autres oiseaux.

Ainsi, le Coucou (*fig.* 215), ne fait pas de nids et est, au point de vue de la reproduction, un véritable parasite. Il effraye les autres oiseaux au moment où ils couvent et, quand ils sont partis, s'empresse de déposer un œuf dans le nid et d'en faire tomber un ou deux de ceux qui y sont déjà. Quand le légitime propriétaire revient, il se met à couver l'œuf du Coucou, conjointement avec les siens. Comment se fait-il qu'il ne rejette pas l'œuf étranger, très facilement reconnaissable? On a

émis l'hypothèse qu'il agit ainsi dans la crainte du Coucou qui reste dans le voisinage. Le Coucou pond ainsi dans les nids de la plupart des oiseaux, plus d'une
cinquantaine d'espèces. Quand le petit naît, il
est fort méchant et rejette bientôt au dehors
ses frères de lait. Si bien qu'à la fin il reste
seul : les parents forcément adoptifs continuent néanmoins à lui donner la becquée.

L'Oxylophe Geai pond de même ses œufs
dans les nids des Corneilles et des Pies, l'Eudy-
namis oriental dans le nid de l'Anomalocorax,
et le Chalcite doré dans le nid de différentes
espèces. Cette dernière variété est remarquable en ce que la femelle prend son œuf
dans son bec pour le porter dans le nid qu'elle
a choisi.

Fig. 215. — Coucou.

De même que le Coucou, le Molothre des troupeaux pond ses œufs dans le nid
d'autres oiseaux. On sait que ces oiseaux vivent dans l'Amérique du Nord en bandes
très nombreuses, toujours au voisinage des Bœufs et des Chevaux. « Un jour, raconte
Potter, je vis une femelle s'éloigner ainsi en cherchant ; curieux de savoir ce
qu'elle allait faire, je montai à cheval et la suivis. De temps en temps, je la
perdais de vue ; cependant elle revenait toujours s'offrir à mes regards. Elle
volait vers tous les bouquets d'arbres, les fouillait attentivement, portait surtout ses recherches là où les petits oiseaux ont l'habitude de nicher ; à la
fin, elle se précipita dans un épais buisson d'aulnes et de ronces, y resta
cinq ou six minutes, puis retourna vers ses compagnons. Dans le buisson, je
trouvai le nid d'un Gorge-jaune (*sylvia marylandica*), renfermant un œuf de cette
espèce, à côté duquel était un œuf de Molothre des troupeaux. En volant çà et là, cette
femelle se dirigea encore vers un cèdre, disparut à plusieurs reprises au milieu des
branches, avant de se décider à s'en éloigner. Là, je trouvai un Moineau dans son
nid ; le Molothre y aurait certainement pondu un œuf si le propriétaire légitime
avait été absent. Je crois que le parasite s'introduit quelquefois dans un nid en
employant la force, en en dépossédant violemment les premiers occupants. Au
besoin, il emporte par la ruse ce qu'il ne peut obtenir de force. La femelle de
Gorge-jaune arriva pendant que j'étais encore près de son nid. Incontinent elle se
sauva, pour revenir bientôt après accompagnée de son mâle. Tous deux gazouillaient avec énergie comme s'ils parlaient avec animation et se consultaient au sujet
de l'insulte qui venait de leur être faite. »

L'Indicateur à bec blanc ou oiseau à miel, qui a la singulière propriété de découvrir les nids d'Abeilles, a, au point de vue de la reproduction, des mœurs analogues
au Coucou. « Cet oiseau, ou pour mieux dire ces oiseaux, se rapprochent beaucoup
des Coucous sous le rapport du mode par eux employé pour la ponte et l'incubation de leurs œufs. Il m'est arrivé de trouver les œufs de ces oiseaux et plus particulièrement les jeunes, dans les nids de diverses espèces. Ainsi, de même que les

Coucous, la femelle pond son œuf à terre, puis s'élance dans le nid qu'elle a choisi pour l'y déposer, en dérobe un de ce même nid, qu'elle brise ou qu'elle mange, puis vient rechercher le sien qu'elle y substitue à l'aide de son bec, et en fait autant pour les trois œufs qu'elle pond généralement à deux jours d'intervalle. Je pourrais citer comme un fait positif qu'ayant suivi la même femelle pendant toute la période de sa ponte, je l'ai vue déposer de la même manière les trois œufs qu'elle avait pondus ; je dirai même que les trois œufs se trouvaient placés chacun dans le nid de trois espèces distinctes d'oiseaux, et à la distance de sept à huit cents pas l'un de l'autre. Ce fut dans les premiers jours d'octobre que j'observai le premier, qui fut déposé dans un nid de Cubla *(Lanarius Cubla)* ; le second dans le celui d'un Merle à cul d'or ; et le troisième dans celui d'un Importun, *andropadus importunus.*

Le lendemain de la dernière ponte, la femelle, accompagnée de son mâle qui se tenait toujours à distance, disparut avec lui, et ce ne fut que dans les premiers jours de novembre que je les vis reparaître tous deux. Il ne restait à cette époque dans le nid de Cubla que le jeune Indicateur, qui, en grossissant, avait fini par jeter au dehors les deux petits Cublas ; et cependant le père et la mère de ceux-ci continuaient à le nourrir comme ils l'avaient fait pour leurs propres enfants. C'est le 2 novembre que la femelle de l'Indicateur, en approchant du nid, appela son jeune, qui commençait à voler ; il ne tarda pas à venir la rejoindre au grand désappointement des deux pauvres oiseaux. Je remarquai alors que les rôles changèrent et que le mâle prit soin du jeune, tandis que la femelle se rendit au second nid et en ramena le second jeune, puis enfin le troisième. Ces jeunes paraissent rester avec leurs parents jusqu'à l'époque assignée par la nature à chacun de ces êtres pour leur reproduction ; car dès l'année suivante, ces oiseaux s'accouplent. » (Brehm).

* *

Il est bon nombre d'oiseaux qui, trop paresseux pour se fabriquer un nid, se contentent d'une cavité naturelle.

Les Perroquets préfèrent parfois aux creux des arbres, — leurs nids habituels, — les cavités naturelles des rochers. Si la nature de ceux-ci est tendre, ils vont même jusqu'à creuser le trou eux-mêmes.

Les Risses tridactyles nichent dans les rochers en bandes nombreuses. « Graba, dit Brehm, découvrit que les nids de Risses qu'il rencontra dans les îles Féroë, étaient dirigés vers l'ouest et le nord-ouest du côté de la mer et il en conclut que l'espèce choisit, pour y établir son nid, les parois de rochers qui sont perpendiculaires à la direction des vents, et qui permettent aux oiseaux qui prennent leur essor de profiter d'un vent favorable à leur vol. Boge pense que ce choix est surtout déterminé par l'abondance de nourriture qui se trouve à des époques déterminées aux environs de certaines côtes, et suivant l'opinion de Faber, ce sont les instincts de patrie et de sociabilité qui donnent la raison de ce fait. Quoi qu'il en soit, il n'en est pas moins certain que les rochers que ces oiseaux ont adoptés sont occupés tous les ans à peu près par le même nombre d'individus, et qu'ils ne choisissent évidemment que les parois qui leur présentent l'espace suffisant pour y établir leurs nids. Toutes ces montagnes d'oiseaux se composent de corniches, ou d'entablements superposés et riches en cavités et en fissures; dans les cavités et sur les corniches, on voit un nid à côté d'un autre. Depuis le pied de la montagne jusqu'à son sommet, chaque petite place est utilisée, chaque saillie sert de demeure pour leurs petits à des milliers de couples. Bientôt après leur arrivée, on voit les couples se tenir à côté de leurs nids, se caresser, se becqueter comme les Pigeons, se lisser réciproquement le plumage et roucouler, ou bien si vous le préférez, pousser les cris les plus doux qu'une Risse, bien entendu, puisse faire entendre, en admettant que ces cris ne soient pas étouffés, comme d'habitude, par le tapage général. Pendant que les uns se caressent, les autres vont à la recherche des matières propres à la construction des nids, et c'est ainsi que la montagne est constamment recouverte d'une nuée d'oiseaux qui tourbillonnent et se confondent.

Le nid est composé en grande partie de fucus; mais pendant le cours de l'année, les excréments des oiseaux le comblent jusqu'aux bords et il a besoin d'être nettoyé un peu avant le commencement de l'incubation. La ponte est de trois à cinq œufs, marqués de petits points et de taches brunes, noirâtres ou d'un cendré violet, sur un fond d'un jaune roussâtre sale, d'un olivâtre plus ou moins foncé, ou d'un roux de rouille.

On a constaté que chaque couple ne se dévoue qu'à sa propre couvée, mais il n'est pas possible de concevoir comment il peut se faire que chaque individu soit capable de retrouver son nid ou son compagnon. Les jeunes restent dans le nid jusqu'à la mi-août. A cette époque, ils sont assez robustes pour sortir en pleine mer et pour contribuer selon la mesure de leurs forces à ces interminables clameurs signalées par tous les navigateurs.

Celui qui n'a jamais vu une *montagne d'oiseaux* occupée par les Mouettes tridactyles, dit Holböll, ne peut pas plus se faire une idée de la beauté particulière de ces oiseaux que de leur nombre. On pourrait comparer peut-être une pareille localité à un gigantesque colombier habité par des millions de Pigeons de même couleur. Le mont Janjuatneh a une longueur d'une demi-lieue, et dans toute cette étendue il sert de demeure à différentes espèces de Mouettes, et cela jusqu'à une telle hauteur, que les oiseaux les plus élevés semblent être à peine de petits points blancs. — Déjà Faber nous avait appris que dans les montagnes de Grimsø, les nids se trouvent en telle quantité que les troupes d'oiseaux obscurcissent le soleil quand elles prennent leur vol; dissimulant leur nombre quand elles sont posées, elles vous assourdissent quand elles poussent leurs cris, et, au moment de l'incubation, colorent en blanc les rochers d'un vert de cochléaria.

Les autres naturalistes qui ont fait des observations dans les hautes régions du Nord sont absolument d'accord sur ce point; tous doutent qu'il soit possible de pouvoir dépeindre le spectacle que présente une telle colonie. Comme je me disposais à mon voyage en Laponie, j'avais lu leur description et n'avais douté en rien de leur véracité, mais le 22 juillet je vis moi-même pour la première fois une montagne d'oiseaux. Je n'oublierai jamais le jour où je traversai le promontoire de Svarholtt, non loin du cap Nord. J'assistai à ce spectacle après que mon affectionné ami, le capitaine du *Postdam*, m'eut chargé un de ses fusils pour effaroucher les Mouettes. J'aperçus une muraille colossale qui me sembla être une gigantesque ardoise couverte de milliers de petits points blancs ; aussitôt après le coup de fusil, ces petits points se détachèrent en partie de leur fond sombre, s'avancèrent, prirent l'apparence d'oiseaux, de Mouettes brillantes, et s'étendirent sur la mer, mais en masses si épaisses et si denses qu'il me sembla qu'une avalanche de neige s'était détachée tout à coup et tourbillonnait en immenses flocons tombant du ciel. Ce fut pendant quelques minutes une véritable neige d'oiseaux, et la mer en fut couverte sur une étendue que l'œil ne pouvait mesurer. Malgré cela, la muraille semblait tout aussi garnie qu'avant ; je vis bien alors que tous les observateurs dont j'avais lu les relations n'avaient rien exagéré, et je constatai qu'il avait été impossible de dire toute la vérité, attendu que nous ne possédons pas de mots qui puissent donner une idée de masses pareilles. »

Fig. 216. — Huppe.

Beaucoup d'oiseaux nichent dans les creux des troncs d'arbres vermoulus. Ainsi fait la Huppe (*fig.* 216 et 217). « En Europe, dit Brehm, la Huppe niche de préférence dans le creux d'un tronc d'arbre, quelquefois dans un trou de mur, ou dans une crevasse de rocher. En Égypte, elle construit presque toujours son nid dans les trous des murs, souvent même des maisons habitées. Elle n'est d'ailleurs pas fort difficile quant à l'emplacement de son nid. Chez nous, elle l'établit au besoin sur le sol, dans un endroit un peu abrité ; dans les steppes, elle le cache parfois dans les carcasses des animaux : Pallas trouva un nid, avec sept petits, dans la cage thoracique d'un squelette humain. D'ordinaire, elle ne se donne même pas la peine de tapisser l'intérieur de la cavité de l'arbre où elle a fixé sa demeure ; quelquefois, elle y dépose quelques brins d'herbe, quelques racines ou un peu de bouse de Vache. Quand elle niche à terre, elle construit un nid avec des herbes desséchées, des racines et du fumier. Chaque couvée est de quatre à sept œufs relativement petits, allongés, d'un verdâtre sale ou d'un gris jaunâtre, semés de points blancs très petits ; d'autres sont complètement unicolores ; du reste ils varient énormément. »

A propos de la Huppe, on peut faire une remarque au sujet de la propreté des nids.

La très grande majorité de ces oiseaux prennent grand soin de la propreté de leur nid ; les parents notamment vont toujours fienter au dehors et les petits, dès leur naissance, ont l'instinct de faire tomber leurs déjections à l'extérieur. Si, d'aventure, la cavité du nid est souillée, la femelle enlève les taches avec son bec ou en

Fig. 217. — Huppe nichant dans un tronc d'arbre.

grattant avec ses pattes. Il en est même qui, après avoir avalé les fientes, vont les dégurgiter plus loin. « C'est surtout chez les Hirondelles que j'ai pu observer ces faits. Dans le temps où ils prennent soin de leur jeune nichée, ces oiseaux, après leur avoir donné la becquée, épient le moment où les petits manifestent le besoin de fienter : lorsque ceux-ci relèvent leur croupion, et que la fiente apparait sous la forme d'une petite ampoule blanche, l'Hirondelle la reçoit dans son bec, et prenant son vol, l'emporte loin du nid. » (Paul Ballion).

Les parents enlèvent aussi avec soin les restes du déjeuner des petits.

La Huppe fait exception à la règle. Elle laisse accumuler dans le nid les déjections des petits (non les siennes), de sorte que ceux-ci y sont littéralement enfouis jusqu'au cou. Le nid exhale une puanteur insupportable et les jeunes Huppes la conservent pendant longtemps. Leur chair la garde même indéfiniment au point qu'elle est immangeable.

Le Rollier vulgaire n'est pas plus propre. Comme les parents n'ont aucun souci d'enlever les ordures, dit Naumann, les jeunes finissent par se trouver enfouis dans un monceau d'excréments et de débris de toute espèce, et le nid exhale une odeur repoussante

Les Palombes (*fig.* 218) nichent aussi dans le creux des arbres.

Peuvent être aussi considérés comme paresseux, les Bernards l'Ermite, qui, au lieu de se fabriquer une demeure, se contentent de la coquille vide d'un mollusque.

C'est un bien singulier animal que le Bernard l'Ermite, et, au premier abord incompréhensible, même pour les personnes ayant déjà des notions d'histoire naturelle. Quand sur la plage, on retourne une de ces grosses pierres, de ces blocs de rochers si communs à la grève, il n'est pas rare de trouver de petites coquilles

Fig. 218. — Palombe nichant dans un tronc d'arbre.

turbinées de mollusques donnant asile à un animal qui rentre immédiatement dans son logis et disparait bientôt à la vue. Qu'est-ce à dire? Voilà tout à côté une coquille absolument semblable, de laquelle on voit sortir un animal au corps mou qui a l'air de se préoccuper fort peu de notre présence et qui ne se presse guère de rentrer chez lui quand nous l'excitons quelque peu. Voilà qui est vraiment extraordinaire : la même coquille pourrait donc contenir deux animaux très différents et dont l'un même, le premier, nous a paru posséder des pattes et des antennes ? Ceci mérite d'être examiné de plus près. Rapportons quelques échantillons à la maison et mettons-les dans une cuvette remplie d'eau de mer. Nous ne tarderons pas à voir sortir de certaines coquilles un animal mou qui, à n'en pas douter, est un mollusque. Si nous l'excitons, il rentre dans la coquille, dont l'orifice se trouve dès lors bouché par une petite plaque cornée, l'opercule. En cassant la coquille avec un marteau, nous pourrons voir que le mollusque est réuni très intimement à la coquille par un muscle puissant qui, en quelque sorte, fait corps avec elle : coquille et mollusque sont un seul et même animal. En est-il de même pour l'autre animal ? A peine l'aurons-nous mis dans notre aquarium que nous verrons sortir une tête énorme avec de gros yeux supportés par des pédoncules, des antennes, des pinces, des pattes, etc. Toutes ces parties sont recouvertes par une carapace calcaire qui nous indique immédiatement que notre animal est un crustacé, comme le Homard, la Langouste, le Crabe, etc. Cassons la coquille et nous verrons que le Bernard l'Ermite est simplement cramponné à son habitation, mais qu'il n'y adhère intimement en aucun point. Nous pouvons déduire de là que le Bernard est un crustacé qui s'est logé dans une coquille de mollusque. Ici une nouvelle question se pose : comment le Bernard se trouve-t-il ainsi dans une coquille, et comment s'est-il emparé de celle-ci ? Lorsque les mollusques meurent, leur corps se décompose et disparaît, tandis que leur coquille, vide dès lors, subsiste et devient le jouet des flots. Beaucoup de naturalistes pensent que le Bernard s'empare seulement de coquilles vides. Il est cependant remarquable que celles-ci sont toujours d'une grande fraîcheur, au lieu d'être usées et cassées, comme cela devrait être si elles avaient été roulées par les vagues. Peut-être le Bernard commence-t-il par tuer le mollusque, pour le dévorer, et s'emparer ensuite de son domicile ? Les Bernards l'Ermite sont souvent désignés scientifiquement sous le nom de Pagures. En Angleterre, on les appelle *Soldier-crabe*, c'est-à-dire « Crabes soldats », allusion, sans doute, à leur livrée rouge et à leur humeur batailleuse. Sur beaucoup de nos côtes, en Normandie par exemple, on les appelle aussi des *soldats*. Au Portel, ce sont les *Consilieux* (mot venant de *conseilleur*). Quand ils sont jeunes et de petite taille, ils vivent sur les côtes, mais quand ils deviennent plus vieux, ils se réfugient au sein de la mer, d'où les pêcheurs les ramènent en grand nombre dans la pêche au chalut ou à la drague. Jeunes, ils vivent dans les coquilles de Murex, de Natices, de Littorines. Plus tard, il leur faut des grandes coquilles de Cassidaires et de Buccins. Quand un Bernard change de coquille, il a soin d'en choisir une trop volumineuse pour lui : il peut ainsi grandir pendant quelque temps sans être obligé de changer continuellement de domicile. La partie antérieure seule de l'animal est recouverte d'une carapace. La partie postérieure, l'abdomen, est molle et entièrement cachée par la coquille. A signaler qu'une des pinces est beaucoup plus grosse que l'autre. Les Bernards sont des bêtes batailleuses, ne demandant qu'à faire un mauvais coup : quand on en met plusieurs dans un même aquarium, ils se livrent des combats acharnés, des plus amusants, et à la suite desquels l'un des deux adversaires reste souvent sur le carreau. Sur nos côtes, les pêcheurs mangent volontiers les nombreux « soldats » qu'ils ramènent accidentellement dans leurs chaluts. On les met tout près du feu, à sec, ou encore sur une plaque de fer chauffée. Il cuisent ainsi lentement. On les fait cuire aussi dans de l'eau comme les Crabes, on mange la grosse pince, qui a le même goût que celles des Crabes ou des Écrevisses. Mais c'est surtout l'abdomen qui constitue le régal des marins : le foie et les muscles qu'il contient sont pour eux un mets « select ».

Quand les pêcheurs ramènent dans leurs chaluts de grands exemplaires de Bernards l'Ermite, on trouve très fréquemment, installée sur la coquille, une grande Actinie, une Anémone de mer, qui peut devenir aussi grosse à elle seule que la coquille et le Pagure réunis. La couleur de l'Actinie est grisâtre, maculée de pourpre, avec des bandes longitudinales inégalement épaisses et diversement colorées. Les tentacules sont très nombreux et d'une belle couleur blanche : c'est une espèce des plus élégantes; les naturalistes lui ont donné le nom d'*Adamsia palliata* (*fig.* 219). Ce qu'il y a de plus remarquable, c'est qu'on ne la trouve jamais sur une coquille contenant encore un mollusque, ni sur une coquille vide : chaque fois que l'on verra une Anémone de mer fixée sur une coquille de Buccin, on sera sûr que celle-ci est habitée par un Pagure. Les deux associés se rendent des services mutuels. L'Actinie se nourrit des déchets de la nourriture du Pagure ; on

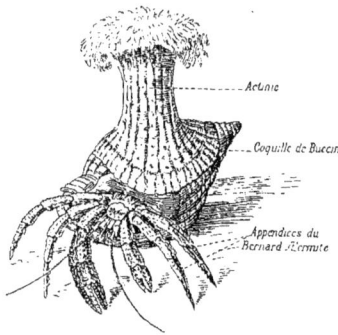

Fig. 219. — Pagure ou Bernard l'Ermite.
Sur la coquille où il vit se trouve une Actinie.

dit même que ce dernier donne parfois la pâtée à son amie. Quant à celle-ci, elle est évidemment utile à la colonie en en défendant les abords avec ses tentacules nombreux, véritables batteries, toujours prêtes à foudroyer de ses myriades de nématocéptes les hôtes importuns. Un fait extrêmement intéressant va nous montrer combien cette association est amicale : nous avons dit plus haut que, lorsque le Pagure devient plus gros, il est obligé de changer de domicile. Mais alors va-t-on dire, que va devenir l'Actinie abandonnée ? Rien n'est plus simple. Lorsque le Pagure se sent mal à l'aise dans son habitation, il se met en quête d'une nouvelle coquille plus vaste ; lorsqu'il l'a trouvée, il le fait savoir, on ne sait trop comment, à sa compagne, qui se hâte de ramper et de se glisser sur le dos de son « soldat ». Puis le Pagure rentre dans le nouveau logis, tandis que l'Actinie passe du dos du Bernard sur la coquille : et ainsi l'association se trouve reformée. Il arrive parfois qu'accidentellement l'Actinie lâche prise et se détache de son support. On voit alors le Pagure la remettre en son lieu et place.

* *

Paresseux aussi le Pinnothère :

Tout le monde sait qu'en ouvrant des Moules ou beaucoup d'autres mollusques marins, on trouve, en outre du mollusque, un petit Crabe arrondi : c'est le *Pinnothères pisum*, ainsi nommé parce qu'il ressemble un peu à un pois. Il règne à son égard une série de fables dont il est bon de faire justice. Certaines personnes lui attribuent l'action toxique que produisent parfois les Moules, alors que celles-ci ne causent d'empoisonnement que lorsqu'elles ont été pêchées dans une eau de mer où venaient se déverser des égouts. On a aussi prétendu que le Pinnothères était très utile à la Moule en l'avertissant des dangers : s'il apercevait par exemple un ennemi, il pinçait immédiatement la Moule et l'obligeait ainsi à se fermer. Tout cela est très beau, mais fantaisiste. On a dit aussi que le Pinnothères était en quelque sorte le cuisinier de la Moule ; qu'il prenait les matières animales, pour lui et laissait les matières végétales à sa camarade : il n'en est rien, Crabe et Moule mangent les mêmes aliments. Mais le Crabe reste dans la Moule, simplement parce qu'il s'y trouve bien ; il ne lui est d'ailleurs en rien nuisible.

*
* *

Paresseux enfin jusqu'à un certain point les *Gobius minutus* qui se contentent de coquilles pour nids. Les mœurs de ce curieux poisson ont été étudiées par M. Guitel ; en voici le résumé d'après M. Gruvel.

Le Gobius se trouve en très grande abondance sur les plages de Bretagne, dans les flaques d'eau qui restent quand la mer s'est retirée.

Afin de pouvoir mieux l'observer, il faut en introduire dans des bacs en verre, où l'on place tout ce qui est nécessaire à leur existence, c'est-à-dire de l'eau bien aérée, du sable en quantité, des petits crustacés dont ils font leur nourriture et aussi des valves de mollusques, en particulier des valves de Cardium que les Parisiens connaissent bien sous le nom de Coques. Vous allez voir tout à l'heure à quoi leur servent ces coquilles.

Le mâle et la femelle ne se distinguent pas très facilement quand on les voit séparément ; mais, si peu qu'on en ait l'habitude, on reconnaît très facilement le mâle, surtout lorsqu'il est excité et qu'il redresse ses nageoires dorsales. La première de ces deux nageoires porte deux taches bleues absolument caractéristiques. La femelle ne les a pas et, chez elle, ces mêmes nageoires sont simplement tachetées de petits points.

Plaçons maintenant dans notre petit aquarium quelques-uns de ces animaux, mâles et femelles. Si nous sommes au moment de la reproduction, et quand nos petits étrangers se seront un peu habitués à leur nouvelle existence, ce qui n'est du reste pas long, nous verrons alors les mâles faire le tour de toutes les coquilles étalées sur le sable, les examinant sur toutes leurs faces. Ils font le choix de leur appartement.

Les coquilles les plus bombées sont toujours préférées, et cela se comprend, la cavité en étant plus considérable. Qu'elles soient retournées ou non, peu leur importe. Si la coquille a sa cavité vers le sable, le petit animal s'enfonce et pénètre ainsi dans son intérieur ; si, au contraire, la concavité est en haut, rien n'est plus simple pour lui que de la retourner. Il en fait plusieurs fois le tour, sans doute pour se rendre compte du point de moindre résistance ; puis, à un moment donné, il s'élance, prend la coquille en dessous et d'un coup de nageoire la fait chavirer. Le plus souvent elle tombe comme l'animal le désire ; mais, si la première fois il n'a pas réussi, il recommence jusqu'à ce que la coquille soit retournée.

L'appartement est prêt, il faut maintenant le nettoyer. Pour cela, il pénètre sous la coquille et pousse vers l'extérieur le sable qui l'encombre ; les morceaux un peu gros sont pris avec la bouche et directement portés au dehors. Il ne laisse qu'un tout petit passage pour faire communiquer l'intérieur de sa loge avec l'extérieur. C'est le seul qui doit exister, aussi recouvre-t-il entièrement sa coquille de sable. Pour cela, il se place dans le prolongement de l'un des rayons de cette valve, et alors, agitant violemment ses nageoires pectorales, il soulève un flot de sable qu'il chasse en arrière et qui vient se déposer sur le toit de sa demeure. Comme le sable pourrait glisser et que l'ouverture de la loge serait ainsi souvent menacée d'occlusion, la paroi de son corps sécrète un mucus qui agglutine les grains et forme une véritable petite muraille de sable.

Tous ces préparatifs sont destinés à attirer une femelle dans le nid qui lui est ainsi construit.

Souvent l'une des femelles consent à y entrer ; elle en fait le tour, et, si la pièce lui semble confortable, elle y reste ; sans quoi, malgré tous les efforts que déploie le maître de céans pour la retenir, elle sort et va chercher un abri mieux aménagé. Si pourtant elle se décide à rester, le mâle attend la ponte avec une anxiété fébrile.

Afin d'observer la ponte de ces animaux, M. Guitel a eu l'ingénieuse idée de remplacer les valves naturelles de Cardium ou de Tapes par de simples verres de montre. Avec un pinceau, on balaye le sable qui les recouvre, de sorte que tout ce qui se passe dans l'intérieur est très facilement observable, surtout si l'on a soin de regarder avec une grosse loupe à main.

Le Gobius porte sur sa face ventrale une ventouse qui lui permet de se fixer solidement contre toute espèce de paroi, surtout si elle est plane. A l'aide de cette ventouse, la femelle, après s'être retournée dans sa loge, se fixe au plafond et commence à pondre. Les œufs possèdent à l'un de leurs pôles des sortes de filaments extrêmement gluants, qui ont la propriété de se durcir après un certain temps de séjour dans l'eau de mer. Les œufs étant pondus remontent en vertu de leur légèreté spécifique plus grande que celle du milieu, et, rencontrant la paroi de la coquille, se fixent par leurs filaments à cette paroi et y demeurent. Après avoir pondu un certain nombre d'œufs, la femelle vient reprendre sa position normale sur le sable, et c'est alors que le mâle se retourne et dépose la matière fécondante sur la ponte.

Ceci se renouvelle tant qu'il y a des œufs aptes à être fécondés.

La ponte terminée, la femelle quitte et pour toujours le logis, abandonnant ainsi à la garde du mâle son précieux dépôt. Du reste, celui-ci s'en acquitte avec un soin jaloux. De nombreux ennemis les environnent, en effet, et c'en serait bientôt fait de la progéniture s'il n'y avait là une sentinelle permanente. Les petits crustacés qui abondent sur ces plages sont en effet extrêmement friands de ces œufs, et ces petits êtres eux-mêmes forment la nourriture habituelle du Gobius. Le mâle s'établit donc le gardien à demeure de sa progéniture abandonnée par une mère indigne.

Tous les phénomènes du développement s'opèrent, et pendant tout ce temps le Gobius remue incessamment ses nageoires pectorales et caudales et, déterminant ainsi un courant d'eau rapide dans la coquille, procure aux œufs tous les éléments propres à une parfaite éclosion.

Quand plusieurs mâles vivent ensemble dans le même aquarium, et que l'un d'eux, sans domicile, s'est furtivement emparé du nid d'un collègue, pendant une

courte absence de celui-ci, on assiste à des scènes vraiment curieuses : le propriétaire chassé s'élance vigoureusement, fond pour ainsi dire, non pas directement
sur son adversaire, non : mais entre ce dernier et la paroi de l'ouverture de la loge.
Si la secousse est assez violente, il pénétre dans son logis et le plus souvent l'usurpa-
teur, saisi par cette brusque attaque, décampe sans plus de formalités.

Mais quelquefois il n'abandonne pas aussi facilement la place et un véritable
duel en chambre s'engage. C'est presque toujours le véritable propriétaire qui
entre en possession de son immeuble.

Si on substitue à l'un de ces animaux en train de garder sa ponte une autre
coquille ayant aussi une ponte dans sa concavité, le Gobius s'y introduit tranquillement et ne s'aperçoit de rien tant qu'il ne pénètre pas dans la loge ; mais si,
comme cela lui arrive souvent, il lui prend idée de faire le « tour du propriétaire », il s'aperçoit bien vite du subterfuge et ne reste pas plus longtemps dans
une demeure qu'il ne reconnaît pas être la sienne. Il s'élance au dehors et se met
en quête autour des coquilles qu'il aperçoit.

C'est alors surtout que la lutte devient terrible si le second mâle résiste aussi,
se croyant le légitime possesseur de la coquille qu'il occupait.

Telles sont les mœurs de cet étrange petit poisson, qui surpassent de beaucoup
l'idée que l'on se fait en général de ces êtres.

Intelligence ou instinct, peu importe, mais il y a là certainement plus qu'une
simple banalité de faits.

CHAPITRE XXXIX

Les Charcutiers

Les bousiers constituent parmi les coléoptères un groupe homogène par la structure et les mœurs. Ces dernières consistent, on l'a vu précédemment, à vivre dans les bouses des mammifères pour en manger le contenu ou le mettre en réserve pour leurs petits. Mais comme il n'y a pas de règle sans exceptions, il est quelques boursiers — trois tout au plus — qui délaissent les bouses pour se vouer, à l'insta des Nécrophores et des Silphes, à la disparition des cadavres. De ce nombre se trouve le Phanée Milon (*fig.* **220**), magnifique insecte, plus gros qu'un Hanneton,

Fig. 220. — Deux Phanées Milon pénétrant sous le cadavre d'un petit oiseau.

tout entier d'un noir bleuâtre, qui vit dans les pampas ; J.-H. Fabre nous en fait connaître en partie l'histoire fort intéressante.

Pour loger sa progéniture, ce Phanée Milon fabrique de volumineuses calebasses (*fig.* **221**, **1** *et* **2**), à col ouvert au sommet, et à la surface gravée d'un élégant guillochis, provenant évidemment de l'empreinte des tarses de l'insecte : il en est dont ļe volume dépasse celui de la grosseur d'un œuf de poule. En ouvrant un de ces ouvrages, on voit qu'il est formé d'une paroi homogène, d'apparence terreuse, dont l'épaisseur peut atteindre deux centimètres, englobant un noyau central. Dans ce dernier on trouve de menus fragments d'os, des flocons de duvet (la boule en question avait été trouvée sous un Hibou mort), des lanières de peau, des lambeaux de chair, le tout noyé dans une pâte terreuse, semblable à du chocolat. Mise sur un charbon ardent, cette pâte, triée à la loupe et privée de ses parcelles cadavériques, noircit beaucoup et lance des jets de cette fumée à odeur de corne qui caractérise si bien les matières animales brûlées. Traitée de la même façon, l'enveloppe noircit également, mais moins bien ; elle fume à peine et ne contient nulle part des lambeaux cadavériques. Dans l'un et l'autre cas, le résidu de la calcination est une fine argile rougeâtre. Cette sommaire analyse, dit Fabre, nous renseigne sur la cuisine du Phanée Milon. Le mets servi à la larve est une sorte de vol-au-vent. Le godiveau consiste en un hachis de tout ce que les deux scalpels du chaperon et les coutelas dentelés des pattes antérieures ont pu détacher du cadavre : bourre et duvet, osselets concassés, bandelettes de chair et de peau. Dure maintenant comme brique, la liaison de ce salmis était au début une gelée de fine argile toute saturée du jus de la corruption. Enfin la caisse en pâte feuilletée de nos vol-au-vent est ici représentée par une enveloppe de la même argile, moins riche que l'autre en extrait de viande. Le pâtissier donne à sa pièce élégante tournure ; il l'embellit de rosaces, de torsades, de méridiens en côtes de melon. Le Phanée n'est pas étranger à cette esthétique culinaire. De la caisse de son vol-au-vent, il fait une superbe gourde, ornementée d'un guillochis d'empreintes digitales. L'enveloppe, croûte ingrate, trop peu imprégnée d'extrait sapide, n'est pas destinée, cela se devine, à la consommation. Que plus tard, quand est venue la robusticité stomacale, non rebutée par un mets grossier, la larve ratisse un peu la paroi de sa pâtisserie, c'est possible ; mais dans son ensemble, jusqu'à la sortie de l'insecte adulte, la calebasse reste intacte : au début, sauvegarde de la fraîcheur du godiveau ; en tout temps, coffre protecteur du reclus.

Dans le col de la calebasse se trouve une loge assez spacieuse où le Phanée Milon dépose son œuf. Cette niche est creusée exclusivement dans la croûte ; une mince paroi la sépare de la chambre aux vivres. A la partie supérieure, la chambre d'éclosion communique avec le dehors par un canalicule où s'engagerait tout au plus la plus fine des pailles : c'est évidemment une cheminée d'aération destinée à faciliter l'accès de l'air à l'œuf, et plus tard à la larve.

Fabre n'a pas vu le travail en voie de confection ; mais, par analogie avec ce qu'il a observé chez les autres bousiers, voici comment il conçoit la marche de l'édification de la calebasse :

Un petit cadavre est rencontré dont les suintements ont ramolli la glaise sous-jacente. L'insecte rassemble plus ou moins de cette glaise, suivant la richesse du filon. Ici pas de limites précises : si la matière plastique abonde, le collecteur la prodigue, le coffre aux vivres n'en sera que plus solide. Alors s'obtiennent des calebasses démesurées, dépassant l'œuf de poule en volume et formées d'une enceinte d'un pain de quelques centimètres d'épaisseur. Mais, excédant les forces du modeleur, pareille masse se manipule mal et garde, dans sa configuration, la gaucherie d'un travail trop difficultueux. Si la matière est rare, l'insecte borne sa récolte au strict nécessaire.

La glaise est probablement d'abord pétrie en boule, puis excavée en une ample coupe, très épaisse, par la pression des pattes antérieures et le labeur du chaperon de la tête. En cette première besogne, le Phanée est simplement potier. Pourvu qu'elle soit plastique, toute argile lui suffit, si maigrement que l'imprègnent les sucs écoulés du cadavre.

Maintenant, il se fait charcutier. De ses coutelas à dentelures, il taille, il scie quelques menus lambeaux de la bête pourrie ; il arrache, il découpe ce qu'il juge convenir le mieux au festin de la larve. Il rassemble tous ces débris et les amalgame avec de la glaise choisie dans les points où la sanie abonde. Le tout, savamment malaxé, devient une boule obtenue sur place, sans roulement, ainsi que se prépare le globe des autres pilulaires.

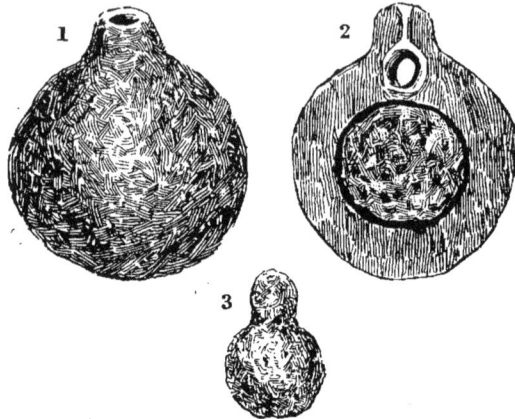

Fig 221. — 1 et 2, ouvrage du Phanée Milon (en perspective et en coupe). 3, ouvrage du Coprobie à deux épines.

Voici le godiveau prêt. Il est mis en place dans le bol d'argile, largement ouvert. Déposé sans compression, le mets restera libre, dépourvu de toute adhérence avec son enveloppe. Alors se reprend le travail de céramique. L'insecte presse les grosses lèvres de la coupe argileuse, les lamine et les applique sur la préparation de charcuterie, qui finit par être enveloppée, au sommet, d'une mince paroi, partout ailleurs, d'une épaisse couche. Sur la paroi du sommet, proportionnée à la faiblesse du vermisseau qui doit plus tard la trouer au moment d'atteindre les vivres, un fort bourrelet circulaire est laissé. Manipulé à son tour, ce bourrelet se convertit en un creux demi-sphérique, où l'œuf est aussitôt pondu.

Le travail s'achève en laminant et en rapprochant les bords du petit cratère, qui se ferme et devient la chambre d'éclosion. C'est ici surtout qu'une délicate dextérité s'impose. En même temps que se façonne le mamelon de la gourde, il faut, tout en comprimant la matière, laisser suivant l'axe le canalicule qui sera la cheminée d'aération. La calebasse est confectionnée, il reste à l'embellir. C'est œuvre de patientes retouches qui perfectionnent les courbures et laissent sur la glaise molle un pointillage d'empreintes analogues à celles que le potier des temps préhistoriques distribuait sur ses jarres pansues avec le bout du pouce.

*

A citer encore un autre insecte charcutier des mêmes régions : c'est le Coprobie à deux épines qui confectionne des gourdes de pèlerin à double panse (*fig.* **221**, 3). L'étage supérieur est pour l'œuf ; l'inférieur pour l'amas de vivres, un véritable hachis de viande faisandée.

CHAPITRE XL

Les Fabricants de Conserves alimentaires

L'homme, se considérant comme le point ultime de la création, s'imagine volontiers être supérieur à tous les points de vue aux autres êtres qui peuplent a surface du globe. Il est même très étonné quand il retrouve une de ses découvertes ou une de ses facultés chez un animal. Sans vouloir en rien rabattre son mérite, je puis bien dire que ceux qui, comme moi, étudient les sciences naturelles *in anima vili*, ne considèrent pas les choses de la même façon que ceux qui croient connaître la nature pour avoir lu les livres du bon Bernardin de Saint-Pierre ou les poésies de l'abbé Delille : à examiner les choses de près, en effet, on ne tarde pas à se rendre compte que toutes nos facultés, toutes nos vertus et jusqu'aux plus infimes de nos vices se retrouvent chez eux, — voire même parfois supérieurs à ce qu'ils sont chez nous. Bien plus : certaines bêtes ont des facultés que nous ne possédons nullement, comme le sens de la direction ou la propriété de prévoir un orage plusieurs jours à l'avance. Mais ce qu'il y a de plus merveilleux, c'est le pouvoir où elles sont de conserver *absolument frais* du gibier pendant plusieurs mois, alors que, nous-mêmes, les rois de la création, nous voyons nos pièces se faisander au bout d'un jour ou deux. Ces faits ont été surtout bien mis en lumière par notre illustre contemporain, J.-H. Fabre, qui a presque passé sa vie à les étudier.

Dans le Midi de la France, il est fréquent de voir voler dans les endroits secs, dans les chemins peu fréquentés, une sorte de petite Guêpe, svelte, vive, le Cercéris tuberculé, dont l'aspect ne fait en rien prévoir les mœurs intéressantes. En en suivant un au vol, on ne tarde pas à trouver son gîte qui, le plus souvent, est situé dans un des talus bordant les routes. Là, sur les parois verticales, on voit un certain nombre de trous où les Cerceris pénètrent de temps à autre. On peut remarquer que la plupart de ces trous sont percés au-dessous de lames de grès faisant naturellement saillie, ou au fond de ceux déjà formés. De cette façon, les galeries internes sont protégées contre la pluie.

Tout autour de ces orifices, on voit les Cerceris travailler avec acharnement pour approfondir leur retraite ou en nettoyer l'entrée et les parois. De temps à autre, on voit les plus petits qui ne travaillent pas, les mâles sans doute, se battre et se rouler dans la poussière. Quand la lutte est finie, le vainqueur part au loin avec un des gros Cerceris.

Faisons choix d'un nid déjà très avancé et profitons, pour le démolir, du moment où son possesseur vient de partir. La première galerie, horizontale sur une longueur de 1 à 2 décimètres, fait ensuite un coude et se continue avec un canal oblique d'une longueur à peu près égale. En arrivant à l'extrémité ultime, on trouve un certain nombre de cellules approvisionnées chacune de cinq ou six gros coléoptères du groupe des charançons, munis d'une trompe, des Cléones, plongés dans une immobilité complète, frais et semblant sommeiller.

Comment ces victimes ont-elles été amenées à cet endroit et quels traitements le ravisseur leur a-t-il fait subir ?

Voici précisément un Cerceris qui revient à son nid portant un Cléone entre les pattes, ventre contre ventre. Il s'abat sur le sol à peu de distance de son trou. Saisissant alors sa victime, qui pèse bien lourd pour lui, le Cerceris la traîne le long du talus vertical jusqu'au gîte où elle pénètre, non sans avoir fait plusieurs culbutes.

Si on enlève les Cléones au nid et qu'on les place dans des tubes de verre, ils se conservent frais pendant très longtemps. Ici une question se pose : le coléoptère est-il mort, conservé par un liquide préservateur, ou seulement endormi ? L'hypothèse de la mort est évidemment insoutenable, car on peut se rendre compte que l'animal continue à digérer, ainsi qu'en témoigne l'extrémité postérieure de son corps. Quelquefois aussi les antennes et les pattes remuent ou plutôt frémissent surtout quand on dépose sur l'animal quelques gouttes de benzine ou qu'on l'excite à l'aide du courant d'une pile ; on doit donc admettre que l'animal est seulement endormi, un peu comme le sont les malades pendant le sommeil chloroformique.

Comment donc le Cerceris arrive-t-il à mettre sa capture dans un état si parfait de conservation ? Combien de ménagères donneraient pour savoir ainsi conserver des pièces de gibier incapables de se sauver et ne prenant aucune nourriture ! A priori, il est impossible de deviner le manuel opératoire.

Procurons-nous quelques Cléones bien vivants et revenons au nid. Voici un Cerceris qui revient bredouille ; offrons-lui un Cléone : il passe et rentre au nid sans daigner le regarder. Recommençons avec un autre Cerceris ; même résultat. Notre méthode ne vaut rien. Essayons plutôt d'offrir la victime au plus fort de la chasse, au moment où le Cerceris va rentrer chez lui avec son butin, qu'on lui ravit sans qu'il s'en doute. « Dès que le Cerceris a senti la proie lui glisser sous le ventre et lui échapper, il frappe le sol de ses pattes avec impatience, se retourne, et apercevant le charançon qui a remplacé le sien, il se précipite sur lui et l'enlace de ses pattes pour l'emporter. Mais il s'aperçoit promptement que la proie est vivante, et alors le drame commence pour s'achever avec une inconcevable rapidité. L'hyménoptère se met face à face avec sa victime, lui saisit la trompe de ses puissantes mandibules, l'assujettit vigoureusement, et tandis que le charançon se cambre sur ses jambes, l'autre, avec les pattes antérieures, le frappe avec effort sur le dos comme pour faire bâiller quelque articulation ventrale. On voit alors l'abdomen du meurtrier se glisser sous le ventre du Cléone, se recourber et darder vivement à deux ou trois reprises son stylet venimeux à la jonction du prothorax, entre la première et la seconde paire de pattes. En un clin d'œil, tout est fait. Sans le moindre mouvement convulsif, sans aucune de ces pandiculations des membres qui accompagnent l'agonie d'un animal, la victime, comme foudroyée, tombe, pour toujours immobile. C'est terrible, en même temps qu'admirable de rapidité. Puis le ravisseur retourne le cadavre sur le dos, se met ventre à ventre avec lui jambes de çà, jambes de là, l'enlace et s'envole. » (Fabre.)

En examinant les Cléones ainsi foudroyés, il est impossible de voir le point atteint par le dard : pas la moindre trace de blessure, pas la moindre gouttelette de sang. Le dard était si effilé qu'il a opéré son œuvre sans laisser de trace.

Quel est donc ce point extraordinaire qui, atteint par le dard, a immobilisé l'animal ? En disséquant l'animal, on y trouve, à l'intérieur, un assez volumineux ganglion nerveux, celui précisément qui tient les mouvements sous sa dépendance : les proies, devenues inertes, ne sont pas mortes, mais seulement paralysées ; le gibier est encore vivant et c'est pour cela qu'il se conserve.

Fait très curieux : une autre espèce de Cerceris ne récolte pas des Cléones, mais ces magnifiques insectes métalliques, dont on fait des bijoux dans plusieurs pays et auxquels les naturalistes ont donné le nom de Buprestes. Comment se fait-il que des animaux aussi voisins choisissent des victimes aussi différentes ? On en a l'explication en faisant leur anatomie : les Cléones et les Buprestes se ressemblent précisément par cette particularité qu'ils n'ont qu'*un seul* ganglion nerveux sur la face ventrale, alors que les autres coléoptères en ont généralement plusieurs. De cette façon, les Cerceris n'ont qu'*un seul* coup de lancette à donner pour paralyser les mouvements de leur proie. N'est-il pas merveilleux, presque surnaturel, de voir les hyménoptères connaître cette particularité anatomique sans, bien entendu, avoir jamais disséqué un insecte ?

On peut imiter l'opération chirurgicale à laquelle se livrent les Cerceris en piquant le ganglion nerveux des Cléones avec une aiguille trempée dans de l'ammoniaque. Les mouvements cessent aussitôt et l'insecte reste frais pendant plusieurs semaines. Mais l'opération est difficile à bien réaliser : si l'on met trop de liquide, l'insecte meurt ; si l'on n'en met pas assez, l'insecte ressuscite. Les Cerceris, eux, ne se trompent jamais.

Que fait le Cerceris de ses victuailles ? Il dépose sur l'une d'elles un œuf, puis ferme son nid. L'œuf éclôt, la larve mange le Cléone pour ainsi dire tout vivant, puis passe sur celui qui est à côté, et ainsi de suite. Elle a ainsi à sa disposition un vaste garde-manger dont le contenu n'est jamais faisandé : elle en a d'ailleurs grand besoin car son appétit est vif et sa mère, morte, est incapable de lui venir en aide.

* *

Le cas des Cerceris n'est pas isolé chez la gent hyménoptère, mais les victimes diffèrent. C'est ainsi que le Sphex à ailes jaunes récolte des Grillons gras et dodus qui doivent faire la joie de sa progéniture. Pour se rendre compte de son mode opératoire, on profite de cette circonstance que le Sphex abandonne un instant sa victime au seuil du nid pour aller voir si rien ne cloche à l'intérieur. Pendant qu'il fait cette visite, on enlève le Grillon paralysé et on le remplace par un Grillon vivant. « Le ravisseur revient, dit Fabre, regarde et court saisir la proie trop éloignée. Je suis tout yeux, toute attention. Pour rien au monde, je ne céderais ma part du dramatique spectacle auquel je vais assister : le Grillon effrayé s'enfuit en sautillant ; le Sphex le serre de près, l'atteint, se précipite sur lui. C'est alors au milieu de la poussière un pêle-mêle confus, où tantôt vainqueur, tantôt vaincu, chaque champion occupe tour à tour le dessus ou le dessous dans la lutte. Le succès, un instant balancé, couronne enfin les efforts de l'agresseur. Malgré ses vigoureuses ruades, malgré les coups de tenailles de ses mandibules, le Grillon est terrassé, étendu sur le dos. Les dispositions du meurtrier sont bientôt prises. Il se met ventre à ventre avec son adversaire, mais en sens contraire, saisit avec les mandibules l'un ou l'autre des filets terminant l'abdomen du Grillon, et maîtrise avec les pattes de devant les efforts convulsifs des grosses cuisses postérieures. En même temps, ses pattes intermédiaires étreignent les flancs pantelants du vaincu, et ses pattes postérieures s'appuyant, comme deux leviers, sur la face, font largement bâiller l'articulation du cou. Le Sphex recourbe alors verticalement l'abdomen de manière à ne présenter aux mandibules du Grillon qu'une surface convexe insaisissable ; et l'on voit, non sans émotion, son stylet empoisonné plonger une première fois dans le cou de la victime, puis une seconde fois dans l'articulation des deux segments antérieurs du thorax, puis encore dans l'abdomen. En bien moins de temps qu'il n'en faut pour le raconter, le meurtre est consommé, et le Sphex, après avoir réparé le désordre de sa toilette, s'apprête à charrier au logis la victime, dont les membres sont encore animés des frémissements de l'agonie. »

Ainsi, ce n'est que par un triple coup de poignard que le Sphex paralyse le Grillon et ceci s'explique de soi-même, lorsqu'on sait que celui-ci a trois centres nerveux moteurs largement distants l'un de l'autre. Encore un insecte qui sait l'anatomie !

Pas plus que les Cléones d'ailleurs, les Grillons ne sont morts. Si l'on observe l'un d'eux étendu sur le dos, une semaine, quinze jours même et davantage après le meurtre, on voit, à de longs intervalles, l'abdomen exécuter de profondes pulsations. Assez souvent on peut constater même quelques frémissements dans les palpes et des mouvements très prononcés de la part des antennes, ainsi que des filets abdominaux. En tenant dans des tubes de verre les Grillons sacrifiés, Fabre est parvenu à les conserver pendant un mois et demi avec toute leur fraîcheur. Or, les œufs des Sphex, pour se transformer en larves, puis celles-ci en chrysalides, ne demandent pas plus de quinze jours : on voit que les larves ont, jusqu'à la fin de leur banquet, de la chair fraîche assurée.

Fabre fait encore au sujet des Sphex une remarque intéressante : on sait avec quelle fureur les hyménoptères armés d'un dard uniquement pour leur défense, les Guêpes par exemple, se précipitent sur l'audacieux qui trouble leur domicile, et punissent sa témérité. Ceux dont le dard est destiné au gibier sont au contraire très pacifiques, comme s'ils avaient conscience de l'importance qu'a, pour leur famille, la gouttelette venimeuse de leur ampoule. Cette gouttelette est la sauve-

garde de leur race : aussi ne la dépensent-ils qu'avec économie et dans les circonstances solennelles de la chasse, sans faire parade d'un courage vindicatif. Il faut
saisir l'animal pour le décider à faire usage de son arme, et encore ne parvient-il
pas toujours à transpercer l'épiderme si l'on ne met à sa portée une partie plus
délicate que les doigts, le poignet, par exemple.

* *
*

Tous les chevaliers du poignard ne sont pas aussi bien outillés que les deux
hyménoptères que nous venons d'étudier. Ainsi le Sphex languedocien (*fig.* **222**)
est pourvu d'un venin assez peu puissant qui ne paralyse qu'imparfaitement les
volumineuses Ephippigères dont il approvisionne son nid. L'animal continue à
remuer, à s'agiter un peu, mais non suffisamment pour se retourner ; de plus,
l'œuf est déposé tout à fait près de la base des pattes, de sorte qu'il est d'autant

Fig. 222. — Sphex traînant une Ephippigère paralysée.

plus à l'abri du mouvement de celles-ci qu'il n'y a qu'une seule proie par nid.
Mais cette paralysie incomplète est gênante surtout lorsque le Sphex transporte sa
proie : les pièces de la bouche, continuant à se mouvoir, menacent constamment
l'abdomen du ravisseur ou bien s'accrochent aux tiges de gramen qu'elles viennent à rencontrer. Aussi, pour immobiliser la région de la bouche, le Sphex languedocien emploie un procédé qui n'est pas banal. « Le Sphex, raconte Fabre,
trouve que sa pièce de gibier résiste trop, s'accrochant de ci et de là aux brins
d'herbe. Il s'arrête alors pour pratiquer sur elle la singulière opération suivante,
sorte de coup de grâce. L'hyménoptère, toujours à califourchon sur la proie, fait
largement bâiller l'articulation du cou, à la partie supérieure, à la nuque. Puis il
saisit le cou avec les mandibules et fouille aussi avant que possible sous le crâne,
mais sans blessure extérieure aucune, pour saisir, mâcher et remâcher les ganglions
cervicaux. Cette opération faite, la victime est totalement immobile, incapable de

la moindre résistance, tandis qu'auparavant les pattes, quoique dépourvues des mouvements d'ensemble nécessaires à la marche, résistaient vigoureusement à la traction. Voilà le fait dans toute son éloquence. De la pointe des mandibules, l'insecte, tout en respectant la fine et souple membrane de la nuque, va fouiller dans le crâne et mâche le cerveau. Il n'y a pas effusion de sang, il n'y a pas de blessure, mais simple compression extérieure. »

Chose également curieuse, les infortunées Ephippigères, quoique paralysées, peuvent encore se nourrir quand on les y aide. En leur déposant une goutte d'eau sucrée sur la bouche, elles l'absorbent. On peut de la sorte les garder pendant quarante jours. Sinon, elles meurent d'inanition au bout de dix-huit jours. Mais il est à noter que, paralysées, elles résistent beaucoup mieux au manque de nourriture que si elles étaient parfaitement saines : en effet, en ce cas, elles meurent en quatre ou cinq jours si on ne leur donne rien à manger.

*　*　*

Cette inhabileté à paralyser entièrement ses victimes se rencontre aussi chez

Fig. 223. — Nids de l'Eumène pomiforme.

l'Eumène (*fig.* 223), qui construit des nids en terre et y accumule des chenilles en grande partie immobilisées par des coups de poignards dans les centres nerveux.

L'œuf de l'Eumène est si délicat que l'on peut à peine le toucher sans le détériorer. Déposé sur les chenilles empilées et encore agitées, il ne tarderait certainement pas à être écrasé. Mais l'Eumène sachant à quoi il expose sa progéniture en la confiant à du gibier aussi peu immobile, a trouvé un moyen très ingénieux pour la mettre à l'abri des mouvements inconsidérés des victuailles. Ce moyen, Fabre a fini par le découvrir après de longues recherches. Le voici tel qu'il l'expose dans ses *Souvenirs entomologiques* :

« L'œuf n'est pas déposé sur les vivres ; il est suspendu au sommet du dôme par un filament qui rivalise de finesse avec celui d'une toile d'Araignée. Au moindre souffle, le délicat cylindre tremblote, oscille ; — il me rappelle le fameux pendule appendu à la coupole du Panthéon pour démontrer la rotation de la terre.— Les vivres sont amoncelés au-dessous.

Second acte de ce spectacle merveilleux : pour y assister, ouvrons une fenêtre à des cellules, jusqu'à ce que la bonne fortune veuille bien nous sourire. La larve est éclose et déjà grandelette. Comme l'œuf, elle est suspendue suivant la verticale, par l'arrière, au plafond du logis ; mais le fil de suspension a notablement gagné en longueur et se compose du filament primitif auquel fait suite une sorte de ruban. Le Ver est attablé : la tête en bas, il fouille le ventre flasque de l'une des chenilles. Avec un fétu de paille, je touche un peu le gibier encore intact. Les chenilles s'agitent. Aussitôt le Ver se retire de la mêlée. Et comment ! Merveille s'ajoutant à d'autres merveilles : ce que je prenais pour un cordon plat, pour un ruban à l'extrémité inférieure de la suspension, est une gaine, un fourreau, une sorte de couloir d'ascension dans lequel le Ver rampe à reculons et remonte. La

Fig. 224. — Constructions des Odynères des murailles le long d'un talus.
Une des loges creusées a été représentée ouverte pour en montrer l'intérieur, consistant en une larve d'Odynère et les chenilles paralysées dont elle se nourrit.

dépouille de l'œuf, conservée cylindrique et prolongée peut-être par un travail spécial du nouveau-né, forme ce canal de refuge. Au moindre signe de péril dans le tas de chenilles, la larve fait retraite dans sa gaine et remonte au plafond, où la cohue grouillante ne peut l'atteindre. Le calme revenu, elle se laisse couler dans son étui et se remet à table, la tête en bas, sur les mets, l'arrière en haut et prête pour le recul.

Troisième et dernier acte : les forces sont venues ; la larve est de vigueur à ne pas s'effrayer des mouvements de croupe des chenilles. D'ailleurs, celles-ci, éma-

27

ciées par le jeûne, exténuées par une torpeur prolongée, sont de plus en plus inha-
biles à la défense. Aux périls du tendre nouveau-né succède la sécurité du robuste
adolescent ; et le Ver, dédaigneux désormais de sa gaîne ascensionnelle, se laisse
choir sur le gibier restant. Ainsi s'achève le festin, suivant la coutume ordinaire. »

N'est-ce pas merveilleux cet enchaînement de précautions pour sauver la
progéniture d'une mort certaine ?

*

Un fil suspenseur, analogue à celui des Eumènes, se rencontre aussi chez les
Odynères (*fig.* 224), qui accumulent dans des nids de sable les larves d'un coléoptère,

Fig. 223. — Ammophile traînant une chenille paralysée.

gibier en partie paralysé, mais continuant à grouiller. Ce fil, auquel l'œuf est
suspendu, est si fin qu'il faut la loupe pour le distinguer : ce n'est plus un
fourreau de refuge où la larve peut rentrer ; c'est seulement pour elle une chaîne
d'ancre qui lui donne appui au plafond, et lui permet de se garer en se contrac-
tant à distance du tas de vivres.

*

Les Ammophiles (*fig.* 225) paralysent des chenilles et, vu leur poids, ont
toutes les peines du monde à les transporter dans leur nid.

*

D'autres insectes enfin, les Pompiles, choisissent comme gibier de grosses Araignées qui, d'un coup de leurs crocs, pourraient cependant les mettre à mort. On voit combien de précautions, ils doivent prendre pour se glisser sous le ventre de l'Araignée et la paralyser d'un coup d'aiguillon, tout en échappant à ses étreintes. Aussi l'opération se fait-elle si vite qu'on n'a jamais pu l'observer dans tous ses détails : en un clin d'œil l'Araignée est mise dans l'impossibilité de bouger ; le Pompile l'entraîne dans son repaire où elle constituera une belle pièce de gibier, toujours fraîche pour le tendre Vermisseau.

Avant de terminer, il nous faut faire une remarque bien curieuse au sujet des insectes dont nous venons de parler et, en particulier, des Scolies, hyménoptères qui paralysent des larves de Cétoines, sur chacune desquelles elles déposent un œuf. Celui-ci, arrivé à maturité, éclôt et donne une petite larve qui, de suite, se met en devoir de manger le gibier qui se trouve à portée de sa dent. Malgré sa gloutonnerie, le repas ne dure pas moins de douze jours, pendant lesquels la pièce de gibier, *sans jamais perdre de sa fraîcheur*, se creuse de plus en plus étalant ses viscères à l'air, au contact des innombrables microbes qui y pullulent. Comment se fait-il que ce gibier ne se faisande pas ? Aurait-il une propriété spéciale ? Mais non, car en faisant artificiellement une petite blessure à une pièce paralysée, elle se faisande et devient immangeable au bout de deux ou trois jours. Alors ? Alors, Fabre admet que la larve *sait manger* sa proie et sait ménager, jusqu'à la fin, la lueur de vie qui la maintient fraîche. Si la théorie est peut-être sujette à caution, le fait reste.

En vérité, ne trouvez-vous pas qu'en tuant un infortuné Lapin d'un coup de fusil ou en tordant le cou à une malheureuse Caille, nous agissons comme des sauvages, comparativement à ces petits insectes, qui, sans savoir ni l'anatomie, ni la physiologie, traitent leurs proies si scientifiquement qu'elles se conservent intactes et succulentes pendant des semaines entières, et qui savent même les manger pendant quinze jours sans les voir se corrompre ?

CHAPITRE XLI

Les Fossoyeurs

La plupart des animaux industrieux que nous avons décrits dans cet ouvrage — à part les bousiers — ne nous rendent aucun service autre que le plaisir de les observer ; souvent, très souvent même, leur industrie s'exerce à nos dépens. Il n'en est pas de même des Nécrophores (*fig.* 226) dont le rôle est de faire disparaître de notre voisinage les cadavres des animaux dont les odeurs infectes pourraient nous incommoder. Il est vrai qu'en agissant ainsi, ces coléoptères ne pensent qu'à assurer une large nourriture à leurs descendants, mais le résultat est le même que s'ils avaient été créés exclusivement pour notre commodité.

Fig. 226. — Nécrophores fossoyeurs enterrant un cadavre de Rat.

Rien d'ailleurs n'est plus facile que de les observer. Il suffit de déposer sur un sol meuble le cadavre d'un petit oiseau ou d'une Souris. Dès que les émanations putrides commencent à se répandre dans l'atmosphère, on voit arriver un ou deux Nécrophores qui se glissent immédiatement sous le cadavre. Là, ils creusent le sol avec une rapidité remarquable, et bientôt la dépouille mortelle s'enfonce lentement. Quand elle a complètement disparu aux regards, les Nécrophores sortent de la fosse et recouvrent le cadavre de terre. Au préalable les femelles y ont pondu leurs œufs. Les larves qui naissent de ces derniers trouvent ainsi de quoi manger. « On ne saurait croire, dit Brehm, combien il faut peu de temps à ces animaux pour accomplir leur travail, car la Souris a bientôt disparu et une petite élévation de terre, qui ne tardera pas du reste à être égalisée, indique seule encore la place où se trouvait le cadavre. Dans une terre bien meuble, les cadavres peuvent être enfouis jusqu'à une profondeur de 30 centimètres. Gleditsch, qui a tant médité sur les questions de botanique et d'économie, a souvent et longuement observé ces fossoyeurs à l'œuvre ; il nous rapporte qu'en 50 jours, quatre d'entre eux enterrèrent successivement deux Taupes, quatre Grenouilles, trois oiseaux, deux Sauterelles, les intestins d'un poisson et deux morceaux de foie de bœuf. Pourquoi tant de zèle, d'activité ? Doit-on y voir de l'instinct ou de l'intelligence ? La preuve qu'il y a ici en jeu beaucoup plus qu'un instinct aveugle, et qu'il ne peut-être question d'inintelligence pas plus pour ces insectes que pour d'autres qui attirent peu l'attention, nous est fournie par le fait suivant : on suspendit en l'air un cadavre à l'aide d'un fil attaché à un bâton qui était lui-même fixé en terre ; les Nécrophores accourus, après s'être assurés qu'ils ne pouvaient arriver à leurs fins par les procédés ordinaires, parvinrent à faire tomber le corps suspendu. Ces insectes savent fort bien que d'autres coléoptères vivant de charognes, que de grosses Mouches pleines de sollicitude pour leur progéniture peuvent survenir, désireuses d'assurer à leur lignée une nourriture abondante et à leur goût. C'est pourquoi les Nécrophores déploient à l'excès force et énergie, non pas pour satisfaire leur gourmandise, comme le Chien repu qui cache un os, mais pour pondre leurs œufs sur le cadavre qu'ils ont choisi. » Le fait, d'ailleurs, a été mis en doute par d'excellents observateurs.

Quand les Nécrophores ne sont pas assez nombreux pour enfouir seuls un cadavre, ils vont, paraît-il, chercher d'autres camarades. En voici un cas, constaté par M. Thiriat. « Par une chaude journée de juillet, me trouvant dans un petit jardin dont la circonférence était disposée en plate-bande remplie de fleurs, et le centre en une place sablée et battue, je remarquai sur ce sable une Souris dont un Chat avait croqué la tête. Bientôt, j'entendis le bourdonnement de plusieurs Nécrophores dont deux vinrent s'abattre sur le petit cadavre. Aussitôt ils s'occupèrent de l'enterrement sur place. Le sol, fortement tassé, et qui avait presque la consistance du béton, ne put être entamé par leurs fortes pattes. Les deux insectes, après avoir parcouru les environs, montèrent sur la bête et tinrent conseil. Bientôt un des deux s'envola. Environ un quart d'heure après, quatre Nécrophores arrivèrent presque au même instant. Celui qui s'était envolé était probablement au nombre de ceux qu'il était allé chercher. Tous les ouvriers se mirent à l'œuvre : se plaçant sur le dos, sous le cadavre, ils le firent avancer, dans l'espace d'une demi-heure, jusqu'auprès de la plate-bande, où ils voyaient un sol meuble qui permettait de creuser facilement la fosse. Arrivés au but, il se trouva un obstacle qui n'avait pas été prévu : une haie de buis nain, formant bordure, interceptait le passage ; il y avait bien un petit intervalle, mais il se trouva trop étroit pour que le cadavre y pût passer. Les Nécrophores essayèrent en vain de creuser la terre en ce point, la terre était trop battue. Il fallait les voir s'agitant, courant aux environs, se consultant et reprenant leur course : on devinait leur anxiété. Explorant la bordure de buis, ils trouvèrent enfin, à une distance d'un mètre environ, un passage assez étendu entre les touffes. Il s'agit alors de transporter le cadavre de la Souris jusqu'à ce point éloigné, ou de l'abandonner sans sépulture. Les cinq insectes se réunirent, et après avoir sans doute délibéré sur la grave question qui se présentait, tous se remirent à l'œuvre avec une nouvelle énergie. Poussant, tirant le cadavre le long de la haie de buis, s'arrêtant pour vérifier s'il avançait, puis travaillant de nouveau avec ardeur, les Nécrophores menèrent à bien leur opération ; la petite Souris enterrée à une profondeur d'un décimètre ne montrait plus au dehors que l'extrémité de la queue. Mon observation commencée à deux heures du soir était finie à quatre heures du soir. » Quand les obstacles sont trop difficiles à surmonter, les Nécrophores y renoncent et utilisent le cadavre à leur propre alimentation.

Table des Matières

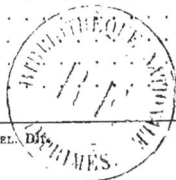

Bar-le-Duc. — Imp. Comte-Jacquet, Facqouel, Dir.

Librairie **NONY** et Cie, boulevard Saint-Germain, 63, Paris, 5e.

Les Entrailles de la Terre

par E. CAUSTIER. — Un volume in-4° (21×31^{cm}), titre rouge et noire, illustré de 400 gravures et de 4 planches hors texte de *magnifiques photographies en couleurs.* — Broché : **10** fr. — Relié toile, fers spéciaux, tranches dorées : **14** fr. — Relié dos maroquin, coins, tête dorée : **16** fr.

Les Entrailles de la terre, allez-vous dire, mais c'est du Jules Verne ! Nullement.

L'auteur a pensé qu'aujourd'hui nos jeunes gens, dont l'esprit critique s'exerce volontiers, ne devaient plus se contenter de récits imaginaires, si bien agencés qu'ils soient. C'est pourquoi, abandonnant les mystérieux chemins, il emmènera les lecteurs de ce magnifique livre d'étrennes sur des routes réellement parcourues par lui ou par d'autres *curieux de la nature.* Au surplus, les merveilles qu'on découvrira en sa compagnie seront suffisamment nombreuses et captivantes pour donner à cet ouvrage le plus vif intérêt.

Avec l'aimable guide qu'est M. Caustier, le lecteur visitera les mines et les carrières, les grottes et les cavernes ; il observera le feu intérieur que laissent entrevoir les cratères des volcans ; il étudiera les eaux souterraines qui jaillissent du sol par les geysers, les sources thermales ou les puits artésiens ; descendant dans les gouffres, il naviguera sur les rivières souterraines, suivra leur cours capricieux, les verra à l'œuvre, accomplissant leur besogne de mineur sans trêve ni repos, et rendant ensuite, en un flot jaillissant ou en fontaines tumultueuses, tout ce que le sol avait bu par mille gorges. Et l'homme, lui-même, dans les gigantesques travaux qu'il accomplit pour traverser les montagnes ou passer sous les océans, apparaîtra au lecteur comme un être fantastique, au milieu de ce royaume des ténèbres qu'il a su conquérir, parmi les forces naturelles qu'il a domptées, utilisées, faites siennes.

A notre époque où l'industrie et le commerce règnent en souverains maîtres et fixent désormais le rang des nations dans le monde, il semble que dédaigner les connaissances utiles contenues dans ce livre serait se priver d'une arme puissante dans la lutte de tous les jours ; ce serait aussi se priver volontairement d'une rare satisfaction intellectuelle que de ne pas contempler en quelle admirable source de biens de toutes sortes la terre se transforme sous l'influence du génie humain.

INTRODUCTION. — La Terre vit de la Terre. Rapport de l'Homme et de la Terre. Les richesses minérales et l'avenir des nations.

PREMIÈRE PARTIE : **LA TERRE**

CHAPITRE I. — Le globe terrestre. — Son origine, son passé, son avenir. L'âge de la Terre. Forme et dimensions de la Terre. L'écorce terrestre et le noyau central : anciennes opinions et fantaisies scientifiques. Un trou à la Terre. La Terre est un réservoir d'énergie.

CHAPITRE II. — Les eaux souterraines. — Les sondages anciens et modernes. Moïse, patron des sondeurs. Le matériel du sondeur moderne ; trépans et tarières ; pompes à sable. L'art « de tirer les carottes ». Recherche des eaux souterraines : la « baguette divinatoire » et les sourciers. Les puits ordinaires et les puits instantanés. Les puits artésiens. Les sondeurs arabes et la conquête du désert. Eaux jaillissantes au pays de la soif. L'œuvre de la colonisation française.

CHAPITRE III. — Le feu souterrain. — A. *Les volcans.* — L'imagination populaire et la science. Une éruption volcanique ; les projectiles volcaniques ; un boulet de 30 tonnes ! Les laves : cheires et orgues d'Auvergne ; chaussée de géants ; cheveux de Pélé ; le laboratoire imite la nature. Les fumerolles. Les principaux volcans et les grandes éruptions ; le Vésuve et Pompéi ; l'Etna et le Stromboli ; les volcans sous-marins de Santorin ; le cercle de feu du Pacifique. Une montagne qui fait explosion. Les causes du volcanisme : le volcan expérimental ; les neptunistes et les plutonistes ; théories modernes. Les volcans éteints. Les solfatares. Les suffioni, les salses ; terrains ardents et sources de feu. Les mofettes : la grotte du Chien ; la Vallée de la mort. Les volcans d'Auvergne. Les trous à glace.

B. *Les geysers.* — Les volcans d'eau chaude du Yellowstone Park. La Terre des merveilles. Un chemin de verre. Cascades pétrifiées. Les grandes eaux du Parc. Une marmite naturelle. Moyen de faire jouer les geysers récalcitrants.

C. *Les sources thermales.* — Sources minérales et médicaments naturels. Les eaux sulfureuses, ferrugineuses, alcalines, salines, acidulées. Filons d'eau. Une carte hydrothermale. Les failles jalonnées par les sources minérales. Les eaux thermales dans l'antiquité.

D. *Tremblements de terre.* — Le sol est élastique. Les animaux avertisseurs. Les sismographes et la météorologie souterraine. Les secousses verticales, ondulatoires et rotatoires. Vitesse de 3 000 mètres à la seconde. Les maisons japonaises. Les frissons de l'écorce terrestre. Mouvements lents : lutte entre la terre et la mer. Failles et filons.

siologique et économique. La neige et le sel. Le sel et la durée de la vie. Les salines de Wieliczka : une ville creusée dans le sel. Les mines et les sels de Stassfürth.

L'Or

par H. HAUSER
Professeur à l'Université de Dijon.

Un volume gr. in-4⁰ (21×31 cm), titre rouge et noir, illustré de magnifiques gravures (1901). Br. **10 fr.**
Relié toile, fers spéciaux, tranches dorées . . . . **14 fr.**
Relié dos maroquin, coins, tête dorée. . . . . **16 fr.**

Ce livre ne rentre pas dans la catégorie frivole de ces ouvrages de circonstance, qui naissent avec les premières neiges et fondent aux rayons du printemps, que l'enfant amusé admire un instant pour l'image puis qu'il envoie dormir dans un coin pour ne les rouvrir jamais. En même temps qu'une distraction, il trouvera ici un enseignement ; et plus tard il ira reprendre ce livre sur les rayons de sa bibliothèque de jeune homme.

Livre d'étrennes, livre d'enfant. Mais j'imagine que les *grands*, frères ou pères, y jetteront plus d'un coup d'œil. L'Or ! Il n'est pas de sujet plus attrayant, plus rebattu, et cependant plus nouveau à il n'en est pas de plus universel, puis; qu'on ne saurait raconter l'histoire d'une pièce d'or sans toucher à la chimie et à la physique, à la géologie et à la minéralogie, à la métallurgie, à l'histoire de l'art et des sciences, à la géographie, à l'économie politique, à la sociologie. Ce vaste sujet a rarement été traité dans son ensemble ; M. Hauser a tenté de n'en sacrifier aucune partie.

Et c'est vraiment, en raccourci, un résumé de l'histoire de l'humanité, de ses longs et courageux efforts vers le bien-être, vers la science, vers la civilisation. Tout est dans tout, a-t-on dit bien souvent. Nous dirions volontiers que tout est dans ce livre où, autour d'un mince fil d'or, l'auteur a su enrouler tant de notions, tant de souvenirs, tant de faits et tant d'idées.

A Travers l'Électricité

Par G. DARY. — Un volume grand in-4° (21^{cm} × 34^{cm}) illustré de 361 belles gravures, titre rouge et noir. 2e édition. Broché, 10 fr. — Relié toile, fers spéciaux, 14 fr. — Relié dos maroquin, coins et tête dorée, 16 fr.

Ce livre de grand format est imprimé sur papier de luxe avec un beau caractère neuf. Il est enrichi d'un nombre considérable de magnifiques illustrations; les unes proviennent de dessins finement gravés ; les autres de photographies prises dans le monde entier.

De nos jours l'électricité envahit tout ; elle s'associe de plus en plus à notre existence. On est arrivé à assouplir, à domestiquer cette force inouïe, et chaque jour marque de nouveaux progrès ; de sorte que celui qui vit sur les souvenirs d'un passé cependant très rapproché et qui cherche à comprendre ce qu'il a sous les yeux, est souvent dérouté.

Le livre de M. Dary sera pour tous un guide précieux. Mais il n'a pas l'aridité d'un traité technique. C'est avant tout un *livre d'étrennes*, où la science se fait aimable, où le côté historique a sa large place et où les anecdotes abondent. Il est d'une lecture attachante, passionnante même en raison des merveilles qu'il étale sous les yeux du lecteur.

Voici un aperçu de ce que contiennent les différents chapitres :

CHAPITRE I : Qu'est-ce que l'électricité ? — Chapitre préliminaire destiné à rendre les chapitres suivants intelligibles aux jeunes gens qui n'ont pas encore étudié la physique. — L'énergie sous forme d'électricité. — Machines électriques anciennes et modernes. — Piles. — Unités électriques. — Electromagnétisme. — Aimants. — Boussole. — Induction. — Machines magnéto-électriques. — Dynamos. — Alternateurs. — Transport de l'énergie à distance. — Transformateurs. — Bobine de Ruhmkorff. — Accumulateurs.

CHAPITRE II : L'électricité atmosphérique. — Observations de Freke, Winkler, Franklin, l'abbé Nollet, Dalibard, etc. — Origine et distribution de l'électricité atmosphérique. — Formation des orages. — Différents types d'éclairs. — Trombes, tornades et cyclones. — Feux Saint-Elme. — Aurores polaires. — Tremblements de terre. — Effets de la foudre. — Paratonnerre. — Expériences de Romas, de Franklin.

CHAPITRE III : Télégraphie. — Premiers signaux télégraphiques. — Télégraphe de Chappe. — Télégraphes électriques Morse, Bréguet, Hughes, Baudot, etc. — Télotaugraphe. — Câbles. — Télégraphie sans conducteurs.

CHAPITRE IV : Téléphonie. — Historique. — Différents systèmes de téléphones. — Téléphone haut-parleur Germain. — Microphones. — Bitéléphone. — Communications urbaines, interurbaines, etc. — Avertisseurs d'incendie, etc.

CHAPITRE V : Eclairage électrique. — Générateurs divers. — Station génératrice. — Voltmètres. — Ampèremètres. — Compteurs. — Lampes à arc : Serrin, Gramme, Cance, Sautter-Harlé, en vase clos ; bougie Jablochkoff ; chandelier Clariot. — Lampes à incandescence : Edison, Swan, Maxim, Nernst. — Scènes d'éclairage. — Portrait de Davy.

CHAPITRE VI : Traction électrique. — Historique et état actuel de la question. — Chemins de fer. — Tramways (à trolley aérien, à caniveau souterrain, à contacts superficiels, à troisième rail, à accumulateurs). — Voitures électriques. — Métropolitain de Paris.

CHAPITRE VII : Galvanoplastie — Historique, principes. — Machines génératrices. — Reproductions, incrustations. — Electrotypie.

CHAPITRE VIII : Navigation électrique. — Navigation. — Touage. — Cheval électrique. — Drague. — Ballons.

CHAPITRE IX : Phonographe et applications. — Phonographes, graphophones, salles d'auditions phonographiques. — Télégraphone.

CHAPITRE X : Horlogerie. — Horloges électriques indépendantes. — Transmission électrique de l'heure. — Remise à l'heure par l'électricité. — Distribution électrique de l'heure. — Réveille-matin électrique. — Horloge et carillon électriques. — Contrôleur de rondes. — Eclairage des cadrans.

CHAPITRE XI : Médecine et chirurgie. — Franklinisation. — Galvanisation. — Faradisation. — Bains de lumière électrique. — Extraction des projectiles. — Exploration des cavités. — Cautérisation. — Consultations à distance. — Tableaux de consultations pour hôpitaux. — Rayons Röntgen : leur utilisation en campagne.

CHAPITRE XII : L'électricité sur les côtes. — Phares. — Bouées lumineuses, bouées à cloche. — Sémaphores.

CHAPITRE XIII : Marine de guerre. — Batterie de côtes. — Torpille coulée. — Torpille mouillée. — Effet d'une torpille. — Bateau porte-torpilles. — Torpilles Whitehead. — Torpilles Edison. — Torpilleurs sous-marins : le *Goubet*, le *Holland*, le *Zédé*. — Le *Gymnote*. — Bateau de guerre moderne. — A bord d'un cuirassé. — Projecteurs. — Tourelle électrique. — Ventilateur.

CHAPITRE XIV : Applications à la guerre. — Télégraphie de campagne. — Projecteurs. — Mines de guerre. — Exploseurs.

Les Cerfs-Volants

par J. LECORNU, Ingénieur des Arts et Manufactures, membre de la Société de Navigation aérienne. — Un beau volume in-8°, illustré, broché, **3 fr. 50** ; reliure genre amateur, tête dorée, dos et coins percaline, **5 fr.**; reliure amateur, tête dorée, dos et coins maroquin, **6 fr. 50**.

Demandez à cent personnes en France ce qu'elles pensent du cerf-volant ; quatre-vingt-dix-neuf, si ce n'est cent, vous diront que c'est un jouet bon tout au plus à amuser les enfants. Mais lancez un cerf-volant devant ces cent personnes ; quatre-vingt-quinze au moins s'intéresseront à ses évolutions et, s'il fonctionne mal, donneront leur avis sur la façon de l'attacher, de le lancer, sur la meilleure forme à lui donner... C'est que tout en tenant le cerf-volant pour un jouet d'enfant, chacun sent vaguement qu'il y a là quelque chose de plus, et qu'un appareil qui, sans le secours d'aucun autre agent que le vent, s'élève et s'équilibre en l'air, emportant parfois un poids considérable, peut être appelé à rendre de réels services.

Beaucoup d'enfants savent qu'on peut faire grimper des postillons le long de la corde d'un cerf-volant, et même, la nuit, une succession de lanternes vénitiennes du plus curieux effet ou de pétards qui éclatent en l'air. Mais ce qu'on sait moins, c'est qu'on peut faire voyager tout aussi bien le long de la corde des appareils photographiques permettant de prendre des vues dans une direction fixée d'avance. On s'en est déjà servi à la guerre. Bien plus, des hommes intrépides comme le capitaine Baden Powel ont fait en cerfs-volants des ascensions qui sont encore, dans l'état actuel, considérées comme périlleuses.

Aux Etats-Unis, l'ignorance du public en matière de cerfs-volants n'est pas la même qu'en France. On connaît, notamment, d'assez longue date les expériences de l'Observatoire de Blue-Hill, dont les cerfs-volants pourvus de météorographes vont sonder l'atmosphère jusqu'à 5 000 mètres.

C'est d'hier seulement que le cerf-volant est connu chez nous et intéresse le monde savant. Pour ceux qui cherchent dans le « plus lourd que l'air » la solution du problème de la navigation aérienne, il est un passionnant sujet d'études. Il était bon que le public aussi ne restât pas complètement étranger à ces intéressantes tentatives, et personne ne pouvait souhaiter un guide plus éclairé que M. l'Ingénieur Lecornu, qui a obtenu avec son appareil le 1er prix au concours de cerfs-volants de l'Exposition universelle de 1900.

Mais l'auteur ne s'est pas attaché qu'au côté scientifique de la question. Il a voulu réhabiliter le cerf-volant non pas tant comme jouet pour des bambins que comme instrument de sport pour de grands jeunes gens. Sans aller aussi loin que les Japonais qui se livrent à des combats de cerfs-volants armés de lames visant à couper la corde de l'adversaire, on peut souhaiter qu'un sport aussi salutaire, qui fait fureur dans certains pays, s'acclimate en France. Le livre si vivant et si documenté de M. Lecornu n'y contribuera pas peu. — Nous en reproduisons ci-après le sommaire :

Gve MALHERBE
IMPRIMEUR
ÉDITEUR
PARIS

18
PASSAGE
des FAVORITES

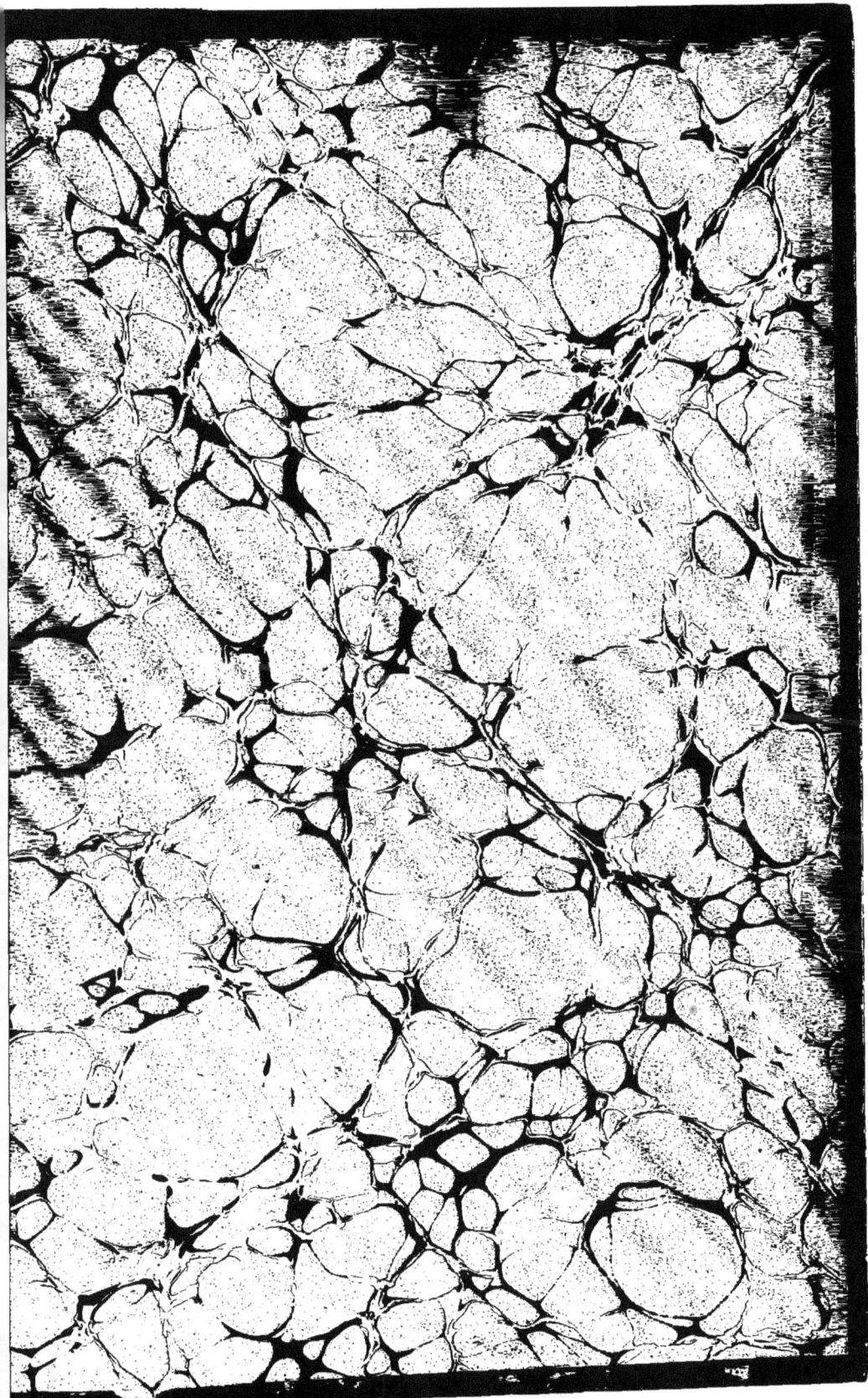